Michael Stuber

Diversity
Das Potenzial-Prinzip

Michael Stuber

Diversity
Das Potenzial-Prinzip

Ressourcen aktivieren – Zusammenarbeit gestalten

2., aktualisierte und überarbeitete Auflage

unter Mitarbeit von Barbara Pelz und Felix Wittig

Luchterhand
eine Marke von Wolters Kluwer Deutschland

Bibliografische Information der Deutschen Nationalbibliothek
Die Deutsche Nationalbibliothek verzeichnet diese Publikation in der Deutschen Nationalbibliografie; detaillierte bibliografische Daten sind im Internet über http://dnb.d-nb.de abrufbar.

ISBN 978-3-472-07488-5

www.wolterskluwer.de
www.personalwirtschaft.de

Luchterhand – eine Marke der Wolters Kluwer Deutschland GmbH

Lektorat: Andrea Porschen
Herstellung: Michael Dullau

Umschlaggestaltung: Konzept & Design, Köln
Cover-Illustration: Ute Helmbold, Essen
Satz: TKG Wienpahl, Köln
Druck: Wilhelm & Adam OHG, Heusenstamm

Gedruckt auf säurefreiem, alterungsbeständigem und chlorfreiem Papier.

Vorwort zur 2. Auflage

Als das Thema Diversity in den späten 1990er Jahren aus dem angelsächsischen Raum nach Deutschland kam, stellte es zunächst ein kritisch diskutiertes Konzept dar. Es stand im Wettbewerb mit politischen Themen wie Gleichstellung oder Antidiskriminierung und mit gesellschaftlichen Entwicklungen wie demografischem Wandel oder Multikulturalisierung sowie mit Trendthemen wie Corporate Social Responsibility. Diversity bildete ein verbindendes Element dieser Themen und verknüpfte sie mit betrieblichen Kernaufgaben wie HR-Management und Marketing. In den Jahren 2000 bis 2007 war eine deutliche Verbreiterung und starke Differenzierung des Themas Diversity zu beobachten. Auch die Wirtschaft sowie das politische und gesellschaftliche Umfeld entwickelten sich in wichtigen Aspekten weiter. Mehr noch als früher unterstreichen aktuelle und absehbare Trends die Bedeutung von Diversity als Wettbewerbsfaktor. Um diesem Anspruch gerecht zu werden, muss sich auch das Thema Diversity weiterentwickeln.

Auf Basis meiner langjährigen Forschungs-, Publikations- und Beratungstätigkeit stelle ich mit dieser zweiten Auflage des Fachbuches Diversity ein neues Paradigma vor: das Potenzial-Prinzip. Diese Bezeichnung sowie die dahinterstehenden Ideen und Konzepte richten Diversity zum einen noch stärker auf die Schlüsselthemen der Unternehmensführung und des Personalmanagements aus. Zum anderen beschreibt der Begriff „Potenzial-Prinzip" anschaulich den roten Faden, der nahezu alle Diversity-Aktivitäten miteinander verbindet: Potenziale erkennen oder neu entdecken, andersartigen Potenzialen aufgeschlossen oder neugierig gegenübertreten, verschiedene Potenziale effektiv kombinieren und schließlich, vorhandene Ressourcen und Potenziale optimal nutzen.

Als Potenzial-Prinzip macht Diversity nachhaltig deutlich, dass es ein klar mehrwertorientiertes Konzept darstellt und systematisch in verschiedensten Situationen und Kontexten anwendbar ist. Damit kommt es einem häufig proklamierten Ziel näher als je zuvor: Diversity möchte sich selbst überflüssig machen und stattdessen fester Bestandteil aller Prozesse, Planungen und Inhalte sowie der gelebten Unternehmens-, Organisations- und Landeskulturen werden. Dies wird allerdings kaum innerhalb weniger Jahre zu erreichen sein, wie manche Manager gerne glauben möchten. Das Potenzial-Prinzip Diversity stellt ein komplexes Veränderungskonzept dar, das etablierte, tradierte, machtorientierte und emotionale Systeme in Frage stellt und, im Ergebnis, zum Vorteil aller verbessert. In dieser Hinsicht hat sich an dem Anliegen von Diversity nichts verändert: Einen Unterschied machen!

Dabei wünsche ich meinen Leserinnen und Lesern weiterhin viel Erfolg.

Köln, im Oktober 2008 Michael Stuber

Aus dem Vorwort zur 1. Auflage

Die Wirtschaft befindet sich in ihrem Streben nach Wachstum stets auf der Suche nach neuen Optimierungspotenzialen. Gleichzeitig müssen Qualitätsstandards, rechtliche Anforderungen und das sich ständig – und immer drastischer – ändernde Umfeld als Chance angesehen und mitgestaltet werden. In Ansätzen geschieht dies bereits für einzelne Themen, für die ebenso fokussierte wie isolierte Konzepte entwickelt werden.

Dabei fehlt häufig der Blick für Gesamtzusammenhänge und somit für Schlüsselaspekte im eigentlichen Sinne. Entsprechend werden kaum ganzheitliche Antworten auf die immer komplexeren Herausforderungen und Perspektiven angeboten. Diversity tritt an, genau hierzu einen Beitrag zu leisten. Denn es gibt eine mögliche Antwort auf die Frage:

Was haben nun betriebswirtschaftliche Zielsetzungen, wirtschaftliche Trends sowie gesellschaftliche, politische und kulturelle Entwicklungen gemeinsam?

Sie alle beinhalten eine stark wachsende Bedeutung von Vielfalt und des Umganges mit Unterschiedlichkeit. Im Umkehrschluss heißt das: Wer mit Vielfältigkeit nicht umzugehen weiß, wird schon bald zu den Verlierern oder zumindest nicht zu den Besten gehören können. Ähnlich waren die Überlegungen, die in den USA Mitte der 1980er Jahre zu „Managing Diversity“ geführt hatten. Ein Managementansatz, dessen Kern die positive Berücksichtigung von Unterschieden zwischen Menschen darstellt. Dies umfasst ein:

- bewusstes (An-)Erkennen von Unterschieden,
- umfassendes Wertschätzen von Individualität,
- proaktives (Aus-)Nutzen der Potenziale von Unterschiedlichkeit,
- gezieltes Fördern von Vielfalt und Offenheit.

Damit beschreibt Diversity eine neue Grundhaltung der Unternehmensführung, die dynamisch an Relevanz gewinnt, wenn nicht zur Notwendigkeit wird. Diversity stellt eine neue Art und Weise dar, Geschäfte zu machen: a new way of doing business.

Köln, im Herbst 2003 Michael Stuber

Zum Aufbau des Buches

Dieses praxisorientierte Fachbuch beschreibt den gesamten Bezugs- und Handlungsrahmen für Diversity in Deutschland und bietet umfassende Anregungen für die Implementierung. Dazu erfolgt zunächst in Kapitel 1 eine Darstellung verschiedener Definitionsbausteine für Diversity als Potenzial-Prinzip.

Kapitel 2 erläutert die Relevanz des Diversity-Ansatzes aus drei Blickwinkeln. Einerseits stellt das Kapitel die Bezüge zu bedeutenden Managementthemen her. Andererseits werden rechtliche, demografische und kulturelle Veränderungen beschrieben, die einen neuen Umgang mit Unterschiedlichkeit notwendig machen. Schließlich erfolgt eine Einbettung von Diversity in die wichtigsten HR-Themen und -Trends.

Kapitel 3 stellt die Zielsetzungen des Potenzial-Prinzips Diversity dar und erklärt, welche zukünftige Situation mit diesem Ansatz erreicht werden soll. Dabei wird deutlich, dass nahezu alle Diversity-Ziele sowohl für die Wirtschaft als auch für den nicht gewinnorientierten Bereich relevant sind.

Kapitel 4 beantwortet die Frage, weshalb sich selbst Organisationen, die jahrelang oder jahrzehntelang erfolgreich waren, unter Diversity-Gesichtspunkten verändern müssen. Hier kommen vor allem kulturelle Prinzipien und Muster von Gemeinschaften zum Tragen, die zumindest in westlichen Industriegesellschaften nahezu universell beobachtbar sind.

Kapitel 5 beschäftigt sich mit der Ausgangssituation, die Diversity vorfindet – allerdings nicht wie das vorige Kapitel auf Organisationen, sondern auf deren Umfeld bezogen. Die staatlichen, gesellschaftlichen und wirtschaftlichen Voraussetzungen, die Diversity in Deutschland antrifft, werden als Rahmenbedingungen beschrieben, da sie bei der Bearbeitung des Themas berücksichtigt werden müssen.

Kapitel 6 stellt die Bausteine der Einführung von Diversity vor. Neben den Grundlagen für die Implementierung (Analysen, Strukturen, Prozessmanagement) zeigt das Kapitel eine Reihe konkreter Umsetzungsaktivitäten auf (top-down und bottom-up), die mit zahlreichen Fallbeispielen im Anschluss an den jeweiligen Abschnitt illustriert werden.

Kapitel 7 beschreibt verschiedene Ansätze zur nachhaltigen Integration von Diversity in den Organisationsalltag. Dieses sogenannte Mainstreaming wird von einem dauerhaften Controlling begleitet. Auch dieses Kapitel umfasst Fallstudien und kurze Beispiele aus namhaften Unternehmen und dem öffentlichen Sektor.

Kapitel 8 wägt die potenziellen, zu erwartenden oder aktiv erzielbaren Vorteile und Verbesserungen von Diversity gegen damit verbundene Kosten und mögliche Nachteile ab und gibt Hinweise auf relevante Studien, die entsprechende Zusammenhänge wissenschaftlich untersucht haben.

Abschließend stellt Kapitel 9 strategische Ansätze vor, die für die Umsetzung von Diversity genutzt werden können. Im Unterschied zu Kapitel 6 stehen hier also nicht Instrumente, sondern Taktiken im Mittelpunkt. Besonderes Augenmerk gilt dabei den Möglichkeiten, Veränderungen zu initiieren und zu fördern. Außerdem wird erklärt, welche Aufgaben auf Diversity Manager zukommen, welche Eigenschaften sie mitbringen müssen und wie alle an Diversity Beteiligten von dem Ansatz profitieren können.

Mit diesem Aufbau ermöglicht das Buch einen umfassenden Überblick und einen fundierten Zugang zum Thema Diversity. Themen-Neulingen erleichtert es den Einstieg, Diversity-Praktikern gibt es neue Anregungen, insbesondere durch das neue Verständnis von Diversity als Potenzial-Prinzip.

Hinweise zur Nutzung des Buches

Das vorliegende Fachbuch ist praxisnah und leserfreundlich gestaltet. Jedes Kapitel beginnt mit einem Vortext, der die wesentlichen Inhalte des Kapitels skizzenhaft darstellt. Zahlreiche Beispiele aus Unternehmen und dem öffentlichen Sektor illustrieren, wie Diversity in der Praxis umgesetzt wird. Diese Beispiele liefern Ihnen Anregungen für die Einführung von Diversity in Ihrem Unternehmen. Sie stellen verschiedene Phasen und Umsetzungsmöglichkeiten von Diversity dar und zeigen Ihnen, wie Sie konkret von Diversity profitieren können und wie Diversity in unserer heutigen Gesellschaft und in Unternehmen zum Vorteil aller genutzt werden kann.

Die von Unternehmen und Organisationen zur Verfügung gestellten Beispiele sind als „Fallstudien" gekennzeichnet. Unternehmensbeispiele aus öffentlich zugänglichen Quellen (Zeitschriften, Internet etc.) sind weitgehend als „Praxisbeispiele" ausgewiesen. Die Abbildungen, sofern nicht anders angegeben, sind von Ungleich Besser Diversity Consulting gestaltet und somit rechtlich geschützt.

Das Buch greift an einigen Stellen auf wissenschaftliche oder andere Erkenntnisse zurück. Obwohl diese entsprechend gekennzeichnet sind, besteht nicht der Anspruch einer wissenschaftlichen Fundierung oder Systematik. Stattdessen bezieht das Buch in geeignet erscheinenden Punkten Stellung, wobei es die persönliche Ansicht des Autors widerspiegelt.

In diesem Zusammenhang ist es erforderlich, auf sprachliche Besonderheiten hinzuweisen. Diversity richtet sich in erster Linie an privatwirtschaftliche Unternehmen. Dennoch legt das Buch an einigen Stellen dar, dass der überwiegende Teil der Ausführungen eins zu eins oder mit geringfügigen Anpassungen auch auf nicht gewinnorientierte Organisationen übertragbar ist. Diese Betrachtungen beziehen sich nicht nur auf soziale Einrichtungen oder Nichtregierungsorganisationen, sondern auch auf die öffentliche Verwaltung und die Exekutive. Daher verwendet das Buch die Bezeichnungen „Unternehmen", „Organisationen" oder die Kombination „Unternehmen und andere Organisationen" im Wechsel. Beziehen sich Ausführungen nur auf eine der beiden Gruppen, so wird dies in dem jeweiligen Kontext deutlich gemacht.

Ähnlich verfährt das Buch bei der Verwendung von männlichen und weiblichen Formen. Grundsätzlich beziehen sich alle Äußerungen auf Angehörige beiderlei Geschlechts, wenn keine andere Bedeutung besonders hervorgehoben wird. Um dies zu verdeutlichen, aber dennoch eine gute Lesbarkeit zu gewährleisten, werden männliche Formen und Varianten mit dem Zusatz „Innen" im Wechsel verwendet. Bei zusammengesetzten Wörtern wie zum Beispiel „Mitarbeiterbefragung" wird auf den Zusatz „Innen" grundsätzlich verzichtet. In diesen Fällen beziehen sich die Betrachtungen dennoch explizit auch auf weibliche Personen.

Redaktionsschluss für alle Angaben und Inhalte war der 17. Oktober 2008.

Inhaltsverzeichnis

1 Diversity: Das Potenzial-Prinzip

Bei der Definition des Begriffs „Diversity" besteht die Versuchung, ihn einfach ins Deutsche zu übersetzen und damit gleichzeitig der Kritik an der Englischsprachigkeit des Begriffs zu entgehen. Dieses Buch geht bewusst einen anderen Weg, indem es Diversity als Eigennamen für ein vielschichtiges Konzept verwendet und damit ein durchgängiges, mehrwertorientiertes Prinzip darstellt – das Potenzial-Prinzip: *Diversity beschreibt das Potenzial-Prinzip, mit dem Vielfalt durch bewusst positive Beachtung und aktive Einbeziehung systematisch zum Vorteil aller Beteiligten genutzt wird.*

Das Potenzial-Prinzip Diversity umfasst nach dieser Definition – und nach jahrelanger Praxiserfahrung des Autors – mehrere miteinander verknüpfte Elemente: Die erste Komponente besteht in der Vielfalt der Menschen, die mit einer Organisation in Berührung kommen. Die Wirtschaft bezeichnet diese Gesamtheit als „Stakeholder" (Anspruchsgruppen). Der zweite Baustein beschreibt die Werte, Einstellungen und Grundhaltungen, mit denen eine Organisation diesen Unterschiedlichkeiten begegnet. Häufig in Leitbildern verankerte Werte sind z. B. Respekt oder Wertschätzung. Diese stellen gleichsam eine Basis für die dritte Komponente dar, die sich auf der Handlungsebene befindet: einbeziehende Kommunikation und integrierende Verhaltensweisen als beobachtbare oder erlebte Interaktionen (inclusion). Diese konkreten Handlungen bestimmen bei uns Menschen und bei Organisationen gleichermaßen, welches Ergebnis wir in einer bestimmten Situation erzielen. Diese Resultate stellen das vierte Element des Potenzial-Prinzips Diversity dar.

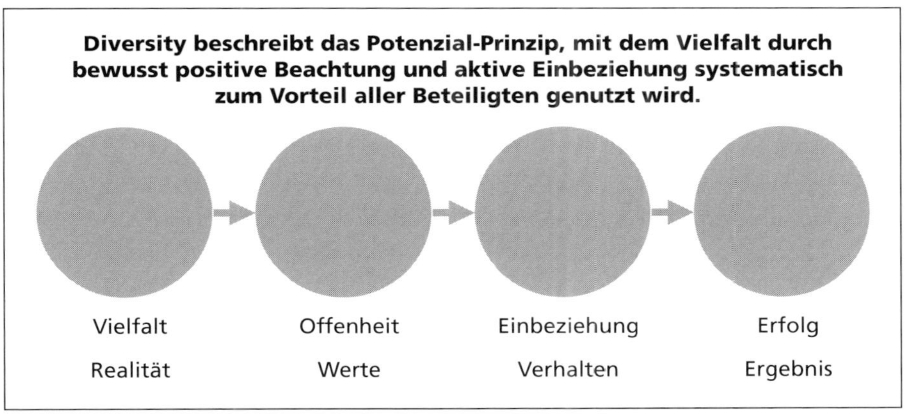

Abb. 1: Das Potenzial-Prinzip Diversity

Die sequenzielle Verknüpfung der genannten Bausteine zeigt zweierlei: Vielfalt führt in Verbindung mit Aufgeschlossenheit und Einbeziehung zu Mehrwerten, und die Nutzung individueller Potenziale kann systematisch optimiert werden. Das Potenzial-Prinzip Diversity geht auf eine grundlegende Funktionsweise von

Menschen (und Organisationen) zurück: Sie funktionieren in gewisser Hinsicht ähnlich wie Computer; sie nehmen die Umgebung war (Input) und nutzen Grundwerte und Erfahrungen für die Verarbeitung der Information. Konkrete Verhaltensweisen, die mehr oder weniger gute Ergebnisse erzielen, bilden die Produkte dieser Informationsverarbeitung (Output). Diesen Funktionszusammenhang bezeichnet die Sozialpsychologie als *kognitiven Prozess*. Seine Anwendung auf die vielfältigen Potenziale, die es von Unternehmen und Organisationen optimal zu nutzen gilt, führt zur Benennung von Diversity als „Das Potenzial-Prinzip".

Wie ein Computer, nur komplizierter

Die Darstellung von Diversity als Wertschöpfungsprozess eröffnet eine Reihe neuer Perspektiven und Möglichkeiten. Gleichzeitig bringt der Vergleich mit maschinellen Verarbeitungen einige Schwierigkeiten mit sich. So suggeriert die prozesshafte Darstellung einen kausalen, geradlinigen Zusammenhang. In Wirklichkeit entfaltet sich jedoch eine reziproke Wirkung zwischen den Komponenten: Einerseits bestimmen zwar die ersten drei Komponenten die Nutzung von Vielfalt, aber jedes erzielte Ergebnis – sei es gut oder schlecht – hat umgekehrt Auswirkungen auf die ersten drei Bausteine. Erzielen wir Erfolge mit der Nutzung von Vielfalt, zum Beispiel wenn mehr Frauen in Führungspositionen einer Organisation tätig sind, werden wir entsprechende Ansätze weiter fördern und unsere Grundeinstellung gegenüber Unterschiedlichkeit verbessert sich. Auch zwischen den ersten drei Komponenten bestehen vielfältige Abhängigkeiten, die zum Teil mit der Natur der Bausteine zusammenhängen. So basieren unsere Werte und Einstellungen ganz wesentlich auf den Erfahrungen, die wir machen; einige bezeichnen wir als „Lernen". Dies bedeutet jedoch auch, dass auf der Handlungsebene erlebte Interaktionen, zum Beispiel der regelmäßige Kontakt mit Migranten, gleichzeitig eine Veränderung der vorausgehenden Komponente mit sich bringt, indem sich die Einstellung gegenüber Bürgern aus anderen Kulturen verbessert. Entsprechendes gilt für negative Erfahrungen, zum Beispiel durch die selektive Wahrnehmung religiöser Themen.

Eine grundsätzlichere Frage stellt sich bezüglich der praktischen Relevanz und der Sinnhaltigkeit des Potenzial-Prinzips und seiner Elemente. Hierzu vergleicht der nachfolgende Abschnitt das neu vorgestellte Konzept mit früheren Definitionsansätzen.

Die vielfältige Semantik von Diversity

Deutschsprachige WissenschaftlerInnen und PraktikerInnen greifen häufig auf US-amerikanische Diversity-Ansätze zurück. Allzu offensichtlich erfolgte anfänglich eine Übersetzung von Diversity als „Vielfalt" und eine Fokussierung auf wenige, einige oder zahlreiche Faktoren, die Unterschiedlichkeit bewirken. Bei dieser leichtfertigen Übertragung bleibt die Unterscheidung zwischen Groß- und Kleinschreibung im Englischen unberücksichtigt: Zwischen diversity (mit kleinem d) und Diversity (mit großem D) besteht im Englischen ein wesentlicher, wenn auch selbst von englischen Muttersprachlern mitunter ignorierter Bedeutungsunterschied. Mit kleinem d bezeichnet diversity das Phänomen Vielfalt, während Diversity mit großem D meist ein umfassendes Konzept der Unternehmensführung beschreibt. In vielen Übersetzungen kommt dieser Unterschied nicht zum Tragen, wodurch eine Reduzierung des Ansatzes und eine Fokussierung auf Differenz entstehen. Die einseitige Betonung von Unterschieden – mit vor allem trennendem Charakter – führt in aktuellen Diskussionen und in der Praxis häufig zu der Frage, wie viel Vielfalt eine Organisation aushalte, wie viel Vielfalt überhaupt positiv sei oder wie viel Vielfalt noch eine Einheit ermögliche. Die Berücksichtigung verbindender Aspekte wirkt sich an dieser Stelle konstruktiv aus. Dies geschieht in der Praxis über den Hinweis auf Gemeinsamkeiten sowie über Unternehmensleitbilder, -werte oder -ziele, die allzu große Disparitäten vermeiden helfen und das Konzept von Einheit in Vielfalt verwirklichen. Dabei entsteht zudem eine positive (Selbst-)Identifikationsmöglichkeit (zum Beispiel mit dem Unternehmen), die erforderlich ist, um Offenheit gegenüber Anderen (im weitesten Sinne) zu ermöglichen. Damit zeichnet sich bereits ab, dass die Elemente des Potenzial-Prinzips kein konzeptionelles Konstrukt, sondern in der Praxis vorhandene Ansätze darstellen. Ein Blick auf Studienergebnisse der vergangenen Jahre bringt an dieser Stelle weitere Erkenntnisse.

Das Potenzial-Prinzip Diversity im Praxistest

Zwei europäische Studien aus den Jahren 2002 und 2004 sowie eine deutsche Studie aus dem Jahre 2005, alle drei durchgeführt von Ungleich Besser Diversity Consulting, analysierten unter anderem die Diversity-Definitionen der untersuchten Unternehmen. Im Zeitverlauf lässt sich daran die Entwicklung des Verständnisses von Diversity gut erkennen: Die Studie des Jahres 2002 (European Diversity Survey I) ermittelte das Phänomen „Unterschiedlichkeit" als den häufigsten Definitionsbestandteil. Geschäftsziele und wirtschaftliche Indikatoren folgten an zweiter Stelle und Werte wie Respekt an dritter. Diversity wurde zu diesem Zeitpunkt noch nicht als Gesamtkonzept oder konkretes Managementwerkzeug verstanden. Eine Weiterentwicklung des Verständnisses von Diversity zeigt die Second European Diversity Survey (EDS 2) aus dem Jahr 2004. Zwei Drittel der befragten Unternehmen definierten Diversity nun, indem sie die Individualität von Menschen und die Vielfalt der Belegschaft in einem breiten Sinne herausstellten. Viele der befragten Unternehmen präsentierten zudem eine umfassende Definition von Diversity als ein Leitprinzip ihrer Geschäftstätigkeit. Die Diversity Praxis Studie aus dem Jahr 2005 ergab, dass mittlerweile 75 % der befragten Unternehmen Vielfalt oder Unterschiedlichkeit im Rahmen ihrer Definition von Diversity verwendeten. 25 % nannten zudem die Kerndimensionen von Diversity, die nachfolgend genauer besprochen werden. Die Hälfte der untersuchten Definitionen erwähnte Nutzen oder Mehrwerte, die mit dem Konzept Diversity verfolgt werden. Grundwerte und Einstellungen wie Offenheit und Aufgeschlossenheit standen mit knapp 40 % an dritter Stelle der häufigsten Definitionsbestandteile.

Die Verhaltenskomponenten Inklusion oder Einbeziehung wurden von knapp 20 % erwähnt.

Insgesamt zeigen die Studienergebnisse sowohl den Trend zu einem breiteren Verständnis von Vielfalt als auch die Entwicklung zu einem vielschichtigen Diversity-Konzept, das die vier Komponenten des Potenzial-Prinzips beinhaltet. Unterschiedliche Unternehmen oder Organisationen setzen das Potenzial-Prinzip Diversity unterschiedlich ein, passen es an neue Anforderungen und Einflussfaktoren an und entwickeln das Konzept ständig weiter. Daher beschreibt dieses Buch in späteren Kapiteln zahlreiche Trends und Veränderungen sowie Ansätze zur Entwicklung von Organisationen und Beteiligten. Um jedoch zunächst zu einem besseren Verständnis der Inhalte und Ausgestaltungsmöglichkeiten der vier Komponenten des Potenzial-Prinzips Diversity zu gelangen, behandeln die folgenden Abschnitte jede Komponente einzeln und gehen dabei auch auf verschiedene Anwendungsmöglichkeiten ein.

1.1 Die erste Komponente des Potenzial-Prinzips: Vielfalt

Wir sollten die Unterschiedlichkeit in unserer Bank bejahen – die Unterschiede zwischen Regionen, Geschäftseinheiten, Funktionen und Personen.

Josef Ackermann, Sprecher des Vorstandes, Deutsche Bank AG, 2002

Den ersten Baustein und gleichsam die Basis des Potenzial-Prinzips Diversity bildet das Phänomen „Vielfalt“. Per Definition entstehen durch Vielfalt zahlreiche Unterschiede, deren Kombination verschiedener Ausprägungen alle Menschen zu einmaligen Individuen macht. Als vor mehr als 20 Jahren erstmals von Diversity gesprochen wurde, suchten US-amerikanische Unternehmen nach neuen Wegen zur effektiveren Integration von Frauen und ethnischen Minderheiten. Denn die bis dahin übliche Fokussierung auf diese Gruppen ausschließlich mit Hilfe rechtlicher Regelungen (equal employment opportunities, affirmative action) hatte sich als wenig tragfähiger Ansatz erwiesen: „Bevorzugung“ und „Ausgrenzung“ lauteten einige der Vorwürfe, die eine Verbreiterung des Themas sowie neue Herangehensweisen nahelegten. Zudem zeigten Prognosen zur Entwicklung der Arbeitsmärkte bereits damals zusätzliche demografische Herausforderungen und Bürgerrechtsgruppen forderten die Berücksichtung weiterer gesellschaftlicher Gruppen im Rahmen des sich abzeichnenden Plattformkonzeptes. Bei allen Neuerungen blieb der Kern des Konzeptes aber der gleiche: die Thematisierung von Andersartigkeit, von Unterschieden, von Differenz. Welche Facetten von Vielfalt Teil eines Diversity-Konzeptes bilden müssen, sollen oder können, darüber bestand anfänglich weitgehende Uneinigkeit. Damals wie heute zeigen sowohl nähere wissenschaftliche Betrachtungen wie auch die Untersuchung der in der Praxis verwendeten Definitionen von Diversity, dass lange Zeit kein einheitlicher Ansatz existierte. Inzwischen hat sich jedoch ein Rahmenmodell mit festen und flexiblen Bausteinen etabliert, welches im Folgenden erläutert wird.

Die Strukturierung von Vielfalt

Seit seiner erstmaligen Nennung hat sich der Aktionsrahmen für Diversity von den ursprünglichen Kerndimensionen „Geschlecht“ und „Ethnizität“ erheblich erweitert und umfasst heute sämtliche nur denkbare Unterschiede zwischen Menschen. Lieberman et. al. (2001) gelangen zu 66 Unterscheidungsmöglichkeiten. Der Grundgedanke vieler Darstellungen basiert auf dem Modell von Loden und Rosener (1991), welches zwischen „inneren“ und „äußeren“ Dimensionen von Diversity unterscheidet. Dieses Modell wurde später durch Gardenswartz und Rowe (1995) erweitert und umfasste dann die „Persönlichkeit“ als innersten Kern sowie „innere“, „äußere“ und „organisationale“ Dimensionen. Beide Strukturierungen stellen die sogenannten *Kerndimensionen* von Diversity als innere Dimensionen gleichberechtigt in den Vordergrund bzw. in das Zentrum des jeweiligen Modells und lassen darüber hinaus offen, welche weiteren Themen im jeweiligen Organisationsumfeld relevant erscheinen und in einen zu definierenden Diversity-Ansatz aufgenommen werden sollten. Beide Modelle bringen jedoch die Schwierigkeit mit sich, dass die konzentrische Anordnung innerer, äußerer und organisationaler Faktoren eine Abgeschlossenheit der jeweiligen Gruppe und Bedeutungsunterschiede suggeriert. Dies wirkt sich nach den Erfahrungen des Autors in der Praxis hinderlich aus, so dass nachfolgend eine alternative Darstellungsform vorgestellt wird.

Beide Modelle und zahlreiche Ansätze in der Praxis verwenden die sogenannten Kerndimensionen als zentrale Bausteine zur Beschreibung von Vielfalt. Diese umfassen sechs biologische und/oder soziale Faktoren, die Menschen von Natur aus gegeben sind, ihre Lebenswelten prägen oder praktisch nicht veränderbar sind: Alter, Befähigung oder Behinderung, ethnisch-kulturelle Prägung, Geschlecht, sexuelle Orientierung und religiöse Glaubensprägung. Das Allgemeine Gleichbehandlungsgesetz (AGG) nennt ebenfalls genau diese sechs Faktoren menschlicher Vielfältigkeit als besonders schützenswerte Dimensionen. Sie stehen nicht separat nebeneinander, sondern greifen ineinander und überlagern sich. Denn jeder Mensch weist Ausprägungen all dieser und zahlloser weiterer Faktoren auf. So kann ein Individuum gleichzeitig männlich, jüdischen Glaubens und heterosexuell sein. Eine weitere wichtige Besonderheit besteht darin, dass viele Dimensionen von Diversity ihre Bedeutung mit dem jeweiligen Kontext verändern. So erhält das Thema „Alter“ in verschiedenen Kulturen sehr unterschiedliche Bedeutung. Ältere Personen haben in bestimmten Kulturen eine besonders zu respektierende Stellung, andere Kulturen sind eher jugendzentriert.

Neben den gängigen Modellen der inneren und äußeren Dimensionen bildet die Unterscheidung nach augenscheinlicher Sichtbarkeit, subtiler Wahrnehmbarkeit oder Unsichtbarkeit einen weiteren Strukturierungsansatz für die Diversity-Komponente „Vielfalt“. Milliken und Martins (1996) kategorisieren Diversity in zwei übergreifende Gruppen: wahrnehmbare Unterschiede und kaum wahrnehmbare Unterschiede. Zu den wahrnehmbaren Unterschieden zählen die Autoren ethnisch-kulturelle Prägung, Geschlecht, Alter und Nationalität. Mit Ausnahme des

Faktors „Geschlecht" erscheint diese Aufteilung durchaus fragwürdig. Zu den kaum wahrnehmbaren Unterschieden zählen die Autoren Werte (Persönlichkeit, kulturelle Werte, Religion, sexuelle Orientierung, Humor) sowie Wissen und Fähigkeiten (Bildung, Sprachen, Hierarchie, Fachkompetenz). Auch an dieser Stelle ist Vorsicht geboten, denn vermeintlich unsichtbare Faktoren können durch Verhaltensweisen sichtbar werden. Grundsätzlich erscheint die Aufteilung in Sichtbarkeit und Unsichtbarkeit fragwürdig, insbesondere wenn daraus ein Bedeutungsunterschied abgeleitet wird. Nicht immer sind sogenannte wahrnehmbare Unterschiede tatsächlich sichtbar. Zum Beispiel gelten sexuelle Orientierungen sowie viele Behinderungen oder Glaubensrichtungen nach landläufiger Auffassung als wahrnehmbar, obwohl sie kaum oder nur situativ erkennbar oder vermutbar sind. Auch kann diese Art der Kategorisierung Organisationen dazu verleiten, sich nur oder zunächst auf die wahrnehmbaren Unterschiede zu konzentrieren bzw. diese zu thematisieren und daran zu arbeiten. Dies kommt einem – teilweise verständlichen – Wunsch nach Eingrenzung des Konzeptes gleich, führt jedoch zwangsläufig auch zu einer Ausgrenzung. Tatsächlich erreicht die Arbeit an wahrnehmbaren Unterscheidungen sprichwörtlich nur die Spitze des Eisberges, denn der größte Teil von Vielfalt entsteht durch nicht sichtbare Faktoren, die mithin einer besonderen Aufmerksamkeit bedürfen. Der Wunsch nach Reduzierung von Komplexität entwickelt außerdem mit Blick auf das Thema Differenz eine unerwünschte Dynamik. Die Reduzierung der berücksichtigten Unterscheidungsfaktoren bei gleichzeitiger Betonung von Unterschiedlichkeit (trennendes Anderssein) führt leicht zur Festigung klassischer Feindbilder. Auf der einen Seite stehen dann die wenigen Gruppen, die der Norm entsprechen, also „normal" sind, und auf der anderen Seite die, die sich unterscheiden.

Praxisbeispiel: Betriebliche Vielfalt bei Ford

Ford ist als Unternehmen durch große Vielfalt geprägt. Es ist auf über 180 Märkten präsent, verkauft in mehr als 200 Märkten, und am Standort Köln arbeiten über 57 Nationalitäten zusammen. Die Vielfalt wird als Stärke des Unternehmens betrachtet. Zahlreiche Maßnahmen zur Förderung des produktiven Miteinanders haben ein Arbeitsklima erzeugt, in dem die Zusammenarbeit zwischen Mitarbeiterinnen und Mitarbeitern aus 57 Nationen zur Selbstverständlichkeit geworden ist. Ford achtet darauf, dass Auszubildende in heterogenen Gruppen zusammenarbeiten, da solche Gruppen erfahrungsgemäß erfolgreicher sind. 93 % der Ford-Azubis lernen in interkulturell gemischten Teams. Die Vermittlung interkultureller Kompetenz ist Teil der Berufsausbildung. Zusätzlich bietet Ford deutsche Rhetorikkurse an, um die Sprachkompetenz der Auszubildenden zu erweitern. Die Ausbilderinnen und Ausbilder lernen in speziellen Trainings den Umgang mit kulturellen Unterschieden. Elemente des Trainings sind die Sensibilisierung für kulturelle Unterschiede, die nachhaltige Verbesserung der interkulturellen Kommunikation am Arbeitsplatz sowie die verbesserte Ausnutzung der Potenziale der kulturellen Vielfalt. 17 % der Ausbilderinnen und Ausbilder haben einen Zuwanderungshintergrund.

Angesichts der vielfältigen Definitionsversuche und der unterschiedlichen Modelle stellt sich die Frage nach einem besonders effektiven Ansatz im Sinne der bewährten Praxis (best practice). In dieser Hinsicht hat es sich als besonders vorteilhaft herausgestellt, auf die Tatsache zu verweisen, dass jeder Mensch aufgrund zahlloser Unterscheidungsfaktoren ein einmaliges Individuum darstellt und wir uns gleichzeitig in vielerlei Hinsicht ähneln, also neben Unterschieden auch Gemeinsamkeiten aufweisen. Das nachfolgende vom Autor entwickelte Modell verwendet einen Teil der Modelle von Loden/Rosener (1991) und Gardenswartz/Rowe (1995), nämlich den Persönlichkeitskern und die Kerndimensionen. Zusätzlich zeigt es vier gleichberechtigte Bereiche, die als nach außen offene, erweiterbare Quadranten angeordnet sind. Diese beinhalten Unterscheidungsfaktoren der Bereiche Privates/Lebensführung, Organisation, Arbeit und Beschäftigung sowie Markt und Konsum. Die Kategorie „Organisation" fand sich bereits bei Gardenswartz/Rowe (1995), während die externen Dimensionen in privat-persönliche und arbeits- bzw. beschäftigungsbezogene Aspekte aufgeteilt wurden. Das Modell verwendet die neu eingeführte Konsumkategorie mit Blick auf die betriebswirtschaftliche Relevanz der dort aufgeführten Merkmale. Die veränderte Anordnung wirkt dem unerwünschten Eindruck von Abgeschlossenheit und Bedeutungsunterschieden entgegen, den frühere Modelle entstehen ließen.

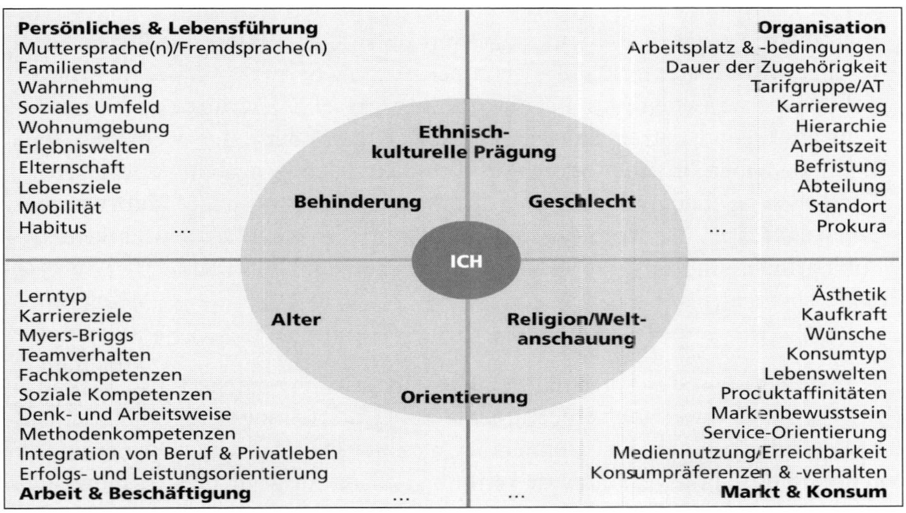

Abb. 2: Die Vielfalt von Diversity

Organisationen, die an und mit Diversity arbeiten, thematisieren neben den Kerndimensionen weitere Arten von Unterschiedlichkeit, die für sie jeweils von Bedeutung sind. Dabei erscheinen meist Persönlichkeitsmerkmale, die ein Mensch selbst beeinflussen oder steuern kann, als besonders relevant. Hierzu gehören Denk- und Arbeitsweisen, Kultur und Sprache (Muttersprache(n), Fremdsprache(n), Dialekte), Ausbildung und private Lebensumstände und vieles mehr. Aber auch unternehmensspezifische Faktoren wie die Zugehörigkeit zu einem Standort (z. B. Werk München oder Niederlassung Bremen), zu Unternehmensbereichen (z. B. Chemie oder Pharma) oder Funktionen (z. B. Marketing oder Produktion) oder die unterschiedliche Dauer der Unternehmenszugehörigkeit können das Miteinander bzw. Zusammenwirken der Belegschaft beeinflussen und daher Themen für Diversity darstellen. Der Aspekt des Marktes und des Konsums ist für Unternehmen von besonderer Relevanz, da sie die Vielfältigkeit von Konsumpräferenzen, Lebenswelten, Produktaffinitäten und vielen weiteren Aspekten beachten müssen, um ihren gewünschten Umsatz zu erzielen. Unternehmen, die keine Endkunden, sondern nur Firmenkunden haben (B2B-Geschäft), sehen sich dort ebenfalls mit Vielfalt konfrontiert, insbesondere angesichts der fortschreitenden Globalisierung. Der Bereich „Arbeit und Beschäftigung" hat für Unternehmen eine offensichtlich hohe Relevanz, da unterschiedliche Denk- und Arbeitsweisen, verschiedene Fach-, Methoden- und Sozialkompetenzen sowie unterschiedliche Konzepte zur Integration von Beruf und Privatleben wesentliche Kriterien für die Produktivität der Belegschaft darstellen.

Praxisbeispiel: köln kickt

Die Initiative köln kickt ist eine interkulturelle Straßenfußballliga der Rheinflanke GmbH in Köln. Die MitarbeiterInnen haben sich zum Ziel gesetzt, mit einem ganzjährigen Sportprogramm Jugendliche unterschiedlicher kultureller und sozialer Herkunft zusammenzubringen. Auch behinderte Kinder nehmen gerne an den Aktivitäten von köln kickt teil. Zielgruppe sind Jugendliche aus Jugendzentren, aus der Schulsozialarbeit oder junge Menschen, die Interesse haben, in einer offenen und respektvollen Umgebung Sportaktivitäten nachzugehen und Vorurteile abzubauen. Die Atmosphäre in den Stadtteilen soll durch die örtlich wechselnden Sportaktivitäten verbessert werden. Aufklärungs- und Integrationsarbeit sind neben dem Sport wesentliche Ziele von köln kickt.

Der erste Baustein des Potenzial-Prinzips Diversity thematisiert also Vielfalt in einem breiten Sinne. Durch eine immer feinere Unterteilung wird Vielfalt schließlich zu „Individualität". Der trennende Charakter mancher Unterscheidungsfaktoren wird durch die verbindende Wirkung anderer ausgeglichen. In allen Fällen muss bestehende Vielfalt zunächst erkannt werden, bevor sie anerkannt und als Chance und Potenzial genutzt werden kann.

Diversity verfolgt das Ziel, Menschen mit all ihren Unterschieden zu berücksichtigen, also nicht so zu tun, als seien sie gleich. Aussagen, wie „Bei uns spielt es keine Rolle, ob Sie Mann oder Frau, Deutsche oder Ausländerin, hetero- oder homosexuell sind", stehen dem Diversity-Gedanken insofern entgegen, als es faktisch sowohl für den Einzelnen als auch für die Organisation natürlich einen Unterschied macht. Dies erkennt Diversity an. Zudem löst Diversity die Fronten zwischen ehemals getrennt adressierten Gruppen (z. B. Männer vs. Frauen etc.) auf, indem das Individuum in den Vordergrund tritt. Wenn dieses Gruppendenken wegfällt, wird auch die Wahrnehmung reduziert, die Beendigung von Diskriminierung und Ausgrenzung resultiere in der Bevorzugung der zuvor benachteiligten bzw. der künftig geschützten Gruppe. Entsprechend kann Diversity dazu führen, dass eine besondere betriebliche Gleichstellungspolitik für Frauen nicht mehr sinnvoll sein mag. Vielmehr wären die Unternehmen gefordert, das Engagement und die Qualifikationen ihrer Mitarbeiterinnen gleichermaßen anzuerkennen. Auch besteht in der klaren wirtschaftlichen Orientierung von Diversity ein Unterschied zu Gleichstellungskonzepten. Diese basieren auf dem politischen Willen, frühere Benachteiligungen bestimmter Gruppen durch gezielte Maßnahmen zu neutralisieren oder bestehende Ausgrenzungen, Diskriminierungen und Diffamierungen zu überwinden. Die Betrachtung von positiven wirtschaftlichen Effekten erfolgte oft nur im Nachhinein oder als Hilfsargumentation.

Finden sich diese Konzepte tatsächlich in der betrieblichen Praxis wieder? Welche Bedeutung wird den unterschiedlichen Facetten von Vielfalt beigemessen? Gibt es die sogenannten Diskriminierungshierarchien, bei denen einzelne Themen eine explizit höhere Bedeutung, Förderung und Präferenz genießen?

Thema	Gruppen	Gruppengröße	Bedeutungsrang (DPS)	Umsetzungsfokus (Rang, EDS 1)	Umsetzungsfokus (Rang, EDS 2)
Geschlecht	Männer/ Frauen	49/51	1	1	1
Alter	jung/ mittel/alt	20/55/25	2	2	3
Kultur	Deutsche/ Migranten	81/19	4	3	2
Behinderung	ohne/mit	88/12	3	5	4
Religion	Christen/ Atheisten/ Nichtchristen	60/33/7	5	6	5
Sexuelle Orientierung	heterosexuell/homo-/bi-/ transsexuell	94/6	6	4	6

Abb. 3: Gruppengröße, wahrgenommene Bedeutung und Intensität der Bearbeitung

Die in der Abbildung verwendeten Kennzahlen stellen eine Rangfolge dar (1 = hohe Bedeutung, 6 = geringe Bedeutung). Die Gruppengröße kennzeichnet eine ungefähre Verteilung der Mitglieder innerhalb der Gruppen.

Die Second European Diversity Survey (EDS 2) aus dem Jahr 2004 erzielte hinsichtlich der sechs Kerndimensionen von Diversity dasselbe Ergebnis wie die vorherige Studie (EDS 1) im Jahre 2002. Beide Studien untersuchten unter anderem, welchen Stellenwert die einzelnen Kerndimensionen einnehmen. Sie zeigten, dass die verschiedenen Hauptthemen unterschiedlich hohe Beachtung fanden: Während Geschlecht und Ethnie bzw. kulturelle Prägung von praktisch allen Unternehmen berücksichtigt wurden, erhielten Behinderung sowie Alter mittlere Aufmerksamkeit. Sexuelle Orientierung und Religion wurden dagegen deutlich seltener in die aktiven Handlungsfelder eingeschlossen. Ein Vergleich dieser europaweiten Ergebnisse mit den Resultaten der deutschen Diversity Praxis Studie (DPS) des Jahres 2005 zeigt, dass kulturelle und andere Einflüsse erhebliche Auswirkungen haben: Die befragten deutschen Firmen maßen dem Thema „Alter" eine höhere Bedeutung bei als dem Thema „kulturelle Vielfalt". Nach Analysen des Autors korreliert der Unterschied in der Gruppengröße der betroffenen Personen mit der wahrgenommenen Bedeutung des jeweiligen Themas, was wiederum die Intensität der Bearbeitung des Themas bestimmt.

Dieses Ergebnis, das sich in der gängigen Unternehmenspraxis und in der Medienberichterstattung durchaus widerspiegelt, wirft die Frage nach der Ausgewogenheit von nachvollziehbarer Gewichtung aus ökonomischen Gründen (z. B. bezogen auf die Gruppengröße) und proklamierter Gleichgewichtung aus ethisch-politischen Gründen auf. Tatsächlich müssen Unternehmen genau an dieser Stelle auf eine Austarierung achten, um glaubwürdig zu bleiben. Die deutsche Diversity-Charta nennt in diesem Zusammenhang alle Kerndimensionen und zeigt, dass eine Gleichberechtigung bei gleichzeitiger Schwerpunktsetzung möglich erscheint.

1.2 Die zweite Komponente des Potenzial-Prinzips: Aufgeschlossenheit

Wertschöpfung entsteht durch Wertschätzung.

Stefan Lauer, Personalvorstand Lufthansa AG, zitiert im Geschäftsbericht 2006

Die zweite Komponente des Potenzial-Prinzips Diversity besteht in einer respektvollen, aufgeschlossen Grundhaltung. Wertschätzung bildet die Voraussetzung für erfolgreiche Interaktion und für die Nutzung von Vielfalt. Diese emotionale Wertekomponente des Potenzial-Prinzips Diversity umfasst auch das Bewusstsein, das Menschen und Organisationen für die vielfältigen Unterschiede ihrer Stakeholder und den Einfluss dieser Vielfalt auf das tägliche Miteinander mitbringen und zeigen. Zu diesem Baustein zählen die Themen Offenheit, Toleranz, Respekt, Fairness und viele weitere Werte, die in Leitbildern von Organisationen beschrieben oder auch als Teil der deutschen Leitkultur diskutiert werden.

Auf die Praxis übertragen, beschreibt die zweite Komponente des Potenzial-Prinzips Diversity, inwieweit eine Organisation die Unterschiedlichkeit ihrer Stakeholder bewusst anerkennt und konsistent wertschätzt. Anders ausgedrückt: Mit welcher Grundhaltung begegnet eine Organisation verschiedenen Stakeholdern und welche Werte zeigen sich im Umgang mit diesen? Dazu gehört auch die Frage nach der Offenheit und Aufgeschlossenheit für Potenziale, die sich außerhalb des bisher fokussierten Bereiches befinden. Damit stellt dieser Baustein von Diversity eine direkte Fortsetzung des bereits in den 1990er Jahren in den USA propagierten Ansatzes „Valuing Diversity" dar. Schon damals erkannten ExpertInnen, dass Vielfalt für sich allein genommen noch kein Ziel und keinen Mehrwert darstellt, sondern dass die Grundhaltung gegenüber Unterschieden entscheidend für die Schöpfung von Mehrwert ist: Welche Einstellung habe ich zu Unterschiedlichkeit? Wie gehe ich auf Menschen zu, die „anders" sind? Bin ich mir darüber im Klaren, dass praktisch alle persönlichen und kulturellen Faktoren die Arbeitsplatzsituation beeinflussen, und wie dies geschieht? Wie offen bin ich für andere Sichtweisen und für die Anregungen Anderer?

Die Komponente der Aufgeschlossenheit und Wertschätzung knüpft also direkt an den Baustein der Vielfalt an. Dabei ist es von wesentlicher Bedeutung, dass sich Menschen und Organisationen bewusst werden, dass sie in einer Welt leben und agieren, die von zunehmender Vielfalt geprägt ist. Um in einem späteren Schritt ein effektiveres Miteinander zu gewährleisten, benötigen alle Beteiligten ein positives Verständnis für diese Vielfalt. Das Potenzial-Prinzip Diversity beschränkt sich insofern bewusst nicht auf den passiven Ansatz der Toleranz (Abramson 2002, S. 230–243). Diversity fordert vielmehr, bestehende Normen und Sichtweisen zu überdenken und gegebenenfalls weiterzuentwickeln. Sowohl für Menschen als auch für Organisationen ist dies häufig kein einfacher Prozess, denn Individuen und Systeme entwickeln im Laufe der Zeit ein mehr oder weniger bewusstes Wertesystem, das die Wahrnehmung, die Informationsverarbeitung und damit die Bewertung sowie die daraus resultierende Handlungen wesentlich bestimmt. Je nach Umfeld beinhaltet dieses Wertesystem mehr oder weniger Offenheit für Vielfalt. Eine aktive Wertschätzung für die (positiven) Beiträge anderer Menschen zu entwickeln stellt in den meisten Fällen eine Erweiterung der bestehenden Bandbreite dar.

1.3 Die dritte Komponente des Potenzial-Prinzips: Einbeziehung

Inclusion means understanding, valuing and respecting workplace diversity, so that no employee is excluded from the workplace nor the opportunity to develop skills and talents consistent with our values and business objectives.

ABB Schweiz, 2006

Die dritte Komponente des Potenzial-Prinzips Diversity liegt auf der Handlungsebene und bezieht sich auf das konkrete Verhalten, das Menschen und Organisationen im Umgang mit Unterschiedlichkeit zeigen. Die gewünschte Verhaltensweise, die sich aus der vorausgehenden Komponente „Aufgeschlossenheit" ergeben sollte, beschreibt der englische Begriff „inclusion", zu Deutsch „Einbeziehung" oder „Integration". Viele Organisationen gingen in der jüngeren Vergangenheit dazu über, „inclusion" als wesentliche Ergänzung zu Diversity (im Sinne von Vielfalt) zu benennen. Daraus ergab sich das verbreitete Wortpaar „Diversity & Inclusion" oder kurz „D & I". Auch deutsche Unternehmen verwenden das Duo mit der Bedeutung „Vielfalt & Einbeziehung" gelegentlich.

Als Baustein des Potenzial-Prinzips Diversity zielt Einbeziehung sowohl auf Verhaltensweisen als auch auf die Kommunikation. Beides kann sich auf einzelne Menschen, also handelnde Personen, wie auch auf das Unternehmen oder die Organisation als Ganzes beziehen. Dies zeigt sich in der Unterscheidung, die in der englischen Fachliteratur (und Praxis) getroffen wird: Inclusion mit Bezug auf Interaktion (inclusive behaviour, inclusive communication/language) und/oder Inclusion mit Blick auf die Unternehmenskultur (inclusive culture).

Unternehmen und andere Organisationen thematisieren die dritte Komponente des Potenzial-Prinzips Diversity inzwischen bereits in unterschiedlicher Weise. So gibt der vielerorts verwendete Code of Conduct neben wesentlichen Grundsätzen meist eine Reihe von Verhaltensregeln vor. Einige Unternehmen definieren erstrebenswerte Verhaltensweisen auch im Rahmen ihrer Kompetenzmodelle oder sogar als Teil ihres Leitbildes. So definiert E.ON im Rahmen seines Leitbildes „OneE.ON" neben den fünf Grundwerten auch sechs Verhaltensweisen, die gemeinsam das Fundament für das Handeln des Konzerns bilden sollen. Zu den Werten gehören Integrität, Offenheit, Vertrauen, Mut und gesellschaftliche Verantwortung. Zu den definierten Verhaltensweisen gehören Vielfalt & Weiterentwicklung, Kundenorientierung, Leistungswille, Veränderungsbereitschaft, Zusammenarbeit und Führungsverhalten.

Die Bedeutung von Verhaltensweisen nimmt im Kontext von Kern- und Führungskompetenzen spürbar zu, da Unternehmen zu einem professionelleren, leistungsorientierten und strategisch auf künftig benötigte Fähigkeiten ausgerichteten Talent Management übergehen. Außerdem erfordern die fortschreitende Internationalisierung sowie Fusionen und Übernahmen einen konsistenten Rahmen, zum Beispiel zur Personalbeurteilung.

Einbeziehung bildet einen weiteren wesentlichen Baustein des Potenzial-Prinzips Diversity, der die wertschätzende Grundhaltung gegenüber Vielfalt durch konkrete Handlungen in erkennbare Mehrwerte, Vorteile oder Verbesserungen verwandelt. Inclusion ist daher eine wichtige Bereicherung für das ganzheitliche Verständnis von Diversity und die operative Umsetzung. Dennoch muss an dieser Stelle vor dem Fehler gewarnt werden, diesen Baustein aufgrund seiner konkreten Natur und seiner Anschaulichkeit gegenüber den vorangegangenen zu bevorzugen oder sich allein darauf zu konzentrieren. Denn eine Besonderheit des Potenzial-Prinzips Diversity liegt in seiner verknüpften Natur: Ohne Vielfalt und Aufgeschlossenheit kann Inclusion nicht zu den gewünschten Mehrwerten führen.

1.4 Die vierte Komponente des Potenzial-Prinzips: Mehrwert

Je mehr die Gesellschaft Vielfalt akzeptiert, umso mehr wird auch ein Unternehmen anerkannt, das Vielfalt bewusst als Fortschritt und Leistungsfaktor erachtet und auch offensiv damit wirbt. Das heißt also, persönlicher und wirtschaftlicher Erfolg gehen Hand in Hand.

Bundeskanzlerin Angela Merkel, 2007

Der vierte Baustein des Potenzial-Prinzips Diversity resultiert aus den drei vorausgehenden Komponenten und beinhaltet die erzielten Mehrwerte, Vorteile oder Verbesserungen – kurz, den Nutzen von Diversity. Die englischsprachige Fachliteratur hat hierfür die Bezeichnung „leveraging diversity" geprägt.

Diese Komponente fokussiert deutlich auf den wirtschaftlichen Erfolg oder andere Mehrwerte, die Diversity erzielen möchte. Obwohl dieser Zusammenhang auf den ersten Blick eingängig und klar erscheint, gibt es hier durchaus einen gewissen Erklärungsbedarf. Betrachtet man die frühen Wurzeln und wesentlichen Einflüsse von bürger- und menschenrechtlichen Argumenten, wird nämlich deutlich, dass Nutzenabwägungen im Diversity-Umfeld keineswegs eine Selbstverständlichkeit sind. Im Gegenteil, eine Reihe von Beteiligten kritisiert gerade diesen Aspekt von Diversity. Mit der Definition als Potenzial-Prinzip verstärkt das vorliegende Buch aber bewusst den Mehrwertcharakter des Ansatzes, der sich in vielen Jahren betrieblicher Praxis herausgebildet hat. Auch haben sich mittlerweile viele Interessensgruppen für die potenzialorientierte Sichtweise geöffnet und beteiligten sich zum Beispiel im Rahmen des Europäischen Jahres der Chancengleichheit für alle (2007) an zahlreichen Projekten, in denen deutlich wurde, dass Diversity auch der jeweiligen Sache zuträglich ist und keine Integration unter wirtschaftlichem Vorbehalt darstellt.

Die vierte Komponente des Potenzial-Prinzips Diversity beinhaltet neben den erzielten Ergebnissen die dauerhafte Steuerung der Organisationsrealität, insbesondere der vorigen drei Komponenten, um nachhaltig optimale Ergebnisse für alle Beteiligten (Stakeholder und Unternehmen) zu erzielen. Damit knüpft das Potenzial-Prinzip an frühere Paradigmen an, die Diversity als Instrument der Unternehmensführung (englisch: managing diversity) verstehen, als eine Gesamtheit von Maßnahmen, die dazu führen, dass Unterschiedlichkeiten in und von einer Organisation anerkannt, wertgeschätzt und als positive Beiträge zum Erfolg genutzt werden.

Natürlich bestehen in der betrieblichen Praxis bereits zahlreiche Ansätze, die der Berücksichtigung und Nutzung von Vielfalt und Individualität dienen: Betreuung von Expatriates, betriebliches Sozialwesen, Team Building, Kinderbetreuung, interkulturelles Training, Gesundheitsmanagement, Zielgruppenmarketing und vieles mehr. Diese Insellösungen oder Programme richten sich im Allgemeinen an Gruppen, die davon „profitieren" sollen. Oft fehlt jedoch die Erkenntnis, dass die Themen Vielfalt, Wertschätzung, Einbeziehung und Produktivität die verbindenden Aspekte all dieser Ansätze darstellen. Inzwischen nutzen aber immer mehr Unternehmen Diversity als konsistenten Rahmen oder als Plattform, um einzelne Aktivitäten zu verbinden und gemeinsam als Win-win-Konzepte auf den betrieblichen Gesamterfolg auszurichten. Dies ermöglicht und erleichtert die synergetische Verknüpfung und Verbreiterung der Initiativen, sodass diese noch mehr Menschen erreichen und damit noch mehr positive Wirkungen entfalten.

1.5 Exkurs: Annahmen zu Diversity

Bei der Betrachtung der Annahmen zu Diversity geht es zum einen um das Menschenbild, von dem Diversity implizit ausgeht, und zum anderen um die Grundannahmen, die als implizite Voraussetzungen herangezogen werden.

Diversity geht von einem bestimmten Menschenbild aus. Dieses ist bisher in der Literatur noch nicht detaillierter und eindeutig beschrieben und erfasst worden. Im Folgenden wird das Menschenbild eines „Diversity-Menschen" skizziert. Der „Diversity-Mensch" nach Sonnenschein (1997):

- verhält sich respektvoll gegenüber allen anderen MitarbeiterInnen des Unternehmens;
- ist tolerant gegenüber Unstimmigkeiten in Sprache, Lebensstil und Verhalten;
- schließt keine Person von der Gemeinschaft aus und diskriminiert niemanden;
- strebt nach freier Entfaltung und Selbstverwirklichung;
- hat den Wunsch nach Freiraum innerhalb des Unternehmens;
- ist kreativ und einfallsreich;
- hat eine offene Geisteshaltung;
- ist flexibel in Situationen, die neu, schwierig oder herausfordernd sind;
- besitzt die Fähigkeit zur Selbsterkenntnis, um sicherzustellen, dass eigene Reaktionen verstanden werden, und man sich in das Umfeld und die Arbeit einbringt;
- besitzt die Fähigkeit zur Empathie, um nachvollziehen zu können, was jemand anders in neuen oder fremden Situationen möglicherweise empfindet;
- hat Geduld für langsame Veränderungen und schwierige Situationen;
- sieht Arbeit als eine Quelle der Zufriedenheit an;
- hat den Willen zur Arbeit.

Aufbauend auf diesem Menschenbild von Diversity werden drei Grundannahmen getroffen.

Erste Annahme

Diversity ist in jedem Unternehmen vorhanden und muss gemanagt werden. Wird Diversity nicht gemanagt, dann führt dies zu ökonomischen Nachteilen für das Unternehmen. Folglich sind Unternehmen bestrebt, Diversity zu managen, aber auch zu nutzen und zu fördern, da Diversity als positiver Wettbewerbsparameter anzusehen ist.

Vorhandene Vielfalt im Unternehmen wird also von Diversity befürwortet. Hierbei ist wichtig, dass innerhalb der existierenden Vielfalt keine Selektion erfolgt. Alle Personen bzw. Gruppen sind relevant für den Erfolg eines Unternehmens. Deshalb werden auch alle MitarbeiterInnen gleichberechtigt einbezogen. Aber nicht nur für das Unternehmen ist dies von Vorteil, sondern auch für jeden einzelnen Arbeitnehmer, da sich allen die Möglichkeit bietet, die eigene Individualität einzubringen. Es findet also keine gleiche Behandlung für alle statt, sondern eine individuelle Behandlung, da jeder Mensch anders ist. Somit lässt sich die zweite Annahme formulieren.

Zweite Annahme

Im Unternehmen erfolgt eine gleichberechtigte Einbeziehung aller Personen bzw. Gruppen in dem Bewusstsein, dass dies Vorteile sowohl für das Unternehmen als auch für die Gesellschaft und die Arbeitnehmer mit sich bringt. Ungleiche Arbeitnehmer haben ein Recht auf eine ungleiche Behandlung (im positiven Sinn). Dieses Recht gilt für alle gleich. Wenn also alle Personen bzw. Gruppen gleichberechtigt in das Unternehmen einbezogen werden, dann impliziert dies, dass auch niemand diskriminiert werden darf. Dies führt zur dritten Annahme.

Dritte Annahme

Diskriminierungen von Minderheiten erzeugen ökonomische Nachteile, deshalb müssen sie vermieden werden. Fühlt sich beispielsweise ein türkischstämmiger Beschäftigter ausgegrenzt und in seiner Leistung nicht wertgeschätzt, ist davon auszugehen, dass seine Motivation sinkt und seine Leistung nicht über die zu erfüllende Pflicht hinausgeht. Klagefälle haben gezeigt, dass Diskriminierungen imageschädigende Wirkung haben. Gerade sogenannte Minderheiten reagieren sehr sensibel bei Kaufentscheidungen und bei der Wahl des Arbeitgebers auf benachteiligende Praktiken von Unternehmen.

Die hier getroffenen Annahmen dienen dazu, Diversity bewusster zu gestalten und zu einem Grundverständnis zu gelangen, mit dem Diversity in einer Organisation erfolgreicher umgesetzt werden kann.

Zusammenfassung

Das in diesem Kapitel vorgestellte Potenzial-Prinzip Diversity besteht aus den vier Komponenten Vielfalt, Aufgeschlossenheit, Einbeziehung und Mehrwert. Diese knüpfen an eine Reihe schon länger bestehender Paradigmen an und fügen diese in einem neuen Kontext zusammen, wie die folgende Abbildung zeigt.

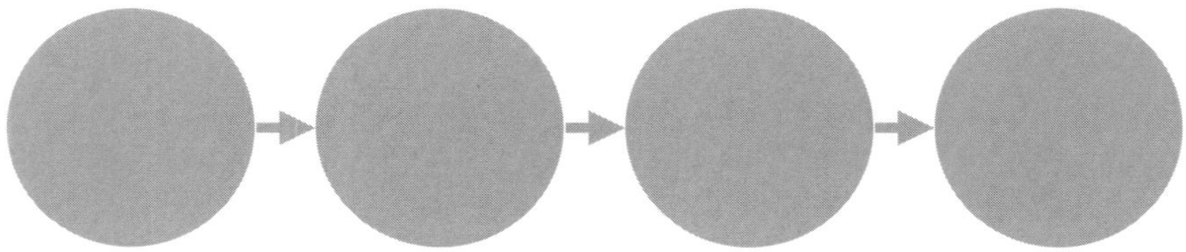

Vielfalt	**Offenheit**	**Einbeziehung**	**Erfolg**
Realität/Phänomen	Werte/Geistes-haltung/Einstellung	Verhalten	Ergebnis
Unterschiede, Individualität	Respekt, Wertschätzung	Integration	Win-win
Head	Heart	Hand	
Ratio	Emotion	Aktion	
Diversity	valuing diversity	inclusion	leveraging diversity
Gesamtkonzept „Diversity" oder Ansatz „Diversity Management"			

Abb. 4: Das Potenzial-Prinzip Diversity und seine verwandten Paradigmen

Die erläuterten Grundannahmen und das mit ihnen verbundene Menschenbild spiegeln den Grundgedanken wider, dass jedes Individuum einzigartig ist. Wenn diese Einzigartigkeit erkannt und richtig gemanagt wird, dann können daraus für Unternehmen und alle Beteiligten Vorteile entstehen. Diversity bietet den erforderlichen Rahmen für eine erfolgreiche Einbeziehung vielfältiger Gemeinsamkeiten und Unterschiede von Menschen.

2 Warum ist Diversity wichtig?

Angesichts wachsender Vielfalt in Arbeits- und Absatzmärkten sowie im gesellschaftlich-politischen Umfeld berücksichtigen Unternehmen Diversity zunehmend in einer Reihe von Funktionen mit starker Außenwirkung, wie Personalbeschaffung oder Öffentlichkeitsarbeit. Jenseits dieser offensichtlichen Ansatzpunkte weist Diversity vielfältige Bezüge zu den Schlüsselthemen der Wirtschaft auf. Outsourcing, Fusionen oder echte Innovationen sind nur dann effektiv und erfolgreich möglich, wenn Vielfalt positive Berücksichtigung findet. Dies erscheint mit Blick auf gesellschaftliche (demografischer Wandel, veränderte Beziehungen zwischen Menschen, individueller Wertewandel) und politische Entwicklungen ohnehin unabdingbar, denn nahezu alle relevanten Trends zeigen in Richtung Vielfalt und Individualität oder Einbeziehung und Integration. Mehr als je zuvor stellt Diversity für Unternehmen und nicht gewinnorientierte Organisationen eine Notwendigkeit dar, da alle Stakeholder – Kunden, Bürger, Mitarbeiter, Aktionäre, Mitglieder, das gesellschaftliche Umfeld und Lieferanten – im Zuge der allgemeinen Differenzierung und Individualisierung immer vielfältiger werden. Allerdings müssen die meisten Organisationen nicht auf diese künftigen Entwicklungen warten. Innerhalb und außerhalb der Unternehmen besteht bereits weitaus mehr Vielfalt, als bislang (an-)erkannt oder genutzt wird. Das Potenzial-Prinzip Diversity zielt genau auf die Aktivierung dieser Ressourcen ab.

Diese Überlegungen betreffen die Wirtschaft, die öffentliche Verwaltung, nicht gewinnorientierte Organisationen sowie Staat und Politik gleichermaßen. Sie alle sind zunehmend darauf angewiesen, vorhandene Potenziale optimal zu nutzen und sie alle müssen sich auf die vielfältigen Veränderungen ihres Umfeldes einstellen, wenn sie nachhaltig und erfolgreich sein und bleiben möchten. Bei der Umsetzung zeigt sich dies vor allem auch in der Arbeit der Personalbereiche, die in den letzten Jahren verstärkt auf das jeweilige Kerngeschäft ausgerichtet und grundlegend neu strukturiert wurden. Zudem bewirkten zahlreiche Trends eine neue Schwerpunktbildung innerhalb des Personalwesens. So führte der demografische Wandel zu einer Priorisierung von Employer Branding und die Globalisierung bewirkte eine Schwerpunktbildung im Bereich International HR. Insgesamt ergibt sich aus den im Folgenden diskutierten Aspekten und Entwicklungen die Notwendigkeit, das Potenzial-Prinzip Diversity ganzheitlich und umfassend einzusetzen.

2.1 Diversity als Schlüsselthema wirtschaftlicher Metatrends

Wirtschaftstrends, die nachhaltige Veränderungen in Unternehmen hervorrufen, bilden eine wichtige Grundlage für das Potenzial-Prinzip Diversity, das stets Mehrwerte und Vorteile für alle Beteiligten erzielen möchte. Tatsächlich stellt Diversity eine Antwort auf zahlreiche strategische Entwicklungen und operative Herausforderungen in der Wirtschaft dar. Zu den Schlüsselthemen zählen unbestreitbar:

- Internationalisierung
  - Europäische Integration
  - Globalisierung
- Organisationsveränderungen
  - Veränderungsgeschwindigkeit
  - Komplexität von Strukturen
- Unternehmensübergreifende Aktivitäten
  - Mergers & Acquisitions (M & A)
  - Strategische Allianzen
- Kosteneinsparungen und Ressourcennutzung
  - Kosten- und Produktivitätsdruck
  - Ressourcenreduzierung und -verlagerung
- Wettbewerbs- und Innovationsdruck
  - Markenposition und -macht
  - Innovationsfähigkeit und -fokus
- Ethikorientierung und Transparenz
  - Corporate Social Responsibility (CSR)
  - Selbstverpflichtungen und -kontrolle.

Die folgenden Betrachtungen zeigen, dass all diese Schlüsselthemen einen direkten Bezug zum Potenzial-Prinzip Diversity im Sinne von Vielfalt, Offenheit und Einbeziehung aufweisen und dass Diversity einen wichtigen, wenn nicht sogar erfolgskritischen Beitrag leisten kann und muss.

Internationalisierung

Durch den verstärkten Fluss von Waren, Dienstleistungen und Personen innerhalb der vergrößerten EU und durch die zunehmende Globalisierung sehen sich Unternehmen mit immer mehr kultureller Vielfalt konfrontiert. Aber auch ihre Geschäftspartner unterscheiden sich häufiger und deutlicher von ihrer eigenen

Kultur als je zuvor. Durch diese kulturellen Unterschiede entstehen zunehmend komplexe Herausforderungen. Interaktionen werden von verschiedenen Mentalitäten und Kulturen geprägt. Eine erfolgreiche Zusammenarbeit ist dabei nur möglich, wenn Unternehmen ein klares Bewusstsein für die vielfältigen Ebenen von Verschiedenartigkeit und deren Interdependenzen entwickeln. Die wesentlichen Ausprägungen von Internationalisierung, europäischer Integration und Globalisierung weisen insofern einen klaren, engen und vielschichtigen Zusammenhang mit Diversity auf. Die Anwendung des Potenzial-Prinzips Diversity stellt in der internationalen Zusammenarbeit die Wahrnehmung, Wertschätzung und interaktive Nutzung kultureller Unterschiede sicher.

Organisationsveränderungen

Unternehmen sind heute mit häufigen und teilweise tiefgreifenden Umstrukturierungen befasst, und dies wird auch in Zukunft so sein. Neue Organisationsstrukturen bringen es typischerweise mit sich, dass neue KollegInnen, mit unterschiedlichen Ausbildungen und Erfahrungen, Denk- und Arbeitsweisen, Kommunikations- und Führungsstilen aufeinandertreffen und künftig produktiv zusammenarbeiten müssen. Weiterhin führen Umstrukturierungen häufig zu neuen Prozessen, Berichtslinien oder Arbeitsinhalten. Eine produktive Nutzung dieser Veränderungen ist vor allem unter Berücksichtigung der vielfältigen Potenziale aller Beteiligten möglich. Besonders im Zusammenhang mit Veränderungen kommt dem Potenzial-Prinzip Diversity in Form einer offenen Geisteshaltung eine erhebliche Bedeutung zu: Mit Aufgeschlossenheit oder sogar Neugier erhalten Veränderungen eine zusätzliche oder neue positive Konnotation und laufen in einer Diversity-Organisation glatter und effektiver ab als in traditionellen Umfeldern. Das Potenzial-Prinzip Diversity begünstigt strukturelle, personelle und prozessuale Veränderungen.

Unternehmensübergreifende Aktivitäten

Unternehmenszusammenschlüsse und -übernahmen gehören zum Alltag vieler Führungskräfte und Beschäftigten. Bei strategischen Allianzen, bei enger Zusammenarbeit für Just-in-Time-Lösungen oder anderen Vernetzungen treffen verschiedene Unternehmenskulturen aufeinander. Ähnlich wie Mergers & Acquisitions verlaufen derartige Kooperationen vor allem dann erfolgreich, wenn die Verschiedenartigkeit der jeweiligen Partner geachtet und ihre unterschiedlichen Beiträge oder Stärken wertgeschätzt werden. Eine gute Vorbereitung der Zusammenarbeit, bei der die Notwendigkeit von Respekt und Akzeptanz sowie der Wert und Nutzen von Unterschiedlichkeit vermittelt werden, hilft Missverständnisse und Konflikte zu vermindern oder zu vermeiden. Damit wird eine intensive Wechselwirkung zwischen Diversity und unternehmensübergreifenden Aktivitäten deutlich. Das Potenzial-Prinzip Diversity hilft, die häufigsten Gründe für das Scheitern von Fusionen und Übernahmen zu beseitigen.

Kosteneinsparungen und Ressourcennutzung

Themen wie Kosteneinsparungen und Produktivitätsoptimierungen sind im Zeitalter knapper Ressourcen von überragender Bedeutung für viele Unternehmen. In diesem Zusammenhang drängt sich förmlich die Frage auf, wie sich das Potenzial-Prinzip Diversity, das auch mit Kosten verbunden ist, mit den verbreiteten Sparkonzepten vereinbaren lässt. Spätere Kapitel werden zeigen, dass Diversity tatsächlich auf viele Arten und Weisen direkt dazu beiträgt, nachhaltige Werte oder Mehrwerte für die Anteilseigner zu schaffen. Durch die bewusste Nutzung der gesamten Potenziale aller MitarbeiterInnen optimiert Diversity die Produktivität der vorhandenen Ressourcen und sichert auf Marktseite die Ausschöpfung vielfältiger Markt- oder Kundenpotenziale.

Wettbewerbs- und Innovationsdruck

Auf vielen Märkten sehen sich Unternehmen mit nachhaltigen, existenziellen Herausforderungen konfrontiert: mit direktem Wettbewerbsdruck, schwieriger Differenzierung und der dauerhaften Notwendigkeit, Innovationen zu schaffen. Konzentrationen und Konsolidierungstendenzen (Fokus auf Kernkompetenzen) verschärfen den Wettbewerb. Immer häufiger weisen die Produktportfolios der verschiedenen Anbieter entweder weitgehende oder gar keine Überlappung auf. In derart umkämpften Märkten werden sich jene Unternehmen gut behaupten, die ein Bewusstsein für die Vielfalt ihres gesamten Marktes und der verschiedenen Teilsegmente sowie relevanter Entwicklungen zeigen und dies in differenzierte Marketing- und Vertriebskonzepte umsetzen. Die neue Bedeutung von Marken zeigt sich dabei als Folge des technischen Fortschritts und von Diversifikationsstrategien. Auf immer mehr Märkten finden sich austauschbare Produkte oder Dienstleistungen. Damit werden Marken, aber auch das Image eines Unternehmens immer wichtiger, gerade auch im internationalen Kontext. Der Markenarchitektur und damit den Markenwerten kommt dabei eine immer größere Bedeutung zu. Marken, die sich allzu sehr auf traditionelle Mainstream-Segmente konzentrieren, haben in internationalen, vielfältigen und multigenerationalen Märkten schon bald das Nachsehen. Das Potenzial-Prinzip Diversity im Sinne eines werteorientierten Leitgedankens kann dazu beitragen, die Marken und das Profil eines Unternehmens zu schärfen und sich von Wettbewerbern zu differenzieren.

Emotionale Werte haben in der heutigen Zeit einen wesentlich höheren Stellenwert als früher. Selbst große Technologiefirmen investieren erheblich in die Emotionalisierung ihrer Marken. Mit Diversity wird dies leichter und deutlicher möglich, denn Emotionen sind bei den Adressaten der Markenkommunikation eng mit der jeweiligen Persönlichkeit und Lebenswirklichkeit verknüpft. Einige große Konzerne haben Diversity deshalb bereits in ihre strategische Unternehmenskommunikation aufgenommen. Die konsistente Anwendung des Potenzial-Prinzips in diesem Bereich stellt einen Erfolgfaktor bei der Bearbeitung von Zukunftsmärkten dar.

Der harte Wettbewerb führt neben dem veränderten Markenmanagement auch zu der Notwendigkeit, in immer kürzerer Zeit neue Produkte und Dienstleistungen bis zur Marktreife zu bringen. Dies erfordert hohe Flexibilität und ausgeprägtes Engagement der Belegschaften. In diesem Wettlauf gegen die Zeit kann ein Unternehmen besonders dann gewinnen, wenn es MitarbeiterInnen beschäftigt, die all ihre Fähigkeiten, Ideen und Problemlösungsstrategien voll einsetzen und kompetent, produktiv und effektiv mit ihren KollegInnen zusammenarbeiten, die wiederum andere Fähigkeiten, Kenntnisse, Stärken oder Denkweisen einbringen. Damit zeigt sich die unmittelbare Relevanz des Potenzial-Prinzips Diversity für den klassischen Forschungs- und Entwicklungsprozess. Noch wichtiger wird Diversity dann, wenn echte Innovationen, also Quantensprünge der Entwicklung, betroffen sind.

Charakteristisch für Innovationen ist, dass sie Grenzüberschreitungen (meist Kombinationen aus gänzlich getrennten Bereichen) und das Ergebnis einer Vielzahl kreativer Ideen darstellen und dass sie tatsächlich realisiert werden. Echte Innovationen kommen nur dann zustande, wenn unterschiedliche Beteiligte, zum Beispiel ein Architekt und ein Termitenforscher, zusammentreffen. Diese benötigen die ausgeprägte Bereitschaft, über ihren eigenen Tellerrand hinaus zu schauen und die Expertise des Anderen wertzuschätzen (Offenheit, Neugier). Zudem benötigen sie die Fähigkeit, über ihre Fachgrenzen hinweg mit anderen produktiv und effektiv zusammenzuarbeiten und deren Beiträge aufzugreifen und zu integrieren (Einbeziehung, inclusion). Auf diesem Wege entsteht mit Diversity als Katalysator eine Vielzahl von Ideen, aus denen schließlich eine realisierbare Variante hervorgeht; im obigen Fall zum Beispiel ein Haus in der afrikanischen Wüste, das sich die Ventilationsprinzipien von Termitenhügeln zunutze macht und dadurch nur einen Bruchteil der Energie für Beheizung (nachts) und Kühlung (tagsüber) verbraucht.

Ethikorientierung und Transparenz

Ethisches Handeln bzw. Corporate Social Responsibility (CSR) ist heutzutage wesentlicher Bestandteil vieler Unternehmensstrategien, was von vielfältigen Zielgruppen auch so erwartet wird. Die Bilanzierungs- und Veruntreuungsskandale der letzten Jahre zeigen, welche dramatischen Auswirkungen nicht nur unethische Praktiken, sondern vor allem deren öffentliche Diskussion haben. Studien belegen, dass Unternehmen ein sorgenvolles Augenmerk auf mögliche Imageschäden richten, wenngleich sie nur zögernd vorbeugende Initiativen ergreifen. So ermittelte die Diversity Praxis Studie aus dem Jahr 2005 eine zunehmende Ethikorientierung als den wichtigsten von Unternehmen im Zusammenhang mit Diversity genannten Wirtschaftstrend (siehe dazu Abbildung 5).

Das Potenzial-Prinzip Diversity im Sinne von Offenheit kann dazu beitragen, das Image einer Organisation in Richtung Transparenz und Fairness zu schärfen und die öffentliche Glaubwürdigkeit ethischer Bemühungen zu verstärken. Tatsächlich berichten Nachhaltigkeits- und CSR-Berichte vermehrt über Diversity. Für das

Jahr 2007 veröffentlichten 24 der 30 DAX-Unternehmen einen Nachhaltigkeits- bzw. CSR-Bericht (80 %). 18 dieser 24 Berichte behandeln das Thema Diversity (75 %). Zehn Berichte enthalten mindestens eine Seite zu Diversity; sieben widmen dem Thema ein eigenes Kapitel. Ein Bericht beschränkt sich auf einen Absatz über das Thema Diversity. Die Art und Weise, wie Diversity im Rahmen von CSR positioniert wird, variiert dabei deutlich. In Überschriften wie „Engagement für Vielfalt", „Diversity und Schwerbehinderte", „Chancen für Minderheiten" oder „Unsere Herausforderung: Demografischer Wandel" zeigen sich unterschiedliche Konzepte und Herangehensweisen.

Die Globalisierung der Wirtschaft und die damit einhergehende Internationalisierung von Managementpraktiken erfasst auch traditionell national geregelte Bereiche wie die Offenlegung interner Situationen und Prozesse. Zum Beispiel sind Aktiengesellschaften im Rahmen ihrer Konzernrechnungslegung an manchen Börsenplätzen verpflichtet, ihre Risiken darzustellen und zu bewerten. Hierbei finden verstärkt Personalrisiken Berücksichtigung, die auch die Gefahr von Diskriminierungsklagen oder Personalimageschäden beinhalten sollten. Die Erreichung oder eben auch Nichterreichung festgelegter Ziele offen zu legen, schafft Transparenz und stärkt Vertrauen.

Abbildung 5 zeigt, für welche Wirtschaftstrends Diversity nach Meinung führender Unternehmen den größten Mehrwert darstellt. Die Ergebnisse beruhen auf einer Befragung von 33 deutschsprachigen Unternehmen im Jahr 2005. Der hohe Stellenwert der Ethikorientierung kann als Ausdruck dafür verstanden werden, dass die befragten Unternehmen Diversity zu diesem Zeitpunkt eher als ein normatives und weniger als ein nutzenorientiertes Konzept interpretierten.

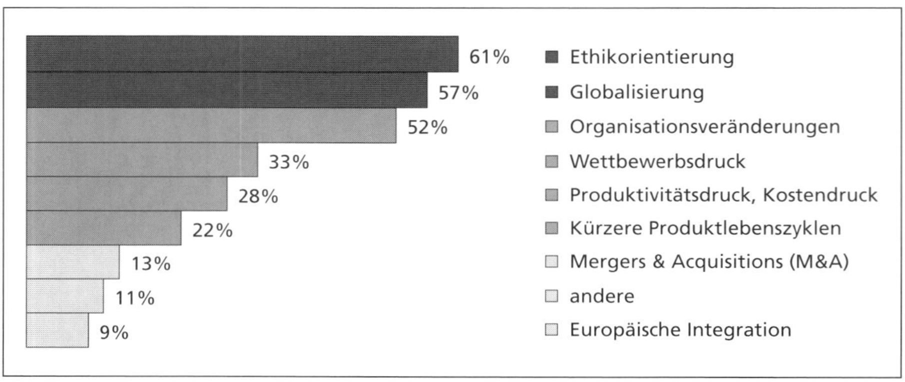

Abb. 5: Für welche Wirtschaftstrends erbringt Diversity den größten Nutzen?

2.2 Diversity als Antwort auf veränderte Rahmenbedingungen

Neben den bereits erläuterten wirtschaftlichen Metatrends sind vier weitere wesentliche Trends zu nennen, die die Rahmenbedingungen einer Organisation nachhaltig beeinflussen und verändern. Diese Trends umfassen rechtliche, demografische, kulturelle und kommunikationsbezogene Veränderungen. Unternehmen und andere Organisationen können diese Entwicklungen nicht oder nur in geringer Weise beeinflussen und unterliegen insofern dem Zwang, sich auf sie einzustellen. Die nachfolgende Analyse zeigt, dass nahezu alle relevanten Entwicklungen in Richtung Vielfalt, Offenheit und Einbeziehung weisen und damit die Notwendigkeit zur Umsetzung des Potenzial-Prinzips Diversity unterstreichen. Abbildung 6 illustriert die drei Trend-Ebenen „Demografie", „Werte" und „Beziehungen" mit ihren externen und internen Auswirkungen und Ergebnissen. Alle Elemente korrespondieren mit den Komponenten des Potenzial-Prinzips Diversity. Die sich verändernden rechtlichen Bedingungen sind als Rahmen dargestellt.

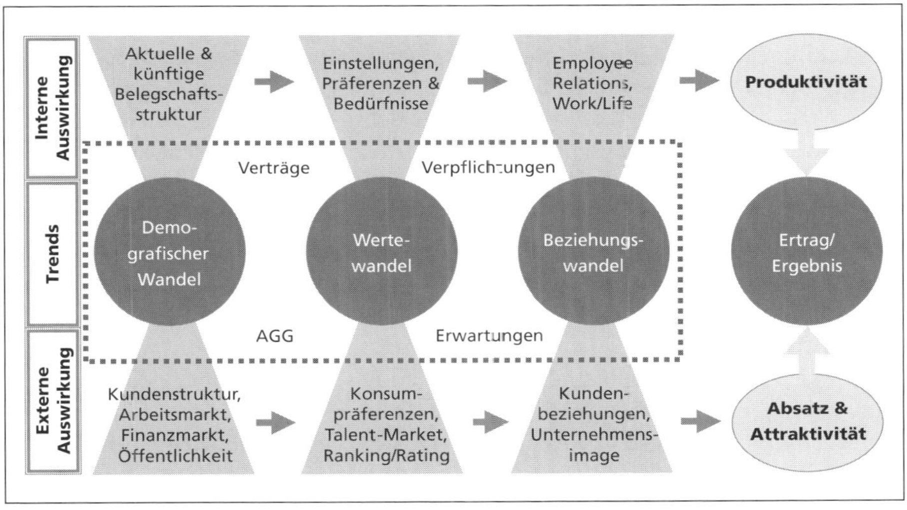

Abb. 6: Warum besteht eine Notwendigkeit für Diversity?

2.2.1 Wachsende Anforderungen durch rechtlichen Wandel

Externe Entwicklungen

Mit der Einführung des Allgemeinen Gleichbehandlungsgesetzes (AGG), welches am 14.8.2006 in Kraft getreten ist, sind Arbeitgeber in Deutschland dazu verpflichtet worden, ein diskriminierungsfreies Arbeitsumfeld zu gewährleisten. Basis des AGG sind die EU-Antidiskriminierungsrichtlinien aus den Jahren 2000, 2002 und 2004. Diese Richtlinien mussten von allen EU-Ländern in nationales

Recht umgesetzt werden. Unternehmen und andere Arbeitgeber müssen sich auf die veränderten rechtlichen Anforderungen einstellen, wenn sie kostenintensive Klagen und Imageschäden vermeiden möchten. Zudem machen es Faktoren wie die Internationalisierung von Unternehmen, die Tätigkeit von Arbeitnehmern an verschiedenen Standorten und die zunehmende Vielfalt innerhalb von Belegschaften erforderlich, sich mit den einschlägigen Antidiskriminierungsvorschriften der nationalen und der internationalen Ebene auseinanderzusetzen.

Das AGG betrifft viele Unternehmensbereiche, insbesondere sind aber die Personalprozesse und der Kundenverkehr so zu gestalten, dass keine ungerechtfertigten Benachteiligungen aufgrund von ethnischer Unterscheidung, Alter, Geschlecht, Behinderung, sexueller Orientierung oder Religion eines Menschen entstehen. Gleiches gilt für Belästigungen durch unerwünschtes Verhalten aufgrund dieser Merkmale. Aus dem AGG ergeben sich für Arbeitgeber eine Reihe von Pflichten, wie zum Beispiel die Überprüfung von Personalprozessen oder die regelmäßige Untersuchung der Unternehmenskultur dahingehend, ob diese diskriminierungs- und nachhaltig belästigungsfrei gestaltet sind.

Unternehmenserfolg wird maßgeblich davon beeinflusst, wie Unternehmen diese gesetzlichen Vorgaben umsetzen. Auch wenn arbeitsrechtliche Bestimmungen nicht immer in allen Unternehmensbereichen wohlwollend gesehen werden, so belegt doch eine Studie von Hicks-Clarke und Illes (2000), dass Organisationen, die ein positives Klima für eine vielfältige Belegschaft fördern, die Zufriedenheit und Loyalität ihrer Beschäftigten stärken. Die beiden Forscher gelangen zu dem Schluss, dass folgende Elemente in der Personalpolitik berücksichtigt und verankert sein müssen: Chancengleichheit, Mentoring, flexible Arbeitszeiten, Kinderbetreuung und Karrierepausen. Der Studie zufolge bewerteten MitarbeiterInnen ihr Unternehmen insbesondere dann positiv, wenn Chancengleichheit nicht nur mündlich kommuniziert, sondern den Mitarbeitern auch in schriftlicher Form vermittelt wurde. Insofern erscheint der Informationsparagraph des AGG (§ 12, 2) durchaus sinnvoll, wonach alle Beschäftigten über den Inhalt des Gesetzes aufzuklären sind. Nach Erkenntnissen des Autors nutzten die meisten Unternehmen die Gelegenheit zur positiven Kommunikation jedoch nicht und ließen den Gesetzestext lediglich aushängen oder in Form eines Computerprogramms vorführen. Eine proaktive, mehrwertorientierte Herangehensweise bietet dagegen die Chance, die Beschäftigten direkt anzusprechen und zu einem Verhalten entsprechend dem Potenzial-Prinzip Diversity zu ermutigen. In Anlehnung an die vorgenannte Studie kann man folgern: Im Rahmen der Personalpolitik eines Unternehmens steigert Diversity die Attraktivität des Arbeitgebers sowie die Motivation und Loyalität seiner Beschäftigten.

Eurobarometer-Erhebung

Um die Einstellungen der Menschen in Europa zu Diskriminierung zu untersuchen, führt die Europäische Kommission regelmäßig eine Meinungsumfrage in den Ländern der EU durch, die sogenannte Eurobarometer-Erhebung. Die letzte Erhebung ergab, dass in der Europäischen Union die Meinung vorherrscht, Diskriminierung trete besonders aufgrund von Behinderung, ethnischer Herkunft und sexueller Orientierung auf (Europäische Kommission 2007, S. 11 ff.). Eine Diskriminierung aufgrund des Geschlechts wurde weniger stark wahrgenommen. Grundsätzlich äußerten zwischen 27 % und 42 % der Befragten, dass sie den Eindruck haben, Diskriminierung sei zum Zeitpunkt der Befragung weiter verbreitet als noch vor fünf Jahren. Dies mag auf die tatsächliche Zunahme von Diskriminierung oder auf eine sensiblere Wahrnehmung aufgrund verbesserter Aufklärung oder auf eine Kombination beider Faktoren zurückzuführen sein.

Interne Entwicklungen

Neben den staatlichen Regelungen spielen zunehmend Betriebsvereinbarungen in den Unternehmen eine wesentliche Rolle. Immer mehr Organisationen verpflichten sich selbst zu mehr Chancengleichheit und Fairness am Arbeitsplatz. Da viele dieser Vereinbarungen bindenden Charakter haben, ergibt sich auch aus ihnen die Notwendigkeit für Unternehmen, ihre Kultur und ihre Systeme auf Benachteiligungen hin zu überprüfen und gegebenenfalls weiterzuentwickeln. Vor allem wegen der Außenwirkung der Vereinbarungen – von ihrer Einhaltung hängt die Glaubwürdigkeit der betreffenden Unternehmen ab – scheint in vielen Fällen ein Umdenken erforderlich (siehe dazu Kapitel 4). Dies gilt umso mehr, als die Bundesregierung mit der Verabschiedung des AGG eine unabhängige Antidiskriminierungsstelle eingerichtet hat. Als erste Amtsinhaberin leitet Martina Köppen die dem Bundesministerium für Familie, Senioren Frauen und Jugend unterstellte Behörde. Die Antidiskriminierungsstelle bietet Beratungsangebote für Personen, die von Diskriminierung betroffen sind, und betreibt Ursachenforschung. Zudem plant sie einen „Pakt mit der Wirtschaft“, an dem die Tarifpartner auf dem Wege der Selbstverpflichtung beteiligt werden sollen.

2.2.2 Wachsende Vielfalt durch demografischen Wandel

In unserer Gesellschaft zeichnen sich demografische und kulturelle Trends ab, die die betriebliche Praxis langfristig beeinflussen und Unternehmen zwingen, sich auf Veränderungen einzustellen, um erfolgreich am Markt bestehen zu können. Aktuelle Entwicklungen, wie die wachsende Bedeutung von Frauen am Arbeitsmarkt und die Zunahme der in Deutschland lebenden Menschen mit Migrationshintergrund, weisen in Richtung Erweiterung gesellschaftlicher Vielfalt. Je schneller sich Unternehmen den Herausforderungen des demografischen Wandels anpassen und Lösungen finden, desto eher können sie den Erfolg ihres Unternehmens positiv beeinflussen. Unterbleibt dies, so entstehen Opportunitätskosten, zum Beispiel durch sinkenden Markterfolg oder abnehmende Effizienz der Personalbeschaffungsmaßnahmen und des Personaleinsatzes. Das Potenzial-Prinzip Diversity kann ein geeigneter Ansatz sein, um den demografischen Veränderungen unternehmerisch Rechnung zu tragen.

Veränderung der Berufs- und Qualifikationsstrukturen

Die Berufsstruktur gibt Auskunft über Art und Umfang der Erwerbstätigkeit. Wie Voß und Dombrowski erklären: „Zumeist ist darüber hinaus aber mit Berufsstruktur im engeren Sinne gemeint, dass und wie Personen durch den berufsfachlichen Inhalt ihrer Erwerbstätigkeit gesellschaftlich zu verorten sind und welche sozialen Strukturen sich daraus ergeben. [...] Als Qualifikationsstrukturen sind demgegenüber diejenigen Strukturmerkmale der Gesellschaft zu verstehen, die sich allein aus der erwerbsrelevanten Ausbildung und Qualifikation von Personen ergeben" (1998, S. 60 ff.).

Die Berufs- und Qualifikationsstrukturen in der Bundesrepublik Deutschland verändern sich nachhaltig. Seit 1970 stieg die Zahl der Erwerbspersonen (= Erwerbstätige und Erwerbslose) absolut um ca. 13,4 Millionen auf 40,2 Millionen im ersten Quartal des Jahres 2008 (Statistisches Bundesamt 2008; Bundeszentrale für politische Bildung 2008). Ursachen dafür sind demografische Verschiebungen (Berufseintritt geburtenstarker Jahrgänge), Arbeitskräftezuwanderungen (Übersiedler, Aussiedler, Ausländer) sowie die gestiegene Erwerbsbeteiligung von v. a. auch verheirateten Frauen (Voß/Dombrowski 1998, S. 60 ff.). Relativ gesehen ergibt sich folgendes Bild: Im Zeitraum von 1997 bis 2007 stieg die Erwerbsquote (= Anteil der Erwerbspersonen an der Gesamtbevölkerung zwischen 15 und 65 Jahren) nur sehr moderat um 2,1 %; dagegen ist die Erwerbslosenquote (= Zahl der Erwerbslosen bezogen auf die Erwerbspersonen) zwischen 1991 und 2007 kontinuierlich angestiegen (Statistisches Bundesamt 2008). Wichtige Unterschiede bestehen hinsichtlich der Erwerbsbeteiligung einzelner Gruppen.

Die Entwicklung der Qualifikationsstruktur zeigt, dass die Anforderungen an Erwerbspersonen deutlich gestiegen sind. Hieraus folgt ein Trend zu höheren formellen Bildungsabschlüssen. Prognosen sagen voraus, dass in Zukunft etwa 50 % eines Geburtenjahrgangs ein Hochschulstudium aufnehmen werden (Teichler 1999, S. 116 ff.). Auch bei den berufsbildenden Abschlüssen zeigt sich ein Trend zu höherer Bildung. Dennoch besitzt zurzeit fast die Hälfte aller Erwerbspersonen keinen höheren Bildungsabschluss, und der Anteil der akademisch gebildeten Erwerbspersonen ist relativ betrachtet nicht sehr hoch (Statistische Bundesamt 2006). Aus Sicht der Wirtschaft zeigt die Diskussion um „zu wenige Lehrstellen", dass der Arbeitskräftebedarf mittel- und langfristig weniger im unteren als vielmehr im mittleren und oberen Qualifikationssegment liegen wird. Vor diesem Hintergrund erscheint die Idee, den Typus der Hauptschule abzuschaffen, keinesfalls abwegig. Mit Diversity besteht hier ein direkter Zusammenhang, denn die Aufgeschlossenheit für Vielfalt korreliert mit dem Bildungsniveau.

Für viele Arbeitgeber bedeuten die obigen Zahlen, dass die Sorge um den Fachkräftenachwuchs schon jetzt akut ist und von demografischen Trends lediglich noch verstärkt wird. Unternehmen und andere Organisationen können auf diese Veränderungen reagieren, indem sie selbst die Bildungs- und Qualifikationsstruktur durch Förderprogramme beeinflussen. Dazu zählen beispielsweise Aktivitäten zur Förderung von Frauen in den Naturwissenschaften oder zum Girls' Day (Mädchen-Zukunftstag), die zur Höherqualifizierung anregen. Ebenso wichtig sind Programme zur Bildungsförderung benachteiligter Kinder, zur Integration von Behinderten in das allgemeine Schulwesen und die Förderung des internationalen Austausches von SchülerInnen.

Alter

Die demografische Entwicklung in Deutschland bringt fundamentale Veränderungen für Unternehmen mit sich; sie sehen sich alternden Märkten und Belegschaften gegenüber. So wird der Anteil der Altersgruppe der über 60-Jährigen bis zum Jahr 2021 auf 36 % steigen, während der Anteil der unter 20-Jährigen nur noch 16,3 % ausmachen wird. Eng verbunden mit der Änderung der Gewichtung einzelner Altersgruppen ist die steigende Lebenserwartung der Menschen. Die Zahl der 60-Jährigen wird in 44 Jahren mit rund einer Million so hoch sein wie die Zahl der Neugeborenen. Während derzeit vier Millionen Menschen in Deutschland leben, die 80 Jahre oder älter sind, wird sich ihre Zahl im selben Zeitraum auf zehn Millionen erhöhen (Statistisches Bundesamt 2008). Das Statistische Bundesamt erwartet ferner bis zum Jahr 2050 einen Bevölkerungsrückgang in Deutschland um 10 bis 13 Millionen Menschen.

Die Tatsache, dass der demografische Wandel zu einem Arbeitsumfeld mit weniger jüngeren und mehr älteren Beschäftigten führt, erfährt große mediale Beachtung und ist mittlerweile in Unternehmen und Gesellschaft angekommen. Gesund und produktiv im Alter zu sein, ist möglich; spezifische Ansätze zur Gestaltung des demografischen Wandels sind vorhanden oder können entwickelt werden. Konkrete Umsetzungen fehlen aber häufig noch. Das sind einige der Kernaussagen, die sich aus dem von der Deutschen Forschungsgemeinschaft (DFG) finanzierten Schwerpunktprogramm „Altersdifferenzierte Arbeitssysteme" ergeben. Das Forschungsprojekt stellte jetzt gemeinsam mit einem Praxispartner, dem Volkswagenwerk Kassel, seine „Halbzeitergebnisse" an der Universität Kassel vor. Das Volkswagenwerk Kassel arbeitet bereits erfolgreich mit Elementen altersdifferenzierter Arbeitssysteme. „Um die Innovationsfähigkeit und Wettbewerbsfähigkeit sicherzustellen, müssen bereits beschäftigte Arbeitnehmer gezielt gefördert und qualifiziert werden", unterstreicht Professor Dr. Reinhard Nöring, Leiter des Gesundheitswesens im Volkswagenwerk Kassel. Von den etwa 13.000 Beschäftigten sind derzeit rund zehn Prozent über 55 Jahre alt; ein starker Anstieg dieser Altersgruppe in den nächsten 10 bis 15 Jahren lässt sich vorausberechnen. „Insbesondere für die industrielle Fertigung bestehen besondere Herausforderungen, dem demografischen Wandel zu begegnen, denn gerade die hier geforderten Fähigkeiten – Kraft, Schnelligkeit, Ausdauer, taktgebundenes Arbeiten, Nachtschichttauglichkeit u. a. – sind aus unserer Sicht Fähigkeiten, die im Alter nachlassen", so

Nöring. Das Unternehmen stelle sich den Herausforderungen und habe altersbezogene Aktivitäten sogar in einem „Tarifvertrag Demografie" festgeschrieben.

Die Umkehrung des Generationenverhältnisses stellt zweifellos eine bedeutende Veränderung dar. Sie bewirkt unter anderem, dass die Märkte zunehmend von älteren Menschen geprägt werden. Ältere Menschen, dies beschreibt meist jene mit einem Lebensalter von 60 Jahren oder mehr, verfügen bereits heute über einen beachtlichen Anteil an der Kaufkraft und werden als Kundengruppe immer wichtiger. Bis 2050 wird dieser Anteil auf mehr als 41 % der Gesamtausgaben steigen (Deutsches Institut für Wirtschaftsforschung 2007). Zudem geht das Angebot an Arbeitskräften, insbesondere Fachkräften, kontinuierlich zurück. Nach Daten des Bundesministeriums des Innern schrumpfte die Zahl der Fachkräfte zwischen 1996 und 2006 um etwa 1 Million. Prognostiziert wird, dass im Jahr 2020 allein in Westdeutschland mehr als 2,5 Millionen Menschen mit abgeschlossener Berufsausbildung fehlen. Für Unternehmen ergibt sich hieraus unter anderem die Notwendigkeit, die Beschäftigungsfähigkeit ihrer MitarbeiterInnen lange zu erhalten und Frühverrentungen zu vermeiden. Geeignete personalpolitische Konzepte müssen erarbeitet werden, um die Herausforderungen des demografischen Wandels anzugehen. Dazu gehören beispielsweise die folgenden Maßnahmen: ältere MitarbeiterInnen stärker in Weiterbildungen einzubeziehen, durch Rotationssysteme einseitige Arbeitsbelastung zu vermeiden, die Gesundheitsförderung zu stärken und Mitarbeiterentwicklungsgespräche in jeder Altergruppe zu führen.

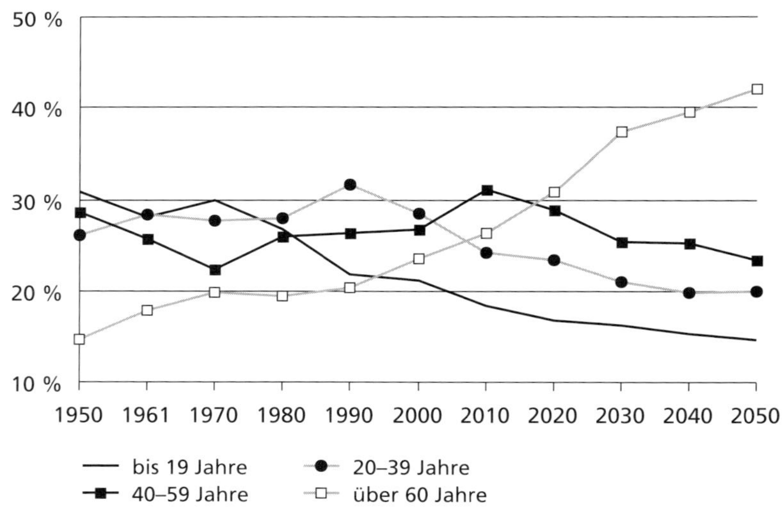

Abb. 7: Entwicklung der Altersgruppen in Deutschland (Quelle: Statistisches Bundesamt 2006)

Praxisbeispiel: BMW

Die Beschäftigten des BMW-Werks im bayerischen Dingolfing haben einen eindrucksvollen Blick in die Zukunft gewagt und in der Abteilung Achsgetriebemontage den zu erwartenden Altersschnitt im Jahr 2017 nachgestellt. Im Vergleich zu heute wird das Durchschnittsalter dann um acht Jahre auf 47 gestiegen sein. Eine spektakuläre Armee der weißhaarigen Greise sei beim Blick in die Zukunft demnach nicht zu sehen, erklärt BMW-Personalvorstand Ernst Baumann. Der demografische Wandel könne also leicht übersehen werden. Doch die Konsequenzen des demografischen Wandels sind nicht zu unterschätzen. Wer genau hinsieht in der Zukunftsfabrik, erkennt die Zeichen der Zeit: Jeder Arbeiter erhält spezielle Schuhe, die Stühle sind ergonomisch geformt, die Bildschirme sind größer, regelmäßig werden Gymnastikpausen eingelegt und Physiotherapeuten animieren die Belegschaft, sich fit zu halten. Die Übungshelfer wurden beim Planspiel in Dingolfing noch mit Skepsis aufgenommen: „Jetzt spinnen sie komplett, die Herren in München", sollen Beobachter nach einem Bericht der Frankfurter Allgemeinen Zeitung gesagt haben. Doch sie werden sich darauf einstellen müssen, sich eines Tages am Arbeitsplatz zu strecken und zu dehnen, die Bauchmuskeln zu trainieren und den Rücken gerade zu halten. Der Vorstand ist mit dem Test zufrieden. Die Qualität konnte gesteigert und die Effizienz auf konstant hohem Niveau gehalten werden. Der Versuch soll deshalb auf weitere Standorte ausgedehnt werden, um die Beschäftigten und die Bayerischen Motorenwerke fit zu machen für die Zukunft.

Anfang 2008 untersuchte das Adecco Institute mit seiner zweiten Demographic Fitness Survey europaweit die Altersstruktur von Unternehmen. Der Studie zufolge erkennen deutsche Unternehmen jetzt zunehmend die Bedeutung des demografischen Wandels. Im Vergleich der fünf größten Länder Europas ist in keinem Land das Bewusstsein dafür so ausgeprägt wie in Deutschland. 2.506 Unternehmen in Deutschland, Großbritannien, Frankreich, Italien und Spanien wurden zum demografischen Wandel befragt; die Studie ist damit die größte ihrer Art in Europa. 70 % der Unternehmen in Deutschland sehen im demografischen Wandel eine der größten Herausforderungen der Zukunft, vergleichbar mit der Globalisierung und dem technischem Fortschritt. Dieser Bewusstseinswandel führte bereits zu ersten Maßnahmen: Im letzten Jahr haben mehr als die Hälfte der deutschen Unternehmen (53 %) die Altersstruktur ihrer Belegschaften analysiert, verglichen mit gut einem Drittel (38 %) in 2006. Für 2008 planen zudem 15 % der deutschen Großunternehmen, mehr ArbeitnehmerInnen im Alter über 50 einzustellen als im Vorjahr. Trotzdem muss noch viel getan werden, wie das Institut in seiner Studie herausstellt: Auf einer Skala von 100 bis 400 Punkten, mit der die Vorbereitung der Unternehmen auf den demografischen Wandel gemessen wird, erreichen deutsche Firmen im Schnitt 186 Punkte, also weniger als die Hälfte der möglichen Punktzahl.

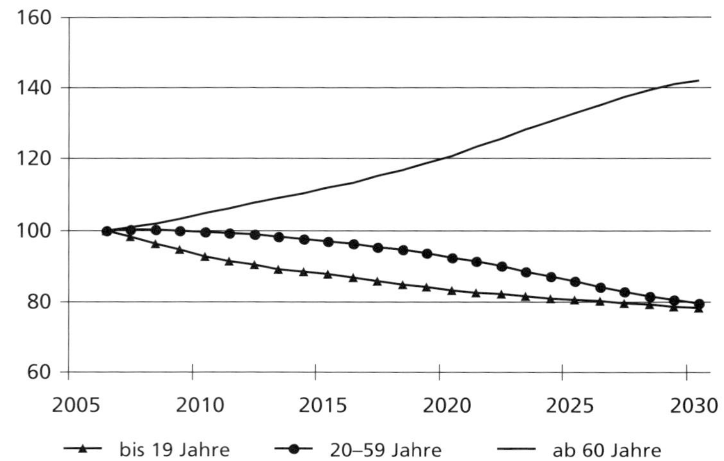

Abb. 8: Prognose der Altersgruppenentwicklung in Deutschland (2006 = 100) (Quelle: Statistisches Bundesamt 2006)

Abbildung 8 zeigt, dass die Anzahl der Menschen im beschäftigungsfähigen Alter in Deutschland laut Prognose bis zum Jahr 2030 um über 20 % zurückgehen wird, während die Zahl der über 60-Jährigen um mehr als 40 % ansteigen wird. Daraus ergibt sich die Konsequenz, dass Unternehmen ihr Personalmanagement auf die Alterung der Gesellschaft abstimmen müssen, indem sie zum Beispiel Unterschiede zwischen den und innerhalb der Generationen nutzen und fördern. Trotz aktueller Arbeitslosigkeit und fortschreitender Rationalisierung kann mit Sicherheit davon ausgegangen werden, dass sich die durchschnittliche Lebensarbeitszeit in Zukunft verlängern wird. Für Unternehmen bedeutet dies, dass sie alle MitarbeiterInnen mit Hilfe intensiver interner Weiterbildung „bis ins hohe Alter“ voll am betrieblichen Prozess beteiligen müssen. Dabei wird eine nachhaltige Produktivität etwa bis zum siebzigsten Lebensjahr ohne die Vereinbarkeit privater und beruflicher Lebensbereiche kaum zu erreichen sein. Diese Work-Life-Balance gewinnt aber nicht nur angesichts der Verlängerung des Arbeitslebens an Bedeutung, sondern auch aufgrund des wachsenden Bedürfnisses nach Lebensqualität und gesunder Lebensführung gerade bei der künftig älteren Generation (der heutigen Generation im mittleren Alter). Unternehmen sind deshalb darauf angewiesen, all ihren MitarbeiterInnen die Vereinbarkeit von Beruf und Privatleben nicht nur zu ermöglichen, sondern sie aktiv zu fördern, um nachhaltig von einer in jeder Hinsicht beschäftigungsfähigen Belegschaft profitieren zu können.

Auch legt der Rückgang des Arbeitskräfteangebots nahe, die Mitarbeiterbindung künftig mehr in den Mittelpunkt zu rücken und dabei alle Altersgruppen einzubeziehen. Es wird notwendig sein, ein neues Verhältnis zwischen „Alt“ und „Jung“ zu schaffen, um generationsübergreifende Synergieeffekte erzielen zu können.

Außerdem hat der Rückgang des Arbeitskräfteangebots zur Folge, dass Unternehmen in Zukunft eine größere Vielfalt von MitarbeiterInnen aufnehmen müssen. Dabei dürfte die verstärkte vertikale wie horizontale Beteiligung von Frauen am gesamten Arbeitsleben eine zentrale Rolle spielen. Zunehmende Migration ist eine weitere Folge der Verschiebungen auf dem Arbeitsmarkt. Diesbezüglich kann Deutschland kaum auf eine primär innereuropäische Zuwanderung setzen, denn in vielen EU-Ländern, zum Beispiel in Italien, stellt sich die Alterung der Gesellschaft ähnlich wie hierzulande dar.

Die Bewältigung des demografischen Wandels ist die wichtigste Zukunftsaufgabe für Personalmanager in Deutschland. Dies ergab die Studie „The Future of HR in Europe: Key Challenges Through 2015" der Boston Consulting Group (BCG) und der European Association for Personnel Management (EAPM), die zum Auftakt des zweitägigen Jahreskongresses der Deutschen Gesellschaft für Personalführung (DGFP) im Juni 2007 präsentiert wurde. Ganz oben auf der Liste der wichtigsten Personalfragen in Deutschland – wie auch in Österreich, der Schweiz und Frankreich – stehen die Folgen und Risiken alternder Belegschaften für die Unternehmen. Einerseits gilt es, Kapazitäts- und Kompetenzverluste auszugleichen, die durch das Ausscheiden von MitarbeiterInnen aus Altersgründen entstehen. Andererseits werden negative Auswirkungen einer alternden Belegschaft auf die Produktivität, die Bereitschaft und Eignung für Schichtarbeitsmodelle, die Motivation und die Innovationskraft von Unternehmen befürchtet. Um das demografische Risiko eines Unternehmens erfassen zu können, empfiehlt die Studie die Einführung eines Analyseinstruments. Fast die Hälfte der befragten deutschen Führungskräfte möchte künftig solche Planungsinstrumente für den Personalbedarf einsetzen; lediglich 20 % praktizierten dies schon zum Zeitpunkt der Befragung.

Geschlecht

Die Dimension „Geschlecht" nimmt den höchsten Stellenwert innerhalb der Kerndimensionen von Diversity ein. Zu diesem Schluss gelangte 2005 die Diversity Praxis Studie, an der 46 führende deutsche Unternehmen aus acht Branchen teilnahmen. Die Mehrheit der befragten Unternehmen sah in der zunehmenden Bedeutung von Frauen für den Absatz- und Arbeitsmarkt die markanteste quantitative Veränderung. 80 % der Unternehmen gingen davon aus, dass dieser Trend Diversity als Managementansatz erforderlich macht. Viele der Befragten hielten die Abkehr von traditionellen Geschlechterrollen und die Zunahme alternativer Lebensstile (z. B. die steigende Zahl alleinerziehender Frauen) für wichtige qualitative Trends, welche die betriebliche Praxis langfristig beeinflussen. Auch die von den Befragten erwähnten innerbetrieblichen Maßnahmen zur Vorbeugung von Benachteiligungen bezogen sich vor allem auf die Dimension „Geschlecht". In 98 % der Unternehmen wurde das Thema „Geschlechtszugehörigkeit" durch Antidiskriminierungsaktivitäten im Rahmen von Diversity abgedeckt. Dass frühere Frauenförderungsmaßnahmen unter der Einführung von Diversity gelitten haben oder das Thema „Geschlecht" durch andere Dimensionen überlagert worden ist, konnte nicht festgestellt werden. Im Gegenteil: Die Studie zeigt, dass Aktivitäten zum Thema „Geschlecht", die im Rahmen von Diversity durchgeführt wurden, häufig umfassender waren als ausschließlich gleichstellungsorientierte Ansätze. Wegen der Wirtschaftlichkeitsorientierung von Diversity konnte zudem eine größere Akzeptanz des Themas beim oberen Management erreicht werden.

Die Zahl der erwerbstätigen Frauen ist in den letzten 30 Jahren deutlich gestiegen. Im Jahr 2007 waren insgesamt 17,272 Millionen Frauen erwerbstätig (Statistisches Bundesamt 2008), das heißt 3,6 Millionen mehr als 1970. Diese Entwicklung lässt darauf schließen, dass sich die Lebensentscheidungen von Frauen gewandelt haben. Die Erwerbslosenquote von Frauen war jedoch stets deutlich höher als die der Männer (Voß/Dombrowski 1998, S. 62). Hieraus ergibt sich für Unternehmen einerseits die Chance und andererseits die Notwendigkeit, Frauen verstärkt und gezielt als Teil ihrer Belegschaften zu fördern.

Der Trend zur Höherqualifizierung wird in Deutschland von Frauen maßgeblich mitgetragen. So lag 2007 der Frauenanteil an der Gesamtzahl der Studienanfänger bei knapp 50 % (Statistisches Bundesamt 2007a). Innerhalb der letzten 15 Jahre hat sich das Ungleichgewicht zwischen Frauen- und Männeranteilen an der Gesamtzahl der HochschulabsolventInnen im fächerübergreifenden Überblick nahezu aufgelöst. Frauen stellen nicht nur einen wachsenden Anteil an der Gesamtzahl der Beschäftigten an sich, sondern auch an der Zahl der Qualifizierten und Hochqualifizierten. Insofern besteht hier ein erhebliches Potenzial (siehe Kapitel 9).

Angesichts der in Deutschland – anders als zum Beispiel in Großbritannien – herrschenden Praxis, AkademikerInnen ganz überwiegend beruflich im Themenbereich ihres Studienfaches oder -schwerpunktes zu beschäftigen, stellt sich die Frage nach der Fächerwahl von StudentInnen. Frauen entscheiden sich zunehmend für Studienfächer, die in der Wirtschaft gefragt sind, wie zum Beispiel für Ingenieurwissenschaften, Rechts-, Wirtschafts- oder Sozialwissenschaften, und streben in hochqualifizierte und gesellschaftlich hochangesehene Berufsfelder. Dennoch sind sie als Absolventinnen meist mehr als doppelt so häufig von Arbeitslosigkeit betroffen wie ihre männlichen Kollegen (Schreyer 1999).

Erfreulicherweise finden immer mehr Frauen eine Beschäftigung in technischen Berufen. Der Verein Deutscher Ingenieure stellte fest, dass die Zahl der arbeitslosen Ingenieurinnen 2006 im Vergleich zu 2003 deutlich gesunken ist (VDI 2007, Internetquelle). Im Jahr 2003 waren 21,5 % aller Ingenieurinnen arbeitslos gemeldet; 2006 lag der Anteil bei nur noch 12 %. Noch niedriger fiel die Arbeitslosenquote im Bereich der Elektrotechnik aus, dort waren nur 7 % der Frauen ohne Stelle. Als mögliche Begründung für diese positive Entwicklung nannte der VDI die verbesserte Konjunktur sowie den anhaltenden Fachkräftemangel. Außerdem entschieden sich immer mehr junge Studentinnen für die Welt der Technik: Laut VDI ist mittlerweile jede/r fünfte Studierende in den technischen Studiengängen

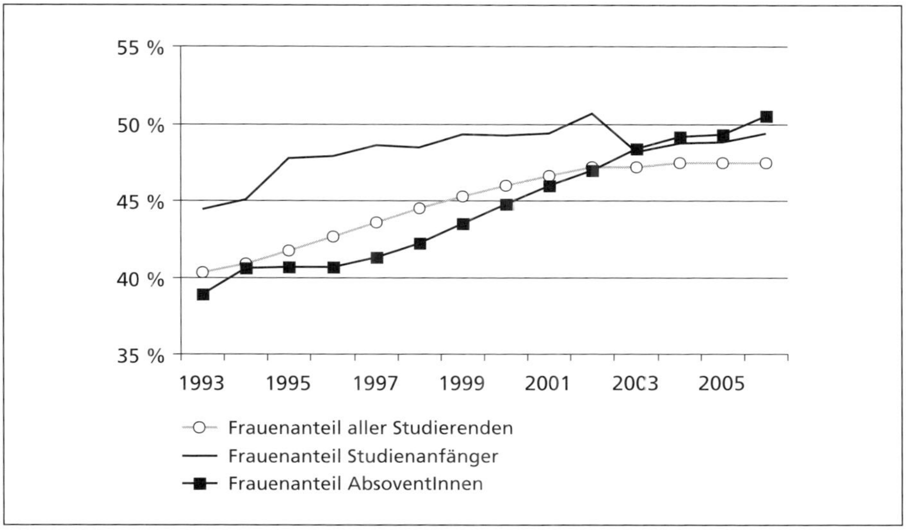

Abb. 9: Frauenanteil an der Gesamtzahl der Studierenden in Deutschland (Quelle: Statistisches Bundesamt, 2007)

weiblich. Bislang ist aber nur ca. jeder zehnte Arbeitnehmer im Ingenieurwesen weiblich; in Bereichen wie Maschinenbau oder Elektrotechnik ist der Anteil weiblicher Arbeitnehmer sogar noch geringer.

Während das Bewusstsein für die Chancen, die Beschäftigtenvielfalt mit sich bringt, steigt, ist bei dem Problemthema „Gleichstellung" noch zu wenig Bewegung zu verzeichnen: Frauen verdienen deutlich weniger als ihre männlichen Kollegen. Die Schwierigkeit, Beruf und Familie zu vereinbaren, führt, anders als bei Männern, zum Ausstieg vieler Frauen aus dem Arbeitsmarkt. Deshalb fordert der von der Europäischen Kommission vorgelegte „Bericht zur Gleichstellung von Frauen und Männern 2006" von den Mitgliedstaaten mehr Unterstützung für Frauen bei der Bewältigung familiärer und beruflicher Belastungen. Die Gehaltsunterschiede lagen dem Bericht zufolge darin begründet, dass Frauen vorwiegend geringer bezahlte Berufe ausübten und relativ wenige Frauen in Spitzenpositionen tätig waren. Zudem war zum Berichtszeitpunkt die Beschäftigungsquote von Frauen in der EU mit 55,7 % um 15 % niedriger als die der Männer. Bei der Berufswahl beschränkten sich Frauen außerdem häufig auf einige wenige Sektoren. Das Fazit der „2. Bilanz Chancengleichheit Frauen in Führungspositionen", welches im April 2006 von der Bundesregierung und den Spitzenverbänden der deutschen Wirtschaft veröffentlicht wurde, bestätigt diese Entwicklung.

Deutsche Unternehmen und andere Arbeitgeber erkennen das wachsende Potenzial hochqualifizierter Frauen noch nicht gänzlich (an), und noch weniger nutzen sie es. Hier besteht nicht nur Öffnungsbedarf, sondern es bieten sich auch zahlreiche Verbesserungsmöglichkeiten, vor allem für die Wirtschaft, die ja stets nach

Optimierungsansätzen sucht. So könnte zum Beispiel der Mittelstand seinen ungedeckten Fach- und Führungskräftebedarf durch eine stärkere Berücksichtigung von Frauen zumindest teilweise ausgleichen. Der Frauenanteil im Management nimmt zwar zu (vgl. Abb. 10), schwankt aber in verschiedenen Branchen, Unternehmen und Führungsebenen deutlich. Weibliche qualifizierte Fachkräfte wählen jene Unternehmen, die Frauen eine Möglichkeit zum Aufstieg bieten und eine offene Unternehmenskultur schaffen.

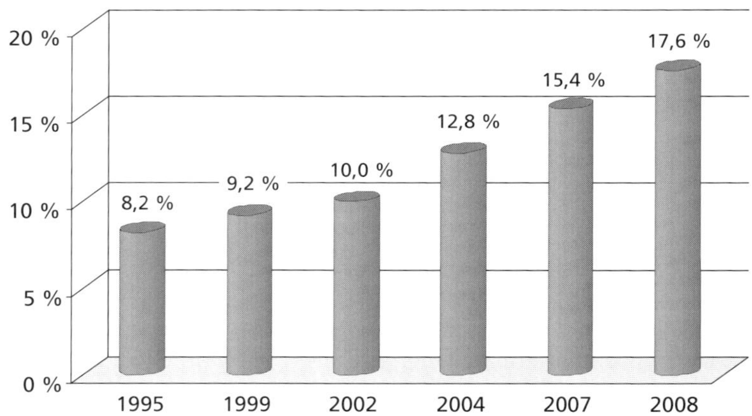

Abb. 10: Frauenanteil am Management
(Quelle: Hoppenstedt 2008)

OECD-Studie Babies and bosses: Reconciling work and family life

Die Organisation für wirtschaftliche Entwicklung und Zusammenarbeit (OECD) hat der deutschen Familienpolitik unter Federführung von Ursula von der Leyen mit den Ergebnissen der Studie „Babies and bosses: Reconciling work and family life" (2007) ein schlechtes Zeugnis ausgestellt. Der Abstand zwischen Frauen- und Männergehältern ist nirgendwo in westeuropäischen Industrienationen größer als in Deutschland. Nur in Japan und Korea sind die Unterschiede noch stärker ausgeprägt. Die OECD bestätigte außerdem die Existenz von „Kinder-Krankheiten", an denen die deutsche Familienpolitik seit Jahren kränkelt: Je länger eine Mutter in Deutschland wegen ihrer Kinder aus dem Job aussteige, umso niedriger falle später ihr Gehalt aus. Derzeit soll laut der Studie der Verdienstabstand zwischen deutschen Männern und Frauen mehr als 20 % betragen. Dies deckt sich mit Berechnungen des Statistischen Bundesamtes, wonach der Gehaltsunterschied zwischen Frauen und Männern in den letzten zehn Jahren bei 21 bis 23 % lag. Die OECD-Studie kritisiert auch andere Aspekte der deutschen Familienpolitik scharf. So gebe der deutsche Staat zwar vergleichsweise viel Geld für Familien aus, doch die Ergebnisse seien dürftig. Vor allem die Kinderarmut sei erheblich höher als in skandinavischen Staaten oder Frankreich. Besonders schwierig sei die Lage der deutschen Alleinerziehenden. Sie hätten mangels Kinderbetreuung wenige Chancen, ihre Berufe auszuüben.

Ethnisch-kulturelle Prägung

Es ist angemessener, den Begriff „ethnisch-kulturelle Prägung" anstelle von „Nationalität" zu verwenden, da der Begriff „ethnisch-kulturelle Prägung" im Gegensatz zu „Nationalität" alle Menschen mit Migrationshintergrund einschließt. Die unterschiedliche Tragweite beider Begriffe verdeutlichen Daten des 6. Berichtes über die Lage der Ausländerinnen und Ausländer in Deutschland (Beauftragte der Bundesregierung für Migration, Flüchtlinge und Integration 2005). Danach hatten zum Berichtszeitpunkt über 14 Millionen Menschen in Deutschland – unabhängig von ihrer tatsächlichen Staatsbürgerschaft – einen Migrationshintergrund. Das ist fast jede/r fünfte EinwohnerIn! Ob AusländerInnen (6,7 Mio.), Eingebürgerte (1,8 Mio.), AussiedlerInnen (4,5 Mio.) oder Kinder aus binationalen Ehen (1,5 Mio.) – die Bevölkerung in Deutschland ist ethnisch, kulturell und religiös vielfältig. Dies gilt umso mehr, als Deutschland, wie alle heutigen Industrienationen, in früheren Jahrzehnten systematisch Einwanderer als Arbeitskräfte in das Land holte. Eine große Zahl von ihnen kam in den ersten Jahrzehnten des 20. Jahrhunderts und erhielt nach dem ersten Weltkrieg – als Teil des Versailler Vertrages – die deutsche Staatsbürgerschaft. Ähnlich wie in den USA weisen auch in Deutschland heute noch viele Nachnamen auf die meist osteuropäische Herkunft dieser Einwandererfamilien hin. Mit Blick auf eine Wiederholung der Geschichte sollte Deutschland als klassisches Einwanderungsland gelten. Das Konzept der Nationalität ist angesichts der heutigen gesellschaftlichen Situation nur begrenzt relevant, da es viele Formen kultureller Vielfalt nicht einschließt. Die Notwendigkeit eines tragfähigen Konzeptes ethnisch-kultureller Zugehörigkeit belegen die Ergebnisse von Umfragen unter Nachwuchskräften.

Der zunehmende Wunsch junger Menschen, in einem multikulturellen Umfeld zu arbeiten, liegt u. a. in den verbesserten Möglichkeiten begründet, Erfahrungen im Ausland zu sammeln und Kontakte zu Menschen jenseits nationaler oder kultureller Grenzen aufzubauen und zu pflegen. Diese Erfahrungen zeigen einen starken Einfluss auf das Leben der Generationen X und Y und prägen deren Erwartungen an künftige ArbeitgeberInnen. So zeigte die Studie „Langzeitwirkungen der Teilnahme an Jugendaustauschprogrammen auf die Persönlichkeitsentwicklung", dass die Teilnahme an einem Austausch bei Jugendlichen Einfluss auf die Berufs- und Studienwahl nimmt (Thomas 2005). Unternehmen, die das Potenzial-Prinzip Diversity implementieren und dadurch eine offene, multikulturelle Kultur bieten, erhöhen ihre Attraktivität als Arbeitgeber bei der Suche nach qualifizierten Beschäftigten, die immer häufiger diese Präferenz haben. 30 % der

Unternehmen sind davon überzeugt, dass traditionelle Wertvorstellungen und Rollenmodelle an Bedeutung verlieren.

Dass sich kulturelle Vielfalt in Betrieben auszahlt, zeigt eine Zusammenstellung der Bertelsmann Stiftung mit dem Titel „Synergie durch Vielfalt: Praxisbeispiele zu Cultural Diversity in Unternehmen" (Köppel/Sander 2008). Sie gibt einen Einblick in die Unternehmenspraxis und zeigt betriebswirtschaftliche Erfolge auf. Wird Vielfalt von Unternehmen strategisch eingesetzt, indem MitarbeiterInnen aus unterschiedlichen Kulturen besondere Wertschätzung erfahren, können beispielsweise höhere Umsätze erzielt oder ethnische Kundenpotenziale ausgeschöpft werden. So sind beispielsweise Firmen wirtschaftlich erfolgreich, deren Mitarbeiter Kunden mit demselben kulturellen Hintergrund bedienen oder kulturspezifische Produkte entwickeln. E-Plus schuf mit „AY YILDIZ" die erste Mobilfunkmarke für türkischstämmige Kunden in Deutschland; Western Union entwickelte unterschiedliche Strategien für jedes Land, um den unterschiedlichen Bedürfnissen an Finanzdienstleistungen Rechnung zu tragen. Eine klare Wirkung von Diversity sehen deutsche Unternehmen laut einer vorangegangenen Studie der Bertelsmann Stiftung (Köppel/Yan/Lüdicke 2007) eher bei den Faktoren Kundenzufriedenheit (67 %) und Firmenimage (72 %); einen geringeren Effekt dagegen bei den Faktoren Unternehmensgewinn (41 %) und Shareholder Value (34 %).

Für eine korrekte quantitative Analyse der ethnisch-kulturellen Vielfalt in Deutschland ist es erforderlich, die Besonderheiten des deutschen Staatsbürgerschaftsrechts zu berücksichtigen. Zwei offizielle Statistiken sind hierbei relevant: die Ausländerstatistik und die Einbürgerungsstatistik. Nach jahrzehntelangem Anstieg ging der Anteil der Migranten in Deutschland zu Beginn dieses Jahrzehnts erstmals leicht zurück, seit 2005 steigt er wieder leicht. Dies darf jedoch

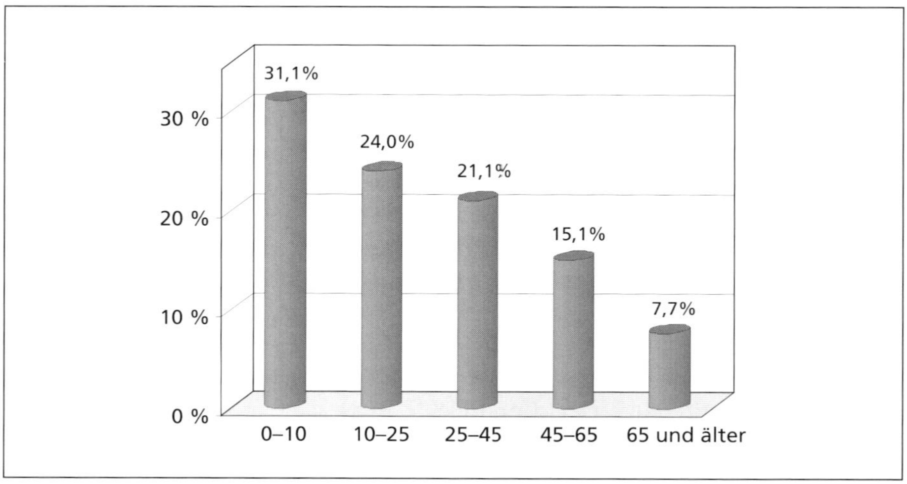

Abb. 11: Anteil der Personen mit Migrationshintergrund (im weiteren Sinn) nach Altersgruppen (Quelle: Statistisches Bundesamt 2006)

nicht darüber hinwegtäuschen, dass auch eingebürgerte AusländerInnen zur ethnisch-kulturellen Vielfalt in Deutschland beitragen. Ihre Zahl hat sich aufgrund des novellierten Staatsbürgerschaftsrechts erhöht. Im Jahr 2006 wurden in Deutschland 124.566 MigrantInnen eingebürgert (Statistisches Bundesamt 2006). Zahlenmäßig bedeutender waren in den 1990er Jahren die Einbürgerungen von Aus- und Übersiedlern. Obwohl diese offiziell nicht als Ausländer oder ethnische Minderheit betrachtet werden, zeigt doch die öffentliche Debatte der jüngeren Vergangenheit, dass auch sie zur kulturellen Vielfalt in Deutschland beitragen. Seit 1992 wurden in der BRD insgesamt 3,4 Millionen Menschen, das heißt AusländerInnen und AussiedlerInnen, eingebürgert (Statistisches Bundesamt 2007b). Auch wenn diese sich teilweise „integriert" haben dürften, so stellen sie doch ethnisch-kulturelle Vielfalt dar.

Wie Abbildung 11 zeigt, war 2006 in Deutschland der Anteil von Personen mit Migrationshintergrund in der Altersgruppe „0 bis 10 Jahre" deutlich höher als in den anderen Segmenten. Es gibt ein großes Potenzial vor allem an Kindern und Jugendlichen mit Migrationshintergrund, das es mehr als bisher zu fördern gilt, um gesellschaftliche Ressourcen zu aktivieren. Mit Blick auf die Ergebnisse der OECD-Studie „Bildung auf einen Blick 2008" wird klar, dass im deutschen Bildungssystem eine bessere Chancengleichheit für Menschen mit Migrationshintergrund hergestellt werden muss.

Anfang März 2008 legte das Institut für Arbeitsmarkt- und Berufsforschung (IAB) einen internationalen Vergleich des Qualifikationsniveaus von Zuwanderern vor. Demzufolge liegt Deutschland beim Anteil der hochqualifizierten ausländischen Bevölkerung auf einem Mittelplatz. Einen hohen Anteil an Hochqualifizierten erreichen mit 40 bis 60 % vor allem sogenannte klassische Einwanderungsländer wie Kanada, Australien, Neuseeland und die USA. Von den europäischen Ländern erreicht nur Irland einen entsprechenden Wert. In Deutschland hingegen hat nur ein Viertel der ausländischen Bevölkerung über 25 Jahre einen hohen Schulabschluss mit 13 Jahren Schulzeit. In den klassischen Einwanderungsländern ist ihr Anteil doppelt so hoch. Der Studie zufolge ist die geringere Qualifikation der ausländischen Bevölkerung in Deutschland bis heute davon geprägt, dass bei der Anwerbung von Gastarbeitern in den 1960er und 1970er Jahren gezielt Arbeitskräfte mit niedriger Qualifikation gesucht wurden. Die Autoren des IAB-Kurzberichts, Herbert Brücker und Sebastian Ringer, schlagen daher vor, die Zuwanderung in Deutschland wie in Kanada, Australien und den USA mit einem Punktesystem zu steuern. Eine wichtige Schlussfolgerung der Untersuchung lautet: „Insgesamt werden Migranten künftig immer stärker aus Ländern mit einem geringen Humankapital der Bevölkerung kommen. Die Qualifikationsstruktur der ausländischen Bevölkerung wird deshalb künftig davon abhängen, in welchem Umfang es gelingt, Zuwanderer mit höheren und mittleren Bildungsabschlüssen aus diesen Ländern zu gewinnen."

Alle bisher vorgestellten Studien zeigen: Menschen mit Migrationshintergrund stellen einen immer größeren und wichtigeren Teil der Bevölkerung dar – und damit auch des Absatz- und Arbeitsmarktes. Sie bilden einen gewichtigen Wirtschaftsfaktor, dessen Bedeutung und Leistungsfähigkeit oft unterschätzt, aber weiter zunehmen wird (Statistisches Bundesamt 2006).

Sexuelle Orientierung

Seit einigen Jahren lässt sich eine zunehmende Akzeptanz gegenüber dem Thema Homosexualität in der Öffentlichkeit feststellen, welches jahrzehntelang als Tabuthema galt – gerade am Arbeitsplatz oder im Marketing. Eindeutige Daten zur Anzahl homosexueller Frauen und Männer existieren nicht, da Homosexualität in Studien üblicherweise nicht erfasst wird. Aus einer Reihe von Erhebungen ließ sich jedoch errechnen, dass ca. 9 % der erwachsenen Männer und 4,5 % der erwachsenen Frauen in Deutschland homosexuell sind. Im täglichen gesellschaftlichen Leben zeigt die zunehmende Anzahl und Beliebtheit homosexueller Veranstaltungen sowie deren Medienecho eine weitgehende Selbstverständlichkeit und Integration. Vor allem Lesben und Schwule selbst haben in den letzten 20 Jahren ein deutliches Selbstbewusstsein entwickelt. Besonders jüngere homosexuelle Frauen und Männer zeigen dies dadurch, dass sie ihre sexuelle Orientierung nicht verstecken, sondern ebenso offen damit umgehen wie ihre heterosexuellen FreundInnen.

Rechtliche Vorschriften wie das AGG und die EU-Antidiskriminierungsrichtlinien bieten erstmals einen Schutz für Homosexuelle im arbeitsrechtlichen, öffentlichen und privaten Bereich. Was den privaten Bereich betrifft, so zeigt sich eine verstärkte Anerkennung Homosexueller in der umfassenden Gleichstellung gleichgeschlechtlicher Paare in vielen europäischen Ländern, z. B. in Form eingetragener Lebenspartnerschaften oder durch das Recht auf Heirat und Adoption. Dies wäre noch vor 20 Jahren undenkbar gewesen. Doch trotz der gestiegenen Offenheit gegenüber Schwulen und Lesben gibt es europaweit noch diskriminierende Handlungen und Denkweisen. Das Eurobarometer ermittelte, wie wohl die Befragten sich mit gleichgeschlechtlichen Nachbarn fühlen, und zwar auf einer Skala von eins (sehr unbehaglich) bis zehn (vollkommen behaglich). Bulgarien mit einem Durchschnittswert von 5,3 sowie Ungarn mit 6,2 und Rumänien mit 4,8 zählen zu den Ländern mit den niedrigsten Werten. Der EU-Schnitt liegt bei 7,9. Schweden erreicht mit 9,5 den höchsten Wert (Eurobarometer 2008, S. 60).

Die Gründe für eine diskriminierende Haltung sind vielfältiger Art. Aspekte wie fehlendes Wissen über Homosexualität, soziale Ängste von Modernisierungsverlierern, Vorurteile und nicht zuletzt religiöse Einflüsse führen zu einer gesellschaftlichen Ausgrenzung von Lesben und Schwulen. Vor allem Kirchenvertreter äußern sich häufig öffentlich kritisch gegenüber der Gleichstellung von homo- und heterosexuellen Paaren.

Auch in Unternehmen hat sich der Aspekt der sexuellen Orientierung nur langsam als Teil einer Diversity-Strategie entwickelt. Wie sich Homosexuelle am Arbeitsplatz fühlen, untersuchte eine Studie von Frohn (2006), die 2.712 Personen nach ihren Erfahrungen mit Homosexualität am Arbeitsplatz befragte. Die „Out-im-Office-Studie“ belegt, dass sich die Situation von homosexuellen MitarbeiterInnen in deutschen Betrieben im Vergleich zu 1997 nur wenig verbessert hat. 52 % der befragten Personen gaben an, am Arbeitsplatz verschlossen mit ihrer sexuellen Identität umzugehen. Weniger als ein Viertel der Befragten hat keine Erfahrungen mit Diskriminierung gemacht; rund 10 % seien laut Frohn als hoch diskriminiert einzustufen. Die Einschränkungen, mit denen homosexuelle KollegInnen zu kämpfen haben, fangen bereits mit kleinen Details an: 57 % der Befragten gaben an, dass sie sich mehr Gedanken als ihre heterosexuellen KollegInnen darüber machen, was sie von ihrem Privatleben erzählen können. 45 % der Befragten überlegen sich genau, welche Symbole sie am Arbeitsplatz zeigen und welche persönlichen Gegenstände sie auf ihren Schreibtisch stellen können. Diese Situation hat Auswirkungen auf Gesundheit, Ressourcen, Arbeitszufriedenheit und Verbundenheit mit der Organisation. Viele Unternehmen erkennen nicht, wie weitreichend und tiefgreifend das Thema „sexuelle Orientierung“ auch den Arbeitsalltag beeinflusst. Vorurteile gegenüber Schwulen und Lesben, die bei Mitarbeitern teils tief verankert sind, erfordern tiefgreifende Verhaltens- und Einstellungsänderungen, die in einem Unternehmen mit Hilfe von ausreichend aufklärenden Informationen und mehr Sichtbarkeit von Schwulen und Lesben, z. B. durch Mitarbeiternetzwerke, umgesetzt werden können.

Schwule und Lesben stellen auch einen wichtigen Teil des Absatzmarktes dar und sollten als Zielgruppe von Unternehmen berücksichtigt werden. Jenseits stereotyper Angebote in den Bereichen Mode, Kosmetik oder Reisen existieren einige durchdachte Ansätze bei Lebensmittel- oder Automobilherstellern, aber auch in weniger naheliegenden Branchen.

Praxisbeispiel: Haus Asta Nielsen

Anfang des Jahres 2008 hat im Berliner Stadtteil Pankow das erste Pflegeheim für Lesben und Schwule eröffnet. Das „Haus Asta Nielsen“ bietet Platz für 28 Patienten, die hauptsächlich in Einzelzimmern leben. Da auch ältere Homosexuelle von Diskriminierung betroffen seien, sei ein Pflegezentrum für Lesben und Schwule in Deutschland längst überfällig gewesen. Deshalb solle vor allem auch schwul-lesbisches und geschultes Pflegepersonal für das Wohlergehen der Heimbewohner sorgen. Zweimal im Monat müssen die MitarbeiterInnen Schulungen besuchen, in denen sie für den Umgang mit den schwulen und lesbischen Bewohnern sensibilisiert werden. Der Trägerverein Village e. V. schätzt, dass allein in Berlin heute über 1.350 Lesben und Schwule in vollstationärer Pflege untergebracht sind, und rechnet mit entsprechendem Andrang.

Schwule und Lesben sind immer weniger bereit, sich zu verstecken bzw. ihre sexuelle Orientierung zu verbergen. Entsprechend dürften sie auch seltener bereit sein, direkte oder indirekte Benachteiligungen, zum Beispiel am Arbeitsplatz, hinzunehmen. Unternehmen sollten dies mehr als bisher durch eine offene, wertschätzende Unternehmenskultur berücksichtigen, in der Heterosexualität nicht die einzig akzeptierte sexuelle Identität ist. Dies kann sich sowohl intern im Personalmanagement als auch extern im Marketing, in der Werbung und in den Kundenbeziehungen widerspiegeln, wie spätere Kapitel zeigen werden. Die Ausgrenzung von Homosexuellen geschieht meist unbewusst, führt dennoch stets zu wirtschaftlichen Verlusten. So verwenden Homosexuelle häufig Energie darauf, unerkannt zu bleiben, oder sie verlassen ein Unternehmen, in dem Schwulen- und Lesbenwitze geduldet werden. Die Wirtschaft kann diese Kosten vermeiden und durch die gezielte Nutzung der gesamten Vielfalt aller Beschäftigten zudem an Innovationskraft gewinnen.

Behinderung

„Als schwerbehindert gelten Personen, denen von den Versorgungsämtern ein Grad der Behinderung von 50 und mehr zuerkannt worden ist“ (Statistisches Bundesamt 2007). Im Sinne des Sozialgesetzbuchs IX, § 2 sind Menschen behindert, wenn ihre körperliche Funktion, geistige Fähigkeit oder seelische Gesundheit nicht nur vorübergehend (d. h. länger als sechs Monate) von dem für das Lebensalter typischen Zustand abweicht und daher ihre Teilhabe am Leben in der Gesellschaft beeinträchtigt ist. Abbildung 12 zeigt die Entwicklung der Anzahl von Menschen mit anerkannter Schwerbehinderung in Deutschland zwischen 1991 und 2005.

2005 lebten knapp 6,8 Millionen Menschen mit einer Schwerbehinderung in Deutschland. Ihre Zahl machte 8,2 % der Gesamtbevölkerung aus, d. h. jede/r Zwölfte war betroffen. Auch diese Bevölkerungsgruppe ist seit 1991 gewachsen. 53,3 % der Schwerbehinderten waren 65 Jahre und älter; 21,1 % waren im Alter von 55 bis 65 Jahren. Nur 2,4 % waren Kinder und Jugendliche unter 18 Jahren (Pfaff 2007). Allerdings greift die Diskussion aus Sicht von Diversity zu kurz, wenn sie sich ausschließlich auf den gesetzlich geregelten Bereich der Schwerbehinderung bezieht. Gerade auch die Betrachtung von Behinderung im Kontext des demografischen Wandels und der Zunahme des Anteils älterer Menschen ergibt, dass eine klare Zuwendung zu älteren Menschen ein wesentliches Image-Kriterium und einen wichtigen Erfolgsfaktor für Unternehmen darstellen kann.

In der Arbeitswelt haben Menschen mit einer Behinderung mit vielfältigen Vorbehalten und Vorurteilen zu kämpfen. Illustriert wird dies durch die Beschäftigtenquote von Schwerbehinderten, die 2001 nur bei 4,2 % lag. Die gesetzlich vorgeschriebene Quote der Arbeitsplätze, die an schwerbehinderte Menschen vergeben werden müssen, liegt bei öffentlichen und privaten Arbeitgebern allerdings bei 5 % (Sozialgesetzbuch IX, § 71). Diese Angabe gilt für Arbeitgeber, die über mehr als 20 Arbeitsplätze verfügen. Die Zahl der unbesetzten Pflichtplätze lässt die Vermutung zu, dass die damit verbundene Ausgleichsabgabe für Unternehmen ökonomisch vertretbar ist.

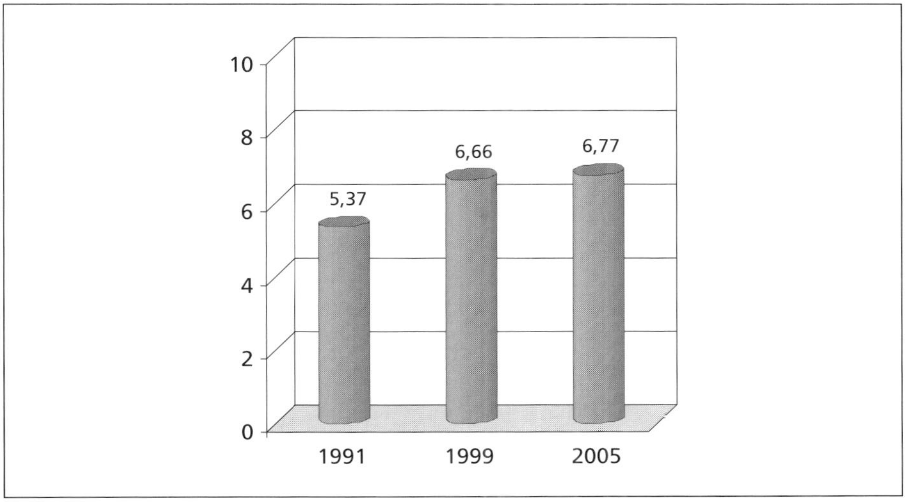

Abb. 12: Menschen mit anerkannter Schwerbehinderung (in Millionen) (Quelle: Statistisches Bundesamt 2007)

Nach Darstellung der Internationalen Arbeitsorganisation (ILO) haben weltweit rund 650 Millionen Menschen eine körperliche oder geistige Behinderung. Außerdem gingen durch Benachteiligung behinderter Menschen den Volkswirtschaften weltweit bis zu 2 Billionen Dollar jährlich verloren. Die Betroffenen erhielten oft nur Arbeitsstellen, für die keine besondere Qualifikation nötig sei. Zudem würden sie schlecht bezahlt. Als Folge zögen sich viele Behinderte frustriert aus dem Arbeitsleben zurück. Sie könnten jedoch wertvolle Beiträge in Unternehmen leisten, wenn sie richtig eingesetzt und gefördert würden.

Menschen mit Behinderungen wollen ganz „normal" am Erwerbsleben teilnehmen. Projekte, bei denen die BewerberInnen nicht einfach nur integriert werden, sondern unverzichtbarer Bestandteil der wirtschaftlichen Wertschöpfungsprozesse sind, helfen beim Start in ein „ganz normales" Arbeitsverhältnis. In Integrationsfirmen schrauben die Kollegen mit Handicaps nicht stundenlang Kugelschreiber zusammen, sondern schaffen einen echten Mehrwert: Fast jede vierte der bundesweit etwa 600 Integrationsfirmen mit insgesamt rund 13.000 behinderten Beschäftigten ist für die Industrie tätig; die meisten bieten Dienstleistungen an oder arbeiten im Handwerk. Integrationsfirmen, in denen behinderte und nicht behinderte Menschen zusammenarbeiten, entstanden in den 1970er Jahren. Damit ein Betrieb als Integrationsfirma gelten kann, müssen mindestens 25 % der MitarbeiterInnen Menschen mit schwerer Behinderung sein. Der Staat unterstützt diese Unternehmen aus Mitteln der Ausgleichsabgabe. Wie das Institut der deutschen Wirtschaft Köln berichtet, flossen im Jahr 2006 etwa 47 Millionen Euro an Integrationsprojekte. Das Geld wird unter anderem dafür eingesetzt, Arbeitsplätze behindertengerecht auszustatten. Die Förderung soll aber lediglich Nachteile ausgleichen und keinen Wettbewerbsvorteil schaffen. Die Integrationsfirmen unterliegen denselben marktwirtschaftlichen Regeln wie jedes andere Unternehmen auch. Das heißt, jeder Betrieb muss schwarze Zahlen schreiben, um im Wettbewerb bestehen zu können. Und das gelingt offenbar, denn seit 2002 hat sich die Zahl der Firmen mit integrativem Schwerpunkt verdoppelt.

Die Bundesagentur für Arbeit (BA) hat für Menschen mit schwerer Behinderung eine leichte Entspannung auf dem Arbeitsmarkt konstatiert. Die Arbeitslosigkeit unter Schwerbehinderten konnte innerhalb eines Jahres um 7,2 % reduziert werden. Im Juli 2007 waren rund 170.000 arbeitslose Schwerbehinderte bei der BA gemeldet. Die Erwerbstätigenzahl stieg von 2002 bis 2006 um 50.000 auf rund 800.000. Als Vorbilder unter den Arbeitgebern gelten nach Aussage von Ulrike Mascher, Vizepräsidentin des Sozialverbandes VdK, die Bundesministerien. Sie beschäftigten prozentual mehr Schwerbehinderte als die Privatwirtschaft. Im Familienministerium sind 8,4 % schwerbehinderte Arbeitnehmer beschäftigt, und das Bundesministerium für Arbeit und Soziales kommt sogar auf 11,7 %. Arbeitgeber wie die Flughafen München GmbH haben das Potenzial von Kollegen mit Behinderungen bereits erkannt. Sprecher Edgar Engert berichtet von 272 schwerbehinderten KollegInnen, das entspricht 6,13 % der Gesamtbelegschaft. Dennoch seien Kollegen und Kolleginnen mit Behinderungen noch längst keine Selbstverständlichkeit in deutschen Unternehmen, so Ulrike Mascher.

Behinderungen wirken sich angesichts des technischen Fortschritts immer seltener als „Verhinderung" aus. Die Integration und Nutzung der Potenziale von Mitarbeitern mit einer Behinderung wird dadurch erleichtert bzw. ermöglicht. Besonders häufig werden diese Möglichkeiten erkannt, wenn ein Mitarbeiter im Laufe seiner beruflichen Tätigkeit von einer Behinderung betroffen und nach Wegen einer Weiterbeschäftigung gesucht wird. Diese Kreativität könnte auch bei Neueinstellungen Mehrwerte für den Arbeitgeber bringen. So zeichnen sich viele Beschäftigte mit einer Behinderung durch besondere Loyalität, hohen Einsatz und – je nach Art der Behinderung – besondere Fähigkeiten aus (z. B. feines Gehör vieler Sehbehinderter). Auch zeigt sich vielfach, dass das Betriebsklima durch KollegInnen mit einer Behinderung insgesamt kooperativer wird. Und schließlich senkt jede Einstellung die Ausgleichsabgabe.

Religiöse Glaubensprägung

Wie die sexuelle Orientierung gehört die religiöse Glaubensprägung zu den überwiegend nicht sichtbaren Kerndimensionen des Potenzial-Prinzips Diversity. Unternehmen sind insofern gefordert, proaktiv bzw. präventiv in diesem Themenbereich tätig zu werden und sich mit Fragen der Kleidung, der Feiertagsregelungen, der Speiseangebote oder der Arbeitsorganisation (Pausen, Ruhezeiten, Nahrungsaufnahme) zu beschäftigen. So kann gewährleistet werden, dass sich heutige und künftige MitarbeiterInnen verschiedener Religionsgemeinschaften gleichermaßen wertgeschätzt fühlen. Dabei ist zu bedenken, dass nicht jeder Mensch eine explizite Glaubensprägung hat. Sie kann auch ohne Religionszugehörigkeit vorhanden sein, oder aber sie existiert nicht: Die Gruppe der Atheisten stellt einen wachsenden Anteil an der Bevölkerung dar.

Abbildung 13 zeigt, dass die Zahl der Angehörigen der beiden großen christlichen Kirchen in Deutschland zurückgeht. Daraus ergibt sich auch, dass Glaubensunterschiede mehr Beachtung in der Gesellschaft und in Unternehmen finden müssen.

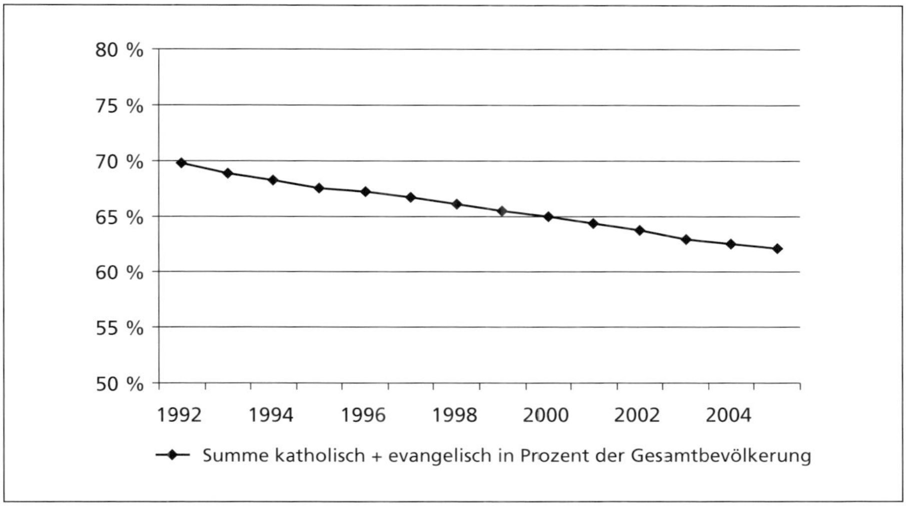

Abb. 13: Zugehörigkeit zu den großen christlichen Kirchen in Deutschland (Quelle: Statistisches Bundesamt 2007)

Religiöse Glaubensprägungen können in manchen Bereichen zu erheblichen Konflikten führen. So denke man zum Beispiel an die Debatte um das Tragen einer Kopfbedeckung als Lehrerin oder an den Moscheebau in Köln, der große Diskussionen und sogar Demonstrationen ausgelöst hat. Deshalb muss die Kerndimension der religiösen Glaubensprägung ebenso wie die anderen Kerndimensionen von Diversity in der Gesellschaft und in Unternehmen als Teil der Vielfalt anerkannt werden, was wiederum geeignete Maßnahmen erfordert.

Gebetsräume zählen inzwischen immer öfter zum Diversity-Konzept europäischer Unternehmen. Die Deutsche Bank hat beispielsweise bereits 1998 die Einrichtung von konfessionsunabhängigen Gebets- und Andachtsräumen für MitarbeiterInnen im Rahmen ihres Diversity-Programms unter dem Titel „Vielfalt leben" auf den Weg gebracht. Ähnlich sieht es bei dem Autobauer BMW aus. Die britische Barclays Bank richtete sogenannte „Multi-Faith Quiet Rooms" ein. Diese stillen Andachtsräume dienen MitarbeiterInnen unterschiedlicher religiöser Prägung als Gebets- oder Meditationsräume.

Damit sich Anhänger aller Glaubensrichtungen im Unternehmen gleichermaßen integriert fühlen, sollten keine Pflichtveranstaltungen an muslimischen, islamischen, jüdischen oder hinduistischen Feiertagen stattfinden. Bereits nach der bisherigen Rechtsprechung sind Unternehmen angehalten, religiöse Belange wie Gebetspausen oder arbeitsfreie Samstage für jüdische Beschäftigte zu berücksichtigen, allerdings nur, soweit sie den betrieblichen Belangen nicht entgegenstehen. Wenn eine Pflichtveranstaltung an einem religiösen Feiertag unvermeidlich ist, sollte gläubigen MitarbeiterInnen eine Freistellung ermöglicht werden. Für christliche MitarbeiterInnen im Ausland wäre es sicher auch ein befremdlicher Gedanke, am 25. Dezember arbeiten und auf das Beisammensein unter dem Weihnachtsbaum verzichten zu müssen.

Dass ein umfassendes Diversity-Management auch durch den Magen geht, hat zum Beispiel die Deutsche Lufthansa verstanden. In den Kantinen der größten deutschen Fluggesellschaft gehören koschere oder Halal-Speisen genauso zum Speiseplan wie Sushi oder Schnitzel. Damit trägt der Konzern der zunehmend heterogenen Zusammensetzung seiner Belegschaft Rechnung.

Zusammenfassung

Welche Schlussfolgerungen lassen sich aus den aufgezeigten demografischen Entwicklungen für Diversity ziehen? Zunächst scheint es auf dem Arbeitsmarkt genügend Personen zu geben, die einer qualifizierten beruflichen Tätigkeit nachgehen können. Dies impliziert jedoch keinesfalls, dass all diese Personen auch für die jeweils verfügbaren Positionen geeignet sind. Berichte zum Arbeitsmarkt machen deutlich, dass ein kontinuierlicher Bedarf an qualifizierten Personen besteht. Dies gilt vor allem für zukunftsträchtige und „anspruchsvolle" Berufe. Der Fachkräftemangel erhöht die Chance auf Beschäftigung für Personen, die besonders oder entsprechend qualifiziert sind und deren Beschäftigungspotenzial bislang vernachlässigt wurde (z.B. Frauen, MigrantInnen). Ein besonderer Fachkräftemangel lässt sich beispielsweise bei der Rekrutierung im Ingenieurbereich erkennen. Im Jahr 2006 konnten aus diesen Gründen allein knapp 48.000 Stellen deutschlandweit nicht besetzt werden. Die gesamtwirtschaftlichen Auswirkungen des Fachkräftemangels sind verheerend, da der deutschen Volkswirtschaft ein erheblicher Wertschöpfungsbetrag verloren geht. 2006 lag dieser Betrag bei 3,48 Milliarden Euro (VDI 2007).

Sicherlich bewirken die beschriebenen Trends eine nachhaltige Veränderung aller Belegschaften, der Arbeitsmärkte und der Absatzmärkte, aber auch der Lieferanten- und Investmentmärkte. Für unterschiedliche Facetten dieser wachsenden Vielfalt bestehen für Unternehmen unterschiedliche Notwendigkeiten, ihre bisherigen Kulturen, ihre Prozesse, Strukturen oder Inhalte (z.B. Sprachen) offener, durchlässiger und auf Einbeziehung ausgerichtet umzugestalten (vgl. Kapitel 4).

2.2.3 Wachsende Offenheit durch Wertewandel

Ein Wertewandel besteht dann, wenn eine Generation andere Auffassungen, Einstellungen und Meinungen hinsichtlich relevanter Grundwerte vertritt als ihre Elterngeneration. Der Wertewandel, der sich in Deutschland seit circa zwei Jahrzehnten vollzieht, zeigt bezogen auf Westdeutschland eine klare Tendenz hin zu Individualisierung und Selbstentfaltung sowie zu einer weitergehenden Säkularisierung. Dieser Trend ist in Ostdeutschland nicht ganz so stark zu erkennen. In Ostdeutschland findet man eher traditionelle Werte wie Fleiß, Ehrgeiz und die Wiederentdeckung der Familie (van Deth 2001).

Die Tendenz zur Individualisierung ist nicht gänzlich neu. Aber sie hat sich seit der Nachkriegszeit, bedingt durch strukturelle Veränderungen, kontinuierlich gewandelt. Im Zentrum dieser Entwicklungen steht der Mensch, das Ich, sowie der private und berufliche Wunsch nach Selbstentfaltung oder Selbstverwirklichung (Vedder 2002, S. 6 ff.). Entsprechend prägt nicht länger Konformität das Leben Vieler, sondern das Streben nach Individualität, das sich unter anderem in der Kinderfrage, neuen Familienstrukturen, nichtehelichen Lebensgemeinschaften, Alleinerziehung und der wachsenden Bedeutung der Vereinbarkeit von Privat- und Berufsleben zeigt. In den letzten Jahrzehnten erweiterten sich die individuellen Entscheidungsspielräume vieler Menschen, während ihr Lebensstandard gleichzeitig stieg. Dies erklärt sich zum Beispiel durch allgemeine Einkommenssteigerungen, die Ausweitung und Erhöhung des Transfereinkommens, das Anwachsen der arbeitsfreien Zeit und den Anstieg der durchschnittlichen Lebenserwartung. Viele gestalten nunmehr ihr Leben entsprechend ihren individuellen Neigungen und Präferenzen. Diesen Anforderungen und Entwicklungen müssen sich Unternehmen stellen.

Grundzüge des Wertewandels

Der Wertewandel zeigt sich unter anderem in der Beschreibung verschiedener Generationen, zum Beispiel „Generation X“ und „Generation Y“ (Generation Next/Millennials). Nach den Baby-Boomern streben diese nun in die Arbeitswelt und erwarten moderne Unternehmenskulturen, flexible Arbeitsplätze und -modelle sowie anpassungsfähige Vergütungssysteme und Karrierewege. Auf der Prioritätenliste der BerufseinsteigerInnen stehen interessante Tätigkeiten, ein aufgeschlossenes Umfeld und durchlässige Organisationen. Diese Aspekte beschreiben vor allen Dingen die Betonung postmaterieller Werte und den Gedanken der Selbstentfaltung. Ein von Diversity geprägtes Unternehmen berücksichtigt diese Werte der heutigen und künftigen Arbeits- und Absatzmärkte. Zu beobachten ist aber innerhalb des letzten Jahrzehnts auch die Wiederbetonung traditioneller Werte, die zuvor eher der älteren Generation zugeschrieben wurden. Diese traditionellen Werte sind zum Beispiel Sicherheit, Gehalt, und Statussymbole. Der Umstand, dass sowohl moderne als auch traditionelle Werte wieder von größerer Bedeutung sind, wird in der Literatur mit dem Begriff der „Wertesynthese“ bezeichnet (Klages 2001). Dieser Trend bedeutet jedoch nicht, dass nur traditionelle

Werte im Vordergrund stehen oder die modernen Werte gar verdrängt werden. Vielmehr besteht ein Nebeneinander der unterschiedlichen Werte (Noelle-Neumann et. al. 2001). So kann dies auf der einen Seite bedeuten, dass eine Familie zwar gewisse Sicherheiten wie eine dauerhafte Arbeitsstelle, ein festes Gehalt und vielleicht eine Immobilie haben möchte, aber eben auch, dass sie den Lebensgenuss und das Glück im Leben spüren will.

Neben dem allgemeinen Wertewandel sind auch in der Einstellung gegenüber der Arbeit Veränderungen zu beobachten. Es werden beispielsweise Mitsprache, selbstverantwortete Eigenaktivität und Eigendisposition sowie der Abbau übermäßiger Kontrollen gewünscht. Dabei hat sich eines jedoch nicht verändert: Der Beruf nimmt nach wie vor eine zentrale Stellung im Leben ein (Statistisches Bundesamt 2002, S. 490 ff.). „Arbeit wird zum unverwechselbaren Baustein der geistigen, seelischen und körperlichen Subjektbildung. Sie rückt in der Wertehierarchie allmählich ganz nach oben, verschmilzt mit dem Glanz von Würde. Arbeit wird zu einem prägenden Persönlichkeitsmerkmal“ (Negt 2001, S. 72). Dies ist zum Beispiel daran erkennbar, dass sich viele Menschen über den Beruf definieren und einordnen. So zielt die Frage danach, wer man sei, häufig auf den Beruf ab. Der Beruf ist so relevant, dass unser soziales Ansehen in der Gesellschaft, und folglich auch unsere Zufriedenheit, durch ihn determiniert werden. Die berufliche Tätigkeit bestimmt maßgebend unser Leben und unsere Identität. Jede Identität setzt sich aus mehreren Teilidentitäten zusammen, und die Berufsidentität ist eine davon.

Die Berufsrolle und die beruflich bestimmte soziale Position (Berufstätige sind in erster Linie Rolleninhaber bzw. Funktionsträger, von denen ein bestimmtes Verhalten erwartet wird.) haben eine wichtige Funktion in der Prägung und Stabilisierung der Person. Eine Rolle determiniert aber nicht das gesamte Verhalten, denn es bestehen immer Handlungs- und Interpretationsspielräume, die eine Selbstdarstellung und Selbstbehauptung ermöglichen. Dies ist wichtig, denn ein Mitarbeiter oder eine Mitarbeiterin möchte nicht nur eine Rolle im Unternehmen ausfüllen, sondern möchte sich mit dem eigenen Beruf identifizieren und letztlich seine/ihre Identität weiter entwickeln können. In diesem Zusammenhang stellt sich die Frage, inwieweit sich die Berufspersönlichkeit mit der wirklichen Persönlichkeit deckt bzw. welche Interdependenzen herrschen. Betrachtet man die Berufsbilder der heutigen Zeit, so fällt auf, dass sowohl fachliche als auch persönliche Qualifikationen von einer Person verlangt werden, die sich nicht trennen lassen. So bilden soziale und fachliche Kompetenzen im Umgang mit Kunden die Basis für wirtschaftlichen Erfolg. Natürlich werden hier nur die Teile einer Persönlichkeit angesprochen, die der jeweilige Beruf erfordert. Dies impliziert auch Negativbestimmungen, das heißt, es wird auch definiert, welche Fähigkeiten und Eigenschaften nicht relevant sind. Dabei übernehmen Kollegen, Vorgesetzte, Untergebene usw. eine wesentliche Funktion (generalised other). Nur mit ihrer Hilfe ist eine Selbstbeschreibung von Personen möglich. Es erfolgt ein Vergleich mit der Gruppe, wobei Gemeinsamkeiten und Unterschiede festgestellt werden.

So kann ein Mensch persönliche Eigenschaften und Fähigkeiten erkennen. Eine Folge davon besteht in der Assoziation mit bestimmten Gruppen und in der Abgrenzung von anderen.

Diese Prozesse der Zuordnung und Abgrenzung laufen in Zeiten zunehmender Individualisierung entsprechend komplexer, vielgestaltiger und teilweise unklarer ab. Für Arbeitgeber besteht die besondere Notwendigkeit, Identitätsprobleme beim Individuum dadurch zu vermeiden, dass das Arbeitsumfeld vielfältige Individuen positiv anerkennt und Kulturen entstehen lässt, die auf die Ziele eines Unternehmens ausgerichtet sind, ohne sich als Konformitätszwang auszuwirken. So können Unternehmen ihren MitarbeiterInnen ermöglichen, vielfältige Identitäten zu entwickeln. Mit Blick auf Diversity sollen diesbezüglich zwei Annahmen getroffen werden:

Erstens ist davon auszugehen, dass die Vielfalt in einem Unternehmen, das das Potenzial-Prinzip Diversity anwendet, größer ist oder wird als in anderen Unternehmen, da sie explizit gefördert wird. Aufgrund dieser Vielfalt ist die Auswahl an Personen bzw. Gruppen größer, mit denen sich eine Person identifizieren kann. Dadurch verbessert sich die Möglichkeit, sich selbst beschreiben zu können. Folglich können Identitätsprobleme beim Individuum verringert werden.

Da das Potenzial-Prinzip Diversity eine relativ freie Entfaltung aller Personen im Unternehmen ermöglicht, unterstützt es zweitens die Entwicklung der Berufsidentität und letztlich die Identität insgesamt. Allerdings kann eine zu große Heterogenität im Unternehmen, und die damit einhergehende stärkere identitätsbestimmte Abgrenzung von anderen, auch zu einer Isolation führen.

Phänomene des Wertewandels

Wertewandel kann durch statistische Erhebungen direkt abgefragt werden, wird aber auch indirekt, das heißt in seinen konkreten Auswirkungen, sichtbar. Einige dieser Auswirkungen sollen im Folgenden vorgestellt und insbesondere in ihrer Bedeutung für Arbeitgeber erläutert werden.

Haushaltsgröße

Veränderte Werte und Lebensziele zeigen sich unter anderem in veränderter Elternschaft und neuen familiären Strukturen, die wiederum die Entwicklung der durchschnittlichen Haushaltsgröße beeinflussen.

Die Gründe für den Rückgang der durchschnittlichen Haushaltsgröße in Deutschland sind vielschichtig: „Als Ursache für die seit der Jahrhundertwende abnehmende Haushaltsgröße kann u. a. der Wandel von der Agrar- zur Industriegesellschaft angesehen werden. Damit im Zusammenhang steht die Zunahme der Zahl der städtischen Haushalte, die auch heute noch im Durchschnitt kleiner sind als die in ländlichen Gemeinden“ (Statistisches Bundesamt 2000, S. 37). Auch war der Rückgang der Haushaltsgröße im 19. Jahrhundert auf den Rückzug von fami-

Partner, eigener Freundes- und Bekanntenkreis neben gemeinsamen Freunden und Bekannten sowie das Bemühen um kommunikative Konfliktlösungen.

Homosexuelle

Homosexuelle Frauen und Männer haben ihr vermeintliches Randgruppendasein in den letzten Jahrzehnten verlassen. Gleichzeitig entwickelte sich eine zunehmende Akzeptanz von Schwulen und Lesben, die als Ausdruck des allgemeinen Wertwandels verstanden werden kann. Im Zuge der Einführung der gleichgeschlechtlichen Lebenspartnerschaft erfolgte eine größere Zahl von Meinungsumfragen in der Bevölkerung. Diese zeichneten ein klares Bild der Zustimmung für die sogenannte „Homo-Ehe". Noch einige Jahre zuvor gab es nicht wenige ablehnende Stimmen. Dieser Einstellungswandel wurde vom Outing prominenter Homosexueller, einer verstärkten Medienpräsenz Homosexueller und einer merklich veränderten Medienberichterstattung über Homosexuelle begleitet.

Eheschließungen/Scheidungen

Abbildung 16 zeigt bis etwa 2002 ein Muster sinkender Heiratszahlen und steigender Scheidungszahlen. Seit 2002 kann man eine stagnierende bis abfallende Tendenz bei den Scheidungen erkennen, bei den Heiraten setzt sich ein ähnlicher Trend fort. Der Rückgang der Eheschließungen kann u.a. mit dem allgemeinen Wertewandel oder mit historisch-sozialen Wandlungsprozessen erklärt werden. Dabei ist zunächst eine weitgehende Gleichstellung ehelicher und nichtehelicher Kinder zu beobachten, die früher keineswegs gegeben war. Des Weiteren nimmt die Stigmatisierung nicht verheirateter Mütter ab. Dadurch werden verschiedene Formen der Elternschaft außerhalb der Ehe erleichtert. Zudem fördern die gestie-

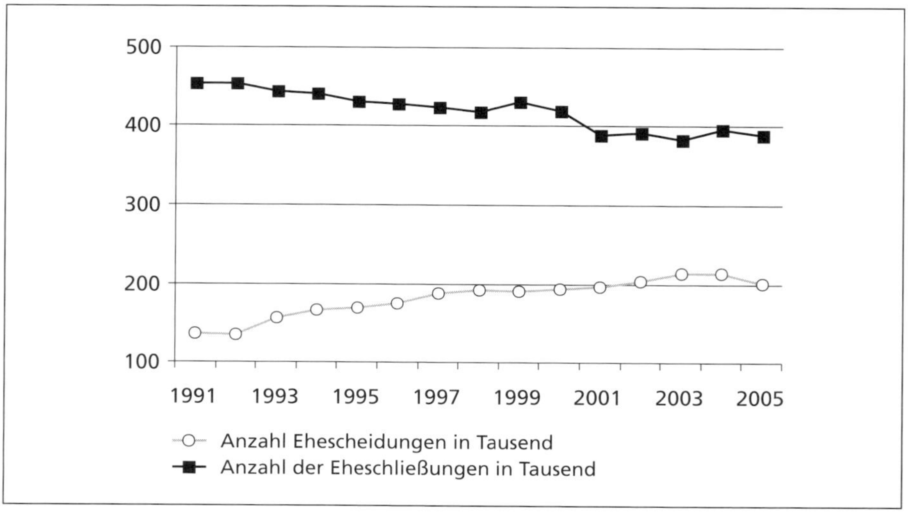

Abb. 16: Eheschließungen und Scheidungen
(Quelle: Statistisches Bundesamt 2007)

genen Mobilitätserfordernisse der Industriegesellschaft das Alleinwohnen und die Ehelosigkeit. Die langfristige (eheliche) Festlegung auf einen Partner wird somit strukturell erschwert. Als weiterer Aspekt ist der rückläufige Wunsch nach Kindern zu nennen, der ebenfalls zum Rückgang der Eheschließungen beiträgt, da das Motiv der kinderorientierten Eheschließung häufiger entfällt (Peuckert 1999). Heirat wurde zu einer individuell zu begründenden Entscheidung und folgt immer seltener verbindlichen Mustern.

Auffällig ist auch die zeitliche Verschiebung der Heirat im Lebenslauf. Junge Menschen warten immer länger mit einer Eheschließung. Seit Mitte der 1970er Jahre ist in Deutschland das durchschnittliche Heiratsalter Lediger ständig angestiegen. 1997 waren ledige Männer bei der Hochzeit im Durchschnitt 30 Jahre und vier Monate alt. Für Frauen, die zum ersten Mal heirateten, ergab sich ein Durchschnittsalter von 27 Jahren und zehn Monaten (Statistisches Bundesamt 2000, S. 42). Diese Zahlen haben sich bis 2005 weiter nach hinten verschoben: Ledige Männer heirateten im Durchschnitt mit 32 Jahren und sechs Monaten und Frauen mit 29 Jahren und sechs Monaten (Statistisches Bundesamt 2007b). Als Konsequenz für Arbeitgeber ergibt sich, dass Unternehmen noch mehr auf die zunehmende Individualisierung, die Bedürfnisse alleinerziehender Mütter und Väter oder andere veränderte Lebensentwürfe eingehen müssen.

Konsequenzen des Wertewandels

Die grundlegenden Werteausrichtungen in der Gesellschaft haben sich in den letzten Jahrzehnten verschoben und verändern sich weiter. Damit einhergehend bilden sich neue Lebensziele und Einstellungsmuster sowie in der Folge neue Lebenswirklichkeiten heraus. Unternehmen, die weiterhin erfolgreich sein wollen, müssen diesen Veränderungen, die sich in ihren Belegschaften und Märkten widerspiegeln, mit dem Potenzial-Prinzip Diversity im Sinne von Vielfalt Rechnung tragen. Sowohl im Personalmanagement als auch in der Marktbearbeitung ist es zwingend erforderlich, traditionelle Vorstellungen, die sich in Sprache, Bildern oder Texten sowie in betrieblichen Regelungen aller Art zeigen, kritisch zu überprüfen und weiterzuentwickeln. Offenheit und Flexibilität sowie die Aussicht auf einen langfristigen Arbeitsplatz bilden die wesentlichen Anforderungen an das Arbeitsumfeld der Zukunft, zumal dieses sich vermehrt in einem globalen Kontext befindet. Hier kommt das Potenzial-Prinzip im Sinne von Aufgeschlossenheit zum Tragen. Die vielfältigen neuen Lebenssituationen der MitarbeiterInnen – als Singles, als Alleinerziehende, als Living-apart-together-Paare, als Doppelverdiener etc. – legen gleichermaßen viele flexible Regelungen nahe. Das traditionelle Familienmodell des berufstätigen Vaters mit Ehe-/Hausfrau und Mutter, die ihm „den Rücken freihält", befindet sich immer weiter auf dem Rückzug. Experten sehen die typische vierköpfige deutsche Familie, die dieses Modell lebt, gerade noch bei 20 % aller Familien (Stuber 2004).

Aber nicht nur Personalmanagement-Systeme und das Marketing sollten die neuen Wirklichkeiten anerkennen und nutzen. Es müssen Unternehmenskulturen geschaffen werden, die das Potenzial-Prinzip Diversity im Sinne von Einbeziehung praktizieren, sodass alle MitarbeiterInnen für ihre Beiträge zum Erfolg Wertschätzung erfahren, unabhängig davon, ob sie einen Lebensentwurf verfolgen, der in den letzten Jahrzehnten als Standard, Maß oder Norm angesehen wurde, oder eben nicht. Die Ausprägungen einer solchen Unternehmenskultur mögen sich allwöchentlich an den Montag-Morgen-Unterhaltungen zeigen, bei der Verteilung von Sonderschichten (Wochenenden, Feiertage) oder bei Beförderungen und Vergütungsverhandlungen. Durch das Potenzial-Prinzip Diversity und die Berücksichtigung neuer Werte und Lebensumstände, ohne dass diese bewertet werden, entstehen Unternehmenskulturen, die eine positive Identitätsbildung ermöglichen und fördern. Diese wirkt sich wiederum förderlich auf Engagement, Loyalität und Kreativität der MitarbeiterInnen und damit auf die Leistungsfähigkeit des Unternehmens aus.

Die Diversity Praxis Studie (2005) untersuchte unter anderem die Bedeutung demografischer Trends und des Wertewandels für Unternehmen. Das Ergebnis der Befragung zeigte klar, dass Selbstverwirklichung und Flexibilität am Arbeitsplatz mit 72 % im Gegensatz zu Hierarchie und Status den höchsten Wert und damit eine hohe Bedeutung angenommen haben. Das Potenzial-Prinzip Diversity greift diese Entwicklung auf, berücksichtigt individuelle Unterschiede der Mitarbeiter und fördert deren Persönlichkeitsentfaltung. Neben der Selbstverwirklichung und Flexibilität am Arbeitsplatz ist es vor allem jungen Menschen wichtig, im Unternehmen ein offenes und multikulturelles Umfeld vorzufinden. Dieser Aspekt wirkt sich besonders bei der Rekrutierung von Arbeitskräften aus, da diese ein Unternehmen mit einem derartigen Umfeld bevorzugen würden. Zudem untermauert die Studie, dass die zunehmende Etablierung alternativer Lebensstile eine wesentliche kulturelle Veränderung darstellt. Ebenso wurden die zunehmende Anzahl alleinerziehender Eltern und die sinkende Haushaltsgröße als relevante kulturelle Veränderungen beurteilt.

Unternehmen müssen die genannten Ergebnisse bei einer Vielzahl von Aktivitäten berücksichtigen, so zum Beispiel bei der Rekrutierung von Personal, bei der Ansprache vielfältiger Zielgruppen auf dem Absatzmarkt und bei der Entwicklung neuer Arbeitsformen. In diesem Kontext beschreibt der Begriff „Work-Life-Balance“ einen aktuellen und überaus wichtigen Trend der Personalpraxis: Unternehmen bemühen sich, Aspekte, die im Leben ihrer Mitarbeiter eine wesentliche Rolle spielen, in das Arbeitsumfeld mit einzubeziehen. Sie bieten beispielsweise Kinderbetreuung während der Arbeitszeit an oder einen Wäscherei-Service für die MitarbeiterInnen oder richten auf dem Firmengelände ein Fitness-Studio ein. Solche Aktivitäten schaffen eine Win-win-Situation, da Beschäftigte weniger Organisationsaufwand und Stress erleben und sich ausgeglichener ihrer Arbeit widmen können.

2.2.4 Wachsende Inklusion durch veränderten Umgang

Wenn zwei Personen aufeinandertreffen, dann kommunizieren sie miteinander. Man kann nicht nicht kommunizieren (Watzlawick et al. 1990, S. 50 ff.). Selbst etwas nicht Gesagtes birgt eine Bedeutung. Kaum ein Mensch kann sich der Interpretation durch andere Personen und damit verbunden der Reaktion seiner Umwelt entziehen. Allzu leicht werden falsche Rückschlüsse gezogen, gegen die man sprichwörtlich machtlos ist.

Hat sich die Kommunikation, hat sich der Umgang, das Miteinander der Menschen in den letzten Jahren verändert? Diese Frage lässt sich mit einem klaren „Ja" beantworten, und dieses „Ja" weist umfangreiche Bezüge zum Potenzial-Prinzip Diversity auf.

Vor allem die Entwicklung der Medien hat Menschen überall auf der Welt einander näher gebracht. Die moderne Telekommunikation bewirkt, dass sich nirgendwo auf der Welt dramatische Dinge ereignen können, ohne dass ein Großteil des Erdballs innerhalb von Minuten davon erfährt; die Live-Berichterstattung vom 11. September 2001 ist ein trauriger Beleg dafür. Aufgrund der Veränderung der Kommunikationsmedien sind uns andere „Weltbürger" viel eher bekannt, als dies noch vor einer Generation der Fall war. Auf der individuellen Ebene hat das Internet das Leben vieler Menschen, zumindest in den Industrienationen, grundlegend verändert. Fast jeder hat Zugang zu unvorstellbaren Informationsmengen und zu Kontakten in die ganze Welt. Es erscheint nicht mehr abwegig, dass zwei Internet-Freunde in Deutschland und Kanada mehr verbindet als zwei Klassenkameraden, die im selben Landkreis leben. Ergänzt werden diese Trends durch die gestiegene weltweite Mobilität. Waren früher Auslandsreisen (Geschäfts- oder Urlaubsreisen) noch eine Besonderheit für viele Menschen, so erlangt der Besuch in „fremden" Kulturen heute eine gewisse Normalität.

Diese Entwicklungen haben zur Folge, dass viele Menschen – in vielerlei Hinsicht – ihren Horizont stark erweitern. Vieles, was früher noch fremd war, erscheint heute zumindest nicht mehr bedrohlich, vielleicht sogar interessant oder sympathisch. Die Vertrautheit mit Neuem bewirkt auch einen offeneren Umgang mit Menschen, die anders sind als wir selbst. Man tritt einander weniger zurückhaltend gegenüber und nimmt eine kooperativere Haltung ein. Dies spiegelt sich auch in der Geschäftswelt wider, die seit einigen Jahren – letztlich auch als Folge der Globalisierung und durch den Einfluss des Internets – von einer früher kaum gekannten „Lockerheit" im Umgang geprägt ist. Nicht, dass dabei jegliche Förmlichkeit verloren ginge, aber die im internationalen Englisch übliche Ansprache mit dem Vornahmen trug vielerorts zu einem neuen Stil bei, um nur ein Beispiel anzuführen. Auf der Ebene der Unternehmenskultur mag die verstärkte Ausbildung von Vertrauensorganisationen, die auf Partnerschaftlichkeit und Partizipation aufbauen, als Beispiel für den neuen Umgang und die neue Kommunikation der Einbeziehung dienen. Das Potenzial-Prinzip Diversity im Sinne von Wertschätzung, Offenheit und Inklusion bildet die ideale betriebliche Grundlage für die Umsetzung eines offenen, kooperativen Umgangs und einer integrativen Kommunikation.

2.3 Diversity im HR-Kontext

Das Personalwesen stellt für Diversity nicht nur traditionell, sondern auch operativ den zentralen strategischen Partner dar. Daher ist es wichtig, die Bedeutung des Potenzial-Prinzips für die Herausforderungen und Schlüsselthemen im HR-Bereich zu überprüfen. Zeigt sich auch dort eine Notwendigkeit für Diversity? Kann der Ansatz Mehrwerte bieten oder stellt er eine Zusatzaufgabe, ein Add-on, dar? In der Tat haben mehrere HR-Studien herausgefunden, dass das Thema Diversity innerhalb des HR-Kontextes eine eigene Bedeutung erhalten hat. Die meisten Studien, so zum Beispiel von Capgemini (2007), sprechen von einer wachsenden Relevanz des Ansatzes Diversity. Im Folgenden wird untersucht, in welchem Verhältnis das Potenzial-Prinzip Diversity zu besonders intensiv diskutierten Personal-Disziplinen steht, nämlich zu Recruiting/Personalbeschaffung, Personalentwicklung, Arbeitsbedingungen und Vergütung, internationaler Personalarbeit sowie zu HR als Business Partner.

Recruiting/Personalbeschaffung

Die Personalbeschaffung bzw. neudeutsch „Recruiting" zielt darauf ab, geeignete, talentierte Kandidaten entsprechend dem Personalbedarf eines Unternehmens zu finden, auszuwählen und zu gewinnen. Diese Aufgabe wird aufgrund des demografischen Wandels in Zukunft eine immer wichtigere Rolle spielen, wie u. a. die erwähnte Studie von Capgemini bestätigt. Einerseits steigt der Bedarf an Berufseinsteigern grundsätzlich, andererseits stellt die Qualität der KandidatInnen ein immer wichtigeres Erfolgskriterium für Unternehmen dar (Capgemini 2007). Sie stehen nicht nur vor der Herausforderung, weiterhin genügend qualifizierte MiterarbeiterInnen zu gewinnen, auch die Anforderungen an diese steigen. Der Aspekt des durch das Personal-Marketing geförderten Personal-Images erhält in diesem Zusammenhang wieder neue Bedeutung. Das Ziel, im „War for Talent" ein „Employer of Choice" zu werden, zu sein und zu bleiben, steht weit oben auf der Prioritätsliste vieler Unternehmen. Naturgemäß stellt dies für kleine und mittelständische Unternehmen eine andere, wenn nicht größere Herausforderung dar als für Großunternehmen, deren Produkt-Image auf ihre Arbeitgeberattraktivität ausstrahlt. Wie die vorangegangenen Ausführungen zum Wertewandel gezeigt haben, sind Diversity und Work-Life-Balance gerade für hochqualifizierte KandidatInnen immer wichtigere und bereits seit einigen Jahren konkret wahrnehmbare Beurteilungskriterien bei der Wahl des Arbeitgebers. Nach Erfahrungen des Autors gehen mitunter die Bestrebungen zur Einführung von Diversity auf Kontakte der Rekrutierungsabteilung mit solchen BewerberInnen zurück. Damit bewirkt die wachsende Bedeutung der Personalbeschaffung tatsächlich auch eine zunehmende Notwendigkeit, das Potenzial-Prinzip Diversity umzusetzen.

Die neuen Anforderungskriterien an künftige Beschäftigte bilden einen weiteren Antrieb, Diversity im Bereich der Personalbeschaffung intensiv einzusetzen. So bewirkt die fortschreitende Internationalisierung und Globalisierung einen Trend zur Rekrutierung von KandidatInnen mit internationaler Erfahrung und/ oder aus unterschiedlichen Kulturkreisen. Auch werden Sprachkenntnisse und sogenannte „soft skills" immer wichtiger. Eine Reihe von Ansätzen und Abläufen der Personalbeschaffung geraten hierbei auf den Prüfstand: angefangen bei der Formulierung von Stellenbeschreibungen und Auswahlkriterien, über die Frage der Mehrsprachigkeit von Ausschreibungen bis zur grenzüberschreitenden (oder zumindest kulturübergreifenden) Suche und den eingesetzten Beurteilungs- und Auswahlmethoden. Jeder dieser Schritte beinhaltet das Risiko, der neuen Vielfalt mit einer Schieflage gegenüberzutreten: Welche Kompetenzen sind von ausschlaggebender Bedeutung? Das angelsächsische System zum Beispiel basiert weitaus weniger auf universitärer Fachkompetenz als das deutsche. Welche Sprachkenntnisse stellen eine Kernqualifikation dar? Fließende oder gar akzentfreie Deutschkenntnisse sind in den Zentralen vieler Unternehmen in Deutschland nicht mehr automatisch Voraussetzung für eine erfolgreiche Mitarbeit. Wie beurteilen die Systeme KandidatInnen, die ganz offensichtlich nicht in das bisherige Suchmuster für den Wunschkandidaten „passen" (Stuber 2006)? Derartige Mechanismen stellen echte Herausforderungen im Zuge der Neuausrichtung der Personalbeschaffung dar. Hier bietet sich eine gute Gelegenheit, das Potenzial-Prinzip Diversity zu nutzen, um die bisherigen Prozesse zu überprüfen und zu verbessern.

Personalentwicklung

Die Personalentwicklung (PE), neudeutsch „Talent Management", beinhaltet meist die Bereiche Potenzial-Analyse, Pipeline-Management, Training und Weiterbildung, Karriereplanung, Beförderung und Versetzung. In der zuvor erwähnten Studie von Capgemini (2007) steht dieses Personalthema an erster Stelle, gemessen an der wahrgenommenen Bedeutung aller HR-Themen. Die Studie stellt weiter fest, dass im Rahmen der Personalentwicklung darauf geachtet wird, Trainingsmaßnahmen darauf auszurichten, dass die erworbenen Kompetenzen vorteilhaft und nachhaltig für das Unternehmen genutzt werden können. Neben der Förderung der Beschäftigten erlangt damit das Kompetenz-Management eine besondere Bedeutung. Die Personalentwicklung richtet sich heute daher verstärkt an definierte Zielgruppen und bildet kaum noch ein Rundum-Angebot für alle MitarbeiterInnen. Die Entwicklungswege für Beschäftigte gestalten sich in diesem Zusammenhang und angesichts neuer, hybrider Organisationsformen ebenfalls ungleich individueller als früher.

Mit diesem PE-Ansatz gewinnt auch das Potenzial-Prinzip Diversity an Bedeutung. Es begünstigt das Erkennen individueller Potenziale und hilft, persönliche Präferenzen jenseits vorgezeichneter, starrer Entwicklungspfade auszuloten. Gerade bei Angehörigen von fälschlicherweise als solche bezeichneten Randgruppen führten Stereotype und/oder vorurteilsbelastete Beurteilungen in der Vergangenheit zu einer Nichtberücksichtigung persönlicher Stärken, zu einer Nichtförderung oder einer Nichtteilnahme an Personalentwicklungsmaßnahmen. Diversity trägt dazu bei, Schwachpunkte innerhalb der einzelnen Personalentwicklungsschritte zu identifizieren und zu beseitigen (vgl. dazu auch Stuber 2006). Das Talent Management erhält zudem durch Diversity eine stärkere Motivationsfunktion (employee engagement). Nur wenn alle Mitarbeiter entsprechend ihren Potenzialen gefördert werden, entwickeln sie die Bereitschaft und die Fähigkeit, ihre Leistung voll zu entfalten und an das Unternehmen weiterzugeben. Angesichts der zunehmenden Vielfalt der Belegschaften besteht auch in diesem Zusammenhang die Notwendigkeit, verstärkt das Potenzial-Prinzip einzusetzen, um die unterschiedlichen Beschäftigten bestmöglich zu berücksichtigen, wertzuschätzen und einzubeziehen.

Arbeitsbedingungen und Vergütung

Zum klassischen Kernbereich des Personalmanagements zählen Regelungen bezüglich Arbeitszeit, -ort, und -inhalt und benötigten Sachmitteln. Auch hier gilt es, die Arbeitsbedingungen so zu gestalten, dass sie der zunehmenden Vielfalt der Belegschaft und den Bedürfnissen oder Anforderungen der Beschäftigten mehr, besser und insofern differenzierter Rechnung tragen, als dies traditionelle „9-to-5"-Modelle konnten (employment deal). Zu den aktuellen Herausforderungen dieses Bereiches gehören vor allem die flexible Gestaltung der Arbeitsbedingungen und die Schaffung einer unterstützenden Arbeitsatmosphäre, in der ein Arbeitnehmer gut in der Lage ist, sein Arbeitsleben mit seinen privaten Lebensumständen zu koordinieren. Die konkreten Angebote der Arbeitgeber bilden nicht nur einen zunehmend wichtigen Aspekt des Arbeitgeber-Images, sie werden auch zu einer Notwendigkeit, um die Arbeit in internationalen, verteilten Organisationen effektiv zu gestalten. Oder mit anderen Worten: Multinationale Unternehmen können nur mit flexiblen Arrangements der Arbeitszeit, des Arbeitsortes, der Arbeitsteilung und der Arbeitsmittel funktionieren. Dies trifft zunehmend auch für mittlere und kleinere Unternehmen zu, die im internationalen Bereich tätig sind oder mit solchen Geschäftspartnern zusammenarbeiten.

Es überrascht nicht, dass all diese Trends gleichermaßen eine Notwendigkeit für den Einsatz des Potenzial-Prinzips Diversity darstellen. Vor allem Work-Life-Balance gilt seit langem als Teilgebiet oder als verbundenes Nachbargebiet von Diversity. Während die prozessualen Fragen von Work-Life-Balance zu einem großen Teil in die operative Verantwortung verschiedener HR-Bereiche fallen, ist der Aspekt der Work-Life-Kultur deckungsgleich mit den Gestaltungsfragen einer einbeziehenden Diversity-Kultur. Erst diese Kultur ermöglicht es den Beschäftigten, die möglicherweise geschaffenen Angebote flexibler Arbeitszeitmodelle, wie z. B. Teilzeitarbeitsmodelle für Eltern oder Telearbeit für junge Väter, tatsächlich zu nutzen, ohne damit ein Karriererisiko einzugehen.

Die Themen „Vergütung“ und „Anreizsysteme“ nehmen in der Befragung von Capgemini (2007) den fünften Rang ein. Offensichtlich wird es in einer komplexer werdenden Wirtschaft immer schwieriger, eine für alle gleich faire Entlohnung zu finden. Auch in diesem Punkt vermag das Potenzial-Prinzip Diversity einen Mehrwert zu bieten, indem es den Fokus auf Unterschiede wie Geschlecht, kulturelle Herkunft oder Alter legt. Sogenannte meritokratische Systeme, also rein auf Leistung bezogene Bewertungs- und Beurteilungsansätze, zählen zu den typischen Elementen fortgeschrittener Diversity-Implementierungen. Bestehende Prozesse werden dabei auf etwaige Schieflagen, wie zum Beispiel unterschiedliche Entlohnung von Männern und Frauen überprüft, um einen Ausgleich für ungerechtfertigte Unterschiede herbeizuführen (Pay-Gap-Analysen). So führten entsprechende Überlegungen zur Hinterfragung der automatischen Gehaltserhöhung mit steigendem Lebensalter. Auch diese Aspekte zeigen die Relevanz des Potenzial-Prinzips Diversity im Hinblick auf aktuelle Entwicklungen im HR-Bereich.

Internationale Personalarbeit

Die internationale HR-Arbeit beschäftigt sich besonders mit Fragen der Entsendung (Expatriates) oder der Aufnahme (Impatriates) von Mitarbeitern und den in diesem Zusammenhang relevanten interkulturellen Kompetenzen. Im Kontext internationaler und globaler Verflechtungen gewinnt nicht nur dieser Ansatz rasant an Bedeutung. Auch die Kombination unterschiedlicher HR-Modelle aus verschiedenen Ländern stellt eine zunehmende Herausforderung für die internationale Personalarbeit dar. In beiden Feldern spielt die Frage der Anerkennung von Stärken, Erfolgen und Potenzialen aus anderen Kulturbereichen eine wesentliche Rolle. Der vielen Menschen und Organisationen eigene Ethnozentrismus blockiert häufig die reibungslose Interaktion über Ländergrenzen hinweg. Die Einflüsse vieler Diversity-Themen bilden eine zusätzliche Herausforderung in diesem Zusammenhang. Die Bewusstmachung der damit verbundenen Mechanismen ist ein wichtiger Beitrag des Potenzial-Prinzips Diversity zur Bewältigung der internationalen Aufgabenstellungen. Die Förderung interkultureller Kompetenzen jenseits stereotyper LändercheckIisten bildet einen typischen Entwicklungsansatz aus dem Feld Diversity. Die fortschreitende Internationalisierung der Personalarbeit bringt eine zunehmende Notwendigkeit für den Einsatz des Potenzial-Prinzips Diversity mit sich.

HR als Business Partner

Dem Personalbereich kommen heute weit mehr Aufgaben und Verantwortung zu, als dies noch vor einigen Jahren zu Zeiten der Personalverwaltung der Fall war. Das Modell „HR als Business Partner“ beinhaltet meist auch die strategische Komponente, das Unternehmen in strategischen Fragen und Entwicklungen zu unterstützen und so einen Beitrag zum Wertschöpfungsprozess zu leisten (Capgemini 2007). Weiterhin besteht die Aufgabe von HR als Business Partner zunehmend darin, Veränderungsprozesse als Folge von Fusionen, Übernahmen, Neuausrichtungen oder Reorganisationen zu gestalten. Der Leitgedanke lautet dabei stets: Welcher Bedarf entsteht aus Sicht des Kerngeschäfts eines Unternehmens? Diese zunehmende Business-Orientierung der Personalarbeit stellt eine unmittelbare Verbindung zum Potenzial-Prinzip Diversity dar. Die Bezüge von Diversity zu den strategischen Themen der Unternehmensentwicklung sind nicht nur überaus eng und direkt (vgl. Kapitel 2.1), der Diversity-Ansatz thematisierte auch von Beginn an unmittelbare Aspekte des Kerngeschäfts wie Marketing und Kundenbeziehungsmanagement. Ebenso zeigt der Aspekt des Change Management, dass Diversity eine ideale Ergänzung und ein effektives Instrument zur besseren Bewältigung von Aufgabenstellungen des HR-Business-Partner-Modells ist.

Zusammenfassung

Die veränderten Rahmenbedingungen der Wirtschaft und die Entwicklung der Gesellschaft zeigen eine wachsende Vielfalt, eine zunehmende Offenheit und eine stärker an Einbeziehung orientierte Kultur in zahlreichen Bereichen. Arbeitgeber berücksichtigen dies bereits in Ansätzen. Eine weitere Intensivierung durch die Anwendung des Potenzial-Prinzips Diversity erscheint notwendig, um den anhaltenden Veränderungen der Belegschaften, der Märkte und des gesellschaftlichen Umfelds Rechnung zu tragen und nachhaltigen Erfolg sicherzustellen.

3 Welche Ziele verfolgt Diversity?

In der Diskussion um Vorteile und Notwendigkeiten sowie Umsetzungsvarianten wird die Frage nach der eigentlichen Zielsetzung von Diversity oft vernachlässigt: Was, das heißt welcher künftige Zustand, soll mit Diversity erreicht werden? Orientiert man sich an den unterschiedlichen Elementen des Potenzial-Prinzips aus Kapitel 1, so stellt sich zunächst die Frage, ob Vielfalt an sich ein Ziel darstellt. Während eine politische, teilhabe- oder repräsentationsorientierte Sichtweise dies bejahen mag, lassen Konflikte, die häufig in Bezug auf Unterschiedlichkeit zu beobachten sind, durchaus Zweifel daran aufkommen. Zudem ist aus wissenschaftlichen Untersuchungen heterogener Teams bekannt, dass Vielfalt alleine noch kein Garant für Erfolg ist (vgl. Kochan et al. 2003). Die dort genannten Beispiele machen deutlich, dass Unterschiedlichkeit an sich keinen Wert darstellt oder nicht in jedem Fall einen Vorteil mit sich bringt. Daraus ergibt sich, dass Diversity im Sinne von Vielfalt keinen Selbstzweck und kein eigenständiges Ziel darstellt. Dem Potenzial-Prinzip entsprechend bedarf es zusätzlich einer offenen Geisteshaltung und der Kompetenz im Umgang mit Unterschieden. Übertragen auf Organisationen erfordert dies: eine Kultur, die der Vielfalt von Menschen positiv begegnet und diese aktiv in den Wertschöpfungsprozess einbezieht. Deshalb verfolgt Diversity das Ziel, Menschen mit all ihren Facetten und Stärken wertzuschätzen, als BürgerInnen, MitarbeiterInnen, KundInnen, LieferantInnen, AktionärInnen, WählerInnen etc. Weiterhin besteht ein Zielelement darin, die Integration dieser Stakeholder aktiv und bewusst im Sinne einer Win-win-Situation zu gestalten. Das Zielsystem des Potenzial-Prinzips Diversity beinhaltet analog zur Definitionssystematik (vgl. Kapitel 1) vier Bausteine.

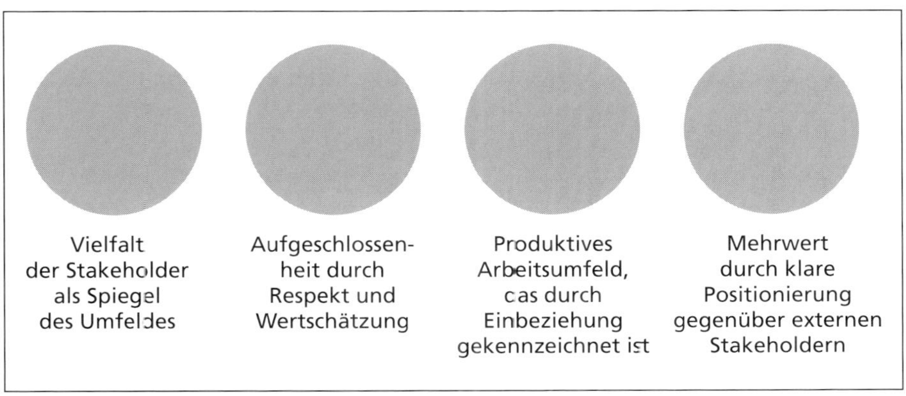

Abb. 17: Zielsystem des Potenzial-Prinzips Diversity

Vielfalt, Wertschätzung und Einbeziehung der Belegschaft stellen wesentliche Bestandteile des Potenzial-Prinzips Diversity dar. Dieses geht jedoch bewusst weiter und umfasst entsprechend den Zielen einer Organisation auch die Kunden- oder Marktorientierung eines Unternehmens oder die Bürgerorientierung öffentlicher Einrichtungen. Ein konkretes Ziel vieler Diversity-Initiativen besteht eben nicht darin, irgendeine beliebige Vielfalt zu erreichen, sondern eine Vielfältigkeit, die der des Arbeits- oder Absatzmarktes (oder der Gesellschaft oder anderer relevanter Stakeholder) entspricht. Ein weiteres Ziel, das in den Leitbildern vieler Organisationen als Wert verankert ist, besteht in einer respektvollen, offenen, toleranten und wertschätzenden Grundhaltung, die allen Stakeholdern entgegengebracht werden soll. Eine dritte Zielkomponente findet sich häufig in den Kernkompetenzen, die Organisationen für sich als erstrebenswert oder sogar erfolgskritisch beschreiben: partnerschaftlicher Umgang, integrative Ansätze und einbeziehende Verhaltensweisen. Dem Potenzial-Prinzip Diversity folgend liefern diese Elemente einen Beitrag zum Erfolg einer Organisation, zum Beispiel in Form von mehr Produktivität, höherem Markterfolg oder besserem Arbeitgeber-Image. Hierin liegt gewissermaßen ein übergeordnetes Ziel des Potenzial-Prinzips Diversity (entsprechend der englischen Bezeichnung „goal“). Die untergeordneten Zielsetzungen Vielfalt, Wertschätzung und Einbeziehung (im Englischen wären dies „objectives“) dienen letztlich der Erreichung dieses übergeordneten Ziels. Die externe Verortung eines Großteils der übergeordneten Diversity-Ziele bringt die Notwendigkeit mit sich, Diversity-Aktivitäten einer Organisation bewusst nach außen zu kommunizieren oder anderweitig sichtbar zu machen.

2007 befragte Ungleich Besser Diversity Consulting Diversity ManagerInnen internationaler Unternehmen zu den Zielsetzungen von Diversity. Die Auswertung der Antworten ließ folgende Schwerpunkte erkennen:

- eine vielfältige Belegschaft,
- ein Arbeitsumfeld, das verschiedene Wertvorstellungen, Ansichten und Fähigkeiten produktiv nutzt und als Erfolgsfaktor betrachtet,
- optimierte Kundenorientierung,
- Steigerung des Unternehmenserfolgs.

Die Umfrage ergab, dass Diversity im Sinne von Vielfalt von den Befragten nicht als Selbstzweck, sondern in Verbindung mit entsprechenden unternehmerischen Zielsetzungen verfolgt wird. Dies unterscheidet Diversity von politisch oder sozial motivierten Konzepten, wie etwa der Förderung bestimmter Gruppen, der Gleichberechtigung, der Teilhabe oder der Nichtdiskriminierung. Bei diesen Konzepten stellt die Verbesserung der Situation der jeweiligen Gruppenmitglieder ein Ziel an sich dar. Diversity dagegen sieht darin einen positiven Folgeeffekt, der im Rahmen eines Win-win-Konzeptes erzielt wird. Demnach vermag das Potenzial-Prinzip Diversity, einen Konsens zwischen Gleichstellungsinteressen und Unternehmenszielen zu schaffen, wenn es die Potenziale aller MitarbeiterInnen wertschätzt und ein produktives, einbeziehendes Arbeitsumfeld bietet. Diversity lässt insofern Anknüpfungspunkte zum Ansatz des Total E-Quality Management erkennen (Engelbrech 1997), wonach Bestrebungen zur Verbesserung der Chancengleichheit als integrativer Teil des unternehmerischen Qualitätsmanagements verstanden werden.

Auch identifizierte die oben erwähnte Umfrage zu den Zielsetzungen von Diversity Unterschiede zwischen amerikanischen und europäischen Konzernen. US-Organisationen betonten bei Diversity die kulturelle Zielsetzung, ein Umfeld zu schaffen, in dem tatsächlich alle Potenziale vollständig genutzt werden. Europäische Firmen dagegen sahen in der Steigerung der Vielfalt ihrer Belegschaften eine vorrangige Zielsetzung. Dieser Unterschied mag darauf zurückzuführen sein, dass global agierende US-Konzerne bereits eine stärker diversifizierte Belegschaft aufweisen und daher ein größeres Augenmerk auf das Zusammenwirken der unterschiedlichen MitarbeiterInnen legen (müssen). Am Ende stehen jedoch bei allen Ansätzen wirtschaftliche Interessen im Vordergrund.

Die Wichtigkeit eines klar definierten Zielsystems für Diversity ergibt sich auch aus dem Wunsch und der Notwendigkeit, den Erfolg des Potenzial-Prinzips im Zeitverlauf zu messen. Ein konsistentes Zielsystem bietet dabei die Möglichkeit, den Zielerreichungsgrad für jeden Zielbaustein der Unterziele zu ermitteln. Ein zweiter Ansatz besteht dann darin, die Mehrwerte und Erfolge auf der übergeordneten Zielebene zu messen.

Die oben genannten Zielsetzungen implizieren, dass die jeweiligen Organisationen den angestrebten Zustand noch nicht vollständig erreicht haben. Daraus werden sich später die Fragen ableiten, in welchem Zustand sich Organisationen befinden (vgl. Kapitel 4) und welche Ansätze und Strategien zur Veränderung der Ist-Situation in Richtung der Ziele verfolgt werden können (vgl. Kapitel 6 und 9).

3.1 Vielfalt der Stakeholder als Spiegel des Umfeldes

Zahlreiche Organisationen bauen bereits auf dem Grundgedanken von Vielfalt auf. Sinnvollerweise werden zum Beispiel Projekt-Teams in vielen Unternehmen bewusst vielfältig zusammengesetzt. Experten gehen davon aus, dass Unternehmen, die vielfältig zusammengesetzt sind, einen größeren Markterfolg erzielen als monokulturelle. Dies erscheint aus verschiedenen Gründen plausibel: Zunächst kann man davon ausgehen, dass optimal qualifizierte MitarbeiterInnen statistisch gesehen in allen Bereichen des Arbeitsmarktes anzutreffen sind. Insofern müsste sich quasi automatisch eine gewisse Vielfalt in Belegschaften einstellen. Wie im vorigen Kapitel gezeigt wurde, besteht diese Vielfalt allerdings weder außerhalb noch innerhalb von Unternehmen. Dieser Umstand lässt ein Verbesserungspotenzial erkennen, aus dem sich die Zielsetzung ableitet, einen anderen Zustand zu erreichen. Außerdem erscheint es nachvollziehbar, dass eine vielfältige Belegschaft besser in der Lage sein dürfte, die vielfältigen Absatzmärkte eines Unternehmens zu bearbeiten und die unterschiedlichen Kunden bestmöglich zufriedenzustellen. Oft wird dieser Zusammenhang mit Beispielen illustriert, nach denen zum Beispiel ältere Bankkunden mehr Vertrauen zu einem älteren Bankmitarbeiter aufbauen können oder weibliche Kunden beim Pkw- oder Computerkauf sich angeblich besser von einer Kundenberaterin betreut fühlen. Aber Diversity will mehr, als nur für jeden Topf einen Deckel finden, und strebt nicht an, spezielle Gruppen in dieser Form zu isolieren; auch wenn derartige Ansätze durchaus einen Fortschritt darstellen, wenn bis dato eine einseitige Monokultur praktiziert wurde.

Diversity strebt an, dass das Vorhandensein von Vielfalt und die damit gewonnenen Erfahrungen der Beschäftigten dazu beitragen, dass die Perspektiven „Anderer" routiniert eingenommen werden und zu hoher Beratungsqualität führen: „To walk in somebody else's moccasins", wie die Amerikaner in diesem Kontext vieldeutig sagen, indem sie nicht nur auf anderer Menschen Schuhe, sondern auf das Schuhwerk der Ureinwohner referieren. Wer es gewohnt ist, im betrieblichen Alltag mit unterschiedlichen Sichtweisen konfrontiert zu werden, kann eine verbesserte Markt- und Kundenorientierung erzielen. Eine von Diversity geprägte Belegschaft schaut häufiger „über den Tellerrand" und identifiziert so brachliegende Marktpotenziale und erzielbare Mehrwerte in der Kundenbetreuung. Damit dies konsequent umgesetzt werden kann, ist es wichtig, Vielfalt auf allen Ebenen und in allen Bereichen eines Unternehmens anzustreben, also eine Diversity-Organisation aufzubauen. Ein möglichst breites, umfassendes Verständnis für Diversity stellt dabei einen entscheidenden Erfolgfaktor dar. Schließlich findet sich unter allen Stakeholdern die gesamte Bandbreite von Unterschiedlichkeit.

Im Zusammenhang mit den beschriebenen Zielsetzungen von Diversity ist ein Modell von Hayles und Mendez-Russel (1996) von Interesse, das die Phasen darstellt, die bei der Entwicklung einer Diversity-Organisation durchlaufen werden. Demnach muss eine monokulturell ausgerichtete Organisation auf dem Weg zu einer multikulturellen bestimmte Phasen durchlaufen, die sich jeweils auf den Umgang mit den „Anderen" innerhalb oder außerhalb der Organisation beziehen.

Ablehnung → Ignoranz → Herabsetzung → Toleranz →
Akzeptanz → Integration

Dieses Phasenmodell macht deutlich, dass Diversity eng mit Change Management verwandt ist und bezogen auf Einstellungen einen mentalen Prozess darstellt: Man muss Vielfalt wahrnehmen, um sie verstehen zu können. Dies entspricht dem Potenzial-Prinzip Diversity. Wie das Modell zeigt, stellen sich aber anfänglich ablehnende oder negative Haltungen ein, die Teil des Entwicklungsprozesses sind. Das Modell illustriert auch, dass ein produktiver Umgang mit Vielfalt das Überschreiten der Ebene der Toleranz erforderlich macht (Bucher 2000, S. 122). Man muss das „Andere" akzeptieren und in das Unternehmen oder das eigene Verhalten integrieren. Das Phasenmodell ruft ebenfalls in Erinnerung, dass Diversity-Organisationen nicht einfach durch die Rekrutierung vielfältiger MitarbeiterInnen entstehen. Entsprechende Anpassungen der Systeme und der Kultur einer Organisation benötigen Zeit und ein bewusstes Durchlaufen mehrerer Phasen, die insgesamt eine „gesunde“ Entwicklung darstellen.

3.2 Aufgeschlossenheit durch Respekt und Wertschätzung

Betrachtet man den zweiten Baustein des Potenzial-Prinzips Diversity, eine offene Geisteshaltung (vgl. Kapitel 1), so lassen sich diesbezüglich eigenständige, spezifische Zielsetzungen formulieren. Ein Ziel von Diversity besteht in diesem Zusammenhang in dem bewussten Erkennen und der aktiven Wertschätzung von Unterschieden durch die MitarbeiterInnen einer Organisation. Analog lässt sich dies für Diversity als Management-Instrument formulieren: Ein Ziel von Diversity besteht demnach darin, ein offenes und aufgeschlossenes Arbeitsumfeld zu schaffen, in dem Respekt und Wertschätzung gelebte Werte darstellen, sowie eine Unternehmenskultur, in der Vielfalt als Erfolgsfaktor verstanden wird, weil alle Beteiligten über eine entsprechende Geisteshaltung verfügen. Eine solche Diversity-Kultur macht die zuvor dargestellte Diversity-Organisation (vgl. Abschnitt 3.1) überhaupt erst potenziell effektiv.

Ein Unternehmen, das seine MitarbeiterInnen konsequent wertschätzt und ihre spezifischen Bedürfnisse berücksichtigt, kann sich ihrer hohen Loyalität sicher sein und schafft die Grundlage für die Nutzung aller verfügbaren Potenziale. Wenn die Beschäftigten Vielfalt (an-)erkennen und wertschätzen, können sie diese in einem nächsten Schritt in ihr Handeln integrieren und sind damit in der Lage, innerhalb von Arbeitsgruppen und über Abteilungs- oder Bereichsgrenzen hinweg besser zusammenzuarbeiten. Eine kooperative Grundhaltung hilft, Konkurrenzdenken und Bereichsegoismen abzubauen und stattdessen eine respektvolle Kultur aufzubauen, in der die Expertise und das Know-how von KollegInnen vorbehaltlos anerkannt und für die Organisation genutzt werden. Schließlich kann eine verstärkte Offenheit gegenüber dem „Anderen“ auch in einer positiveren Einstellung gegenüber Veränderungen resultieren, die das Unternehmen künftig betreffen werden.

3.3 Produktives Arbeitsumfeld durch Einbeziehung

Inklusion bzw. Einbeziehung nutzt wertschätzende Grundhaltungen und setzt diese für Unternehmen in Handlungen um. Einbeziehung kann dabei von Unternehmen explizit in Form von definierten Verhaltensweisen dargestellt werden. Die Zielsetzung einer Organisation muss demnach darin liegen, solche Verhaltensweisen zu entwickeln oder zumindest eine Unternehmenskultur zu schaffen, die eine Einbeziehung von Vielfalt in die Geschäftsprozesse wahrscheinlich macht. Im besten Falle nutzt eine Organisation durch das Potenzial-Prinzip Diversity alle vorhandenen Unterschiede durch systematische, aktive Einbeziehung. Ein Element des Zielsystems von Diversity besteht in dieser Hinsicht in der bewussten

Einbeziehung der Unterschiede aller Stakeholder durch die Organisation, um schließlich in einem nächsten Schritt Mehrwerte für die Organisation (und die Beteiligten) zu erreichen. Diese Einbeziehung kann in Leitbildern verankert, als Kernkompetenzen definiert oder in einem Code of Conduct als Selbstverpflichtung beschrieben sein.

Das Ziel einer konsistenten Inklusion bezieht sich auch auf die Kommunikation innerhalb eines Unternehmens und darüber hinaus. Diese muss transparent und vor allen Dingen für sämtliche Zielgruppen sinnvoll gestaltet werden. Dazu gehören eine nach Geschlechtergesichtspunkten ausgewogene Wortwahl, Vielsprachigkeit im Hinblick auf internationale Mitarbeiter, barrierefreie Kommunikation und vor allem eine Sprache, die keine/n der Beteiligten negativ berührt. Entsprechendes gilt für die Kommunikation mit unterschiedlichen externen Zielgruppen wie KundInnen und Aktionären, dem gesellschaftlichen Umfeld oder im Rahmen des sozialen Engagements.

Sowohl die einbeziehende Kommunikation als auch einbeziehende Verhaltensweisen tragen dazu bei, ein für alle Beschäftigten gleichermaßen produktives Arbeitsumfeld zu schaffen, und stellen insofern Kernbestandteile des Zielsystems Diversity dar. Sie bilden die Basis, auf der im Endeffekt Vorteile und Verbesserungen für die Organisation und alle Beteiligten erzielt werden.

3.4 Mehrwert durch klare Positionierung gegenüber externen Stakeholdern

Sollen eine vielfältige Belegschaft, eine wertschätzende Grundhaltung und ein produktives einbeziehendes Arbeitsumfeld ganzheitlich und nachhaltig zum Erfolg einer Organisation beitragen, so erfordert dies eine konsistente externe Kommunikation zu den entsprechenden Themen. Insofern bietet Diversity Unternehmen die Chance, sich gegenüber externen Stakeholdern zu profilieren und in der Öffentlichkeit zu positionieren. Dieser Aspekt spielt angesichts immer vergleichbarer Produkte und Dienstleistungen sowie angesichts des Wettbewerbs um Talente für Unternehmen eine wichtige Rolle. Aber auch nicht gewinnorientierte Organisationen (und nicht zuletzt der Staat) sind zunehmend auf ihr Image als soziale Einrichtung (bzw. als Standort) bedacht.

Gezielte Kommunikation zu den Themen Vielfalt, Aufgeschlossenheit und Inklusion ist sowohl auf Arbeits-, Absatz- und Finanzmärkten als auch im gesellschaftlichen Umfeld möglich und stellt einen sinnvollen Baustein des Zielsystems Diversity dar. Gerade gegenüber AbsolventInnen ist es vorteilhaft, sich als aufgeschlossenes Unternehmen mit einer vielfältigen Belegschaft zu präsentieren. Im Massenkonsummarkt dagegen spielt die Emotionalisierung von Marken, zum Beispiel über Diversity-nahe Attribute wie Vertrauen oder Wertschätzung, eine wichtige Rolle. In der Öffentlichkeit wird, gerade in der Folge großer Skandale, das ethische Ansehen von Unternehmen immer wichtiger. Dieses kann durch Fairness und Verantwortung als Diversity-relevante Themen gestärkt werden.

Die klare interne und externe Kommunikation der Diversity-Aktivitäten einer Organisation hilft, konkrete Mehrwerte zu erzielen. Dabei erscheint es angebracht, diese Zielsetzung nicht von Anfang an mit der gleichen Intensität wie die zuvor erläuterten Diversity-Ziele zu verfolgen. Schließlich spielt die Frage der Glaubwürdigkeit im Zusammenhang mit Diversity eine Schlüsselrolle. Kann ein Unternehmen allerdings tatsächliche Fortschritte im Diversity-Kontext vorweisen, so gibt es keinen Grund, diese nicht aktiv in der Außenkommunikation zu nutzen. Besteht zum Beispiel ein umfassendes Konzept zur Nutzung kultureller Vielfalt, so kann sich dies zum Beispiel positiv auf international positionierte Produktmarken auswirken. Die interne Förderung von Generationen-Vielfalt dürfte sich vor allem positiv bei der Bearbeitung des Marktsegmentes der Senioren auswirken, die eine Wertschätzung älterer MitarbeiterInnen im Allgemeinen befürworten.

Wie alle Bausteine des Diversity-Zielsystems lässt sich auch die Positionierung gegenüber externen Anspruchsgruppen für die spätere Erfolgsmessung nutzen. So können Geschäftsberichte, Auszeichnungen für Diversity, Presseberichte oder Präsentationen auf Kongressen als Beitrag zur externen Positionierung gezählt werden. Alle diese Ergebnisse stellen einen monetären Gegenwert für das Unternehmen dar. Aber auch das Arbeitgeber-Image oder das Marken-Image in unterschiedlichen Zielgruppen bilden mögliche Messpunkte einer Zielerreichung. In folgenden Kapiteln wird konkreter ausgeführt, wie sich die Implementierung von Diversity im externen Umfeld eines Unternehmens gestaltet, – zum Beispiel durch Diversity-orientierte, karitative Förderprojekte oder ehrenamtliches Engagement von Mitarbeitern.

3.5 Exkurs: Diversity-Ziele im nicht gewinnorientierten Umfeld

Aufgrund der wirtschaftlichen Orientierung von Diversity stellt sich grundsätzlich die Frage, ob und inwieweit Diversity-Zielsetzungen auch für den nicht gewinnorientierten Bereich, zum Beispiel für Nichtregierungsorganisationen (NRO oder englisch NGOs), relevant sind oder sein können. Die folgenden Ausführungen zeigen, dass eine Anwendung des Potenzial-Prinzips Diversity analog zur Privatwirtschaft auch für Verbände, karitative Organisationen, die öffentliche Verwaltung und die Politik Mehrwerte erzielt.

Diversity hat für einzelne Menschen, für den Staat oder die Gesellschaft unterschiedliche Bedeutungen. Auch die konkrete Wahrnehmung von Diversity verändert sich je nach persönlicher Perspektive und jeweiligem situativen Kontext. So kann eine ganzheitliche Sicht bezogen auf den öffentlichen Sektor ergeben, dass Diversity die aktive Berücksichtigung und bewusste Förderung gesellschaftlicher Vielfalt zur Verbesserung der gesamtstaatlichen Situation zum Ziel hat. Dies würde bewusst alle Bürgerinnen und Bürger einschließen und hätte zur Folge, dass staatliches Engagement, d. h. auch politische Konzepte, daraufhin überprüft würden, inwieweit sie die gesamte Vielfalt der Gesellschaft widerspiegeln, ob sie also nur für „den Mainstream" oder auch für andere Gruppen (wenn nicht in gleichem Maße, dann doch wenigstens proportional) relevant sind.

Diversity-Charta in Deutschland

Gemeinsam mit Staatsministerin Maria Böhmer haben vier deutsche Großkonzerne Position für Diversity bezogen: Daimler, Deutsche Bank, Deutsche Telekom und Deutsche BP waren die Erstunterzeichner der „Charta der Vielfalt" am 13. Dezember 2006 in Berlin. Die Initiative, deren Motto „Vielfalt als Chance" lautet, folgt einem französischen Vorbild aus dem Jahr 2004. Immer mehr deutsche Unternehmen, neben großen auch kleine und mittelständische Betriebe und öffentliche Einrichtungen, setzen ihren Namen unter die „Charta der Vielfalt". Bis Mitte 2008 waren es gut 300 Unterzeichner. Die beteiligten Unternehmen verpflichten sich im Rahmen der Charta dazu, eine von gegenseitigem Respekt und Wertschätzung geprägte Unternehmenskultur zu pflegen. Dr. Uwe Franke, der für die Deutsche BP die Charta unterzeichnete, sagte zur Notwendigkeit einer solchen firmenübergreifenden Initiative, dass die Herausforderungen im Wirtschaftsleben in Deutschland zunehmend durch die Globalisierung und den demografischen Wandel geprägt würden. Die Gründung der Initiative basiert auf der Erkenntnis, dass Unternehmen nur dann wirtschaftlich erfolgreich sein können, wenn sie die vorhandene Vielfalt erkennen und nutzen. Die Initiative wird als „Quantensprung" der Diversity-Arbeit in Deutschland angesehen und verleiht ihr eine neue Qualität. In der Tat setzt die Charta einen breiten Rahmen und bezieht sich auf die Vielfalt innerhalb von Belegschaften, auf die vielfältigen Bedürfnisse von Kundinnen und Kunden und auf unterschiedliche GeschäftspartnerInnen. Dabei legt sie ein umfassendes Verständnis von Vielfalt zugrunde: Es beinhaltet neben den Merkmalen Geschlecht, Rasse, Nationalität, ethnische Herkunft, Religion oder Weltanschauung auch Behinderung, Alter und sexuelle Orientierung. Die Initiative wird von der Bundesregierung unterstützt und gefördert. Hierin sehen Experten ein wichtiges Signal. Aus Sicht des Autors hatten sich bis zur Lancierung der Charta nur wenige Politikerinnen und fast keine Politiker aus der Regierung positiv zu Diversity geäußert, sondern eher eine deutsche Monokultur proklamiert. Die Beteiligung von Bundeskanzleramt und Familienministerium gibt jetzt eine wichtige Initialzündung für die Nutzung von Diversity als Standortfaktor und Teil einer neuen, zukunftsgerichteten deutschen Vielfalts-Identität.

Diversity beschreibt die Gesellschaft der Zukunft und die Zukunft der Gesellschaft. In dieser Zukunft und mit dieser Gesellschaft müssen politische Systeme erfolgreich sein. Für sie gilt wie für Unternehmen, dass Erfolge der Vergangenheit keine Gewähr für Erfolg in der Zukunft sind. Bei genauerer Betrachtung der staatlichen Ebene zeigt sich, dass Diversity gewissermaßen den verbindenden roten

Faden zwischen den aktuellen und künftigen Herausforderungen innerhalb der gesellschaftlich-politischen Landschaft bildet und mögliche Individuallösungen in einen Gesamtzusammenhang stellt. Die politisch-gesellschaftlichen Debatten in Deutschland und Europa beinhalten immer häufiger das Thema Unterschiedlichkeit und könnten durch Diversity wohl konstruktiver geführt werden (vgl. Kapitel 5).

Im gesellschaftlichen Kontext kann Diversity das Zusammenleben von immer mehr unterschiedlichen Individuen verbessern und zu einem positiven Verständnis von Veränderung führen. Analog zur Unternehmenssituation kann Diversity für einen Staat bewirken, dass die BürgerInnen eine positive Haltung und klare Loyalität gegenüber dem öffentlichen System zeigen. Zudem kann die Berücksichtigung von Unterschiedlichkeit als Imagefaktor und Standortvorteil für einen Staat bzw. eine Gesellschaft genutzt werden und dazu beitragen, größeren Wohlstand für alle zu erreichen.

Praxisbeispiel: Diversity Management der Stadt Stuttgart

Nicht nur Unternehmen, auch öffentliche Einrichtungen und Regionen stehen einer wachsenden gesellschaftlichen Vielfalt gegenüber. Unter den deutschen Großstädten hat die Stadt Stuttgart einen der höchsten Anteile von Menschen mit Migrationshintergrund an der Gesamtbevölkerung: 38 % aller Einwohner haben einen Zuwanderungshintergrund. Stuttgart versteht Integration und Vielfalt als einen klaren Wirtschaftsfaktor und Standortvorteil. Damit die Wirtschaft der Region auf qualifizierte und talentierte Kräfte zurückgreifen kann und die BürgerInnen in einer offenen Atmosphäre zusammenleben, setzte die Stadtverwaltung eine Reihe integrativer Maßnahmen um: Neben der Erweiterung interkultureller Kompetenzen der Beschäftigten durch Fortbildungen zu „Migrationsthemen“, einer verstärkten Zusammenarbeit mit Migrantenorganisationen und der Förderung des Bürgerengagements wurden interkulturelle Leitlinien entwickelt. Darüber hinaus erarbeitete die Stadtverwaltung ein Bildungskonzept, um den individuellen Schulerfolg aller Schülergruppen – unabhängig von ihrer ethnischen Herkunft – zu verbessern.

Analog zur Schaffung eines produktiven Arbeitsumfeldes in Unternehmen kann Diversity für einen Staat das Streben nach einer Gesellschaft bedeuten, die den positiven Wert von Unterschieden anerkennt und Vielfalt nutzt und fördert. In einer solchen Gesellschaft gehen Menschen mit ihrer eigenen Individualität und der anderer Menschen positiv um. Diese und die folgenden Überlegungen lassen sich auch auf Kontinente, Regionen, Kommunen, Städte, Stadtviertel, Hausgemeinschaften oder Familien übertragen.

Praxisbeispiel: diversity@care

Ein Beispiel für die organisationsübergreifende Umsetzung eines Diversity-Projektes bietet die Wiener diversity@care-Initiative (2005 bis 2007). Durch eine Kooperation der größten Trägerorganisationen mobiler Pflege – wie der Volkshilfe, der Caritas und des Roten Kreuzes – und migrantischer Selbstorganisationen in Wien konnten umfassende integrationsfördernde Maßnahmen im Pflegebereich umgesetzt werden. Im Projekt wurden zum einen Instrumente entwickelt, die MigrantInnen den Zugang zum Berufsfeld der mobilen Pflege und Betreuung erleichtern sollten, wie eine mehrsprachige Informations-Website, online-gestützte Eignungstests, mobile Informationsveranstaltungen und berufsbezogene Deutsch-Vorbereitungskurse. Zum anderen wurden die Kundenbeziehungen näher erforscht; sowohl ältere Menschen mit Migrationshintergrund als auch „alteingesessene" ÖsterreicherInnen wurden zu ihren spezifischen Bedürfnissen und Vorbehalten befragt. Daraus wurden Instrumente für den Einsatz im interkulturellen Pflegealltag abgeleitet. Dazu gehören mehrsprachige Kundenbroschüren und Ratgeber über das Älterwerden in einer anderen Kultur sowie Piktogramme und Übersetzungshilfen.

In den folgenden Abschnitten wird gezeigt, wie Diversity in vielen Bereichen und von unterschiedlichen Akteuren aufgegriffen und genutzt werden kann. Das Ziel besteht stets darin, die jeweilige Kernaufgabe einer Organisation besser und nachhaltiger wahrzunehmen, als dies ohne Diversity geschieht.

Auf politischer Ebene beinhaltet die öffentliche Förderung einer vielfältigen und konstruktiven Kultur und Gesellschaft folgende Elemente: Image-Kampagnen (z. B. „Familie Deutschland"), neue Zuwanderungsgesetze oder Förderprogramme wie zum Beispiel „Equal", eine Gemeinschaftsinitiative, die aus dem Europäischen Sozialfonds entstanden ist und sich gegen Diskriminierung und Ungleichheit von Arbeitenden und Arbeitssuchenden einsetzte.

Schon im Bereich Bildung können durch die Vermittlung von Kenntnissen und Kompetenzen im Zusammenhang mit Vielfalt wichtige Grundlagen geschaffen werden: beispielsweise durch Unterrichtseinheiten mit multikulturellen Inhalten, die Aufhebung geschlechtsspezifischer Bildungsmechanismen, das Erleben und Anwenden der Vorteile gemischter Lerngruppen und die Förderung der Bildungsbeteiligung vielfältiger Gruppen. Die genannten Aspekte sind von wesentlicher Bedeutung für die Verbesserung und Weiterentwicklung des deutschen Bildungssystems. Ihre Umsetzung erscheint auch dringend erforderlich, gerade wenn man die Ergebnisse der OECD-Studie „Bildung auf einen Blick 2008: OECD Indikatoren" betrachtet, die diesbezüglich Nachteile und Defizite des deutschen Bildungssystems herausgestellt hat.

Auch die Medien könnten verstärkt durch vielfältige und vorurteilsfreie Botschaften an der Entwicklung einer Diversity-Kultur mitwirken. Konkret mag sich diese Mitwirkung beispielsweise in diskriminierungsfreien Sprachregelungen, Berichterstattung ohne Klischees, der Thematisierung von Ausgrenzung, der Betonung des Wertes von Vielfalt, der Wahl von Protagonisten vielfältiger Herkunft und einer bewusst „diversen" Themenauswahl äußern.

Nichtregierungsorganisationen greifen Themen wie Vielfalt inzwischen sehr intensiv im Rahmen ihrer jeweiligen Arbeit auf: in der Förderarbeit von Stiftungen, in der Grundlagen- oder Lobbyarbeit von Verbänden, in Tarifverhandlungen und bei gewerkschaftlichen Aktivitäten, in der Presse- und Öffentlichkeitsarbeit, auf Tagungen sowie in der öffentlichen Diskussion und im Zusammenhang mit sachverwandten Themen (Work-Life-Balance, Teilzeit, Gender Mainstreaming, Migration, Behindertenarbeit, Alterung der Gesellschaft etc.).

Praxisbeispiel: Diversity Management der Berliner Polizei

Auch die Berliner Polizei bemüht sich um Diversity Management, um den Herausforderungen einer sich verändernden Bevölkerungsstruktur gerecht zu werden und sich kulturell zu öffnen. Bereits im Jahr 2000 führte der Psychologische Dienst der Berliner Polizei zur Analyse der damaligen Situation eine interne Studie durch. Diese ergab, dass türkischstämmige Polizeibeamte ihren Beruf gerne und mit Stolz ausüben und von ihren Familien dabei unterstützt werden. Kenntnisse der türkischen Sprache und Mentalität wurden von allen Kollegen insbesondere in Konfliktsituationen als nützlich beschrieben. Zur Sensibilisierung und Qualifizierung wurden in der Landespolizeischule Fachlehrer und Ausbilder bezüglich Diversity geschult. Im Jahr 2007 gab es bereits rund 150 Polizistinnen mit Migrationshintergrund im Berliner Polizeidienst, 56 befinden sich in der Ausbildung.

Die Wissenschaft beschäftigt sich mit dem Thema Diversity in Forschung, Lehre und Studium: so zum Beispiel im Rahmen von Semester- oder Abschlussarbeiten; als Lehrinhalt und Forschungsgegenstand in den Disziplinen Soziologie, Psychologie, Pädagogik, Politik- oder Wirtschaftswissenschaften; in Form von Übungen, die Vielfalt als Arbeitsform erlebbar machen, sowie durch die weitere Verbesserung der internationalen Studierenden- und Lehrkräftemobilität. Besonders innerhalb der letzten Jahre wird das Thema Diversity an immer mehr Hochschulen aufgegriffen, vereinzelt werden sogar Diversity-Lehrstühle eingerichtet.

Für den gesamten nicht gewinnorientierten Bereich gilt: Die Bedeutung, Definitionen und Ziele von Diversity können hier analog zum privatwirtschaftlichen Bereich gesehen werden. Vor allem die internen Betrachtungen im Hinblick auf Produktivität, Zusammenarbeit und das Arbeitgeber-Arbeitnehmer-Verhältnis erscheinen gleichermaßen zutreffend. Lediglich die Frage der Kunden- und Ertragsorientierung stellt sich für manche Organisationen anders dar, da sie in vielen Fällen keinen unmittelbaren Marktkontakt haben. Allerdings verfolgen die meisten Nichtregierungsorganisationen (NRO) gesellschaftliche Ziele; zum

Beispiel fördern sie die Meinungsbildung in der Gesellschaft oder unterstützen gesellschaftliche Veränderungen etc. Auch der Staat, die öffentlich-rechtlichen Medien und andere, z. B. soziale Einrichtungen wenden sich an die gesamte Gesellschaft. Insofern können NRO und öffentlichen Einrichtungen nur dann Erfolg haben, wenn sie durch ihr Handeln die Vielfalt der Zielgruppe „Gesellschaft" anerkennen und nutzen. Wie im Falle von Unternehmen wird dies vor allem dann gut gelingen, wenn in den Organisationen selbst Vielfalt herrscht und diese positiv eingeschätzt und genutzt wird. Zudem ist es auch im nicht gewinnorientierten Bereich sinnvoll, dass Organisationen ihr Engagement für Diversity nach außen tragen, sodass es von den jeweiligen externen Adressaten und dem relevanten Umfeld (z. B. der Öffentlichkeit) wahrgenommen wird.

Praxisbeispiel: Diversity bei der Arbeiterwohlfahrt (AWO)

Bei der AWO gibt es eine „Arbeitsgemeinschaft Diversity", die unter anderem überprüft, ob der gültige „Leitfaden bewährter Praxis zum diskriminierungsfreien Zugang zu sozialen Diensten von Nichtregierungsorganisationen" eingehalten und wie das AWO-Diversity-Konzept umgesetzt wird. Das Konzept beinhaltet Maßnahmen zur Erhöhung des Anteils unterrepräsentierter Gruppen in der Belegschaft, zur Schulung der Mitarbeiterinnen und Mitarbeiter zum Thema Diversity und zur Entwicklung fairer Aufstiegschancen für unterrepräsentierte und/oder potenziell diskriminierte Gruppen.

Zusammenfassung

Diversity verfolgt als Potenzial-Prinzip das Oberziel, Mehrwerte, Vorteile und Verbesserungen zu erzielen. Organisationen erreichen dies vor allem durch eine klare Positionierung zum Thema Diversity gegenüber externen Stakeholdern. Die angestrebten Mehrwerte stellen sich insbesondere dann ein, wenn gleichzeitig weitere Unterziele verfolgt werden. Die Vielfalt innerhalb einer Organisation sollte der Vielfalt des für sie relevanten Umfeldes entsprechen. Die Organisation sollte eine offene Wertekultur pflegen, die Unterschieden wertschätzend und respektvoll gegenübertritt. Zudem sollte die Organisation integrative Verhaltensweisen und einbeziehende Kommunikation kultivieren. Dem Potenzial-Prinzip Diversity entsprechend entstehen hierdurch Mehrwerte für die Organisation und für alle Beteiligten. Dies gilt für privatwirtschaftliche und nicht gewinnorientierte Organisationen gleichermaßen, auch wenn einige Aspekte im Detail unterschiedlich ausgeprägt sind.

4 Warum müssen sich Organisationen verändern?

Die Grundideen von Diversity rufen bei Unternehmen und anderen Organisationen häufig Zustimmung hervor. Auch ist die Einsicht, dass gute Gründe für Offenheit und Einbeziehung sprechen, weit verbreitet. Auf die eigene Organisation bezogen wird allerdings vielfach darauf hingewiesen, man sei ja bereits sehr vielfältig, habe einen englischen Kollegen oder eine Frau mit Prokura. Und Toleranz sei ja ohnehin selbstverständlich; jeder könne so sein, wie er ist, und Probleme in Form von Konflikten gäbe es praktisch keine.

Diese Wahrnehmung ist sicherlich für viele Beteiligte richtig und insofern auch ein relevanter Aspekt des Status quo. Jedoch verwundert es nicht, dass andere Beteiligte aufgrund ihres individuellen Blickwinkels und anderer persönlicher Erfahrungen abweichende Wahrnehmungen zu dieser Diskussion beitragen. Dieses Phänomen wird soziologisch durch das Prinzip der Monokulturen und damit zusammenhängender Insider- bzw. Outsidergruppen beschrieben. Die entsprechende Gruppendynamik lässt sich in Kultursimulationen im Rahmen von Trainings immer wieder aufs Neue erzeugen.

Mehr als die bloße Beschreibung eines Mechanismus, der die Realität wiedergibt, ist die Frage nach den Gründen der Entstehung und Bewahrung von Monokulturen, Insider- und Outsidergruppen von Bedeutung. Sind diese Gründe bekannt, können effektive Strategien zur nachhaltigen Veränderung des Status quo erarbeitet und umgesetzt werden. Die Sozialpsychologie kennt zwei relevante Kräfte, die wesentlich zur Entstehung und Bewahrung von Monokulturen und damit zu Ausgrenzung und Diskriminierung beitragen: persönliche Vorurteile und organisationale Präferenzen. Beide Kräfte – eine auf der individuellen Ebene, eine auf der Ebene der Organisation – bilden eine Kombination, die Strukturen und kulturelle Ausprägungen der jeweiligen Machtverhältnisse enthält.

4.1 Monokulturen

Monokulturelle Organisationen sind dadurch gekennzeichnet, dass eine dominante Gruppe, welche nicht unbedingt die Mehrheit dargestellt, die Norm definiert, wobei Abweichungen von dieser Norm als Minderwertigkeit angesehen werden. Entscheidend hierbei sind die Bedeutung und die Macht der bloßen Definition von Überlegenheit, welche nicht mit tatsächlicher Qualifikation zusammenhängen muss. In der Literatur wird die dominante Gruppe (Insider) in Organisationen meist beschrieben als hochqualifizierte deutsche Männer mittleren Alters, die in einer Familie leben (Vedder 2002, S. 11; Emmerich/Krell 2001, S. 423). Die Zusammensetzung der dominanten Gruppe ändert sich jedoch mit dem organisationalen Kontext sowie mit dem betrachteten Zeitfenster oder Ort. So können auch weibliche Trainer, türkische Fußballfans oder jugendliche Besucher eines Bürgerzentrums dominante Gruppen bilden.

Neben der „demografischen" Ähnlichkeit innerhalb der dominanten Gruppen in Monokulturen, die nicht zwingend gegeben ist, spielen kulturelle Übereinkünfte eine überragende Rolle. Dies kann je nach Monokultur ganz verschiedene Bereiche betreffen und sich in unterschiedlichen Phänomenen äußern. In folgenden Bereichen finden sich häufig ausgesprochene (explizite) oder stillschweigende (implizite) Übereinkünfte: politische Überzeugungen, Freizeitinteressen, religiöse Bekenntnisse, gesellschaftliche Werte, Lebensziele und -entwürfe, Präferenzen für Speisen und Getränke oder Musikstile sowie viele andere mehr. Die jeweiligen kulturellen Übereinkünfte zeigen sich beispielsweise in unsichtbaren Normen, in Ritualen, in der Verwendung von Fachausdrücken, in der Wahl der Kleidung und nicht zuletzt im Verhalten gegenüber Outsidern. Die Charakteristika von Insidergruppen bewirken erlebbare Dynamiken, die häufig als „Gruppenzwang" beschrieben werden und auch dazu führen, dass in Monokulturen allzu häufig und allzu leicht ein (vermeintlicher) Konsens erzielt oder eben nur vermutet wird. Dabei sind die meisten gruppenbildenden Mechanismen den Angehörigen der Insidergruppe zwar nicht bewusst, führen aber dennoch zu einer klaren Machtverteilung und deutlichen Vorteilen für die dominante Gruppe gegenüber den sogenannten Outsidern. Dadurch wird zudem das prägende Muster verstärkt, Ähnlichkeit oder sogar Übereinstimmung (mit der Norm) sei nicht nur gut, sondern besser. Dies wiederum führt zu der Erwartung, Andere müssten sich anpassen.

Wie in nachfolgenden Abschnitten noch gezeigt wird, sind Monokulturen in den unterschiedlichsten Ausprägungen im wahrsten Sinne des Wortes „normal". So überrascht es nicht, dass auch in Deutschland viele Organisationen auf Monokulturen basieren. Harmonie entsteht durch Gleichheit, die durch Normen gefördert wird. Nur langsam werden die vielfältigen kulturellen Einflüsse auf das Wirtschaftsleben und die Bedeutung der in Kapitel 2 beschriebenen gesellschaftlichen Veränderungen anerkannt. Es ist nicht ungewöhnlich, dass viele Menschen die Augen selbst vor bereits bestehender Vielfalt verschließen und, wenn sie unausweichlich offensichtlich geworden ist, versuchen, eine andere Art von Gleichheit herzustellen.

Allgemein führt die Proklamation von Gleichheit vielfach dazu, dass gleiche Chancen und Möglichkeiten für alle konstatiert und daher keine Verbesserungsmöglichkeiten gesehen und anerkannt werden. Mit anderen Worten: Die Voraussetzungen, die Bereitschaft und die Motivation für weitreichende Veränderungen, wie sie gemäß dem Potenzial-Prinzip Diversity und auch aus ökonomischer Sicht sinnvollerweise angestrebt werden, sind nicht besonders ausgeprägt. Und das, obwohl aufgrund der fortschreitenden Internationalisierung (in Europa und weltweit) nationales Denken und damit monokulturelle Ansätze auf dem Rückzug sind.

Viele Unternehmen beschäftigen sich inzwischen mit einzelnen Aspekten von Vielfalt. Beispiele hierfür sind: flexible Arbeitszeitmodelle zur besseren Vereinbarkeit von Beruf und Privatleben, interkulturelle Trainingsprogramme, innovative Chancengleichheitsprogramme und Karriereförderung für Frauen (z. B. durch Mentoring), flexible Ruhestandsmodelle und vieles mehr. (Detaillierte Praxisbeispiele hierzu finden Sie in Kapitel 6 und 7.) Häufig stehen solche Maßnahmen jedoch als Insellösungen auf verlorenem Posten und sind von der wirtschaftlichen Lage sowie von persönlichen Präferenzen der Unternehmensleitung abhängig. Gründe hierfür sind meist die fehlende Einbindung in die Unternehmensstrategie oder mangelnde Hinweise auf den Beitrag zum wirtschaftlichen Erfolg. Des Weiteren bleibt der rote Faden, der diese (und andere) Aktivitäten miteinander verbindet, allzu häufig unerkannt: Es geht um Unterschiede, insbesondere um jene Unterschiede, die in einer Monokultur als minderwertige Abweichung interpretiert werden.

Die tatsächliche Benachteiligung von Outsidern in Monokulturen wird von Angehörigen der Insidergruppe, die sich des zugrunde liegenden Mechanismus meist nicht bewusst sind, im Allgemeinen als Einzelfall angesehen und durch vielfältige Einflüsse und Umstände begründet; etwa durch die Aussage, die Ausgrenzung oder Diskriminierung sei unbeabsichtigt. Naturgemäß stehen für die Outsider jedoch die konkret erlebten Nachteile im Vordergrund. In diesem Zusammenhang sind sich Angehörige der untergeordneten Gruppe ihrer Gruppenzugehörigkeit – im Gegensatz zu den Insidern – bewusst und erkennen im System begründete Ursachen für ihre Benachteiligung (z. B. eine sich unfair auswirkende Gleichbehandlung innerhalb einer Monokultur, vgl. Kapitel 5). Daher fordern sie rasche und deutliche Veränderungen, die wiederum von der Insidergruppe als langwierige Entwicklung eingeschätzt werden.

Abhilfe kann in Monokulturen nur geschaffen werden, wenn zunächst Bewusstsein für die Situation entwickelt wird, zum Beispiel in Trainings. Weiterhin sind ein bewusstes Aufeinanderzugehen und ein intensiver Austausch von kulturellen Besonderheiten wichtig – also auch die Anerkennung von Unterschiedlichkeiten und ihren Auswirkungen. Von entscheidender Bedeutung ist darüber hinaus, die

Gründe für die Entstehung von Monokulturen darzulegen und die Mechanismen aufzuzeigen, durch die sie gefestigt werden. Hierzu zählen vor allem die von Menschen ausgehenden persönlichen Vorurteile und die von Organisationen ausgehenden organisationalen Präferenzen.

So ist beispielsweise im Drogeriemarktunternehmen Rossmann, das seit drei Jahrzehnten besteht, Deutsch bis heute die Firmensprache geblieben. Trotz Einwänden von Seiten internationaler Investoren wird auf der Geschäftsleitungsebene – auch in den osteuropäischen Filialen – weiter Deutsch gesprochen. Die dortigen Mitarbeiter hätten mit der deutschen Sprache keine Probleme. Aus Diversity-Perspektive ist diese Auffassung jedoch kritisch zu sehen.

4.2 Persönliche Vorurteile

Vorurteile, Stereotype und Diskriminierungen sind soziale Abgrenzungsmechanismen, die in zahlreichen Gemeinschaften täglich zum Ausdruck kommen. Sie sind ausgesprochen menschlich oder „natürlich", insoweit sie vor allem im Rahmen der Erziehung und Sozialisation entstehen.

Ein Vorurteil ist „eine relativ starre und meist von zahlreichen Menschen vertretene positive oder negative Meinung ohne objektive Prüfung" (Reinhold 1997, S. 712). Es gibt demnach positive und negative Vorurteile. Negative Vorurteile können auch als Antipathien beschrieben werden, als „unzutreffende negative Einstellungen gegenüber Außengruppen bzw. Minoritäten. Sie sind häufig aus den Normen einer Gruppe abgeleitet, die den Umgang mit Mitgliedern einer Außengruppe betreffen" (Fischer/Wiswede 1997, S. 258). Aber wie entstehen Vorurteile? Zur Klärung dieser Frage erscheint ein Blick in die Vergangenheit angebracht. Schon als Kinder lernen wir von unseren Bezugspersonen (Eltern, LehrerInnen usw.), was richtig und falsch, gut und böse, schwarz und weiß ist, wie man spricht, geht, isst, mit wem man spielt und auch, mit wem man nicht spielt. Von besonderer Bedeutung ist dabei, dass Kinder in dem Alter, in dem sie diese Grundwerte erlernen, noch kaum über Reflexionsfähigkeit verfügen. Die Regeln werden daher akzeptiert, zumal sie meist über Belohnung (Anerkennung) und Bestrafung (Ablehnung) durchgesetzt werden. Die Auswirkungen dieser Sozialisation bekommen wir erst viel später zu spüren. So sind beispielsweise ein Umzug während der Schulzeit oder der erste (eigenständige) Auslandsaufenthalt häufig Gelegenheiten, erstmalig persönliche Erfahrungen mit dem eigenen Anderssein zu machen und womöglich in Konflikt mit der erlernten Werteordnung zu kommen. Erhalten wir keine Gelegenheiten, die Vorgaben unserer Kindheit zu hinterfragen, so bleiben sie als strukturgebendes Element unseres Lebens erhalten: So, wie wir sind, ist es gut. So, wie wir Dinge tun, ist es richtig. Andere sind weniger gut, und Dinge anders zu tun, ist falsch. Diese Grunddisposition bildet einen wesentlichen Erklärungsansatz für die Bildung von Vorurteilen und Monokulturen, in denen eben diese Mechanismen statt auf der individuellen auf der Gruppenebene zum Tragen kommen.

In unseren heutigen komplexen Gesellschaften setzen Vorurteile häufig an bestehenden Stereotypen an. Ein Stereotyp ist die „Bezeichnung eines Denkens und Verhaltens nach feststehenden Orientierungen, die häufig zu Vorurteilen, Starrheit und Vereinfachung bei der Beurteilung von Personen oder Sachen führen [...]. Die Bildung von Stereotypen ist in gewissem Umfang für jeden Menschen zur Erleichterung der Orientierung notwendig und Teil des sozialen Lernens" (Reinhold 1997, S. 651). „Stereotype sind durch Übergeneralisationen entstandene Simplifizierungen" (Fischer/Wiswede 1997, S. 258).

Obwohl Vorurteile und Stereotype einerseits als Teil des Erziehungsprozesses entstehen und andererseits zur Strukturierung des Alltags hilfreich sind, werden sie von vielen Menschen strikt abgelehnt. Dennoch sind sie in der Realität ständig vorhanden und bestimmen wesentlich mit, wer in eine Organisation oder Gemeinschaft aufgenommen wird oder nicht. Schon bei einem ersten Zusammentreffen (z. B. mit einem Bewerber) existieren unausgesprochene Erwartungen bezüglich Identitäten und Verhaltensweisen, die auf früheren Erfahrungen beruhen. Sie bilden unausgesprochene Regeln, die auf der Generalisierung früherer Erlebnisse, also auf einer Art Lerneffekt beruhen. Insoweit sind Vorurteile verständlich. Andererseits führen sie bewusst und unbewusst zu Aus- oder Abgrenzungen, die als Schutzmechanismus für die eigene Person und die Eigengruppe dienen. An diesem Punkt ist es entscheidend, dass existierende Vorurteile kritisch hinterfragt werden, da sie sonst dazu führen, dass Monokulturen entstehen bzw. gefestigt werden oder Menschen aufgrund ihres Andersseins diskriminiert werden.

Unter Diskriminierung versteht man die „soziale Ungleichbehandlung bzw. Benachteiligung anderer Menschen durch Verhaltensweisen und Einstellungen. Diskriminierung ist daher immer evaluativ. Objekte sozialer Diskriminierung sind vor allem soziale Minderheiten, bestimmte Rassen und Hautfarben, Frauen, religiöse Glaubensgemeinschaften, bestimmte Gesellschaftsgruppen, ja sogar ganze Gesellschaften [...]. Diskriminierung beruht oft auf Vorurteilen und dient der Erniedrigung anderer, um sich selbst zu erhöhen" (Reinhold 1997, S. 120).

Vorurteile und Diskriminierung können auch aufgrund der Unkenntnis des Hintergrundes einer Person (oder Gruppe) entstehen. Sind sich Organisationen dieses Umstands bewusst, suchen sie nach Möglichkeiten, Unkenntnis zu vermeiden. So existieren zahlreiche Bücher, die konkrete Ratschläge für den Umgang mit unterschiedlichen Kulturen geben. Diese sind jedoch mit Vorsicht zu genießen, da sie vielfach allgemeine Kennzeichen zum Beispiel einer ethnischen Gruppe nutzen, um das Verhalten einer Person zu erklären. Derartige Betrachtungen können umgekehrt wieder zu Stereotypen führen. Auch können kulturelle Anweisungen Ängste erzeugen, Fehler zu begehen und andere zu diskriminieren. Dadurch kann Spontaneität verloren gehen und verkrampftes Verhalten entstehen (Hoffman 1999, S. 47 ff.).

Im Kontext von Monokulturen führen persönliche Vorurteile zur Ausgrenzung und Diskriminierung von Angehörigen der Outsidergruppe. Allerdings besteht ein weiteres Charakteristikum darin, dass sich die jeweiligen Insider ihres Status oft nicht bewusst sind. Daher ist es häufig schwierig, an persönlichen Vorurteilen zu arbeiten. Eine effektive Möglichkeit dazu besteht im temporären „Rollentausch". Beispielsweise entsteht viel Verständnis für die Erfahrungen von Menschen mit Behinderungen, wenn ein Mensch ohne Behinderung einen Tag im Rollstuhl verbringt. (So tauschten am Tag der Behinderten sechs IT-Manager bei Ford ihre Autos gegen einen Rollstuhl ein.) Aber auch die Erfahrung, sich ein Bein zu brechen (z. B. bei einem Sportunfall) und mit dieser temporären Behinderung zu leben, kann den Horizont erweitern. Im Rahmen von Trainings können Videos oder Rollenspiele Bewusstsein für Vorurteile und deren Auswirkungen schaffen. Ebenso effektiv können Erfahrungsberichte „Betroffener" sein.

Der Abbau von persönlichen Vorurteilen am Arbeitsplatz trägt wesentlich zur Entstehung einer Diversity-Kultur und einer Diversity-Organisation im Sinne von Kapitel 3 bei. Allerdings bedarf es weiterer Erklärungsansätze, um die Entstehung und Festigung von Monokulturen näher zu beleuchten.

Neben dem Aspekt der persönlichen Vorurteile erlangt ein weiteres Konzept eine hohe Bedeutung im Zusammenhang mit Monokulturen: „Micro-Inequities" bezeichnen alltägliche, vermeintliche Kleinigkeiten, die meist unterbewusst oder unbewusst subtile Botschaften vermitteln. Sie können in Form von Gesten oder kleinen Füllwörtern auftreten: „Der neue Freund von Anja ist Türke, spricht ABER gut Deutsch." Robustere Formen von Micro-Inequities sind Orts- oder Zeitverschiebungen, die dazu führen, dass Schieflagen für Outsider entstehen. Zum Beispiel bewirken späte Entscheidungs-Meetings in Unternehmen, dass Frauen aufgrund ihrer meist höheren Belastung im privaten Bereich überproportional häufig nicht beteiligt werden. Entsprechendes gilt für Netzwerke, die in Sportvereinen oder Clubs gepflegt werden; auch sie schließen bestimmte Outsider systematisch aus. Der Effekt von Micro-Inequities besteht darin, dass die betroffenen Personen nach einiger Zeit mit Frustration oder Ärger reagieren und vielleicht sogar ihr Selbstbewusstsein oder ihre Produktivität verlieren. Die Besonderheit des Phänomens besteht, wie der Name schon sagt, in der Minimalität des einzelnen Vorganges. Keines dieser Elemente könnte jemals einzeln diskutiert werden, ohne sofort als Nichtigkeit deklassiert zu werden. In der Summe und vor allem in der Dauerhaftigkeit entfalten Micro-Inequities aber eine ungeheure Wirkung, die sich in den monokulturellen Organisationen unserer Tage zeigt. In der Beratungspraxis des Autors zeigten mehrere kulturelle Bestandsaufnahmen bei Unternehmen, dass Micro-Inequities verbreitet sind und häufig von den Betroffenen (Outsidern) auch als Teil des Systems erkannt werden. Micro-Inequities bringen den zweifelhaften Vorteil mit sich, dass Führungskräfte und Angehörige der jeweils dominanten Gruppe relativ zugänglich für das Phänomen sind, da es weniger abstoßend bzw. unerwünscht wirkt als zum Beispiel Vorurteile. Dennoch erkennen die meisten Organisationen diese kleinen Schieflagen nicht und konzentrieren sich lieber auf Dinge, die sie anfassen oder sehen können. Dass aber genau diese Kleinigkeiten wesentlichen Einfluss auf das Befinden der MitarbeiterInnen und somit auf ihre Produktivität haben, wird dabei meist außer Acht gelassen (Hinton 2003).

4.3 Organisationale Präferenzen

Organisationale Präferenzen zeigten sich lange Zeit in der Personalbeschaffung vieler Unternehmen, wenn diese ihre Mitarbeiter nach der Maxime suchten: „Sie müssen hier 'rein passen (they gotta fit in)." Diese Vorliebe für einen bestimmten Typus von Mitarbeiter hängt mit der jeweiligen Historie einer Organisation zusammen. Der oder die Gründer hatte/n eine Vision und legte/n Grundwerte und Prinzipien fest. Zur Umsetzung ihrer Ideen wurden Systeme und Regeln etabliert, die von den Mitarbeitern und vor allem von den Führungskräften angewandt wurden. Dabei bedeutete zu jeder Zeit eine Veränderung des (erfolgreichen) Systems oder seines (erfolgreichen) Managements ein Risiko, vor dem häufig zugunsten sicherer, weil bekannter Optionen zurückgeschreckt wurde. Dies bringt mit sich, dass Führungskräfte für ihre Nachfolge am ehesten Personen einsetzen, die ihren eigenen Vorstellungen und Einstellungen entsprechen. Dieser Umstand wirkt sich beobachtbar auch auf die äußere Erscheinung von Führungs(nachwuchs)-kräften aus. Dabei besteht ein Wechselspiel zwischen der Suche nach ähnlichen Nachfolgern von Seiten der Führungskräfte und der Beobachtung von Vorbildern von Seiten der Nachwuchskräfte. Letztere werden sich im Verlauf ihrer Karriere zumindest teilweise dem Erscheinungsbild erfolgreicher Manager anpassen.

Organisationale Präferenzen können für Männer oder Frauen, Deutsche oder Angelsachsen, Junge oder Alte oder eine Vielzahl anderer Kriterien gelten. Allerdings bewirkt dieser Mechanismus auch, dass Menschen, die nur wenige der präferierten Kriterien erfüllen (können), ihren beruflichen Werdegang weniger motiviert verfolgen, da sie für sich selbst in der Organisation, im wahrsten Sinne des Wortes, weniger Aussicht auf Erfolg „sehen". Aus der Arbeit mit Fokusgruppen wie Frauen und Angehörigen von Minderheiten ist immer wieder zu hören, dass sie sich häufig durch das Fehlen positiver Vorbilder und das Gefühl, im Unternehmen nicht gleichwertig willkommen zu sein, beeinträchtigt fühlen.

Während persönliche Vorurteile einen starken Einfluss darauf haben, welche Menschen außerhalb der Organisation verbleiben, regeln organisationale Präferenzen vor allem, wer aufgenommen wird und Erfolg hat. Auch für diesen Mechanismus gilt, dass er kaum kontextabhängig ist. Derartige Präferenzen sind nicht nur in Unternehmen oder anderen Arbeitsorganisationen zu beobachten, sondern auch in Vereinen, Kleingartenkolonien oder Hausgemeinschaften. Sie sind typischerweise in vielen Details der Systeme einer Organisation verborgen und erfordern intensive Analysen. Dieser Umstand liegt auch dem Gedanken des Diversity Mainstreaming zugrunde, das darauf ausgerichtet ist, die Kultur und die Systeme – bestehend aus Strukturen, Prozessen und Inhalten – einer Organisation auf ihre Filterfunktion hin zu durchleuchten und in der Folge zu neutralisieren und zu öffnen (siehe Kapitel 7).

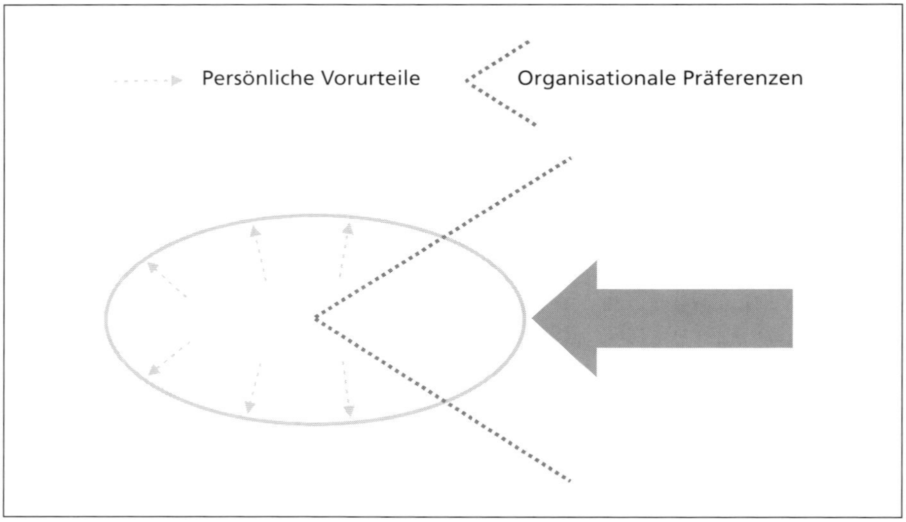

Abb. 18: Entstehung und Bewahrung von Monokulturen

Schlussbetrachtung

Nur die Adressierung aller Mechanismen, die zu Monokulturen führen und diese bewahren, vermag eine nachhaltige Veränderung von Organisationen zu bewirken. Die gleichzeitige Thematisierung persönlicher Vorurteile und organisationaler Präferenzen stellt insofern die Maxime erfolgreicher Change-Prozesse dar, wie sie in den Folgekapiteln beschrieben werden.

Die einseitige Bearbeitung nur eines Ansatzes kann dazu führen, dass die Organisation durch den jeweils anderen Mechanismus wieder zur Monokultur wird. Aufgrund der Komplexität und der Tragweite der angestrebten Veränderungen auf individueller und systemischer Ebene erscheinen Zeithorizonte von mehreren Jahren durchaus realistisch. Überzogene Erwartungen („nächstes Jahr …“) und ein voreiliger Zynismus („Warum gibt es trotz Diversity noch einen Fall von …“) konterkarieren mitunter selbst fundierte und vielversprechende Anstrengungen. Dies wirkt sich besonders negativ aus, wenn die Absender derartiger Botschaften „Betroffene“ oder deren Interessenvertretungen sind oder Bereichen zuzuordnen sind, denen eine abwägende Sichtweise besonders zusteht.

Verfolgt eine Organisation klar erkennbare Veränderungsstrategien mit Wille und Überzeugung (commitment), so kann sie Unterstützung von allen Stakeholdern erwarten. Schließlich profitieren diese im Rahmen des Win-win-Ansatzes von künftigen Entwicklungen. Weiterhin fallweise auftretende Benachteiligungen, fehlender Respekt oder Ausgrenzungen aufgrund von Vorurteilen oder Präferenzen sollten als Anlass zu fundiertem Austausch und als Anregung für neue Handlungsfelder oder -schwerpunkte konstruktiv genutzt werden.

5 Welches Umfeld findet Diversity in Deutschland vor?

Das Umfeld spielt für die Betrachtung und erst recht für die spätere Implementierung von Diversity eine besondere Rolle. Schließlich haben staatlich-politische, gesellschaftlich-kulturelle und wirtschaftliche Rahmenbedingungen großen Einfluss darauf, wie gut das Potenzial-Prinzip Diversity eingesetzt werden kann. Dieses Kapitel untersucht die relevanten Umfeldbedingungen und Voraussetzungen für Diversity in Deutschland:

- staatlich-politische Rahmenbedingungen (vgl. Abschnitt 5.2): gesetzliche Regelungen (vgl. Abschnitt 5.2.1) und politische Positionierung (vgl. Abschnitt 5.2.2);
- gesellschaftlich-kulturelle Rahmenbedingungen (vgl. Abschnitt 5.3): Bildung (vgl. Abschnitt 5.3.1), Sprache (vgl. Abschnitt 5.3.2), Religion (vgl. Abschnitt 5.3.3);
- wirtschaftliche Rahmenbedingungen (vgl. Abschnitt 5.4.): Unternehmenskultur (vgl. Abschnitt 5.4.1), Führungsstil (vgl. Abschnitt 5.4.2) und Werbekultur (vgl. Abschnitt 5.4.3) in Deutschland.

Der geschichtliche Rückblick offenbart in Deutschland die Nazizeit als extremen Fall negativer Haltungen und Handlungen in Bezug auf Unterschiedlichkeiten. Aber auch in der Nachkriegszeit finden sich Besonderheiten, wie der „Gastarbeiter"-Ansatz, der eine dezidiert temporäre Wertschätzung von Migranten vermittelt. In der jüngeren Vergangenheit sind in diesem thematischen Umfeld aus Sicht von Diversity die Doppelpass- und die Greencard-Diskussion zu erwähnen. Des Weiteren weist die deutsche Sprache punktuelle Besonderheiten im Hinblick auf Vielfalt auf.

Auch das Grundverständnis der Deutschen für Deutschland bildet einen Kontextfaktor für Diversity. Der Kulturforscher Rapaille (2007) fand heraus, dass das Grundkonzept, das die Deutschen mit Deutschland assoziieren, „Ordnung" heißt; Rapaille nennt dies „Code". Damit darf bezweifelt werden, ob Deutschlands kulturelles Selbstverständnis eine vorteilhafte Ausgangslage für Diversity bildet.

5.1 Sind Grundvoraussetzungen für Offenheit in Deutschland gegeben?

Die Grundvorrausetzungen für Diversity in Deutschland stehen im Zusammenhang mit der besonderen historischen Situation Deutschlands und der Frage, wie Diversity in Deutschland bisher gefördert wurde.

Der Ursprung des Konzeptes „Diversity" liegt zweifelsfrei in den USA. Der Nährboden dafür wurde in den USA schon früh gelegt, weil die USA durch Immigration zu einem Land geworden sind, in dem vielfältige Ethnien und Kulturen miteinander leben. So beschäftigten sich die USA schon in den 1960er Jahren mit der Verständigung zwischen „fremden" und amerikanischen Kulturen.

Der Kontext in Deutschland stellt sich dagegen deutlich anders dar. Vielfalt wurde in Deutschland in der Vergangenheit selten aktiv gefördert. Die nationalsozialistische Diktatur war eine besonders extreme Form von Monokultur. Unterschiedliche Facetten von Vielfalt, darunter zahlreiche Eliten, wurden vernichtet. Der verlorene Zweite Weltkrieg bedeutete einen weiteren tiefen Einschnitt für die deutsche Nationalidentität – und die Frage der kollektiven „Grenzsicherung". Es folgten ein schwieriger Lernprozess und die behutsame Etablierung einer demokratischen politischen Kultur, die allerdings einige Gesetze aus dem 2. und 3. Reich übernahm.

Auch wurde nach dem Zweiten Weltkrieg die Zeit des Wiederaufbaus in Deutschland nicht genutzt, um die verloren gegangene Vielfalt der Gesellschaft wieder aufzubauen oder eine aktive Auseinandersetzung mit der Vergangenheit zu suchen. Eine solche Auseinandersetzung erfolgte zum Beispiel in Südafrika nach dem Ende der Apartheid und führte zu einer relativ starken, positiven Identität in Vielfalt. Deutschland etablierte dagegen nach dem Krieg keine offene, einbeziehende Kultur. Stattdessen erfolgte die Anwerbung von „Gastarbeitern" in der Annahme, diese kehrten nach getaner Arbeit (und nach dem Wiederaufbau der deutschen Gesellschaft) in ihre Heimatländer zurück. Außerdem stand in den 1950er und 1960er Jahren die Befriedigung grundlegender Lebensbedürfnisse im Vordergrund, sodass ethische Debatten in Themenbereichen, die heute Diversity zugeordnet werden können, kaum geführt wurden. Politik, Bildung, Medien und Alltagsleben waren geprägt von einer neuen „heilen Welt", in der klare Rollenverteilungen und Normvorstellungen ordnungs- und identitätsstiftenden Charakter hatten.

Als Folge der Wiedervereinigung entstand in Deutschland das Bestreben, aus den beiden früheren Identitäten „BRD" und „DDR" eine gemeinsame Identität zu bilden. Dies bedeutete jedoch auch einen Bruch in und mit den jeweils zurückliegenden Entwicklungen. Beide Seiten mussten angesichts des direkten Kontaktes mit der jeweils anderen Seite ihre Einstellung zum „Anderen" überprüfen. Die Auseinandersetzung mit dem „Anderen" verlief (bzw. verläuft) in der Bevölkerung jedoch unterschiedlich intensiv. Dies hängt unter anderem damit zusammen, dass naturgemäß alle Beteiligten glaub(t)en, die „richtige" Meinung und das „richtige" Wissen zu haben sowie den „richtigen" Standpunkt zu vertreten. Hinzu kommt die Tatsache, dass die Wiedervereinigung weniger als „gleichberechtigte" Annäherung beider Staaten („Fusion unter Gleichen") verlief. Beiträge der neuen Bundesländer zum neu entstehenden Deutschland erfuhren bis auf wenige Ausnahmen, wie den grünen Rechtsabbiegerpfeil oder das Sandmännchen, nur geringe Wertschätzung. Daher verwundert es kaum, dass eine derart gemanagte „Fusion" zu negativen Nebeneffekten führte. Fremdenfeindliche Ausschreitungen seien hier nur beispielhaft genannt. Die BürgerInnen der DDR wurden in vielen Bereichen gezwungen, sich anzupassen bzw. unterzuordnen. Die gemeinsame Herausbildung neuer Werte, wie sie bei einer Fusion in der Wirtschaft in Form eines neuen Leitbildes verbreitet ist, unterblieb. Zudem erschwert(e) das Fehlen identitätsstiftender Aktivitäten die Entwicklung einer gemeinsamen nationalen Identität. Eine Annäherung des Ost- und Westdenkens hat begonnen, muss aber weiter verstärkt werden.

Die geschichtliche Entwicklung Deutschlands zeigt, dass keine wünschenswerte Basis für den Diversity-Gedanken geschaffen wurde, weil das kollektive Bewusstsein durch Kriege, Niederlagen und Wiederaufbau geprägt wurde. Im westeuropäischen Vergleich stellt die Bundesrepublik – in ihren heutigen, gesicherten Grenzen – ein relativ junges Gebilde dar, das insofern weniger Zeit hatte, seine (moderne) Identität herauszubilden. In der heutigen Zeit erschwert die Globalisierung diese Entwicklung, bietet aber auch neue Möglichkeiten der Identitätsbildung. Insgesamt bewirkte die historische Entwicklung Deutschlands, zusätzlich beeinflusst von der (Wieder-)Vereinigung, eine unsichere nationale Identität mit erst jüngst gesicherten Grenzen. Dies resultiert unter anderem in:

- einer Überbetonung punktueller deutscher Überlegenheit (Sport, Technik, Wirtschaft),
- intensiven Bestrebungen der Nivellierung und Vereinheitlichung (z. B. Ablehnung von Eliten),
- einer wenig ausgeprägten Fähigkeit zur Selbstkritik (sei es auch nur die Fähigkeit, über sich selbst lachen zu können).

Im Hinblick auf konkrete Umsetzungsüberlegungen zu Diversity sind zusätzlich zu der Betrachtung national-kultureller Aspekte auch Betrachtungen des politischen, gesellschaftlichen und wirtschaftlichen Umfeldes erforderlich.

5.2 Staatlich-politische Rahmenbedingungen

Der Staat und die Politik eines Landes üben wesentlichen Einfluss auf die Entwicklung von Systemen und Kulturen aus: Der Staat legt den Aktionsrahmen und die Regeln fest, zum Beispiel in Form von Gesetzen. Die Politik dagegen vermittelt, was (politisch) gewollt bzw. erwünscht ist, und nimmt eine klare Führungs- und Vorbildfunktion wahr. Auf diesen beiden Ebenen sollen daher die Voraussetzungen für Diversity in Deutschland betrachtet werden.

5.2.1 Gesetzliche Regelungen

Während in Kapitel 2 die neueren Entwicklungen im rechtlichen Bereich vorgestellt wurden, beleuchtet dieser Abschnitt einige grundlegende rechtliche Rahmenbedingungen, die für Diversity in Deutschland relevant sind. Dazu erscheint es zunächst von Interesse, den Begriff der Chancengleichheit näher zu betrachten. Laut dem Deutschen Wörterbuch von Wahrig bedeutet Chancengleichheit: „Gleichheit der (berufl.) Chancen; Chancengleichheit für alle". Diese Definition wirft zwangsläufig die Fragen auf, was in Deutschland unter Gleichheit zu verstehen ist und ob mit der Bezeichnung „alle" tatsächlich alle Menschen in ihrer vielfältigen Unterschiedlichkeit gleichermaßen erfasst werden: Alt und Jung, Deutsche und Migranten, Mann und Frau und so weiter. Schließlich stellt sich die Frage, ob gleiche Chancen tatsächlich gleichermaßen faire Chancen für unterschiedliche Personen bieten.

Nach dem deutschen Rechtsverständnis besagt der Gleichheitsgrundsatz, dass nur das, was gleich ist, vor dem Gesetz gleich behandelt werden muss. Das bedeutet zum Beispiel, dass eine Frau und ein Mann, die die gleiche Tätigkeit ausüben, dafür die gleiche Bezahlung erhalten müssen. Wie statistische Auswertungen zeigen, sieht die Realität allerdings anders aus. Oft wird versucht, die Ungleichbehandlung in irgendeiner Weise zu rechtfertigen. Da es aber keine zwei völlig gleichen (identischen) Menschen gibt, ist der Gleichbehandlungsgrundsatz letztlich Auslegungssache und kann somit zum Teil an Machtverhältnisse gekoppelt sein.

Um uns dieser Fragestellung weiter anzunähern, betrachten wir ein anschauliches Beispiel: Man stelle sich vor, der Rat einer Gemeinde verkündet, dass morgen alle BürgerInnen auf der großen Wiese Äpfel pflücken könnten. Die gepflückten Äpfel dürften sie dann behalten und müssten auch nichts dafür bezahlen. Damit wäre oberflächlich betrachtet Chancengleichheit hergestellt und alle würden gleich behandelt. Sind hierdurch aber auch faire Chancen gegeben? Die Antwort auf diese Frage und Hinweise auf mögliche Alternativen liefert folgendes Szenario, dem ein wesentlich komplexeres Verständnis von Chancengleichheit zugrunde liegt: „Morgen dürfen alle BürgerInnen kostenlos Äpfel pflücken und alle klein gewachsenen erhalten eine Leiter ..." In diesem Szenario wäre noch die Frage zu klären, was unter „klein gewachsen" zu verstehen ist. In jedem Fall wird deutlich, dass Gleichbehandlung keineswegs gleich faire Chancen für alle bedeutet. Echte

Chancengleichheit dagegen stellt gleiche Ausgangsbedingungen für alle her. Wie der oder die Einzelne sie nutzt, bleibt ihm oder ihr individuell überlassen.

In diesem Zusammenhang muss zudem der Begriff der Gleichstellung reflektiert werden. Sprachlich suggeriert er eine – im Ergebnis – gleiche Stellung und knüpft damit an ein Ideal des deutschen Sozialismus, die materielle Gleichheit an, während Ideale des (britischen) Liberalismus, zum Beispiel Gleichheit vor dem Recht und Gleichheit der Chancen, weniger Beachtung finden. Eine mögliche Konsequenz von Gleichstellung im Sinne materieller Gleichheit könnte sein, dass Mitarbeiter mit ähnlichen Qualifikationen und ähnlichen Aufgaben bzw. ähnlicher Arbeit das gleiche Entgelt erhalten. Wie bereits zuvor dargestellt, ist die Gleichheit von Menschen jedoch grundsätzlich fraglich. Auch stellt sich bei enger Auslegung die Frage, ob Leistung, Potenzial und geschaffene Mehrwerte bei „Gleichstellung" Berücksichtigung finden. Es erscheint naheliegend, dass die „Gleichstellung" wie die „Chancengleichheit" auch auf individuelle Unterschiede eingehen müsste, wenn sie Fairness „für alle" herbeiführen will.

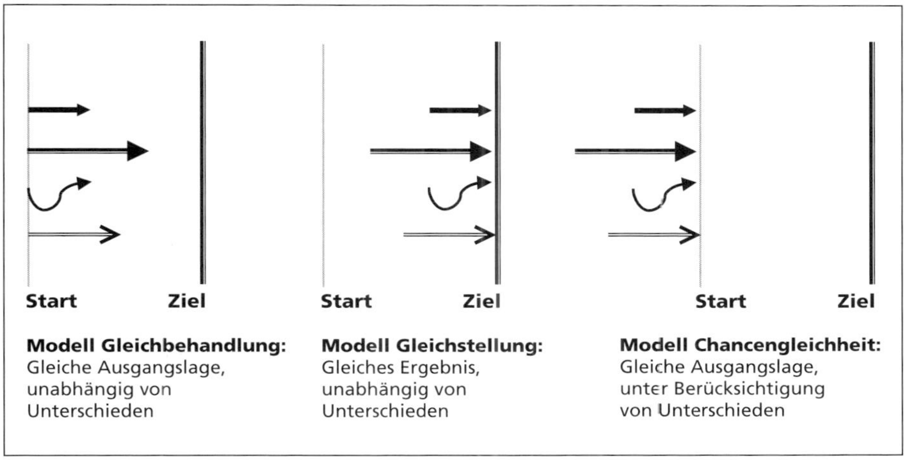

Abb. 19: Gleichbehandlung, Gleichstellung und Chancengleichheit

In diese Reihe grundsätzlicher Fragestellungen reiht sich ein weiterer Aspekt ein, der für den christlich geprägten Teil der Welt eine gewisse Relevanz hat. Die Erziehung strebt die Beachtung der goldenen Regel aus der Bibel an: „Behandle jeden so, wie Du selbst behandelt werden möchtest." Da jedoch menschliche Bedürfnisse, vor allem angesichts zunehmend unterschiedlicher Lebenssituationen, -ziele und Wertvorstellungen, individuell verschieden sind, erscheint eine Übertragung der eigenen Vorstellungen auf Andere durchaus fragwürdig. Stattdessen wird in Diversity Trainings von Ungleich Besser Diversity Consulting eine andere goldene Regel vermittelt: „Behandle niemanden so, wie Du selbst behandelt werden möchtest, sondern so, wie diese Person es wünscht!"

Die genannten Beispiele zeigen, dass schon das herrschende Grundverständnis für Gleichbehandlung, Gleichstellung, Chancengleichheit, Fairness und korrekten Umgang etliche Besonderheiten bereithält. Dem Staat und der Politik kommt die Verantwortung zu, ein zeitgemäßes Verständnis für diese Begriffe und die mit ihnen verbundenen Mechanismen herbeizuführen und es auf rechtlicher Ebene entsprechend zu verankern.

Neben dem AGG, welches seit 2006 in Deutschland die rechtliche Grundlage für Nichtdiskriminierung darstellt, existieren unterschiedliche Regelungen für mehrere, meist isoliert betrachtete Diversity-Themen, die auf verschiedene Gesetze verteilt sind. Hier sind vor allem zu nennen:

- das Grundgesetz (Artikel 3): Allgemeines Gleichbehandlungsgebot (Verankerung des Antidiskriminierungsgrundsatzes, jedoch ohne direkte Anwendbarkeit im Bereich der Beschäftigung);
- das Bürgerliche Gesetzbuch (§ 611): Gleichbehandlung von Männern und Frauen in Arbeitsverhältnissen;
- das Sozialgesetzbuch IX: Teilhabe behinderter Menschen;
- das Betriebsverfassungsgesetz (§§ 75 und 80): Arbeitgeber und Betriebsrat sind dazu verpflichtet, auf die Gleichbehandlung aller Betriebsangehörigen zu achten, freie Entfaltung der Persönlichkeit, Vereinbarkeit von Beruf und Familie, Eingliederung Schwerbehinderter, Beschäftigung älterer Arbeitnehmer, Integration ausländischer Arbeitnehmer, Beschwerdeverfahren, Frauen in Betriebsräten, Mitwirkung des Betriebsrats in Fragen der Chancengleichheit, Xenophobie als Handlungsfeld;
- Beschäftigtenschutzgesetz: Gesetz zum Schutz der Beschäftigten vor sexueller Belästigung am Arbeitsplatz;
- Teilzeit- und Befristungsgesetz (insbesondere § 4);
- Kündigungsschutzgesetz (insbesondere § 1);
- Lebenspartnerschaftsgesetz: Ausweitung bestimmter Versicherungsleistungen (benefits) auf den/die LebenspartnerIn.

Beispielhaft sei an dieser Stelle die Entwicklung der rechtlichen Situation von Frauen in Deutschland skizziert, deren teilweise erstaunliche Details Vielen nicht bekannt sein mögen: In den 1950er Jahren wurde ein Familienministerium eingerichtet. Dieser Schritt war ein Versuch, die alten geschlechterhierarchisierenden Strukturen zu restaurieren. Die Position der Frau wurde 1957 durch das Gleichberechtigungsgesetz gestärkt. Das Ehe- und Familienrecht wurde neu geregelt und dabei der Gehorsamsparagraph (§ 1354) abgeschafft. 1959 fiel das Letztentscheidungsrecht des Vaters in Fragen der Kindererziehung (§ 1628). In den 1970er Jahren wurde die gesetzliche Pflicht der Frau zur Hausarbeit aufgehoben, was sich auch auf das Scheidungsrecht auswirkte. 1977 wurde die Zustimmungspflicht des

Ehemanns im Falle einer Erwerbstätigkeit der Frau aufgehoben. 1994 erfolgte die Erweiterung des Gleichberechtigungsgebotes von Artikel 3 Absatz 2: „Der Staat fördert die tatsächliche Durchsetzung der Gleichberechtigung von Frauen und Männern und wirkt auf die Beseitigung bestehender Nachteile hin." 1999 erkannte das Bundeskabinett als Beschluss zum Programm „Frau und Beruf" Gender Mainstreaming als Leitprinzip an: „Die Gleichstellung von Frauen und Männern ist durchgängiges Leitprinzip der Bundesregierung und soll als Querschnittsaufgabe (Gender Mainstreaming) gefördert werden (Art. 2, 3 EGV). Gender Mainstreaming ist sowohl Grundsatz als auch Methode, den geschlechtsspezifischen Ansatz in alle Politikfelder, Konzepte und Prozesse einzubringen. Die Bundesregierung bemüht sich, in allen Bereichen den Ansatz des Gender Mainstreaming aktiv zu fördern." In jüngerer Vergangenheit trat jedoch die Frauenpolitik zugunsten der Familienpolitik in den Hintergrund.

Im breiteren Diversity-Kontext spielt sicherlich das AGG in jüngerer Vergangenheit die größte Rolle im Sinne einer Rahmenbedingung. Aber auch die Schirmherrschaft von Bundeskanzlerin Merkel über die „Charta der Vielfalt" sowie die konkrete Involvierung der Beauftragten der Bundesregierung für Migration, Integration und Flüchtlinge, Staatsministerin Böhmer, sprechen für eine neue Grundhaltung der Bundesregierung. Auch die zweijährige Kampagne der Bundesregierung für Vielfalt muss in diesem Zusammenhang erwähnt werden. Andererseits spricht sich Familienministerin von der Leyen in der europäischen Debatte um die rechtliche Gleichstellung von Menschen mit Behinderung, Homosexuellen und religiösen Minderheiten gegen den ausgeweiteten Schutz aus, den Frauen und Migranten bereits genießen.

Außerdem ist zu bedenken, dass die Nennungen im Grundgesetz und gesetzliche Regelungen nicht automatisch zur Einklagbarkeit von intuitiv naheliegenden Rechten führen. So wies das Bundesverfassungsgericht 1997 eine Verfassungsbeschwerde zurück, in der ein Mädchen mit einer Behinderung ihr Recht einklagen wollte, eine öffentliche Schule besuchen zu dürfen. Das Mädchen ist aufgrund einer angeborenen Fehlbildung des Rückenmarks auf einen Rollstuhl angewiesen (beide Beine sind gelähmt). Zum Schuljahr 1995/96 wechselte sie in die 5. Klasse einer Integrierten Gesamtschule, aus der sie jedoch bald verwiesen wurde. Die Klage, die Schule weiter besuchen zu dürfen, wurde mit der Begründung abgewiesen, dass an der Schule erforderliche Fördermaßnahmen fehlten, die allerdings von der öffentlichen Schule hätten behoben werden können. Das Mädchen besuchte später eine Hauptschule.

Auch ist erkennbar, dass einige, zum Teil schon länger bestehende Regelungen nicht dazu geführt haben, dass sich die subjektiv wahrgenommenen Chancen bestimmter gesellschaftlicher Gruppen oder die von ihnen erzielten Ergebnisse (Gleichstellung) in den vergangenen Jahren oder Jahrzehnten wesentlich verbessert hätten. Die Situation von Frauen oder Migranten mag hierfür als Beleg dienen. Für Diversity stellen gesetzliche Regelungen in vielen Fällen notwendige, nicht aber hinreichende Bedingungen für Verbesserungen dar. Meist zwingen sie die betroffenen Akteure zu „korrektem" Verhalten. Dabei wird im Wesentlichen deren Handeln in Richtung „Nichtdiskriminierung" oder „Chancengleichheit" beeinflusst, was verschiedene Nebeneffekte mit sich bringen kann:

- Das Handeln ist eventuell nur widerwillig gesetzeskonform oder es werden Wege gesucht, die Vorschriften zu umgehen.
- Die positiven Effekte von Integration werden nicht immer sichtbar gemacht oder wenig thematisiert.
- Die Grundeinstellung oder Geisteshaltung gegenüber den gesetzlich geschützten Aspekten wird nicht positiv verändert.

Es wird deutlich, dass die Wirkungskraft von Gesetzesregelungen begrenzt ist. Die nachfolgenden Kapitel werden allerdings zeigen, dass durch Handlungsanweisungen vielfach Verhaltensänderungen initiiert oder begünstig werden. Eine nachhaltige Veränderung in Richtung einer umfassenden Wertschätzung und Nutzung von Vielfalt setzt jedoch voraus, dass die Vorteile von Diversity erkannt werden. In dieser Hinsicht stellen der Staat und die Politik wichtige Akteure dar.

5.2.2 Politische Positionierung

Verschiedene Beispiele zu Beginn dieses Kapitels zeigten auf, dass Vielfalt und Offenheit in Deutschland selten ein deutlich positives politisches Profil hatten. Als Indiz für die politische Wertschätzung verschiedener Vielfaltsfacetten lässt sich deren strukturelle Verankerung auf staatlicher Ebene heranziehen. Für die Themen „Geschlecht", „Lebensstil" und „Alter" existiert ein eigenes Ministerium. Dieses fokussiert seine Arbeit jedoch auf Frauen, Familie, Senioren und Jugend. Menschen mittleren Alters finden hier am ehesten als „Senioren von morgen" – vor allem angesichts der Alterung der Baby Boomers – Berücksichtigung. Die Themen „Migration" und „Behinderung" werden über Beauftragte der Bundesregierung verankert. Die sechste Kerndimension von Diversity, sexuelle Orientierung, findet keine gleichwertige Behandlung hinsichtlich institutioneller bzw. ministerieller Verankerung. Es ist jedoch, wie zuvor dargestellt, im Zuge der Einführung des AGG eine Antidiskriminierungsstelle eingerichtet worden, die sich ganzheitlich für alle Ebenen von Diversity einsetzt, um Diskriminierungen jeglicher Art zu unterbinden. Allerdings verfügt diese Stelle bei weitem nicht über die Kompetenzen wie vergleichbare Stellen, z. B. die Commission for Equality and Human Rights in Großbritannien (hervorgegangen aus einer Zusammenlegung von Equal Opportunities Commission und Commission for Racial Equality). Die Antidiskriminierungsstelle ist lediglich eine dem Familienministerium nachgeordnete Behörde und verfügt über deutlich weniger Gestaltungsspielraum als die vorgenannte britische Einrichtung.

Ob aus staatlichen Strukturen tatsächlich eine politische Relevanz bestimmter Themen abzuleiten ist, wird von der jeweiligen persönlichen Sichtweise einzelner Individuen beeinflusst. Einsichtig dürfte dabei allerdings sein, dass die mit staatlichen Strukturen einhergehende Mittel- und Machtverteilung für die jeweiligen Themen durchaus unterschiedlich ausfällt. Dass Diversity in öffentlich finanzierten Kampagnen tatsächlich eine positive Rolle spielen kann, zeigen indes die Kampagnen „Familie Deutschland“ oder „Vielfalt als Chance“ der Bundesregierung. In einer bundesweiten Plakataktion wurde eine vielfältige Bandbreite unterschiedlicher Familienstrukturen abgebildet und damit „beworben“. Die Bedeutung sozialer Strukturen im privaten Bereich wurde dabei unabhängig von der konkreten Lebenssituation hervorgehoben. Allerdings wurde vielfach darauf hingewiesen, dass trotz einer gewissen Differenzierung auch diese Aktion eine Reihe von Familienentwürfen unberücksichtigt ließ und eine Diskrepanz zwischen dem in der Kampagne politisch proklamierten Familienbild und dem amtlichen Familienbegriff besteht.

Einen anderen Blickwinkel auf die politische Positionierung von Diversity-Themen eröffnet die Betrachtung des öffentlichen Diskurses zum Thema „Fremdenfeindlichkeit“. Sowohl einige politische Meinungsführer als auch etliche Medien reduzierten Rassismus und Xenophobie viele Jahre lang als extremistische Erscheinung. Hierdurch erfolgte eine Marginalisierung des zugrundeliegenden Mechanismus der Intoleranz. Selten wurden Verbindungen zu anderen Phänomenen hergestellt, die dieselbe Wurzel aufweisen, zum Beispiel Frauenfeindlichkeit, Sexismus oder Homophobie. Vielmehr dürften öffentliche Äußerungen wie „Das Boot ist voll“ zu einer Zunahme von ausländerfeindlichen Taten beigetragen haben. Im Gegensatz dazu versuchten Kampagnen „gegen Rassismus“ eine Änderung der Kultur zu bewirken. Wer aber wurde von diesen Botschaften erreicht? Auch der Aufruf zur Toleranz greift deutlich zu kurz, da er lediglich ein passives Gewährenlassen impliziert, potenziell zeitlich begrenzt ist und keine aktive Wertschätzung, keinen grundlegenden Respekt fordert. Aus Sicht von Diversity erscheint es zusätzlich erforderlich, die Beiträge und Mehrwerte von Migranten für Staat, Wirtschaft und Gesellschaft zu thematisieren. Als gelungene Beispiele hierfür mögen das XENOS-Programm oder die Kampagne „Vielfalt als Chance“ der Bundesregierung dienen.

Das XENOS-Programm

XENOS ist ein Programm des Bundesministeriums für Arbeit und Soziales, das durch Mittel des Europäischen Sozialfonds unterstützt wird. Das Programm wurde ins Leben gerufen, um an der Schnittstelle von Schule, Ausbildung und Arbeitswelt Projekte und Aktivitäten gegen Fremdenfeindlichkeit, Rassismus und Diskriminierung zu unterstützen. Zwischen 2000 und 2007 förderte das Bundesministerium in zwei Förderrunden insgesamt 250 Projekte, deren Laufzeit in der Regel drei Jahre betrug. Das Projekt endete zum 31.12.2007. Inzwischen wurde das Nachfolgeprogramm „XENOS – Integration und Vielfalt“ aufgelegt.

Zusammenfassung

Die staatlich-politischen Rahmenbedingungen haben sich seit Einführung des AGG wesentlich verbessert. In Deutschland besteht nun eine klare Antidiskriminierungsgrundlage, auch wenn immer noch nicht alle Diversity-Dimensionen gleichwertig politisch vertreten werden. Im öffentlichen Bereich wurde Diversity mit der Einführung der „Charta der Vielfalt" und anderen Kampagnen mehr Rechnung getragen. Auf europäischer Ebene sind Initiativen wie das Europäische Jahr der Chancengleichheit für alle (2007) und das Europäische Jahr des interkulturellen Dialogs (2008) nennenswerte Beispiele.

5.3 Gesellschaftlich-kulturelle Rahmenbedingungen

Neben systemischen Rahmenbedingungen wie Gesetzen und politischen Positionen bilden zahlreiche Aspekte, die unseren Alltag bewusst oder unbewusst beeinflussen, wesentliche Eckpunkte für den Umgang mit Unterschiedlichkeiten. Einige für Diversity relevante Aspekte lassen sich in drei Bereichen genauer betrachten: Bildung, Sprache und Religion.

5.3.1 Bildung

Wie in Kapitel 2 dargelegt wurde, bestimmt immer mehr Vielfalt unsere Gesellschaft. Dies gilt auch für das Bildungssystem in Deutschland. In Schulen werden immer vielfältigere, individuellere junge Menschen für ihre Zukunft ausgebildet. Wie groß die damit verbundene Verantwortung ist, die dem Staat und der Gesellschaft zukommt, zeigt die Diskussion um die Ergebnisse der OECD-Studie „Bildung auf einen Blick" (2008). Die Studie stellt fest, dass die Studienanfängerzahl in Deutschland zwischen 1998 und 2002 zwar um sieben Prozentpunkte auf 35 % gestiegen ist, sie jedoch weit unter dem EU-Durchschnitt von 51 % liegt (OECD 2008). Aktuelle Zahlen belegen, dass sich dieser Trend auf europäischer Ebene weiter fortsetzt, während die Zahlen in Deutschland stagnieren. Auch hinsichtlich der Absolventenzahlen liegt Deutschland mit 21 % unter dem OECD-Schnitt von 37 % (OECD 2008). Die OECD-Studie offenbart ebenso Schwächen in anderen Bereichen des Bildungswesens. So haben deutsche Schüler mit 6.200 weit weniger Schulstunden als der OECD-Schnitt mit 6.800. Viel Geld wird zwar für Sekundarstufenschüler und Studenten ausgegeben, aber generell bleiben die öffentlichen Ausgaben für Bildung in Deutschland weit hinter den meisten anderen OECD-Ländern zurück.

Die Studie bemängelt zudem, dass Chancengleichheit in deutschen Schulsystemen nicht gegeben sei und eine individuelle Förderung von Schülern auch nicht stattfinde. Grundsätzliche Konzepte müssten geändert werden, damit Deutschland auch im Bildungsbereich internationale Standards erfülle. Es bestehen sogar noch Regelungen, die eine diskriminierende Wirkung haben. So kann zum Beispiel bei der Einschulung eines Kindes eine Überweisung in den Schulkindergarten erfolgen, wenn Defizite in der deutschen Sprache vorhanden sind. Dies trifft allerdings auch oder vor allem Kinder von Migranten, bei denen das Leistungsniveau in der Muttersprache kaum Berücksichtigung findet. Zusätzlich kann eine indirekte Diskriminierung dadurch erfolgen, dass anfängliche Sprachdefizite überbetont werden. Dieser Mechanismus bewirkt die Bestätigung und Aufrechterhaltung von Vorurteilen. Wie schon in den 1960er Jahren das soziale Experiment „Blaue Augen, Braune Augen“ von Jane Elliott zeigte, entsteht hierdurch ein Leistungsabfall in der mit Vorurteilen belegten Gruppe.

Die Schule muss zu einem Ort des sozialen Lernens werden, damit der Bildungsabschluss nicht von den Einkommens- und Bildungshintergründen der Eltern abhängt. Auch die Vielfalt in Unterrichtsklassen muss mehr gefördert werden. Das heißt unter anderem, dass Lernschwächere und Lernstärkere zusammenarbeiten sollten, weil eben genau heterogene Gruppen bessere Leistungen erzielen als homogene. Dies muss als Chance erkannt und genutzt werden.

Das Schulsystem muss so verbessert werden, dass es eine zeitgemäße Grundlage für das spätere Leben schafft. Hierbei wäre zu überprüfen, inwieweit Bildungseinrichtungen in Deutschland Basiskompetenzen im Anerkennen und Wertschätzen zunehmender Vielfalt sowie in der Nutzung von Unterschiedlichkeit vermitteln. Die Qualität der Schulen insgesamt muss verbessert und die Autonomie in den Schulen muss gestärkt werden. Eine weitere Forderung, die angesichts steigender Migrantenkinderzahlen den Charakter eines Erfolgsfaktors erhält, besteht in der Beseitigung diskriminierender Selektion in der Bildungs- und Migrationspolitik. Zudem wird in diesem Zusammenhang auch immer wieder die Einführung der sechsjährigen Grundschule diskutiert, denn sie helfe besonders Migrantenkindern, Defizite auszugleichen.

Aus Sicht von Diversity ist zu begrüßen, dass bei der Lehrbucherstellung und Methodenentwicklung für den Schulunterricht zunehmend auf die traditionelle Kategorisierung verzichtet wird. Dies äußert sich zum Beispiel darin, dass geschlechtlich unterlegte Unterscheidungen im Unterricht wie „Hausarbeit“ (für Mädchen) und „Technik“ (für Jungen) Ausnahmen bilden. Dennoch fällt auf, dass außerhalb von Projekttagen kaum Augenmerk auf individuelle Unterschiede, deren Auswirkungen auf die Zusammenarbeit und auf Möglichkeiten einer gezielten, produktiven Nutzung von Vielfalt gelegt wird. Insgesamt lässt sich folgern, dass Unternehmen und andere Organisationen, die Diversity bearbeiten, nicht auf eine fundierte Vorbildung in relevanten Fragestellungen bauen können. Die Grundkonzepte von Vielfalt und Offenheit bilden hierfür keinen ausreichenden Schwerpunkt im deutschen Bildungssystem, obwohl einige Hochschulen inzwischen Lehrstühle mit dem Schwerpunkt Diversity eingerichtet haben oder zumindest Seminare zum Thema anbieten.

5.3.2 Sprache

Im Rahmen von Erziehung und Bildung erlernen Menschen auch die Grundzüge ihrer Muttersprache. Diese gibt Aufschluss über die jeweilige Kultur und ihre Wurzeln. Im späteren Leben entwickeln sich der Umgang mit und die Nutzung von Sprache individuell unterschiedlich. Sie bleibt jedoch in den meisten Fällen Ausdruck innerer Befindlichkeiten und erlaubt insofern zumindest Vermutungen darüber, welche Haltung Menschen gegenüber anderen Menschen haben. Nicht zuletzt stellt die gesprochene Sprache ein zentrales Instrument im Umgang mit Anderen dar.

Wie viele Zusatzaspekte und Konnotationen Sprache vermittelt, sei an dieser Stelle zunächst anhand einiger Beispiele aus dem Bereich Migration illustriert. Wie bereits erläutert, impliziert der Begriff „Gastarbeiter“ eine vorübergehende Anwesenheit, die klar auf „Arbeit“ ausgerichtet ist. Nun ließe sich durchaus fragen, welche Gastfreundschaft darin zu sehen ist, dass Gäste eingeladen werden, um zu arbeiten. Der Vergleich mit anderen Ländern macht deutlich, dass es durchaus andere Möglichkeiten des Umgangs mit beschäftigten Migranten gibt. Der wirtschaftliche Erfolg der USA wurde beispielsweise frühzeitig mit kontrollierter Einwanderung in Verbindung gebracht. Entsprechende Sprachregelungen fanden Eingang in die Alltagssprache, so zum Beispiel „Asian Americans“. Auch in Deutschland basierte der wirtschaftliche Erfolg, zum Beispiel zu Zeiten des industriellen Booms im Ruhrgebiet Anfang des 20. Jahrhunderts, unter anderem auf der Beschäftigung von Migranten. Hunderttausende Arbeiter kamen überwiegend aus Osteuropa, um den Arbeitskräftemangel der deutschen Schwerindustrie auszugleichen. Schon damals sträubte sich Deutschland dagegen, diese Migranten willkommen zu heißen. Der Versailler Vertrag zwang Deutschland nach dem Ersten Weltkrieg dazu, den zugewanderten Arbeitern die Möglichkeit zu geben, deutsche Staatsbürger zu werden. Viele nahmen diese Option wahr. Dennoch besteht in der politischen Öffentlichkeit kein Konsens darüber, ob Deutschland ein Einwanderungsland ist oder nicht. Die Unerwünschtheit von Migranten wurde lange Zeit auch mit dem Begriff des „ausländischen Mitbürgers“ kommuniziert. Obwohl dieser Ausdruck überwiegend positiven Absichten entsprungen sein dürfte, wirkt er auf viele Migranten stark ausgrenzend. Und tatsächlich muss man sich fragen, weshalb der Zusatz „Mit“ überhaupt erforderlich wurde. Abgesehen von eingeschränkten Rechten sind Migranten schließlich vollwertige Bürger dieses Staates. Inzwischen gibt es den Begriff „Menschen mit Migrationshintergrund“; er umfasst die Zuwanderer und deren Nachkommen, die in Deutschland geboren wurden. Obwohl noch keine Einigkeit über diesen Begriff zu herrschen scheint, ist er doch inzwischen der geläufigste im deutschen Sprachgebrauch (Statistische Bundesamt 2005).

Der besondere sprachliche Umgang mit Nationalität und nationaler Zugehörigkeit wird zusätzlich deutlich, wenn man die Medienberichterstattung genauer betrachtet. Geschehen schwere Unfälle im Ausland, so erfolgt mitunter der Hinweis, dass sich unter den Verletzten keine Deutschen befänden oder dass es Tote, darunter eine bestimmte Anzahl von Deutschen, gegeben hätte. Aus journalistischer Sicht stellen diese Informationen relevante Details dar, deren Nennung Betroffenheit und damit Aufmerksamkeit erhöhen kann. Andererseits ist nicht auszuschließen, dass sich eine wertende Konnotation einstellt: „Gott sei Dank sind keine Deutschen, keine von den Unsrigen, dabei!" Der umgekehrte Fall tritt bei der Kriminalberichterstattung ein. Wird eine Straftat von nichtdeutschen Tätern begangen, so ist deren jeweilige Nationalität eine Zusatzinformation, die von den Medien entsprechend transportiert wird; beispielsweise: „Die schweizerischen Täter entkamen …" Da bei deutschen Tätern in der Regel kein Hinweis auf die Staatsangehörigkeit erfolgt, ist nicht auszuschließen, dass sich in der Allgemeinheit über die Jahre der Eindruck herausbildet, nichtdeutsche Personen machten einen Großteil der Kriminellen aus. Die Frage sei erlaubt, wie sich das öffentliche Bild entwickeln könnte, wenn während der nächsten 15 Jahre in der Kriminalberichterstattung bei nichtdeutschen Tätern keine Nationalität, bei deutschen Tätern diese jedoch sehr wohl genannt würde.

In diesem Zusammenhang sind auch Generalisierungen in der Alltagssprache von Bedeutung. Diese reduzieren Menschen auf ein einzelnes Merkmal, zum Beispiel eine Behinderung, und sprechen von „dem oder den Behinderten". Eine solche Generalisierung erfolgt auch oft bezüglich der eigenen Gruppe und kann der Abgrenzung dienen: „Die Deutschen" oder „wir Deutschen" versus „Menschen mit Migrationshintergrund". Zudem sind hier folgende Besonderheiten der Alltagssprache zu erwähnen:

- Prototypische Äußerungen: „Die … passen nicht ins Straßenbild."
- Die Gleichsetzung von Unterschiedlichkeit und Defizit: „Die können nicht mal richtig Deutsch."
- Die Abwertung einer Gruppe durch Vergleich: „Bei euch ist eben alles etwas primitiver."
- Die Fixierung einer (negativen) Charakteristik als dauerhafte Disposition: „Die sind so spontan, aber sie können nicht systematisch diskutieren."

Neben diesen Einzelbeispielen und Grundtendenzen lassen sich die sprachlichen Voraussetzungen für eine Wertschätzung von Vielfalt in Deutschland zudem an geschlechtsspezifischen Differenzierungen des Deutschen betrachten. Ein bekanntes Phänomen stellt dabei die Ansprache von Personen durch rein männliche Substantive dar, obwohl die deutsche Sprache durchaus geschlechtliche Unterscheidungen bzw. weibliche Formen kennt; zum Beispiel: Mitarbeiter, Studenten, Bürger. Lange Zeit diente als Begründung, Frauen seien in diesen Fällen „mit gemeint". Dass dies eine einseitige Sichtweise der Insider-Gruppe darstellen dürfte, zeigt folgende Ausführung: „Ein Akt des Meinens ist, sofern er auf Personen zielt, ganz offenbar dann misslungen, wenn diese Personen sich trotz aller guten Absichten der/des Meinenden nicht gemeint fühlen und dafür handfeste Gründe (Ambiguität, Kontext, Erfahrungswerte) angeben können. Sollen solche

Meinens-Akte in Zukunft besser gelingen, müssen andere (also nicht ambige) Formulierungen gewählt werden [...]" (Pusch 1984, S. 30). Und tatsächlich setzen sich in Deutschland nach und nach einbeziehende Formulierungen durch, wie „Studierende", „Bürgerinnen und Bürger" oder (im Schriftdeutsch) „MitarbeiterInnen".

Trotz dieser positiven Entwicklung beinhaltet die deutsche Sprache weiterhin eine Reihe geschlechtlicher Divergenzen, die für Diversity relevant erscheinen, da sie im Zusammenhang mit Wertschätzung und Einbeziehung sowie daraus resultierenden fairen Chancen stehen. Nachfolgend einige Beispiele aus diesem Themenkreis:

- Die Bezeichnung „Dame" korrespondiert mit der Bezeichnung „Herr"; dagegen korrespondiert die Bezeichnung „Frau" mit der Bezeichnung „Mann". Interessanterweise wird bei der Anrede von männlichen Personen die Formulierung „Herr Sowieso" gebraucht, während bei weiblichen Personen die Anrede „Frau Sowieso" üblich ist. Historisch betrachtet ist jedoch mit der Bezeichnung „Herr" (bzw. „Dame") ein höherer sozialer Status verbunden als mit „Frau" (bzw. „Mann"). Es stellt sich somit die Frage, weshalb in der Alltagssprache bei der Anrede in dieser Hinsicht eine Unterscheidung getroffen wird (Pusch 1984, S. 165).
- Die Bezeichnungen „Mädchen" für junge Frauen und „Jungen" für junge Männer sind ebenfalls gängige Alltagsbegriffe. Interessanterweise ist der Ausdruck Mädchen von dem Wort „Mägdchen" (kleine Magd) abgeleitet. „Junge" ist dagegen von dem Wort „Junker" (als Vorstufe des Ritters) abgeleitet. Auch hier stellt sich die Frage nach den Gründen für diese alltägliche Unterscheidung.
- Der Freitag geht auf das germanische Wort „Fraujo" (für Frau) zurück und wurde vom Namen der Göttin Freya („die Erste") abgeleitet, der er geweiht ist. Die Primzahl 13 stellt in vielen frauenzentrierten Kulturen eine heilige Zahl dar. Interessanterweise gilt heute in vielen Kulturen Freitag der 13. als besonderer Unglückstag.
- Eine Reihe alltäglicher Ausdrücke oder geflügelter Worte wie beispielsweise „Der Kunde ist König" oder „Der Glaube unserer Väter" weisen ebenfalls auf eine männerzentrierte Sprache hin.

Insgesamt zeigt sich, dass die deutsche Sprache – ähnlich wie andere Sprachen auch – eine Reihe geschlechtsspezifischer Besonderheiten aufweist, die im Zusammenhang mit Diversity Berücksichtigung finden können oder müssen (Pusch 1984). Aber auch im Hinblick auf ethnisch-kulturelle Themen existieren im Deutschen Fälle von Ausgrenzung und Diskriminierung auf sprachlicher Ebene. Beispiele hierfür sind Begriffe wie „Fremdenzimmer, Negerküsse, Schwarzfahren, etwas türken, getürkt" sowie zahlreiche Schimpfwörter für verschiedene Migrantengruppen. Des Weiteren scheinen sich einzelne Vorannahmen und Stereotype fest im kollektiven Verständnis verankert zu haben. Aussagen wie

„Manchmal vergesse ich, dass ich in Deutschland bin", „Sie ist Türkin, aber sehr fleißig und sauber" oder „Wir kamen mit allen gut aus, selbst mit den Bayern und den Ossis", entfalten eine deutlich ausgrenzende Wirkung auf unterschiedliche Gruppen – unabhängig davon, ob sie im konkreten Fall betroffen sind oder nicht. Denn Angehörige von Minderheiten sind sich meist bewusst, dass sie selbst das nächste Objekt ähnlicher Anfeindungen werden könnten.

Insgesamt kann festgestellt werden, dass bei der Entwicklung einer Diversity-Kultur hinsichtlich der deutschen Sprache, ihrer Verwendung und des Bewusstseins für teils offensichtliche, teils subtile Diskriminierungen und Ausgrenzungen noch Verbesserungsbedarf besteht. In der Diversity-Arbeit kann auf erste erfolgreiche Ansätze, wie die Verwendung geschlechtsneutraler Bezeichnungen, zurückgegriffen werden. Ein tieferes Verständnis für die Bedeutung und Wirkung von Sprache als Mittel der Wertschätzung und Einbeziehung muss jedoch erst noch entwickelt und klarer gestaltet werden.

5.3.3 Religion

Für die Kultur und die gesellschaftliche Ordnung eines Landes haben Glaubensprägungen und die Ausübung von Religion schon vor der Entstehung der heutigen großen Weltreligionen eine wesentliche Rolle gespielt. Hierzulande sind Protestantismus und Katholizismus trotz sinkender Mitgliederzahlen (vgl. Kapitel 2) von überragender Bedeutung. Beide christliche Glaubensrichtungen bzw. Kirchen zeichnen sich dadurch aus, dass sie die Lebenskonzepte (Pflichterfüllung, Wohlstand durch Arbeit, Selbstverständlichkeit von Hierarchie) vieler Menschen (mit-)bestimmen. Des Weiteren definieren sie den Wert eines Menschen durch Leistung, Bescheidenheit und Wohlstand. Entsprechend erfolgt eine Ab- oder Ausgrenzung von Menschen mit anderen Lebensweisen, da sie den gesetzten Standard nicht erfüllen.

Neben der evangelischen und der katholischen Kirche, deren Angehörige zusammen mehr als 50 % der Bevölkerung ausmachen, spielen in Deutschland weitere Religionsgemeinschaften bzw. konfessionslose Personen eine immer größere Rolle. Der Anteil konfessionsloser Personen bzw. derjenigen Personen, die keiner Konfession zugeordnet werden, liegt bei knapp 24 %. Der Islam hat einen Anteil von 3,3 %, Freikirchen und Sondergemeinschaften einen Anteil von 1,5 %, orthodoxe und orientalische Kirchen einen Anteil von 1,4 % (Religionswissenschaftlicher Medien- und Informationsdienst 2006, Internetquelle). Jüdische Gemeinschaften, Hinduismus, Buddhismus und neue Religionsgemeinschaften wie Esoterik stellen in Deutschland einen Anteil von jeweils unter 1%. Da auch im Bereich der religiösen Zugehörigkeit die Vielfalt zunimmt, ist es wichtig, den Dialog mit den zahlreichen Religionsgemeinschaften zu fördern. Die Deutsche Islam Konferenz (DIK), eine Initiative, die die Bundesregierung im September 2006 ins Leben gerufen hat, ist ein Beispiel für diesen Dialog und für die Förderung der Integration verschiedener Religionsgemeinschaften.

Da das Grundgesetz der Bundesrepublik Deutschland keine Staatskirche erlaubt, müssen die Institutionen Staat und Kirche voneinander getrennt sein. In der Praxis findet man jedoch Zusammenarbeit und gegenseitige Unterstützung, die sich zum Beispiel in der Erhebung von Kirchensteuer (und das Einziehen durch das Finanzamt), in Konfessionsangaben bei Anmeldungen, im Religionsunterricht, in Feiertagsregelungen oder in der Sonderstellung der großen christlichen Kirchen in manchen Rechtsbereichen (kanonisches Recht) zeigen. Auch die unterschiedlichen Auslegungen religiöser Gewohnheiten (Kruzifix-Urteil versus Kopftuch-Urteil) sprechen dafür, dass Religion und Kirche in Deutschland einen stärkeren kulturstiftenden Faktor bilden, als mitunter anerkannt wird. Dass in Deutschland eine christliche Monokultur herrscht, die ihre Maßstäbe selbst setzt und zu ihren Gunsten auslegt, zeigen auch die Diskussionen um den Bau von Moscheen, bei denen Bedenken bezüglich des Stadtbildes geäußert werden.

Für Diversity sind diese Betrachtungen in verschiedener Hinsicht wichtig: Es muss hinterfragt werden, welche Bedeutung Religionen und ihre Kirchen (oder Organisationen) dem Phänomen Vielfalt zuerkennen, welche Wertigkeiten Unterschiede erhalten und wie mit Differenz umgegangen wird. In diesem Zusammenhang stimmt es bedenklich, dass manche Religionen bzw. bestimmte Strömungen innerhalb von Glaubensrichtungen die Ablehnung andersgläubiger Menschen propagieren.

Konflikte über religiöse Vielfalt entstehen immer wieder. Dafür stellen die nationalsozialistische Zeit und die Anschläge vom 11. September 2001 besonders erschreckende Beispiele dar. Aber auch heute in der Bundesrepublik Deutschland werden religiöse Aspekte immer wieder kritisch diskutiert und haben Konfliktpotenzial, wie zum Beispiel die Frage, ob es zulässig sei, dass muslimische Lehrerinnen im Schulunterricht Kopftuch tragen. In manchen Bundesländern ist dies inzwischen verboten.

Die heutige Religionsfreiheit in Deutschland schließt das Recht ein, keiner Religion anzugehören. Die verschiedenen Glaubensrichtungen hierzulande entwickeln sich recht unterschiedlich, aber die großen christlichen Kirchen nehmen weiterhin eine – auch im Sinne von Diversity – dominante Stellung ein. Wie verschieden die Sichtweisen ausfallen können, mag an der unterschiedlichen gesellschaftlichen Bewertung der Geräuschentwicklung durch den Gebetsruf eines Muezzins im Vergleich zur Geräuschentwicklung durch Kirchenglocken erkannt werden.

Zusammenfassung

Insgesamt erscheinen die gesellschaftlich-kulturellen Rahmenbedingungen für Diversity in Deutschland mit Blick auf die Bereiche Bildung, Sprache und Religion sehr vielschichtig. Während einige Aspekte deutlichen Veränderungsbedarf erkennen lassen, wenn ein positives Diversity-Umfeld erzeugt werden soll, zeigen andere Beispiele bereits effektive Ansätze in Richtung Wertschätzung und Einbeziehung vielfältiger Unterschiede im alltäglichen Leben.

5.4 Wirtschaftliche Rahmenbedingungen

Neben den staatlich-politischen und den gesellschaftlich-kulturellen Rahmenbedingungen spielt die konkrete Situation in den Unternehmen (bzw. in anderen Arbeitsorganisationen) eine wesentliche Rolle für Diversity. Hier stellt sich die Frage, welche Rahmenbedingungen mit Blick auf die vorherrschende Unternehmenskultur und den praktizierten Führungsstil (Managementstil oder Managementkultur) für Diversity in Deutschland beschrieben werden können. Besonderes Augenmerk soll dabei auf die externe Kommunikation, insbesondere die Werbung, gelegt werden, da sie ein Wechselspiel zwischen Unternehmen und gesellschaftlichem Umfeld (bzw. Markt) darstellt.

Grundsätzlich hängen Landeskultur, Unternehmenskultur und Führungs- bzw. Managementstil (Managementkultur) voneinander ab und beeinflussen sich gegenseitig, wobei die Kultur des Landes den dominanten Einfluss ausüben dürfte. An konkreten Besonderheiten der deutschen Landeskultur, die sich auf Unternehmen und deren Management auswirken, sind zu nennen:

- Sozialpartnerschaft,
- Mitbestimmung,
- Verbandslobbyismus,
- Konsensorientierung,
- Wohlfahrtsstaat,
- nationale Verantwortung für Demokratie und Menschenrechte.

Unternehmens- und Managementkultur sind eng miteinander verwoben, wobei das Management versucht, die Unternehmenskultur zu gestalten. Außer durch den dominanten Kulturraum ist die Managementkultur auch durch andere Einflussfaktoren bedingt, etwa durch die Kultur einer ausländischen Muttergesellschaft, die personelle Zusammensetzung des Management-Teams, die Unternehmensgeschichte oder die Branchenzugehörigkeit. Andererseits bildet die Managementkultur aber auch die Basis für eine Bereitschaft zur Veränderung, wie sie für Diversity erforderlich ist.

5.4.1 Unternehmenskultur in Deutschland

Die Unternehmenskultur in Deutschland erlangt einen immer höheren Stellenwert. Für Unternehmen ist es nicht mehr nur wichtig, die richtigen Preise und die richtige Produktqualität am Markt zu haben. Eine Studie der Initiative Neue Qualität der Arbeit (Bundesministerium für Arbeit und Soziales) stellte 2007 bei der Untersuchung von Unternehmenskultur(en) fest, dass Unternehmen in Deutschland besonders dann erfolgreich sind, wenn sie eine mitarbeiterorientierte Unternehmenskultur haben. Eine Verknüpfung verschiedener Kulturdimensionen sichere finanziellen Erfolg, stellte das Bundesministerium für Arbeit und Soziales weiterhin fest. So seien starker Teamgeist, die Wertschätzung jedes einzelnen

Mitarbeiters und die klare, erlebte Zugehörigkeit zum Unternehmen wesentliche Faktoren für ein produktives und erfolgreiches Unternehmen (Bundesministerium für Arbeit und Soziales 2007).

Ein hohes Maß an Professionalität und Qualifikation führt in Deutschland zu einer emotional weitgehend neutralen Arbeitswelt mit vergleichsweise wenigen Gruppenkonflikten, aber mit berufs-, geschlechts- und altersspezifischer Ausgrenzung, die allerdings in monokulturellen Umfeldern nicht als Konflikt zum Tragen kommt.

Einen weiteren Teil der Landeskultur bildet das Erbe der deutschen Geschichte. Die nationale Identitätsentwicklung und Grenzsicherung wurde zu Beginn dieses Kapitels besprochen. Sie ist möglicherweise mit dafür verantwortlich, dass einige unternehmenskulturelle Besonderheiten in deutschen Unternehmen beobachtet werden können. So akquirieren deutsche Konzerne Unternehmen im Ausland und empfinden dies, zu Recht, als Ausdruck des Globalisierungs- oder Konzentrationsprozesses. Umgekehrt wehren sich Unternehmen und Belegschaften – mitunter sogar Medien und das gesellschaftliche Umfeld – gegen vergleichbare Übernahmen internationaler Konzerne in Deutschland. Ein ähnliches Missverhältnis kann hinsichtlich der Besetzung von Management-Positionen festgestellt werden. Während deutsche Unternehmen stark dazu neigen, ihre ausländischen Niederlassungen und Tochtergesellschaften von Deutschen führen zu lassen, pochen umgekehrt deutsche Tochtergesellschaften internationaler Konzerne darauf, „hier in Deutschland“ lokale (deutsche) Manager einzusetzen.

Insgesamt bilden in Deutschland die partizipativen Grundtendenzen, die professionelle Fokussierung sowie das soziale und Wohlfahrtsbewusstsein ein positives Umfeld für Diversity. Dennoch stehen Unternehmen vor der komplexen Herausforderung, eine offene und wertschätzende Unternehmenskultur zu entwickeln.

5.4.2 Führungsstil in Deutschland

Führung „bezeichnet eine soziale Beziehung, bei der es eine Über- und Unterordnung derart gibt, dass eine Person gegenüber einer oder mehreren anderen verhaltensbestimmend wird. Dies kann in einem bilateralen Verhältnis ebenso geschehen wie in einer Gruppensituation oder in einer Organisation“ (Reinhold 1997, S. 192 f.). Dabei ist gut vorstellbar, dass die konkrete Ausgestaltung entsprechender „Führungssituationen“ sehr unterschiedlich ausfallen kann. So untersuchte eine internationale Vergleichsstudie (House et al. 2002) den Managementstil in acht verschiedenen Ländern. Dabei erhoben die Forscher folgende gängige Kriterien:

- Leistungsorientierung,
- Zukunftsorientierung,
- Humanorientierung,
- Risikovermeidung,

- Aggressivität,
- Machtgefälle.

Die Studie zeigt, dass sich die Managementkultur in Deutschland durch eine hohe Leistungsorientierung auszeichnet. Arbeit genießt eine hohe Priorität, und Leistung muss messbar sein und sich an gesetzten Zielen oder Vorgaben orientieren. Für Diversity kann dies bedeuten, dass die Akzeptanz von Vielfalt nur bei adäquater Leistung erfolgt. In diesem Zusammenhang wird relevant, dass in Monokulturen die jeweiligen Insidergruppen Maßstäbe definieren, denen Outsider meist nicht genügen. Hierdurch erklärt sich das Phänomen, dass „Minderheiten" oft davon berichten, sich durch mehr oder bessere Arbeit besonders beweisen zu müssen.

Zudem besteht laut der Studie in deutschen Führungsetagen eine sehr hohe Zukunftsorientierung. Dies impliziert, dass vergangenen Erfolgen wenig Relevanz beigemessen wird und dass Unternehmen und ihre Manager die eigene Zukunft im Visier haben. Diversity wird in diesem Umfeld nur als attraktives Modell anerkannt, wenn es klar erkennbare Vorteile für die Organisation und die Beteiligten bietet.

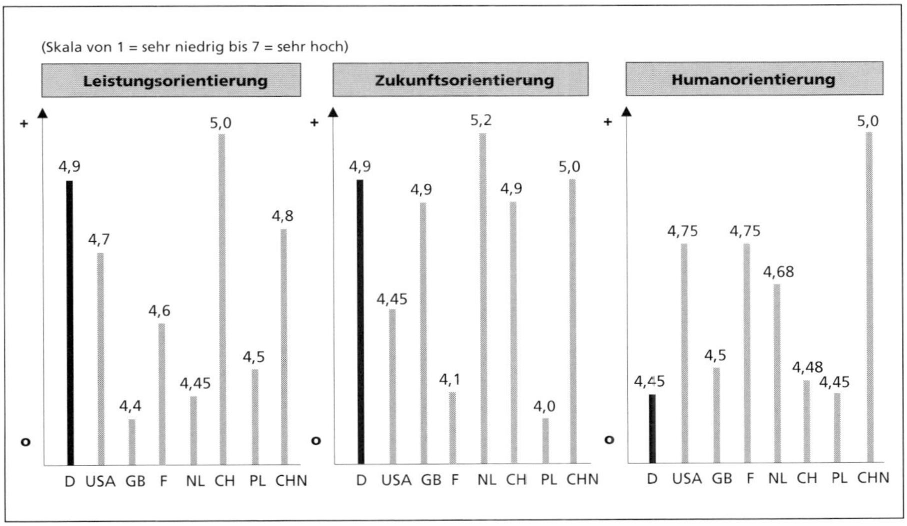

Abb. 20a: Die deutsche Management-Kultur im internationalen Vergleich (1) (Quelle: House et al. 2002)

Bei der Humanorientierung lassen sich laut Studie noch Defizite erkennen, diesbezüglich gibt Deutschland ein recht schlechtes Bild ab. Es wird eine grundsätzliche Skepsis gegenüber Teams konstatiert, obwohl sich dieser Trend in den letzten Jahren sicherlich ein wenig abgeschwächt hat. Der Mensch am Arbeitsplatz muss in und mit seiner Individualität noch mehr Anerkennung erfahren.

Des Weiteren wird das Machtgefälle in deutschen Unternehmen als gering eingestuft, wobei Machtgefälle nicht gleichbedeutend ist mit Hierarchiestufen. Gemeint ist eine weitgehende Akzeptanz fachlicher Autorität. Fach- oder funktionale Autorität beruht auf der zuerkannten oder erwiesenen Sachverständigkeit und Kompetenz einer Person. Respekt wird vor allem durch erbrachte Leistung gewonnen. Hierdurch entsteht einerseits ein Spannungsfeld mit dem Potenzial-Prinzip Diversity, das umfassenden Respekt für unterschiedliche Individuen erwartet. Andererseits betont auch Diversity die Beiträge vielfältiger KollegInnen zum kollektiven Erfolg.

Außerdem besteht im internationalen Vergleich in deutschen Unternehmen eine mittlere Neigung zur aggressiven Durchsetzung. Dies zeigte sich durch die Analyse der Konsensorientierung, verdeckter Konflikte und der Personalpolitik zur Konfliktlösung. Hier finden sich wenige Anknüpfungspunkte zum Potenzial-Prinzip Diversity, das sowohl verschiedene Perspektiven und Meinungen als auch die offene Konfliktaustragung fördert. Der personalpolitische Ansatz von Diversity folgt indes eher den Gedanken der Prävention und Partnerschaft.

Ferner beinhaltet die deutsche Management-Kultur laut Studie eine mäßig ausgeprägte Akzeptanz von Risiken. Dies bedeutet, dass Planung und Planbarkeit einen hohen Stellenwert haben. Außerdem liegt die Priorität auf Bekanntem, was zur bevorzugten Einstellung von Mitarbeitern führt, die das Profil der Führungskräfte abbilden. In dieser Hinsicht stellt Diversity wiederum eine Herausforderung dar, da der Fokus auf Unbekanntem liegt: Durch Aufgeschlossenheit oder gar Neugier will Diversity immer neue Lerneffekte erzeugen, die Individuen und Organisationen weiterbringen.

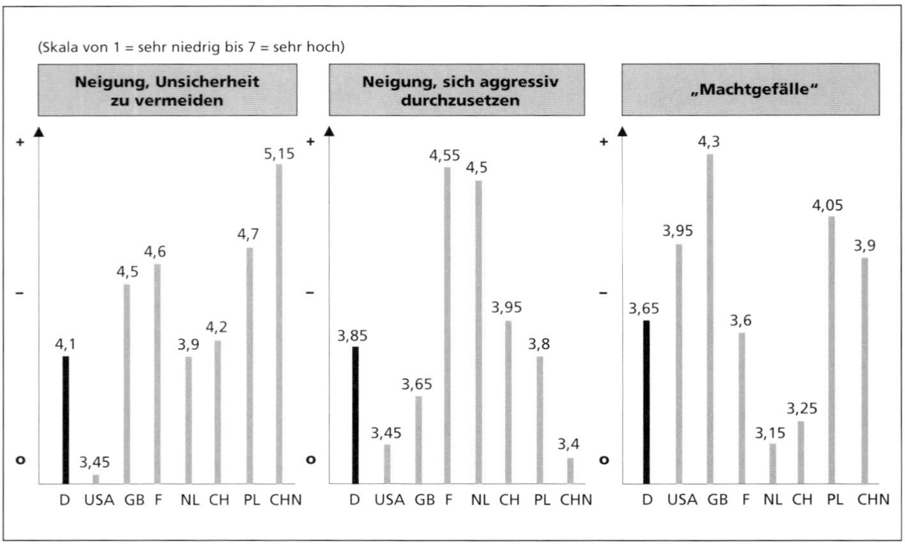

Abb. 20b: Die deutsche Management-Kultur im internationalen Vergleich (2) (Quelle: House et al. 2002)

Die eingehende Betrachtung der Managementkultur in Deutschland zeigt, dass es hinsichtlich Diversity im Bereich des Führungsstils Verbesserungspotenzial gibt und dass immer noch gewisse Herausforderungen bestehen, die Unternehmen in anderen Ländern schon überwunden haben. Um international konkurrenzfähig zu sein und zu bleiben, müssen Unternehmen in Deutschland diesen Aspekten Rechnung getragen.

5.4.3 Werbekultur in Deutschland

Nachdem die Voraussetzungen für Diversity innerhalb von Unternehmen betrachtet wurden, ist nun ein Blick auf das externe Umfeld von Unternehmen angebracht. Dabei ist – unter Berücksichtigung kulturstiftender Aspekte – auch eine differenzierte Betrachtung der Medienlandschaft in Deutschland erforderlich. Hier müssen unter anderem folgende Fragen gestellt werden:

- Stellen die Massenmedien gesellschaftliche Vielfalt dar? Wenn ja, wie?
- Welche Themenauswahl wird vorgenommen? Wie werden Unterschiedlichkeiten thematisiert?
- Welche Bild- und Sprachwahl nehmen Massenmedien vor?

Trotz wachsender Vielfalt in Deutschland existieren nur wenige Inhaltsanalysen zu relevanten Teilaspekten von Diversity für das deutsche Fernsehen oder für deutsche Tageszeitungen. So können sich Annahmen bezüglich der Medienkultur zunächst nur an Einzelbeispielen orientieren. Die Bandbreite reicht hier von der „Lindenstraße" und etlichen Daily Soaps, in denen zahlreiche Facetten von Vielfalt deutlich und mit gezielten Lerneffekten vermittelt werden, bis hin zur Fernsehwerbung, bei der sich ein anderes Bild ergibt. Unabhängig von einzelnen und stets persönlich eingefärbten Eindrücken, bestand in Expertenkreisen die Vermutung, dass sich die Fernsehwerbung in Deutschland recht einseitig an einen nicht klar definierten Mainstream wendet und insofern die Marktvielfalt nicht berücksichtigt.

Eine Untersuchung, die im Jahr 2002 im Auftrag von Ungleich Besser Diversity Consulting durchgeführt wurde, untermauerte diese Annahme. Untersuchungsgegenstand war die kommerzielle Werbung in deutschen Fernsehsendern mit mehr als einem Prozent Marktanteil. Das Untersuchungsmaterial bestand aus 170 Werbeblöcken mit 1.947 Werbespots (13 Stunden Sendezeit). Ziel der Untersuchung war die Bestimmung von Leitlinien und Kontextfaktoren einer Diversity-bezogenen Werbestrategie. Hierzu wurde analysiert, inwieweit die TV-Spots bestehende Vielfalt und Offenheit abbildeten und nutzten oder an Rollenklischees, tradierten Mustern und idealtypischen Darstellungen festhielten. Die Analyse der repräsentativ ausgewählten TV-Spots ergab, dass die Fernsehwerbung bestehende gesellschaftliche Vielfalt kaum widerspiegelte, sondern eine klare Präferenz für den Mainstream aufwies. Dem Diversity-Ansatz folgend identifizierte die Studie in verschiedenen Themenbereichen die jeweiligen dominanten bzw. untergeordneten Gruppen. Das Untersuchungsmaterial wurde mit den demografischen Daten und Entwicklungen der deutschen Gesellschaft abgeglichen. Als quantitative Kriterien dienten die Diversity-Dimensionen Geschlecht, Alter, Ethnizität, sexuelle Orientierung und Haushaltstyp. Als qualitative Kriterien wurden Formen der Stereotypisierung herangezogen, zum Beispiel Hausfrau und Mutter versus Frau im Beruf, traditionelles Frauenbild versus moderne Frau, traditionelles Männerbild versus moderner Mann, Deutsche versus Migranten, Heterosexuelle versus Homosexuelle, Junge/Menschen mittleren Alters versus Ältere/Senioren.

Zentrales Ergebnis der Studie war, dass die Fernsehwerbung nur in wenigen Bereichen die bestehende Vielfalt in der Gesellschaft widerspiegelte. Stattdessen orientierten sich die TV-Spots in starkem Maße am Mainstream und verwendeten Rollenklischees. Damit ergab sich eine deutliche Diskrepanz zur Marktrealität. Auf der qualitativen Ebene wurden kulturelle Hintergründe vernachlässigt, während stereotype Bilder zur Diskriminierung und Ausgrenzung zahlreicher Käufergruppen führten: hilfsbedürftige Alte, exotische Migranten und so weiter. Interessanterweise entwickelte sich das Bild von Angehörigen der dominanten Gruppe dagegen überproportional positiv.

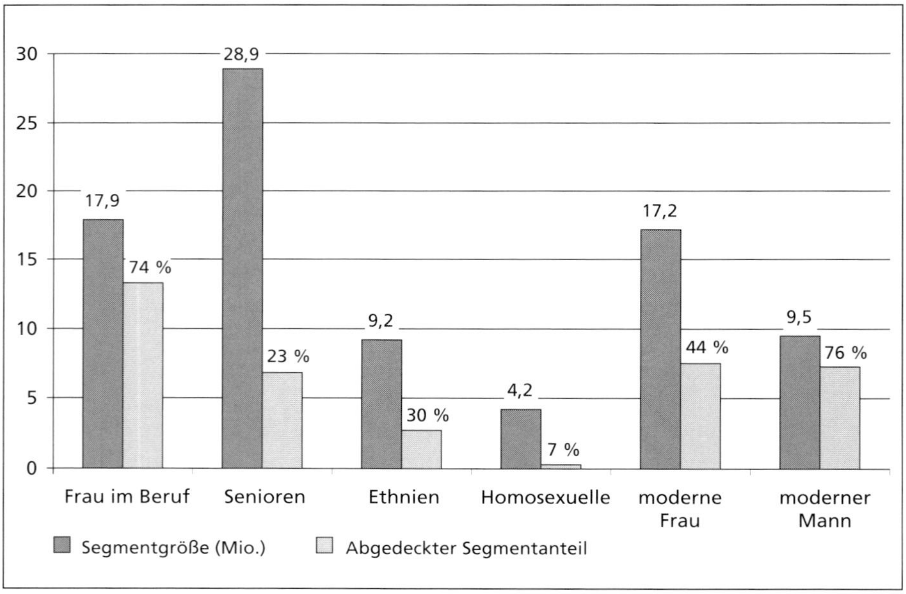

Abb. 21: Diversity in der Fernsehwerbung (Quellen: Ungleich Besser Diversity Consulting; Lotz 2002)

Eine weitere Erhebung von Ungleich Besser Diversity Consulting im Printmedienbereich zeigte 2007, dass traditionelle Frauen- und Männerbilder die Werbung in Deutschland weiterhin dominieren, während sich aber der Trend zu modernen Rollenbildern fortsetzt. Dies ergab die Analyse von 686 Printanzeigen in auflagenstarken deutschen Nachrichtenmagazinen. Der Vergleich mit der früheren Erhebung zur TV-Werbung zeigt einen zaghaften Trend: Frauen werden inzwischen häufiger in einer Berufsrolle (24 %) oder selbstbestimmt (29 %) dargestellt. Männliche Protagonisten beteiligen sich im Gegenzug öfter im Haushalt und zeigen mehr Gefühle. In 28 % der untersuchten Anzeigen verkörpert der Mann einen „modernen Typus". Da die Kaufkraft von Bevölkerungsgruppen außerhalb des vermeintlichen Mainstreams wächst, können es sich Unternehmen kaum noch leisten, dieses Potenzial zu ignorieren. Der gesellschaftliche Wandel muss sich gemäß dem Potenzial-Prinzip auch im Marketing widerspiegeln, wenn Unternehmen auch in Zukunft ambitionierte Wachstumsziele erreichen wollen.

Zusammenfassung

Neben dem staatlich-politischen und dem gesellschaftlich-kulturellen Umfeld scheinen auch die wirtschaftlichen Rahmenbedingungen in Deutschland noch Nachholbedarf in Sachen Diversity zu haben. Dennoch haben die letzten Jahre gezeigt, dass einige Unternehmen ihre Strategien hinsichtlich Diversity überarbeitet haben. Der Fokus sollte dabei auf einer klaren und facettenreichen Analyse und der Implementierung von Diversity-Maßnahmen liegen. Wie dies im Detail aussehen kann, wird in den Kapiteln 6 und 7 erläutert.

5.5 Exkurs: Lässt sich Diversity von den USA auf Deutschland übertragen?

„Da Kultur die individuellen Werte und Bedürfnisse, aber auch die Erwartungen und Anforderungen der Mitarbeiter an die Organisation und Führung bestimmt, kann von Managementkonzepten nicht ohne weiteres erwartet werden, dass sie unabhängig von Kultureinflüssen überall die gleiche Eigenschaft und damit den gleichen Erfolg haben" (Scherm 1999, S. 28). Dies bedeutet, dass Konzepte wie Diversity sich ganz unterschiedlich entwickeln können und sich nicht eins zu eins aus einem anderen kulturellen Kontext nach Deutschland übertragen lassen. Tatsächlich waren und sind schon die Gründe für das Betreiben von Diversity in den USA andere als in Deutschland. Diese Aussage basiert vor allem auf den grundsätzlich verschiedenen rechtlichen, ethisch-moralischen und demografischen Gegebenheiten.

Der Einführung von Diversity liegen in den USA zum Beispiel mehrere Bürgerrechtsbewegungen zugrunde (z. B. die Frauen-, Schwarzen- und Homosexuellenbewegungen), die dort häufiger und aktiver aufgetreten sind als in Deutschland. Durch den von ihnen erzeugten öffentlichen Druck entstanden nach und nach Diversity-relevante rechtliche Regelungen (Antidiskriminierungsgesetz, Einstellungsquoten, Fördervorgaben für benachteiligte Mitarbeitergruppen, staatliche Regulierungsmaßnahmen). Schließlich entwickelte sich das Bewusstsein, dass Vielfalt erst dann zu einem Erfolgsfaktor beim Ausbau der amerikanischen Wirtschaft wird, wenn Unterschiede tatsächlich wertgeschätzt und durch Einbeziehung genutzt werden.

In Deutschland (und Europa) gleicht sich die Grundsituation in manchen Aspekten nach und nach der Ausgangslage in den USA an: Die Antidiskriminierungsgesetzgebung setzt einen klaren Impuls für Diversity, und auch die demografische Situation entwickelt sich zum Beispiel hinsichtlich Migration und Alterung ähnlich wie in den USA. Was bleibt, sind aber sehr unterschiedliche Verständnisse von Chancengleichheit, Fairness und Einbeziehung sowie eine grundlegend andere Ausgangssituation im Hinblick auf kulturelle und identitätsstiftende Prägungen, die ihre Wurzeln in der (monokulturellen) Vergangenheit haben. Dies hat unter anderem dazu beigetragen, dass in Deutschland bislang zahlreiche Diversity-Potenziale (zum Beispiel im Marketing) trotz ökonomischer Flaute ignoriert wurden und Ausgrenzung in manchen Bereichen – wie dieses Kapitel gezeigt hat – öffentlich akzeptiert wird.

Das wesentliche Fazit aus dem Vergleich der Rahmenbedingungen für Diversity in Deutschland und den USA besteht in der Erkenntnis, dass das grundlegende Verständnis für Diversity in Deutschland weiter vertieft werden muss, sowohl auf privatwirtschaftlicher Ebene als auch im öffentlichen Bereich. Die zweite zentrale Erkenntnis besteht darin, dass die vielfältigen Vorteile und Verbesserungen, die Diversity bieten kann, sowie die Trends, die eine wirtschaftliche Notwendigkeit für Diversity erkennen lassen, systematisch als Business Case kommuniziert werden müssen, damit sie noch weiter in die Strategien der Unternehmen in Deutschland einfließen können.

6 Wie erfolgt die Implementierung von Diversity?

Die Implementierung von Diversity umfasst die praktische Umsetzung von entsprechenden Entscheidungen und Beschlüssen. Wegen des Neuigkeitsgehalts des Themas für die meisten Organisationen fasst dieses Kapitel den Implementierungsbegriff bewusst weit und bezieht die Herbeiführung relevanter Entscheidungen im Sinne einer Organisationsentwicklung mit ein. Der vorgestellte ganzheitliche Ansatz zielt darauf ab, Diversity konsequent, strukturiert und organisationsspezifisch umzusetzen. Der Autor entwickelte aus seiner jahrelangen Praxis heraus das folgende Implementierungsmodell, das insofern ein Abbild der betrieblichen Realität darstellt.

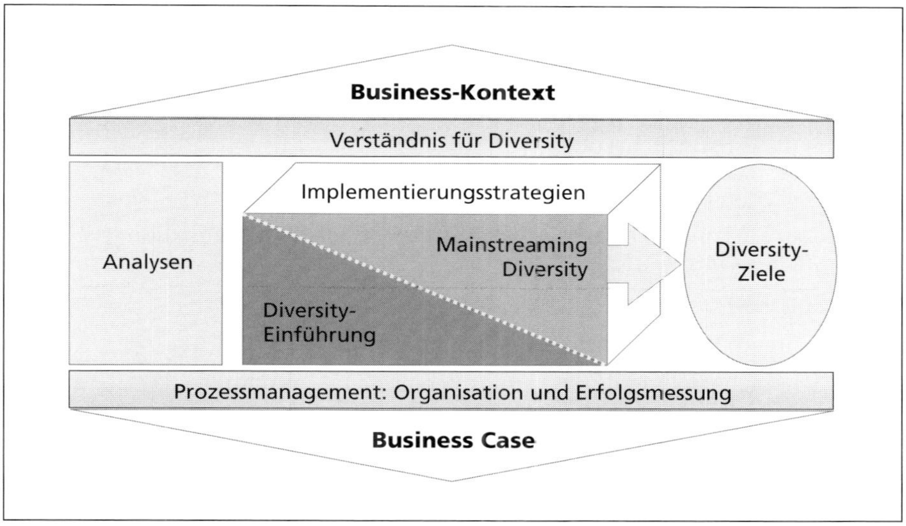

Abb. 22: Diversity-Implementierungsmodell

Grundlegende Elemente einer erfolgreichen Umsetzung des Potenzial-Prinzips Diversity sind demnach:

- der Business-Kontext: Anbindung von Diversity an das Kerngeschäft (vgl. Abschnitt 6.1.1),
- das Verständnis für Diversity: Definitionen der Elemente und Perspektiven (vgl. Abschnitt 6.1.2),
- die Diversity-Ziele: Beschreibung des Zielsystems (vgl. Abschnitt 6.1.3),
- die Ist-Analyse: Bestandsaufnahme der aktuellen Situation (vgl. Abschnitt 6.1.4),
- der Business Case: Wirtschaftlichkeitsbetrachtungen für Diversity (vgl. Abschnitt 6.1.5),

- die Strategieentwicklung: Identifikation effektiver Vorgehensweisen (vgl. Abschnitt 6.1.6),
- die Verankerung des Prozessmanagements: Organisation von Diversity (vgl. Abschnitt 6.1.7).

Die konkrete Umsetzung in der Organisation erfolgt auf Basis dieser Elemente. Sie besteht aus zwei unterschiedlichen Maßnahmensträngen: der Einführung von Diversity, die das (neue) Thema in die Organisation bringt und Veränderungen anstößt (vgl. Abschnitt 6.2) und dem Mainstreaming, das das Potenzial-Prinzip nachhaltig in der Organisation und ihren Prozessen verankert und steuert (vgl. Kapitel 7).

Die Einführung von Diversity kennt zwei wichtige Richtungen:

- Diversity-Einführung top-down (vgl. Abschnitt 6.2.1),
- Diversity-Einführung bottom-up (vgl. Abschnitt 6.2.2).

Das Mainstreaming von Diversity findet in mehreren Bereichen statt und erfordert eine dauerhafte Steuerung:

- Diversity Mainstreaming im HR-Management (vgl. Abschnitt 7.1),
- Diversity Mainstreaming in der Unternehmenskommunikation (vgl. Abschnitt 7.2),
- Diversity Mainstreaming im Marketing (vgl. Abschnitt 7.3),
- Diversity im Beschaffungswesen (vgl. Abschnitt 7.4),
- Diversity Controlling durch Erfolgsmessung (vgl. Abschnitt 7.5).

Dieses Kapitel erwähnt zahlreiche Beispiele aus Organisationen. Die Auswahl erfolgte nach thematischer Eignung und stellt keine Bewertung dar. Einige weiterhin erwähnenswerte Beispiele stammen bewusst aus früheren Jahren; diese spiegeln nicht den aktuellen Umsetzungsansatz des jeweiligen Unternehmens wider!

6.1 Grundlagen der Implementierung

Angesichts der Tragweite und des Tiefgangs der Veränderungen, die Diversity anstrebt, sind intensive Vorbereitungen für die Umsetzung erforderlich. Der konsistenten Trennung der verschiedenen Planungselemente kommt hierbei besondere Bedeutung zu, ebenso ihrer vollständigen Abarbeitung. Eine am Projektmanagement orientierte Systematik unterstreicht dabei den professionellen, geschäftsorientierten Ansatz, den Diversity verfolgt.

Das Diversity-Implementierungsmodell stellt bewusst die Anbindung von Diversity an das Kerngeschäft (Business-Kontext) an die Spitze – und an den Anfang einer erfolgreichen Diversity-Implementierung. Nur wenn Diversity eine klare Verbindung zur Ausrichtung einer Organisation aufweist, wird das Potenzial-Prinzip die erwarteten Mehrwerte bieten können. Insellösungen und Aktionismus erfüllen diese Vorgabe häufig nicht. Aus der Anbindung an die Ziele, Strategien und Herausforderungen einer Organisation leitet sich das spezifische Diversity-Verständnis ab – bis hin zur Wahl eines passendes Begriffes für das entwickelte Konzept, der nicht unbedingt das Wort „Diversity" beinhalten muss. Die konkreten Zielsetzungen, die ein Unternehmen mit Diversity verfolgt, entstehen aus dem dann beschriebenen Business-Kontext und spezifischen Verständnis des Themas. Die profunde Kenntnis der Ausgangssituation (Ist-Situation) bildet ein weiteres wichtiges Element auf dem Weg zu einer zielorientierten Umsetzung von Diversity. Die zu entwickelnden Strategien und Implementierungsansätze basieren schließlich auf Ist-Analyse und Zielsystem. Die Umsetzung erfolgreicher Veränderungsstrategien erfordert zudem eine effektive Organisationsform mit entsprechenden Verantwortlichkeiten.

Die Ist-Analyse dient auch der späteren Erfolgsmessung sowie der Quantifizierung des Verbesserungspotenzials und bildet damit einen Teil des sogenannten Business Case (Wirtschaftlichkeitsbetrachtung), der in Kapitel 8 ausführlicher beleuchtet wird. Dieser umfasst neben den strategischen Betrachtungen eine sogenannte Gap-Analyse. Sie beschreibt die Lücke zwischen der Ist-Situation und den gesteckten Zielen und ermöglicht die Quantifizierung der Vorteile, die mit dem Schließen der Lücke erzielt werden können. Weiterhin beinhaltet der Business Case drohende Opportunitätskosten, die entstehen, wenn das Potenzial-Prinzip Diversity nicht aktiv umgesetzt wird. Ferner wägt er die positiven gegen die negativen Aspekte ab.

Die bisher erläuterten Elemente schaffen die Entscheidungsgrundlagen für eine Umsetzung von Diversity. Fällt die Entscheidung positiv aus, so definiert die zu entwickelnde Implementierungsstrategie den Rahmen des weiteren Vorgehens. Sie beschreibt die geplanten Ansätze, die eine Organisation verfolgt, um vom Ist- zum Zielzustand zu gelangen. Im Falle von Diversity bilden zwei grundlegende Mechanismen die Basis einer ganzheitlichen, nachhaltigen Strategie: die Einführung von Diversity als neues Thema in eine Organisation und das damit verbundene Veränderungsmanagement sowie das Diversity Mainstreaming, das

Diversity in den bestehenden Systemen fest verankert, sodass die zuvor erzielten Veränderungen nachhaltig bestehen bleiben. Kapitel 7 beschreibt das Diversity Mainstreaming sowie das dauerhafte Prozessmanagement auf Basis der vorzunehmenden Erfolgskontrolle.

Nach der Grundlagen-Entwicklung erscheint es mehr als naheliegend, dass die Unternehmensführung einen konkreten Auftrag zur Umsetzung erteilt. Häufig fällt die Entscheidung für eine Strategie-Entwicklung erst nach dem Vorliegen erster Bausteine (wie z. B. dem Business Case). In immer mehr Fällen liegt für die umfassende und ganzheitliche Implementierung von Diversity ein entsprechendes Mandat der Unternehmensführung mit definierten Kompetenzen und Ressourcen vor – beispielsweise durch das Einsetzen eines Diversity Managers. Das Fehlen solch strategischer Ansätze macht in manchen Fällen die mühevolle Erarbeitung und Umsetzung einzelner Bausteine erforderlich. Diese Taktik des „Durchwurschtelns" erfordert nicht nur mehr Ressourcen, sie bringt aufgrund fehlender Strategie auch weniger Vorteile.

Dieses Kapitel stellt die im Überblick aufgezeigten Bausteine der Diversity-Implementierung ausführlich dar und illustriert sie mit praktischen Beispielen. Dabei spielt der Einsatz von Diversity-Instrumenten eine entscheidende Rolle. Da die betriebliche Praxis zuweilen einzelne Instrumente stark betont und als „Power Tools" beschreibt, sei zunächst ein adäquates Verständnis für Instrumente und ihre Leistungsfähigkeit geschaffen. Die Betrachtung wird zeigen, dass vor allem eine integrierte Anwendung verschiedener Instrumente im Rahmen ganzheitlicher Diversity-Strategien messbare Erfolge verspricht.

Diversity-Instrumente sind Maßnahmen, Aktionsprogramme oder Vorgehensweisen, die im Rahmen der Diversity-Implementierung eingesetzt werden. Ihr Einsatz kann auf allen Stufen des Umsetzungsprozesses erfolgen. So existieren zum Beispiel Instrumente, die die Formulierung der Diversity-Strategie unterstützen, oder Instrumente der Diversity-Bestandsaufnahme oder aber des Diversity Mainstreaming. Gerade in multinationalen oder international tätigen Unternehmen sowie in einer zunehmend vernetzten Wirtschaft stellt Diversity ein ungewöhnlich komplexes Handlungsfeld dar. Angesichts des umfassenden und ganzheitlichen Charakters von Diversity ist das Spektrum der Diversity-Instrumente und ihrer Einsatzmöglichkeiten enorm. Eine zielorientierte, effektive und effiziente Vorgehensweise erscheint insofern nicht immer offensichtlich, ist aber für den späteren Erfolg von überragender Bedeutung. Dabei führt jedes eingesetzte Diversity-Instrument zu eigenständigen Ergebnissen bzw. Beiträgen, Vorteilen oder Verbesserungen. Dennoch empfiehlt der Aufgaben- und Funktionsbezug der Instrumente, diese in den strukturierten Ansatz der strategischen Diversity-Implementierung einzuordnen. Erst in diesem Kontext und durch die Vernetzung mit anderen Instrumenten entstehen umfassende Mehrwerte, die keines der Instrumente isoliert erzielen könnte (sogenannte Synergien).

Vor diesem Hintergrund überrascht es nicht, dass der Großteil der im Folgenden vorgestellten Vorgehensweisen und Ansätze aus dem einen oder anderen Kontext heraus bereits bekannt und in Organisationen bereits vereinzelt vorhanden ist. Dies unterstreicht eine wichtige Aussage zu Diversity: Das Potenzial-Prinzip bildet kein komplett neues Konzept, sondern bietet neue Blickwinkel, Einordnungen und Anwendungsformen. Viele Ansätze der Unternehmensführung, des Personalmanagements, des Marketings und der Kommunikation wenden einige Elemente bereits an oder setzen ausgewählte Bausteine bereits um. Das Potenzial-Prinzip Diversity bietet jedoch einen neuen Kontext und eine neue Systematik, die eine effektive Vernetzung und eine klare Ausrichtung auf Mehrwerte im Sinne der Ziele einer Organisation ermöglichen. Dies bildet die entscheidende Neuerung und gleichsam die Daseinsberechtigung von Diversity. Im Umkehrschluss bedeutet dies, dass eine allzu fragmentierte oder begrenzte Bearbeitung des Ansatzes das entscheidende Charakteristikum von Diversity eliminiert und ihn zur „Mogelpackung“ werden lässt.

6.1.1 Business-Kontext: Anbindung von Diversity an das Kerngeschäft

Ein Unternehmen stellt ein komplexes und feingliedriges Gebilde dar, welches seinen Erfolg und seine Einzigartigkeit auf vielfältige Aspekte aufbaut: Unternehmensziele, Leitbild, Unternehmenspolitik, strategische Ausrichtung, Marke(n) und natürlich die Stakeholder (MitarbeiterInnen, KundInnen, LieferantInnen, AktionärInnen, gesellschaftliches Umfeld). Der in einem ersten Schritt herzustellende Business-Kontext ordnet Diversity in diesen grundsätzlichen Unternehmenszusammenhang ein. Um diese Anbindung an das Kerngeschäft zu gewährleisten, muss Diversity in Bezug zu allen relevanten Elementen gesetzt werden. Dazu werden diese durch die „Diversity-Brille“ betrachtet, das heißt einer themenspezifischen Analyse unterzogen. Zu den entscheidenden Fragen gehören:

- Besteht die Zielsetzung des Unternehmens in der Gewinnmaximierung, in der Schaffung nachhaltiger Werte, in der Optimierung des Shareholder Value oder einer bestmöglichen Rendite (z. B. des Eigenkapitals)? Oder richtet sich eine Organisation mit ihrer Mission an die breite Öffentlichkeit oder ist sie ihren Mitgliedern oder aber karitativen Zwecken verpflichtet?

- Mit welchen Strategien verfolgt ein Unternehmen seine Ziele? Sind Akquisitionen, Marktexpansion, Internationalisierung, Technologieführerschaft, Innovationsgeschwindigkeit oder die Effektivität der Organisation Schwerpunkte der aktuellen Ausrichtung? Oder bestehen Strategien im Bereich des Image-Wandels oder der werteorientierten Positionierung?

- Mit welchen Herausforderungen sieht sich die Organisation konfrontiert? Sind Personalgewinnung und -bindung, Kostensenkungen, Kundennähe oder eine gemeinsame Identität Schlüsselfaktoren des weiteren Erfolges (oder gar des Überlebens)?

- Über welche Werte definiert sich eine Organisation intern und extern? Welche Werte beschreiben die Identität des Unternehmen, welche seine Marken?

Diese und weitere Fragen beantwortet die Analyse von Geschäftsberichten, Vorstandspräsentationen oder internen Dokumenten. Zusätzlich bieten sich strukturierte Einzelgespräche mit oberen Führungskräften an, um das Credo des Managements effektiv zu berücksichtigen. Eine genaue Betrachtung der meist sorgfältigen Wortwahl ermöglicht die grundlegende Positionierung des Unternehmens in Bezug auf Diversity – und umgekehrt. Das Ergebnis dieses Analyseprozesses stellt Diversity in der Systematik des jeweiligen Unternehmens dar und erzielt damit deutlich mehr Akzeptanz, als dies durch die isolierte Beschreibung eines Einzelprojektes möglich wäre.

Eine effektive Ergänzung der grundsätzlichen Betrachtungen zum Business-Kontext bildet das Benchmarking. Befindet sich ein Unternehmen am Anfang der Überlegungen zu Diversity, reicht zuweilen eine Sammlung von Praxisbeispielen relevanter Unternehmen (Wettbewerber, Zulieferer, Kunden) statt des systematischen Vergleichs aus.

Die bewusste Anbindung von Diversity an das Kerngeschäft liefert klare Schwerpunkte für den spezifischen Ansatz, der in einem Unternehmen oder einer anderen Organisation mit Blick auf angestrebte Erfolgssteigerungen effektiv erscheint. Damit bietet sie auch die Basis für die Entwicklung eines spezifischen Verständnisses von Diversity und für die Strategieentwicklung.

6.1.2 Verständnis für Diversity: Definitionen der Elemente und Perspektiven

Kapitel 2 beschrieb die wesentlichen Elemente des Potenzial-Prinzips Diversity, die zu Mehrwerten für alle Beteiligten führen: das (An-)Erkennen von Vielfalt, eine aufgeschlossene Grundhaltung sowie die aktive Einbeziehung vielfältiger Stakeholder. Diese Systematik sollte ebenfalls die Grundlage für die Definition von Diversity in Organisationen bilden, sodass die Bausteine zur Erzielung von Vorteilen und Verbesserungen enthalten sind. Die Unterscheidung und getrennte Betrachtung der in Kapitel 1 erläuterten Paradigmen als Bestandteile des Potenzial-Prinzips stellen einen wesentlichen Erfolgsfaktor für Diversity und den Implementierungsprozess dar. Sie sollten einzeln beschrieben werden und bei der Umsetzung deutlich erkennbar sein.

Besondere Schwerpunkte und Akzentuierungen von Diversity können je nach Unternehmen ganz unterschiedlich ausfallen. Besteht zum Beispiel eine enge Verbindung zur Internationalisierung einer Organisation, kann Diversity die unterschiedliche Herkunft von Mitarbeitern als einen Bestandteil von Vielfalt besonders herausstellen. Stehen dagegen die Außenbeziehungen einer Organisation im Vordergrund, haben demografische und kulturelle Veränderungen in der Gesellschaft bei der Definition von Diversity eine höhere Priorität. Bei all diesen Betrachtungen sollten aber die Paradigmen des Potenzial-Prinzips erkennbar und die Ganzheitlichkeit des Ansatzes erhalten bleiben. Mit Blick auf die Ausführungen am Anfang dieses Kapitels muss an dieser Stelle besonders darauf hingewiesen werden, dass eine Verwässerung oder Reduzierung des Diversity-Ansatzes zur Verringerung der Komplexität bei der Entwicklung eines organisationsspezifischen Verständnisses unbedingt zu vermeiden ist. Sonst verliert das Potenzial-Prinzip ein wesentliches Charakteristikum und damit eine Reihe von Vorteilen und Stärken.

Als Beispiel für ein unternehmensspezifisches Verständnis von Diversity dient die Definition der Deutschen Telekom. Das Unternehmen beschreibt Diversity über die Elemente Vielfalt, Offenheit, Einbeziehung sowie Erfolg und orientiert sich demnach an den Paradigmen des Potenzial-Prinzips. Der Konzern erklärt in unterschiedlichen Publikationen, dass gerade das Zusammenwirken der Diversity-Elemente von besonderer Bedeutung ist und zeigt die enge Verbindung dieses Ansatzes zum Unternehmensleitbild „T-Spirit“ und zum Markenversprechen, das 2008 aktualisiert wurde: „Erleben, was verbindet“.

Ein anderes Beispiel, diesmal aus dem NGO-Bereich, liefert die Arbeiterwohlfahrt (AWO). Sie erklärt, dass es erst durch ein Konzept der Vielfalt möglich ist, Kompetenzen vielfältig zusammengesetzter Belegschaften gezielt wahrzunehmen, bewusst wertzuschätzen und in den unternehmerischen Prozess einzubeziehen. Ziel dieses Managementkonzepts sind multikulturelle Organisationen, wobei der Kulturbegriff auf alle Lebensbereiche ausgedehnt ist. Vielfalt stellt für die AWO eine Stärke und damit einen Wettbewerbsvorteil dar. Die dem Konzept zugrunde liegenden ökonomischen Interessen verbinden sich auch mit den sozialpolitischen Zielen der AWO. Vielfalt in Organisationen setzt jedoch ein niedriges Maß an Konflikten zwischen den soziokulturell differenzierten Gruppen, die Abwesenheit von Vorurteilen sowie direkter und indirekter Diskriminierung, die Integration aller Mitarbeiterinnen und Mitarbeiter in informelle Kommunikationsstrukturen und Netzwerke sowie die uneingeschränkte Zugangsmöglichkeit aller Beschäftigten zu allen Funktionen und Positionen voraus.

Wie unterschiedlich das Verständnis für Diversity in weiteren Organisationen ausfallen kann, werden die Fallstudien und Beispiele im Verlauf dieses Kapitels zeigen. Zusätzliche Einblicke in die in der Praxis verwendeten Ansätze bieten die erwähnten Studien und die weiterführende Literatur.

6.1.3 Diversity-Ziele: Beschreibung des Zielsystems

Jede Organisation verfolgt spezifische Ziele und Zwecke, zu deren Erreichung bzw. Erfüllung sie im Allgemeinen gegründet wurde. Die Begriffe Zweck und Ziel können wie folgt differenziert werden. Man versteht „[...] unter Zweck die Leistung der Organisation für die Umwelt (Gesellschaft) [...], aus deren Erfüllung die Organisation ihre gesellschaftliche Existenzberechtigung ableitet, und unter Zielen die von der Organisation bzw. ihren Teilnehmern selbst formulierten Vorstellungen über erwünschte organisatorische Zustände oder Verhaltensweisen, wie z. B. Stabilität, Wachstum, Effizienz“ (Staehle 1999, S. 438).

Eine Verknüpfung von Diversity mit den Zielen des Unternehmens oder der Organisation zeigte sich bereits bei der Herstellung des Business-Kontextes. Folglich bietet es sich an, diesen für die Entwicklung des konkreten Zielsystems für Diversity in einer Organisation heranzuziehen. Grundsätzlich erscheint die Fixierung von Zielen unabdingbar. Nicht nur, dass durch ihre Klarheit die Wahrscheinlichkeit für künftigen Erfolg erheblich steigt; sie machen sinnvolle Veränderungen überhaupt erst möglich, insoweit sie die Richtung vorgeben. Zudem bilden sie in Verbindung mit der Ist-Analyse die Grundlage einer fundierten Strategieentwicklung und Erfolgsmessung.

Die Betrachtung von Zielsystemen ist notwendig, da viele Ziele nicht nur Ziele an sich darstellen, sondern häufig auch der Erreichung übergeordneter Ziele dienen. In diesem Zusammenhang spricht man von „Mittel-Zweck-Beziehungen". So bildet zum Beispiel die Zielsetzung „Verbesserung der Kundennähe innerhalb von 18 Monaten um 15 %" ein messbares Ziel. Dieses dient jedoch (mittelbar) dem übergeordneten Zweck der Erhöhung des Umsatzes, der wiederum der Steigerung des Gewinns dient. Für Diversity wurde bereits in Kapitel 3 dargestellt, dass das übergeordnete Ziel in der Steigerung des Erfolges eines Unternehmens oder einer Organisation liegt – wie auch immer dieser definiert sein mag. Insofern müssen sich Diversity-Zielsetzungen an diesem ausrichten, wofür der geschaffene Business-Kontext die Grundlage bildet. Zu berücksichtigen ist hierbei wiederum das Potenzial-Prinzip mit seinen Paradigmen und die daraus abzuleitende Gestaltung der Ziele. Die Zieldefinitionen sollten auf das Potenzial-Prinzip abgestimmt sein und alle Paradigmen der Reihe nach behandeln. So sollte untersucht werden, welche Ziele hinsichtlich Vielfalt, Offenheit und Einbeziehung artikuliert werden können, damit das Unternehmen daraus Erfolge erzielen kann.

Des Weiteren besteht die Besonderheit von Zielsystemen in unterschiedlichen Konkretisierungsebenen für Ziele. Diese Differenzierung wird am deutlichsten, wenn man die relevanten englischen Begriffe näher betrachtet: „Goals" beschreiben übergeordnete Zielsetzungen. Sie werden üblicherweise aufgeteilt bzw. heruntergebrochen in mehrere „objectives". Auf dieser Ebene existieren Kriterien, denen die formulierten Ziele genügen müssen. Dazu gehören eine klare Spezifizierung, die Messbarkeit, eine erkennbare Relevanz und ein definierter Zeithorizont.

Hinsichtlich Diversity wurden in Kapitel 2 bereits Vorschläge für allgemeine Zielsetzungen unterbreitet. Sie alle dienen (mittelbar) der Steigerung des Erfolges eines Unternehmens oder einer Organisation. Die Aufgabe im Rahmen der Implementierung von Diversity besteht nun darin, diese, ähnliche oder andere Ziele zu definieren, die im spezifischen Business-Kontext relevant und effektiv erscheinen und der übergeordneten Zielsetzung „Erfolgssteigerung" dienen. Dabei sollten Mittel-Zweck-Beziehungen und verschiedene Konkretisierungsebenen Beachtung finden.

Ebenso wichtig ist die Abgrenzung von Zielsetzungen bzw. Zielen und strategischen Ansätzen. Übergeordnete Zielsetzungen (den englischen „goals" entsprechend) beschreiben stets zukünftige Zustände oder Situationen, nicht jedoch Ansätze oder Tätigkeiten (die in Strategien zusammengefasst werden). Beispiele für solche übergeordneten Zielsetzungen sind:

- „Wir haben eine Belegschaft, die die Vielfalt unserer Kunden widerspiegelt."
- „Wir verfügen über ein Arbeitsumfeld, in dem Frauen und Männer gleichermaßen produktiv mitarbeiten können."
- „Wir sind in verschiedenen Marktsegmenten gleichermaßen gut angesehen."
- „Wir sind als führendes Unternehmen im Themenbereich Diversity anerkannt."

Konkrete Ziele (den englischen „objectives" entsprechend) erfüllen die weiter oben genannten Kriterien, zum Beispiel die Messbarkeit. Beispiele für solche konkreten Ziele sind:

- „Wir qualifizieren uns innerhalb von 15 Monaten für das Total-E-Quality-Prädikat."
- „Wir verbessern unsere Platzierung in der Rangliste der beliebtesten Arbeitgeber bis zum nächsten Jahr um fünf Plätze."
- „Wir werden innerhalb eines Jahres der bevorzugte Dienstleister für türkische Kunden in Deutschland."
- „Wir erzielen innerhalb der nächsten 18 Monate zehn Presseberichte (im Gegenwert von x Euro) für unsere Diversity-Aktivitäten."

So hatte Daimler im Jahre 2003 im Rahmen der Diversity-Ziele einen Zielkorridor für die Förderung von Frauen festgelegt. Das Unternehmen wollte den Frauenanteil in Führungspositionen in den nächsten Jahren erhöhen. Damals lag er bei 8,9 % und sollte bis 2010 auf 10 bis 14 % gesteigert werden. Auch die Schweizerische Post möchte sowohl den Anteil von Frauen als auch den Anteil von sprachlichen Minderheiten im Unternehmen erhöhen und hat hierzu Zielwerte festgelegt. Im Verlauf der Strategieperiode 2008 bis 2010 soll der Anteil von Frauen auf den Unternehmensebenen 1 und 2 auf 13 %, der Anteil der sprachlichen Minderheiten auf 20 % erhöht werden.

Neben der Beschreibung von Zielsystemen ist die Feststellung des Status quo ähnlich relevant, um in einem weiteren Schritt Verbesserungspotenziale quantifizieren und Strategien zur Veränderung entwickeln zu können.

6.1.4 Ist-Analyse: Bestandsaufnahme der aktuellen Situation

Die Analyse der aktuellen Situation eines Unternehmens ist tatsächlich erst nach der Beschreibung des Business-Kontextes und des spezifischen Verständnisses von Diversity sowie meist erst nach der Festlegung der verfolgten Ziele sinnvoll. Schließlich legen die Positionierung und die Definitionen den voraussichtlichen Wirkungskreis sowie die angestrebten Wirkungszusammenhänge für Diversity zu einem großen Teil fest. Damit entsteht gleichsam der potenzielle Rahmen für Diversity, in dem folglich eine eingehende Analyse des Status quo vorgenommen werden sollte.

Entsprechend den allgemeinen Zielsetzungen, die für Diversity in Kapitel 3 beschrieben wurden, kommen Bestandsaufnahmen in folgenden Bereichen in Frage:

- demografische Analyse der im Unternehmen bestehenden Vielfalt,
- Analyse der im Unternehmen vorhandenen Kultur (Werte, Einstellungen),
- Analyse der vorherrschenden Verhaltensweisen und Kommunikation,
- Analysen zu Image und Positionierung.

Zur differenzierten Durchführung effektiver Bestandsaufnahmen stehen eine Vielzahl von Instrumenten zur Verfügung. Diese können entweder parallel oder – in Grenzen – auch selektiv eingesetzt werden. Zu diesen Instrumenten zählen unter anderem die Auswertung von Personalstatistiken, Mitarbeiterbefragungen und Expertengespräche. Welches Instrument für die Ist-Analyse eines Unternehmens sinnvoll erscheint, muss anhand der konkreten Aufgabenstellung entschieden werden. Eine strukturelle Form der Bestandsaufnahme führte zum Beispiel die Firma Aramark durch. Das Unternehmen überprüfte sämtliche Arbeits- und Tarifverträge auf potenziell diskriminierende Formulierungen. Durch diese grundlegende Analyse wurde ein Baustein für die weitere Einführung von Diversity geschaffen.

Zur demografischen Analyse eignen sich, abhängig von den jeweiligen rechtlichen und kulturellen Rahmenbedingungen, überwiegend statistische Auswertungen der Belegschaft auf allen Ebenen (!) nach Ländergesellschaften, Geschäfts- oder Funktionsbereichen oder Standorten. Entsprechend den Ausführungen in den Kapiteln 1 und 2 erscheint eine Erhebung der vorhandenen Vielfalt vor allem bezüglich der Kerndimensionen von Diversity sinnvoll. Diese stößt allerdings angesichts unterschiedlicher Definitionen (z. B. von „Behinderung"), unterschiedlicher Rechtsgrundlagen (z. B. „Nationalität" versus „Ethnizität") und unterschiedlicher Erhebbarkeit (z. B. von „sexueller Orientierung") rasch an Grenzen. Unabhängig von der konkreten Analysemöglichkeit sind dennoch zumindest Indikatoren in allen Bereichen wichtig und hilfreich, um den umfassenden Charakter von Diversity zu unterstreichen und um der Wahrnehmung, es handele sich um ein spezifisches Förderprogramm zur Erreichung von Quoten, entgegenzuwirken. In dieser Hinsicht bleibt die Effektivität einer demografischen Bestandsaufnahme ohnehin begrenzt, da „Vielfalt“ nur eine Zieldimension unter mehreren darstellt.

Daher erscheint die Analyse der bestehenden Kultur und Verhaltensweisen von ähnlich hoher Bedeutung. Das Potenzial-Prinzip zeigt, dass Offenheit und Einbeziehung zwingend erforderlich sind, um aus Vielfalt Mehrwerte entstehen zu lassen. Zur kulturellen Bestandsaufnahme bieten sich zunächst Sekundäranalysen bereits existierender Mitarbeiterbefragungen an, die mit überschaubarem Kostenaufwand durchgeführt werden können. Neue Erkenntnisse aus Sicht von Diversity werden gewonnen, indem die Rohdaten nach ausgewählten Diversity-Dimensionen getrennt ausgewertet und verglichen werden. Ebenso bieten sich Primärerhebungen in Form von Fokusgruppenbefragungen sowie eine vertrauliche Hotline oder Interviews mit Schlüsselpersonen (Betriebsräte, Mobbingbeauftragte, Sozialberater) an. Weiterhin haben sich Telefoninterviews und Online-Befragungen bewährt. Über diese Instrumente kann einerseits die Kultur im Hinblick auf gelebte Wertvorstellungen, unsichtbare Normen, Rituale oder andere Aspekte erfasst werden. Andererseits ermöglicht diese Analyse, das vorhandene Arbeitsumfeld im Hinblick auf die Kommunikation (z. B. Sprache, Offenheit) und die Zusammenarbeit (z. B. Umgangsformen, informelle Strukturen, Zusammensetzungen von Teams) zu beleuchten. Die unterschiedlichen Wahrnehmungen und Erfahrungen verschiedener Mitarbeitergruppen stehen unter Diversity-Gesichtspunkten im Zentrum der Erhebungen, da sich die Perspektive von Randgruppen üblicherweise von der des Mainstreams (oder der Organisation) unterscheidet (vgl. Kapitel 4).

Die gewonnenen qualitativen Daten zur Unternehmenskultur können durch quantitative Daten ergänzt werden. Dabei kommen vor allem Analysen der Fluktuation, des Krankenstandes, der Bewerberstatistik, der Beförderungs- und Entgeltstatistik etc. nach den verschiedenen Diversity-Dimensionen in Frage. Sie geben Aufschluss über die (Aus-)Wirkung kultureller und systemischer Gegebenheiten im Zusammenhang mit Diversity. Die Daten liefern den Grundstein für die Maßnahmenplanung und können ebenso für die Kommunikation der wahrgenommenen Kultur mit Fach- und Führungskräften genutzt werden.

Praxisbeispiel: Ist-Analyse

Ein international tätiger Großkonzern führte im Rahmen der Ist-Analyse von Diversity Fokusgruppen-Interviews durch. Ziel dieser Interviews war es, Treiber für die Motivation und die Leistungsfähigkeit der Beschäftigten zu identifizieren. Europaweit wurden zahlreiche Interviews organisiert. Die beteiligten Personen wurden in unterschiedliche Gruppen eingeteilt: weibliche Fach-, Führungs- und Nachwuchskräfte sowie internationale Fach-, Führungs- und Nachwuchskräfte. Die Interviews identifizierten unter anderem Barrieren der beruflichen Entwicklung. Die Auswertung der Interviews brachte Erkenntnisse über Erfolgsfaktoren für die berufliche Karriere und Besonderheiten der beteiligten Gruppen. Neben vorhandenen Stereotypen zeigte sich die männlich und deutsch geprägte Unternehmenskultur als Hauptbarriere für das Vorankommen. Diese Ergebnisse dienten der weiteren Strategieplanung sowie als Input für Führungskräfte-Workshops.

Für die Analyse der Außenbeziehungen und Außenwirkung einer Organisation bestehen ähnliche Möglichkeiten wie für die beschriebenen internen Bereiche. So kann auch die Vielfalt, Offenheit und Einbeziehung der KundInnen oder LieferantInnen sowie anderer externer Partner untersucht werden. Ebenfalls besteht die Möglichkeit, die Wahrnehmung unterschiedlicher Gruppen – z. B. auf dem Arbeitsmarkt – differenziert zu erheben. Im Hinblick auf die Wirkung der eigenen Diversity-Arbeit sind dagegen andere Analyseinstrumente von Bedeutung, zum Beispiel Art und Anzahl erhaltener Prädikate und Auszeichnungen, die Präsenz zum Thema Diversity in den Medien oder auf Fachveranstaltungen etc.

Ein Beispiel für eine externe Analyse liefert die Marktforschung einer Fundraising-Agentur. Sie beabsichtigte, die spezifische Klientel der älteren SpenderInnen genauer zu beleuchten und führte daher mehrere Fokusgruppen-Interviews mit Spendern und Nichtspendern ab 50 Jahren durch.

Mit der Analyse des Ist-Zustands einer Organisation erfolgt die Definition einer sogenannten Null-Linie (baseline) für künftige Fortschrittsmessungen. Sie bildet – zusammen mit dem festgelegten Zielsystem – die Grundlage für eine effektive und effiziente Strategieentwicklung und, im Rahmen des Business Case, die Grundlage für die Quantifizierung der Verbesserungspotenziale, die Diversity bietet (Gap-Analyse).

Ist-Analyse: Widerstände gegen Diversity

Weshalb die Analyse der Ist-Situation einen so wichtigen Beitrag zur Implementierung von Diversity leistet, zeigt eine Studie von Ungleich Besser Diversity Consulting aus dem Jahr 2003. Die Studie untersuchte, welche Widerstände gegen Diversity existieren und wie man diesen begegnen kann. Dazu wurden insgesamt 31 Unternehmen befragt. Die Studie definierte Managing Diversity als Konzept, mit dem das Potenzial aller Mitarbeiter, so unterschiedlich sie auch sein mögen, erkannt, wertgeschätzt, einbezogen und genutzt wird. Soweit das proklamierte Ziel. Die Studie ergab jedoch, dass in den befragten Unternehmen deutliche Vorbehalte gegenüber Diversity bestanden. Die Widerstände kamen hauptsächlich aus dem mittleren Management. 68 % der befragten Personen gaben an, dass die aufkommenden Vorbehalte personenspezifisch seien. Personalmanager, Chancengleichheitsbeauftragte und Diversity Manager beschrieben Widerstände bei der Einführung von Diversity im Allgemeinen sowie bei der Umsetzung einzelner Diversity-Initiativen. Die Studie fand zudem ähnliche Reaktionen in verschiedenen Unternehmen und Branchen. Die deutlichsten Vorbehalte bestanden hinsichtlich der praktischen Umsetzbarkeit von Diversity, während der Zweifel am wirtschaftlichen Nutzen auf Platz 2 der Widerstände rangierte. Außerdem identifizierte die Studie das fehlende oder falsche Verständnis des Gesamtkonzeptes „Diversity“ als drittwichtigste Herausforderung. Dieser begegnen Unternehmen mit kreativen Kommunikationsansätzen, während die Wirtschaftlichkeit mit entsprechenden Studien nachgewiesen wird. Der größte Widerstand bildet gleichzeitig die größte Hürde: Die praktische Umsetzbarkeit von Diversity und der damit entstehende handfeste Nutzen kann vor allem über Einzelbeispiele deutlich gemacht werden. Diese spiegeln jedoch meist nicht das ganzheitliche, umfassende Gesamtkonzept von Diversity wider.

6.1.5 Business Case: Wirtschaftlichkeitsbetrachtungen für Diversity

Diversity dient der übergeordneten Zielsetzung, den Erfolg einer Organisation zu steigern. Gerade deshalb ist eine systematische Darstellung der vielfältigen Auswirkungen entsprechender Veränderungen – in positiver wie in negativer Hinsicht – erforderlich. Kapitel 5 sowie die oben genannte Studie zeigen zudem, dass vor allem in Deutschland eine deutliche Beschreibung dieser Zusammenhänge besonders wichtig ist. Daher soll an dieser Stelle eine mögliche Struktur für einen umfassenden Business Case vorgestellt werden. Die Begrifflichkeit „Business Case“ bezieht sich dabei auf eine ganzheitliche Wirtschaftlichkeitsbetrachtung der Diversity-bezogenen Veränderungen einer Organisation und nicht auf konkrete Beispiele dafür, wie spezifische Vorteile hervorgebracht werden. Der Business Case bezieht sich im Rahmen des vorgestellten Diversity-Modells auf drei Ebenen:

- den strategische Mehrwert von Diversity (Business-Kontext),
- die Kosten des Ignorierens von Diversity (Push-Faktoren),
- die durch Diversity erzielbaren Vorteile und Verbesserungen sowie damit verbundene Kosten und Nachteile (Pull-Faktoren).

Die strategischen Mehrwerte von Diversity zeigen sich bei der Betrachtung des Business-Kontextes. Die dort beschriebenen Zusammenhänge zwischen Diversity, den Unternehmenszielen, der Strategie, den Herausforderungen und dem Leitbild machen deutlich, welche Beiträge Diversity zu den übergeordneten Ansätzen und Zielen einer Organisation liefert. Insofern bilden sie den ersten Baustein eines Business Case und eine Basis für die weiteren Betrachtungen.

Die Kosten eines möglichen Ignorierens von Diversity ergeben sich aus der kombinierten Betrachtung der Ist-Situation eines Unternehmens – gemäß der zuvor beschriebenen Vorgehensweise – und der Analyse der Veränderungen seiner geschäftlichen Rahmenbedingungen, die in Kapitel 2 ausführlich dargestellt wurden. Es gilt der Grundgedanke, dass Unternehmen viele Trends nicht oder kaum beeinflussen können und sich daher an Veränderungen anpassen müssen, um auch in Zukunft in ihrem jeweiligen Umfeld erfolgreich agieren zu können. Konkret bedeutet dies, dass sie sich auf zunehmend vielfältigere Stakeholder ebenso einstellen müssen wie auf veränderte Werte oder neue rechtliche Anforderungen. Angesichts des antreibenden Charakters dieser Veränderungen spricht man hier auch von „drivers“ (zu Deutsch: „Treiber“ oder „Antriebe“) oder von „Push-Faktoren“, die Veränderungsdruck ausüben. Dieser Baustein des Business Case soll durch folgende Abwägungen beispielhaft illustriert werden:

- Das von uns heute bearbeitete Hauptmarktsegment bilden die Gruppen X und Y. Aufgrund demografischer Veränderungen bilden jedoch Senioren und Migranten bereits heute, aber mehr noch in der Zukunft, bedeutende Zielgruppen. Wenn wir unser Marketing und Kundenbeziehungsmanagement nicht in geeigneter Weise anpassen, wird unser Marktanteil um z Prozent zurückgehen.
- Unser heutiges Arbeitgeber-Image basiert auf den Attributen Sicherheit und Zuverlässigkeit, die entsprechend durch unser Personalmarketing kommuniziert werden. Die für uns wichtigen Absolventen suchen jedoch heute schon nach flexiblen und innovativen Jobs und werden dies in Zukunft verstärkt tun. Wenn wir unsere Positionierung nicht erweitern und neue Arbeitsangebote unterbreiten können, werden unsere Rekrutierungsaufwendungen in Zukunft um x Prozent steigen, und in manchen Bereichen werden wir unsere Qualifikationsanforderungen nicht halten können.

Die in Kapitel 2 dargestellten Trends bieten eine erste Möglichkeit der systematischen Überprüfung, ob und in welchen Bereichen derartige Opportunitätskosten drohen. Unternehmensspezifisch sind zusätzliche Überlegungen erforderlich.

Der dritte Baustein des Business Case nimmt die Pull-Perspektive ein und stellt mögliche Erträge dar, die Diversity über die notwendigen Investitionen hinausgehend bietet. In der Finanzwirtschaft spricht man auch vom „return on investment“. Hierzu ist eine Gegenüberstellung von Vor- und Nachteilen, von Erträgen und Kosten erforderlich. Da an dieser Stelle keine konkreten Aussagen für spezifische Unternehmenssituationen vorgenommen werden können, erfolgt eine allgemeine Abwägung der Vor- und Nachteile von Diversity in Kapitel 8 dieses Buches.

Im Rahmen der Implementierung von Diversity ist die Beschreibung des Business Case als Teil der Grundlagenarbeit von wesentlicher Bedeutung, da so eine effektive Entscheidungsgrundlage für die weitere Bearbeitung des Themas entsteht. Der folgende Baustein kann als Teil der Grundlagenarbeit wie auch als Teil der konkreten Umsetzungstätigkeit angesehen und bearbeitet werden.

6.1.6 Strategie-Entwicklung: Identifikation effektiver Vorgehensweisen

Der Begriff der Strategie erhält in unterschiedlichen Zusammenhängen verschiedene Bedeutungen und wird zudem von den Beteiligten unterschiedlich interpretiert. Im Kontext des hier vorgestellten Modells erfährt er folgende Verwendung: Nach der Bestimmung des Kontextes für Diversity (Wo?) und der Entwicklung eines Verständnisses für das Thema (Was?) wurden Ziele definiert (Wohin?), wurde die Ausgangssituation analysiert (Woher?) und der Business Case dargelegt (Warum?). Die nun zu entwickelnde Strategie (Wie?) soll geeignete Ansätze und Wege aufzeigen, wie man in diesem Kontext und mit diesem Thema vom Ist- zum Soll-Zustand gelangt. Dabei liegt die Betonung auf „Ansätze und Wege", denn konkrete Maßnahmen oder Aktivitäten werden nicht durch eine Strategie beschrieben, sondern aus ihr abgeleitet. In der Überschrift wird daher der Begriff der Vorgehensweisen verwendet.

Die Phase der Strategie-Entwicklung bildet den wahrscheinlich komplexesten Baustein der Implementierung von Diversity. Dies ergibt sich bereits aus der Einbettung in die vorgenannten Elemente. Bedauerlicherweise existiert kein universelles Instrument, das für die Entwicklung von Diversity-Strategien eingesetzt werden kann. Stattdessen erscheint es in jedem Einzelfall erforderlich, die Ausgangssituation und das Zielsystem Schritt für Schritt miteinander zu vergleichen und jeweils geeignete Ansätze zu identifizieren, die notwendige Veränderungen bewirken. Vier mögliche Modelle zur Strategie-Entwicklung, die in der Praxis häufig kombiniert werden, sind:

- die Kraftfeldanalyse,
- das Phasenmodell,
- der Promotorenansatz,
- die Identifikation von Handlungsfeldern.

Bei der *Kraftfeldanalyse* werden die Personen einer Organisation identifiziert, die über wesentliche Einflussmöglichkeiten auf Veränderungen verfügen. Dieses Potenzial kann beispielsweise mit einem Sternchen-System visualisiert werden (*, **, ***). Des Weiteren wird bestimmt, wie direkt (oder auf welchen Umwegen) diese Personen erreicht werden können und welche Haltung sie (mutmaßlich) gegenüber Diversity einnehmen. Zur Darstellung der Erreichbarkeit und der Beziehungen zu und zwischen internen Stakeholdern eignen sich zum Beispiel Mindmaps. Für die Beschreibung der jeweiligen Haltungen der Beteiligten kommen dagegen standardisierte, abgestufte Verhaltensbeschreibungen in Frage, die auf einer Skala angeordnet werden, wie zum Beispiel nach Lieberman et al. (2001).

–3: Aktive Gegner (Gefahr von Sabotage, Notwendigkeit der Neutralisation)

–2: Passive Gegner (Gefahr des Blockierens, Notwendigkeit der Einbindung)

–1: Angepasster Mainstream (von Diversity unberührt, Notwendigkeit der Information bzw. Aufklärung)

+1: Konformer Mainstream (Erfüllung minimaler Anforderungen, Notwendigkeit der Motivation)

+2: Kooperative Unterstützer (positive Reaktionen auf Impulse, Notwendigkeit von Anregungen und Vorschlägen)

+3: Begeisterte Unterstützer (eigeninitiatives, öffentliches Engagement, Notwendigkeit von Hilfestellung)

Dieses Modell zeigt, wie direkt oder indirekt erreichbare Stakeholder mit unterschiedlichem Einflusspotenzial auf der Diversity-Skala jeweils eine Stufe höher bewegt werden können. Es dient als Grundlage für die im Weiteren erläuterte Strategie-Entwicklung.

Im Bereich der *Phasenmodelle* existiert eine Reihe verschiedener Ansätze, die allerdings der Realität nur ansatzweise gerecht werden. Wie die Kraftfeldanalyse zeigt, befinden sich unterschiedliche Bereiche und Akteure einer Organisation in verschiedenen Entwicklungsstadien des Diversity-Prozesses. Von daher erscheinen lineare Phasenmodelle nur begrenzt sinnvoll. Eine Synthese mehrerer Ansätze soll dennoch illustrieren, welche Entwicklungsphasen bei der Veränderung von einer Monokultur hin zu einer Diversity-Kultur häufig beobachtet oder auch konkret geplant werden können. Dabei wurden verschiedene Bausteine zu parallelen bzw. gekoppelten Elementen zusammengefasst, da eine strenge zeitliche Anordnung wie erwähnt meist nicht möglich sein wird.

Phasenmodell

1a: Beseitigung von Diskriminierung

1b: Schaffung von Chancengleichheit

2a: Einbindung und Engagement von Führungskräften

2b: Bewusstmachung der bestehenden Kultur (z. B. monokultureller Mechanismen)

3: Vorteile von Veränderungen erkennbar und erlebbar machen (durch Erfahrungen, mittels Belohnungen)

4a: Förderung von Vielfalt, allgemein in der Belegschaft und in bestimmten Gruppen (Diversity-Organisation)

4b: Förderung von partnerschaftlichem Umgang und Einbeziehung, z. B. durch neue Kompetenzen (Diversity-Kultur)

5: Anpassung der Systeme eines Unternehmens (Mainstreaming)

6: Nutzung messbarer Vorteile und Verbesserungen durch die Integration von Diversity in vielfältige Bereiche des Geschäftsbetriebs

Einige dieser hier als Phasen dargestellten Bausteine werden in späteren Abschnitten weiter ausgeführt. Der Konzern Deutsche Telekom stellte auf mehreren Konferenzen seine Diversity-Strategie, wie auch sein Verständnis für Diversity, als vier Elemente eines Schwungrades dar: Bewusstsein fördern, Vorteile erleben, Qualifikation ausweiten und Integration in Prozesse. Die Diversity-Strategien einer Reihe weiterer Unternehmen spiegeln ebenfalls die Elemente des Potenzial-Prinzips wider: Wahrnehmung der vielfältigen Umgebung, positive Wertigkeit entwickeln, konkreten Umgang verändern, nachhaltig in Systeme und eigenes Tun verankern.

Das *Promotorenmodell* entstand aus Untersuchungen der Erfolgsfaktoren für Innovationen in Unternehmen. Da auch Diversity als Innovation in einer Organisation gesehen werden kann, liegt es nahe, die Übertragbarkeit des Modells der positiven Einflussfaktoren auf Diversity zu prüfen. Die Praxisforschung unterscheidet dabei zwischen Fach-, Macht- und Prozesspromotoren (Hauschildt/Kirchmann 1997):

1. Der Fachpromotor:
   - liefert objektspezifisches Wissen zur Überwindung des kognitiven Widerstands des Nicht-Wissens;
   - ist Erfinder und/oder Ideenträger;
   - beherrscht die neue Materie.
2. Der Machtpromotor:
   - setzt hierarchisches Potenzial gegen den psychischen Widerstand des Nicht-Wollens und den organisatorischen Widerstand des Nicht-Dürfens ein;
   - verfügt über geeignete Ressourcen zur Ermöglichung des Entscheidungs- und Durchsetzungsprozesses;
   - übernimmt Motivationsfunktion.
3. Der Prozesspromotor:
   - leitet seine Einflusskraft aus der Organisationskenntnis ab und stellt die Verbindung zwischen dem Fach- und dem Machtpromotor her;
   - weiß aufgrund seines diplomatischen Geschicks, wie Beteiligte anzusprechen und zu gewinnen sind;
   - hilft, die Barriere des Nicht-Dürfens zu durchbrechen.

Bei der Strategie-Entwicklung kann dieses Modell eingesetzt werden, um Zuständigkeiten oder Einbeziehungen bestimmter Stakeholder taktisch einzuplanen. Es bietet sich an, dieses Modell im Zusammenhang mit einer Kraftfeldanalyse oder bei der organisatorischen Verankerung und Vernetzung von Diversity zu berücksichtigen.

Die *Identifikation von Handlungsfeldern* stellt die intuitivste Form der Strategie-Entwicklung dar. Sie fragt, welcher Ansatz erforderlich ist, um einen bestimmten Umstand in die gewünschte Richtung zu verändern. Eine Möglichkeit der Strukturierung bieten dabei die unterschiedlichen Auslöser von Veränderungen:

- Head: über rationale Mechanismen ein Umdenken erreichen;
- Hand: über konkrete Anweisungen eine Verhaltensänderung herbeiführen;
- Heart: über emotionale Erkenntnisse eine neue Einstellung erzeugen.

Dieser kognitive Prozess bildet, wie in Kapitel 1 dargestellt, die Basis des Potenzial-Prinzips Diversity. Entsprechend können Diversity-Strategien auf die enthaltenen Paradigmen ausgerichtet werden. Folgt man diesem Ansatz, so gelangt man zu Maßnahmen zur Steigerung der Vielfalt in der Organisation, zur Förderung der Offenheit und Wertschätzung sowie zur Steigerung der Einbeziehung und Integration, um letztendlich höhere Motivation und Produktivität zu erzielen.

Alle vorgestellten Ansätze bewirken – über unterschiedliche Zugänge – veränderte Denk-, Sicht- und Handlungsweisen. Weitere Ansätze finden sich im systemischen Bereich. So können im Bereich HR zum Beispiel die Handlungsfelder Personalbeschaffung und -entwicklung, Arbeitsformen, Führung und Performance Management identifiziert werden. Mit Blick auf das erforderliche Veränderungsmanagement kann der Handlungsansatz „Verpflichtung zur Veränderung" abgeleitet werden. Darüber hinaus besteht die Möglichkeit, themenzentrierte Strategien (bezogen auf Alter, Geschlecht, Kultur etc.) zu entwickeln. Diese zeigen jedoch begrenzte Tragfähigkeit, da sie die Kategorisierung von Menschen fördern und der vernetzten Realität nur teilweise gerecht werden. Kapitel 9 stellt strategische Herangehensweisen sowie praktische Ansätze genauer dar.

Praxisbeispiel: Deutsche Telekom

Die Deutsche Telekom stellt bei ihrer Diversity-Strategie die Elemente Diversity Policy, organisatorische Einbindung und Vernetzung (Strukturen) sowie kontinuierliche Erfolgsmessung (Monitoring) in den Mittelpunkt. Neben diesen Kernelementen umfasst die Strategie des „Schwungrades" vier weitere Handlungsfelder: Die Förderung des Bewusstseins für Diversity, zum Beispiel durch die interne und externe Kommunikation. Das Erlebbarmachen der Vorteile von Diversity, zum Beispiel durch Veranstaltungen, Netzwerke und den Diversity Award. Das dritte Handlungsfeld besteht in der Qualifikation und Weiterbildung der Beschäftigten, zum Beispiel durch Workshops, Training oder E-Learning. Das vierte Handlungsfeld bildet die Integration der Prinzipien von Diversity in möglichst viele Prozesse (z. B. durch Zielvereinbarungen) zur nachhaltigen Ergebnissicherung.

Der jeweilige organisatorische Kontext bestimmt, welche Strategien letztlich Erfolg versprechend sind und auf Verständnis, Zustimmung und Unterstützung im Unternehmen stoßen. Etablierte Systematiken oder Sprachregelungen sind in diesem Falle zielführender als lehrbuchhafte Idealtypologien. Zudem wird es möglich sein, ähnliche Aktivitäten unter sehr unterschiedliche Strategiebezeichnungen zu subsumieren. Insofern kommt der Strategie-Entwicklung auch die Aufgabe zu, möglicherweise wenig populäre Aktivitätsbereiche innerhalb eines akzeptierten Rahmens besser verständlich zu machen.

Fallstudie Microsoft Deutschland GmbH: Diversity ganzheitlich

Mit einem umfassenden strategischen Ansatz setzt Microsoft Deutschland auf einen nachhaltigen Veränderungsprozess im Unternehmen.

Bereits seit Ende 2001 ist Diversity bei Microsoft ein wichtiges Thema. Dem Unternehmen geht es dabei um die gesamte Bandbreite dieses Wortes, um gelebte und geschätzte Vielfalt. Microsoft will seine MitarbeiterInnen ermutigen, Verschiedenartigkeit als wertvoll zu begreifen und verbunden damit ihr eigenes Potenzial voll zu realisieren. Die Anerkennung und Förderung unterschiedlicher individueller Werte, Lebens- und Arbeitsstile soll die gemeinsame Arbeitsumgebung bereichern. Um diese Mission und die hochgesteckten Ziele mit Leben zu füllen und Entwicklungen sichtbar zu machen, verfolgt das Unternehmen einen nachhaltigen Veränderungsprozess. Ein bereichsübergreifendes Projektteam, zusammengesetzt aus Human Resources sowie Vertretern aus Management und ausgewählten Fachbereichen, entwickelte dazu für Microsoft Deutschland eine langfristige Diversity-Strategie.

In einer **Bestandsaufnahme** wurde zunächst untersucht, in welcher Form Diversity sich im Unternehmen ausdrückte, gelebt wurde oder wie sich das intern und extern wahrgenommene Bild hierzu darstellte. Im Fokus standen Ergebnisse aus der jährlichen Mitarbeiterbefragung, des Manager Feedbacks als auch Analysen zur Mitarbeiterstruktur sowie Gespräche mit MitarbeiterInnen und externen Partnern.

Im Rahmen von anschließenden Strategie-Workshops wurde ein einheitliches Begriffsverständnis von Diversity entwickelt. Darauf aufbauend formulierte das Team **Ziele** für Microsoft Deutschland. Diese wurden mit dem Businessplan der Gesamtorganisation und den Unternehmenswerten abgeglichen (strategy alignment). Auf Basis der dabei erkannten strategischen Ansätze und Stoßrichtungen sowie der vorangegangenen Bestandsaufnahme identifizierte das Team inhaltliche Schwerpunkte und Maßnahmen. Besonderer Wert wurde auf die Themen gelegt, die für das Unternehmen einen echten Nutzen (value added) stiften, sei es im Hinblick auf die Steigerung der Kundenzufriedenheit oder die Erhöhung von Kreativität und Innovationsfähigkeit und damit von Effektivität und Produktivität. Ergebnis dieses Prozesses war schließlich ein Framework mit folgenden Inhalten:

- **Ziele**,
- **Breakthroughs**,
- **Maßnahmen**,
- **Messgrößen** (metrics),
- **kritische Erfolgsfaktoren**.

Fünf **Tätigkeitsschwerpunkte** (breakthroughs) haben sich für Microsoft herauskristallisiert. So bedeuten „Cultural Attributes" – kulturelle Werte respektieren und schätzen, „Reflecting Society" – gesellschaftliche Vielfalt widerspiegeln, „Working together" – Grenzen überschreiten, „Teaming" – Unterschiede und Vielfalt in Teams vereinen und entwickeln sowie „Work Life Balance" – Ausgleich zwischen Arbeit und Freizeit. Dabei gilt es, sowohl langfristige Umsetzungsthemen anzugehen als auch Themen zu definieren, die kurzfristige Umsetzungserfolge (quick hits) versprechen.

Die dementsprechenden **Maßnahmen** zielen beispielsweise auf eine prozentuale Erhöhung des Anteils deutscher Manager im internationalen Management, die Förderung von internationalen Job Rotations, die Erhöhung des Frauenanteils im Management, die Integration von Behinderten, den verstärkten Einsatz von Mentoringprogrammen oder auch die verstärkte Nutzung von Part-Time-Modellen.

Was macht diesen strategischen Ansatz für Microsoft erfolgreich?

Diversity wird als umfassender **Managementansatz** verstanden, der über bloßen Minderheitenschutz oder auch gut gemeinte Randgruppenförderung hinausgeht, um die Vielfalt und Verschiedenartigkeit der Mitarbeiter effektiv zu nutzen. Bewusst hat Microsoft seinen Ansatz ganzheitlich, langfristig und freiwillig angelegt. Microsoft setzt damit auf die Integration von Diversity auf allen Unternehmensebenen sowie auf langfristige kulturelle Änderungen im Unternehmen, die von allen MitarbeiterInnenn getragen und als kreativ und positiv erlebt werden. Das Top-Management hat dabei sowohl eine Führungsrolle als auch eine Vorbildfunktion, aber auch der einzelne Mitarbeiter kann als „Change Agent" wichtige Impulse geben. Hier heißt es, das Management und die MitarbeiterInnen mit „Awareness Workshops" oder auch spezifischen Trainings sowohl zu befähigen als auch zu bestärken.

Diversity wird als Transformationsprozess begriffen, in dem es, eingebettet in die Unternehmenswerte, um eine aktive Auseinandersetzung mit der Verschiedenartigkeit des Anderen, um einen für alle Seiten gewinnbringenden Austausch von Ideen, Haltungen und Einstellungen geht. Besondere Bedeutung gewinnen hierbei kommunikative Mittel, die den Dialog sowie die fortwährende Einbindung aller MitarbeiterInnen unterstützen und fördern.

Letztlich soll das gesamte Unternehmen von allen diesen Maßnahmen profitieren, ausgedrückt in hoher Kreativität und Innovationsfähigkeit und damit auch Effektivität und Produktivität genauso wie in hoher Kundenzufriedenheit und einem positiven Image als wahrgenommen diverses Unternehmen.

Diversity ist kein Selbstzweck. In der Unterschiedlichkeit der Ansichten, der Verhaltensweisen und Lebensentwürfe sowie der Vielfältigkeit von Ideen liegt eine Stärke der Microsoft-MitarbeiterInnen und damit auch eine Stärke von Microsoft selbst.

6.1.7 Organisation von Diversity

Gerade zu Beginn der Implementierung von Diversity stellt sich die Frage, ob eine fest verankerte Funktion in der Organisation für die Einführung des Potenzial-Prinzips Diversity erforderlich ist. Diese Entscheidung sollte daher möglichst in einem frühen Stadium der Einführung von Diversity getroffen werden. Angesichts der Bedeutung der dargestellten Grundlagen, der Widerstände gegen die Einführung sowie der Komplexität der nachhaltigen Verankerung (Mainstreaming) von Diversity erscheint die Notwendigkeit einer zentralen, koordinierenden Stelle nur zu offensichtlich. Auch zeigen die in Kapitel 8 erläuterten Vorteile und Verbesserungen, die sich mit Diversity erzielen lassen, dass eine professionelle Diversity-Abteilung eine lohnende Investition darstellt.

Generell gilt für Diversity wie für andere gewinnbringende Aktivitäten, dass umfangreiche Erfolgssteigerungen natürlich auch Investitionen, insbesondere Anfangsinvestitionen erforderlich machen. Leider betonen viele Organisationen schon zu Beginn des Veränderungsprozesses, es müsse keine separate Stelle geschaffen werden, weil das Ziel sei, Diversity als Teil des Alltags zu verstehen und zu leben. Stattdessen werde Diversity zu einer (Teil-)Verantwortlichkeit aller. Tatsächlich wurde in über zehn Jahren Praxis kein Fall bekannt, in dem eine Organisation mit diesem rein integrativen Ansatz wesentliche Fortschritte im Bereich Diversity erzielt hätte. Dies leuchtet angesichts der bisher in diesem Buch behandelten Aspekte auch ein: zu komplex sind die Zusammenhänge, zu schwierig viele Ausgangssituationen. Davon abgesehen, gehen Organisationen auch bei anderen Veränderungsprozessen nicht davon aus, dass diese einfach nebenbei mitgestaltet werden könnten.

Die Einrichtung einer Diversity-Funktion bringt Fragen mit sich, die eine Stellenbeschreibung beantwortet: Welche Aufgaben sind zu erfüllen, welche Anforderungen benötigt der oder die StelleninhaberIn, welche organisatorische Einbindung erscheint sinnvoll oder erforderlich. Mit Blick auf den aufwändigen Implementierungsprozess muss weiterhin geklärt werden, wann die Stelle eingerichtet wird, welche Kompetenzen sie erhält und welche Ressourcen ihr zur Verfügung stehen. Zudem wird sich die Frage nach der internen Organisation der

Diversity-Einheit stellen: Welche Struktur erhält das Diversity-Team, wie erfolgt die Aufgabenteilung und so weiter.

Die Frage nach einem günstigen Zeitpunkt zur Einrichtung einer Diversity-Funktion beantwortet sich meist aus dem jeweiligen Prozess heraus. Häufig erarbeitet zunächst ein Projektteam eine erste Bestandsaufnahme, einen Business Case sowie strategische Empfehlungen. Diese beinhalten nicht selten die Schaffung einer Stelle oder Abteilung: Structure follows strategy. Zu Beginn einer Diversity-Strategie-Entwicklung, spätestens jedoch zu Beginn ihrer Umsetzung sollte eine dezidierte Diversity-Position im Unternehmen vorhanden sein. Damit bleibt noch die Frage zu klären, in welcher Struktur die umfangreichen Grundlagenarbeiten (vor der Strategie-Entwicklung und ihrer Umsetzung) erfolgen sollen – die Entwicklung des Business-Kontexts, die Zielbildung, die Ist-Analyse und die Erstellung des Business Case. Der Blick auf das vorgestellte Promotoren-Modell legt nahe, dass für die intensive Grundlagenarbeit vor allem der Macht- und der Fachpromotor gefragt sein dürften, während für die spätere Einführung und das Mainstreaming auch der Prozesspromotor eine bedeutende Rolle spielt. Daraus ergibt sich, dass für die ersten Phasen (Grundlagen- und Strategie-Entwicklung) eine andere Struktur (zum Beispiel die erwähnte Projektorganisation) zu wählen ist als für die folgende Umsetzung (Einführung und Mainstreaming).

Diese Fragen erlangen eine zusätzliche Bedeutung, wenn im Unternehmen bereits eine oder mehrere Stellen vorhanden sind, die sich mit Diversity-(Teil-)Themen befassen. Neben Abteilungen für Chancengleichheit kommen zum Beispiel die Spezialisten für Organisationsentwicklung, das Gesundheitsmanagement, die Personalentwickler oder die Schwerbehindertenbeauftragte als Beteiligte in Frage. Dabei wird zu klären sein, ob sie Diversity nur als Teilaufgabe oder federführend betreuen und ob die Funktionsbezeichnung entsprechend verändert wird. Mit Blick auf den tiefgreifenden Charakter der Diversity-Veränderungen wird es unvermeidlich sein, für die Einführung und das Mainstreaming eine dezidierte Position einzurichten, die Diversity auch im Namen trägt.

Fallstudie IKEA: Anders? Gut so! Diversity – The IKEA Way

von Xenia Mohr

Das Diversity Statement von IKEA beginnt mit den Worten: „IKEA ist ein werteorientiertes Unternehmen, das sich an hohen ethischen Standards und humanistischen Werten orientiert. Wir fühlen uns einer starken und lebendigen IKEA Kultur verpflichtet. Unsere Kultur unterstützt die Realisierung des Potenzials jeder einzelnen Person und wertschätzt die Unterschiedlichkeit aller.“

Im Handel ist unser Unternehmenserfolg direkt abhängig von unseren KundInnen. Wenn die KundInnen sich nicht für unsere Produkte entscheiden, fehlt uns die Geschäftsgrundlage. Die Lebens- und Wohnsituation unterscheidet sich nach z. B. Wohnort (Stadt, Land), Geschmack (traditionell, modern), ethnischem Hintergrund, Alter etc. KundInnen, die das Einrichtungshaus in Berlin-Spandau besuchen, sind nicht dieselben, die in Erfurt leben oder in Walldorf. Dies muss im Produktsortiment und in der Kundenbetreuung berücksichtigt werden.

Unterschiedlichkeit als unternehmerische Herausforderung

Der Erfolg von IKEA beruht darauf, immer wieder die richtigen Produkte und Lösungen für die Wohnsituationen der unterschiedlichsten Menschen zu bieten. Wenn unsere MitarbeiterInnen ein Spiegel der uns umgebenden Gesellschaft sind und ihre persönlichen Lebens- und Wohnsituationen bei uns einbringen, dann finden die KundInnen genau die Produkte und Lösungen, die sie suchen und die ihren Alltag schöner machen sollen. Die MitarbeiterInnenstruktur der einzelnen Standorte ist daher ebenso unterschiedlich wie die KundInnenstruktur.

Organisationale Eingliederung von Diversity

Das Diversity-Management arbeitet auf Zentralebene in Form einer Stab-Stelle dem Personalleiter Deutschland zu. Der Personalleiter DE ist einem Vorstand Personal in klassisch deutschen Unternehmen gleichzusetzen. In jeder Niederlassung gibt es eine Personalabteilung mit mindestens vier Mitarbeitern. Da alle personaladministrativen Abläufe (Zeugnis- und Vertragserstellung, Lohnabrechnung etc.) zentralisiert sind, arbeiten die Personalabteilungen in den Niederlassungen rein mitarbeiterorientiert und sind im Schwerpunkt für die Personalentwicklung vor Ort zuständig. Sie fungieren als Hauptansprechpartner bezüglich der Umsetzung von Diversity-Maßnahmen. Eine Niederlassung hat im Durchschnitt etwa 300 Mitarbeiter, in real schwanken die Zahlen zwischen 200 und 450.

In jeder Niederlassung gibt es einen Diversity-Experten. Hierbei handelt es sich um einen Mitarbeiter, der diese Funktion ehrenamtlich und auf freiwilliger Basis ausübt. Der Experte gilt in außerordentlichem Maße als Identifikationsfigur und Vorbild, da er in irgendeiner Form Berührungspunkte mit Diversity hat. Der Diversity-Experte fungiert als Ansprechpartner vor Ort, übernimmt die Kommunikation innerhalb der Niederlassung und wird im Haus als Vertrauensperson mit den Bedürfnissen und Anforderungen der Belegschaft konfrontiert. So sind in einem Bottom-up-Ansatz im Diversity Management die MitarbeiterInnen aktiv beteiligt. Die Diversity-Experten der einzelnen Niederlassungen bilden ein Beratungsgremium (Expertenrunde). Dieses trifft sich mindestens zwei Mal im Jahr mit dem Diversity Management zum Austausch.

In jedem Einrichtungshaus gibt es außerdem eine Diversity-Gruppe – MitarbeiterInnen, die sich freiwillig für das Thema engagieren und anhand der lokalen Situation Maßnahmen entwickeln und umsetzen. Aus dieser Gruppe wird jeweils ein Mitglied zu nationalen Treffen entsendet. Dort werden in einer Art „Tauschbörse“ Projekte und Lösungsideen vorgestellt und es wird von den Erfahrungen der anderen gelernt. Übergreifend werden alle Projekte durch das Diversity Management gesammelt und in einem Handbuch herausgegeben.

Neben den Diversity-Gruppen in jedem Einrichtungshaus existieren bei IKEA auch drei selbstorganisierte Mitarbeiter-Netzwerke: BUF – Beruf und Familie, Fair.Quer – das Netzwerk für Homosexuelle und MosaikCoolTour – ein interkulturelles und interreligiöses Netzwerk. Die Mitarbeiternetzwerke arbeiten in gleichem Umfang an Projekten zur Verbesserung der Vereinbarkeit von Familie und Beruf, gesundheitsfördernden Modulen, der Integration von Menschen mit Behinderungen oder der Gleichstellung von Homosexuellen. Die Bandbereite der Ideen ist sehr groß und alle werden gleichberechtigt angenommen und gefördert. So nahm IKEA 2008 erstmals mit einem Motto-Wagen am Christopher Street Day in Köln teil. Das interkulturelle Netzwerk organisierte als Projekt verlängerte Öffnungszeiten in den Mitarbeiter-Kantinen während des Ramadan, so dass fastende Mitarbeiter während ihrer Spätschicht in einer gesonderten Pausenzeit das Fastenbrechen vollziehen konnten.

Ausblick

Mit der Beteiligung der MitarbeiterInnen glauben wir, auch auf zukünftige gesellschaftliche Veränderungen flexibel reagieren zu können. Die Vorteile liegen dabei für IKEA als Konzern klar auf der Hand: Im Wettbewerb um die Gunst der KundInnen gelingt es uns seit Jahren, die erste Wahl zu sein. Und das in einer sich stetig wandelnden Gesellschaft und einem enger werdenden Markt. In der Beteiligung und der kulturellen Vielfalt der MitarbeiterInnen liegt unserer Einschätzung nach der Schlüssel auch zu unserem zukünftigen Erfolg. Ganz im Sinne unserer Firmenkultur erinnert uns diese Herausforderung dann auch an Ingvar Kamprads Worte: „Das Meiste ist noch ungetan – Wunderbare Zukunft.“

Bezüglich der organisatorischen Einbindung scheinen sich die Fachautoren einig zu sein. Eine Diversity-Funktion muss „hoch aufgehängt“ sein, das heißt mit direktem Zugang zur ersten oder zumindest zweiten Hierarchieebene ausgestattet sein. Die Praxis zeigt, dass LeiterInnen für Diversity meist auf der dritten Hierarchieebene mit direkter Berichterstattung an den Vorstand (als Stab) eingerichtet werden. Die Etablierung einer vollwertigen Stelle auf der zweiten Ebene und damit auf gleichem Rang wie Bereichsvorstände ist sehr selten. Die direkte Verbindung zum Vorstand sichert nicht nur die Ausrichtung auf das Kerngeschäft, sie ermöglicht auch die effektive Implementierung wichtiger Top-down-Aktivitäten. Dabei erscheint es sinnvoll, die Stelle selbst mit der nötigen Autorität auszustatten, um Barrieren des Nicht-Wollens oder Nicht-Dürfens überwinden zu können. Hinsichtlich der Zuordnung zu einem Funktionsbereich stellt die Anbindung an das HR-Management die weitaus häufigste Variante dar. Angesichts der umfangreichen Bezüge zum Kerngeschäft erweisen sich allerdings andere organisatorische Anbindungen als ähnlich effektiv oder effektiver. Erfolgreiche Modelle sind zum Beispiel die Stabsorganisation beim Vorstandsvorsitzenden oder die Anbindung an das Geschäftsleitungsmitglied, das die Unternehmenskommunikation verantwortet.

Die Aufgaben einer Diversity-Position orientieren sich stark an der Funktion eines Prozesspromotors. Der Diversity Manager wird von Thomas (1992) als „Change Agent" bezeichnet und über folgende Anforderungskriterien beschrieben:

- Er akzeptiert, dass der Diversity-Prozess dauerhaft unterstützt werden muss.
- Er benötigt und fordert die Unterstützung des Management.
- Er übernimmt Verantwortung für die ganzheitliche Umsetzung von Diversity.
- Er bringt hohe Motivation zur Bewältigung von Komplexität mit.
- Er arbeitet nach einem klaren Konzept.
- Er muss die Dauer des Prozesses verdeutlichen.

Kompetenzmodel für Praktiker im Bereich Diversity

Im Rahmen eines mehrjährigen Projektes des Conference Board erarbeitete eine Projektgruppe ein Kompetenzmodell für Praktiker im Bereich Diversity, das im Frühjahr 2008 vorgestellt wurde. Es identifiziert und beschreibt sieben Kernkompetenzen, die von herausragender Bedeutung sind: „Change Management, Diversity, Inclusion and Global Perspective, Business Acumen, Strategic External Relations, Integrity, Visionary & Strategic Leadership, HR Disciplines" (Lahiri 2008). *Change Management* umfasst die Kompetenzen, Veränderungsprozesse in ihrer Gesamtheit zu verstehen und zu unterstützen sowie die Kommunikation von Inklusion voranzutreiben und zu fördern und greift in den Veränderungsprozess dann ein, wenn der Prozess gehindert wird. *Diversity, Inclusion, Global Perspective* umfasst unter anderem die kulturelle Kompetenz, verschiedene kulturelle Zusammenhänge, Werte und Normen zu verstehen und mit diesen auch in geeigneter Form umgehen zu können. Eine weitere Kompetenz besteht in der Fähigkeit, in kulturellen Konflikten als Mediator agieren zu können. Auch der Umgang mit Lernerfahrungen gehört zu den genannten Kompetenzen. Kontinuierliches Lernen im Rahmen von Diversity und der Gebrauch von Feedback werden als weitere wesentliche Kompetenzen beschrieben, ebenso die Fähigkeit, komplexe Gruppenkonstellationen zu managen und einzugreifen, wenn es notwendig erscheint. Schließlich beinhaltet dieses Kategorie ein fundiertes, anwendbares Fachwissen im Bereich Diversity. *Business Acumen* umfasst die Kompetenz, das externe Marktwissen verstehen und anwenden zu können, ein umfassendes Geschäftswissen zu besitzen und wesentliche Zusammenhänge verstehen und kommunizieren zu können, insbesondere den Zusammenhang zwischen Diversity und dem Geschäfterfolg. *Strategic External Relations* schließt die Fähigkeiten ein, über externe Veränderungen und Brennpunkte informiert zu sein, strategische Partner und weitere Nutzen stiftende Partnerschaften, zum Beispiel auch mit Lieferanten, identifizieren und die Medienkommunikation positiv beeinflussen zu können. *Integrity* bedeutet im vorgestellten Modell, mit klarer Ethik zu handeln und Einfluss und Verhandlungsgeschick auf allen Ebenen der Organisation ausüben zu können, Empathie zu zeigen und effektiv zu kommunizieren. *Visionary & Strategic Leadership* betont die Eigenschaft einer Person, zukünftige Trends und Entwicklungen zu erkennen und innovative Ideen für diese zu entwickeln. Es erfordert ebenso Pragmatismus und Kenntnis darüber, wer für welche politischen Entscheidungen im Unternehmen anzusprechen ist. Das Kriterium der *HR Competencies* setzt voraus, dass die Person ein umfassendes Bild über alle HR-Bereiche im Unternehmen hat, vom Talent Management und der HR Policy bis hin zu Employee Relations. Diese Kompetenzen bilden eine Basis für die Auswahl von Personen, die erfolgreich im Bereich Diversity & Inclusion tätig werden sollen.

Vor allem in großen Organisationen erfordert die Implementierung von Diversity zusätzliche Ressourcen. Diese können zentral, dezentral oder integriert verankert werden. In jedem Fall sollte sich die Diversity-Organisation an den Strukturen des Unternehmens orientieren: Länderorganisation, Geschäftsbereichsorganisation, Projektorganisation oder ein-, zwei- oder dreidimensionale Matrix-Organisation. Jede dieser Strukturen kann sich zumindest ansatzweise in der Diversity-Organisation wiederfinden.

In Anlehnung an diese Strukturen und an die jeweilige Diversity-Strategie ergeben sich unterschiedliche Organisationsformen für die Diversity-Funktionen einer Organisation. Verschiedene Aufgabenverteilungen oder Spezialisierungen sind möglich. Der offensichtlichsten Definition von Diversity als Vielfalt und dem Beispiel des Chancengleichheitsmanagements folgend, werden in manchen Fällen Themen-Spezialisten, zum Beispiel für Ethnien/Kulturen, Alter oder Behinderung benannt. Ebenso kann eine Spezialisierung in funktionaler Hinsicht, teilweise in Form von Kompetenzzentren z.B. für Training, Kommunikation, Mitarbeiternetzwerke oder Mentoring, sinnvoll sein. Darüber hinaus finden sich in einigen Fällen Ansprechpartner für betriebliche Funktionen oder Geschäftsbereiche, die als interne Berater oder Account-Manager mit den Kollegen des Recruiting, der Weiterbildung, der Geschäftsbereiche X, Y und Z oder dem Marketing zusammenarbeiten, um für die jeweiligen Bereiche bestmögliche Lösungen zur Nutzung von Vielfalt zu entwickeln. Die Frage nach der zu bevorzugenden Variante richtet sich wie erwähnt zum einen nach der Organisationsstruktur des Unternehmens. Allerdings werden wir in Kapitel 9 zeigen, dass die verschiedenen Ansätze auch auf das jeweilige Entwicklungsstadium einer Organisation im Bereich Diversity hinweisen.

Immer mehr DAX-Unternehmen beschäftigen Diversity Manager

Eine Umfrage von Ungleich Besser Diversity Consulting unter DAX-30-Unternehmen im Jahr 2007 ermittelte, dass die Zahl der Unternehmen, die einen Diversity Manager beschäftigen, auf 14 anstieg. Zwei weitere Unternehmen planten 2007 die Besetzung einer solchen Position. Die steigende Anzahl der Diversity Manager zeigt, dass immer mehr Unternehmen Diversity strategisch umsetzen. Großunternehmen wie die Deutsche Telekom, Henkel, Daimler oder RWE beschäftigen hochrangige Führungskräfte, deren Aufgabe die gezielte Veränderung der Unternehmenskultur ist. 13 von 14 DAX-30-Unternehmen beschäftigen Diversity Manager in Vollzeit; lediglich in einem Fall bildet Diversity nur einen Teil der Verantwortlichkeit. Die Mehrzahl der Unternehmen unterhält mehr als eine Stelle: In den Diversity-Teams sind unmittelbar bis zu acht Personen eingebunden. Weitere Zuständigkeiten sind in den Organisationseinheiten verteilt. Neun der untersuchten Unternehmen verfügen über keinen dezidierten Diversity Manager; einige der Unternehmen bearbeiten das Thema dennoch intensiv. Häufig setzen Projektteams Maßnahmen für den wirtschaftlichen Umgang mit vielfältigen Beschäftigten und Kunden um. Zu diesen Aktivitäten zählen beispielsweise Mentoringprogramme, Trainings oder Kommunikationsmaßnahmen.

Neben festen Diversity Managern und Managerinnen verfügen viele Unternehmen über sogenannte Diversity Councils, Taskforces oder Kompetenzzentren. Diese Organisationsformen sind hilfreich, um den Veränderungsprozess über Vernetzungen voranzubringen. Allerdings zeigte sich in den vergangenen zehn Jahren, dass derartige Freiwilligen-Strukturen alleine nicht ausreichen, um durchgreifende Veränderungen zu erzielen. Das verwundert kaum, da die Beteiligten in diesen Zusammenhängen gewissermaßen ehrenamtliche Tätigkeiten zusätzlich zu ihrer eigentlichen Beschäftigung ausüben und meist über wenige Ressourcen und begrenzte organisatorische Einflussmöglichkeiten verfügen. Dies ändert jedoch nichts an der hohen Bedeutung, die diese freiwilligen Strukturen für die Begleitung der Diversity-Implementierung haben. Während der Phasen der Grundlagen-Entwicklung stellen sie zudem häufig die einzigen Ressourcen dar, die überhaupt genutzt werden können, um mit der Implementierung zu beginnen.

Novartis

Novartis gründete Ende 2006 ein externes Diversity & Inclusion Advisory Council. Die Aufgabe des Councils besteht darin, eine Außensicht zu Diversity einzunehmen und die Geschäftsleitung durch internationale Experten aus Wirtschaft, Hochschulen und Nichtregierungsorganisationen zu beraten. In regelmäßigen Abständen trifft sich der Expertenbeirat und gibt Empfehlungen zu Strategien und Maßnahmen für Novartis. Die Mitglieder des Beirates kommen überwiegend aus anderen, internationalen Unternehmen.

Zusammenfassung

Um die Grundlagen für die Implementierung von Diversity zu schaffen, muss die Anbindung von Diversity an das Kerngeschäft erfolgen (Business-Kontext) und ein klares Verständnis von Diversity im Unternehmen durch die Definition des Sachverhalts erreicht werden. Nachdem ein Zielsystem definiert wurde, hilft die Ist-Analyse dabei, die aktuelle Situation des Unternehmens zu verstehen. Nach einer Wirtschaftlichkeitsbetrachtung dazu, wie Diversity für ein Unternehmen von Nutzen sein kann, müssen Strategien entwickelt werden, die eine Veränderung des aktuellen Zustandes in Richtung des gewünschten Ziels bewirken. Darüber hinaus muss festgelegt werden, welche organisatorische Verankerung Diversity im Unternehmen haben soll.

6.2 Grundlagen der Einführung

Nachdem die Grundlagen einer Implementierung geschaffen wurden, erfolgt die eigentliche Umsetzung von Diversity in der Organisation. Die für eine nachhaltige Veränderung erforderlichen Aktivitäten lassen sich in zwei Mechanismen mit grundsätzlich unterschiedlichen Wirkungsweisen unterschieden: Die Einführung von Diversity bringt das (neue) Thema in die Organisation ein, initiiert und fördert Veränderung. Je weiter die Entwicklung der Kultur fortschreitet, desto weniger Bedeutung kommt diesem Mechanismus zu. Alle Implementierungsaktivitäten im Bereich Diversity lassen sich in einen der beiden Bereiche einordnen, wobei das konkrete Verständnis für die jeweilige Maßnahme entscheidend sein kann, wie das Beispiel „Training" zeigt. Spezifische Diversity Trainings, zur Bewusstmachung oder Kompetenzvermittlung, stellen einen Baustein der Diversity-Einführung dar. Die Überprüfung von im Einsatz befindlichen Trainingsinhalten und -methoden auf ihre Relevanz und Effektivität für unterschiedliche Zielgruppen hin sowie die mögliche Ergänzung von (z. B. Diversity-)Inhalten bildet dagegen eine Maßnahme des Mainstreaming, da ein Teil des bestehenden Systems lediglich angepasst wird. Die gleiche Überlegung kann für den Bereich der Kommunikation angestellt werden: Zu Beginn ist eine explizite Vermittlung von Diversity-Botschaften erforderlich, während später die Integration von Diversity in die allgemeine Unternehmenskommunikation (intern, extern, werblich, Sponsoring etc.) anzustreben ist. An dieser Stelle wird deutlich, dass einerseits die Aktivitäten zur Einführung von Diversity im Zeitverlauf deutlich abnehmen, andererseits aber auch das Mainstreaming keine dauerhafte Aufgabe darstellt. Bis auf einen Rest kultureller und systemischer Instandhaltung zielt Diversity insofern darauf ab, sich selbst in letzter Konsequenz – nach etlichen Jahren intensiver Veränderungsarbeit – überflüssig zu machen. Lediglich eine dauerhafte Beobachtung der Organisationsentwicklung und gegebenenfalls steuernde Nachregelungen bleiben erforderlich (vgl. Abschnitt 7.4).

Im Einführungsprozess werden verschiedene Arbeitsrichtungen unterschieden, die gleichermaßen von Bedeutung sind und in Kombination für eine effektive Implementierung benötigt werden. Die Top-down-Einführung geht von den obersten Führungskräften einer Organisation aus. Sie stellt den Bezug zum Kerngeschäft sicher, bietet Vorbilder und unterstreicht den klaren Willen und die feste Überzeugung der Organisation, neue Wege zu gehen. Die Bottom-up-Einführung geht von der Belegschaft aus. Sie stellt die Einbindung der MitarbeiterInnen sicher, bietet Mitwirkungsmöglichkeiten und trägt dazu bei, dass die eingeschlagenen Wege zu umfassenden Verbesserungen für alle Beteiligten führen. Das Mainstreaming umfasst die Verankerung des Potenzial-Prinzips Diversity in verschiedenen Unternehmensprozessen (vgl. Kapitel 7).

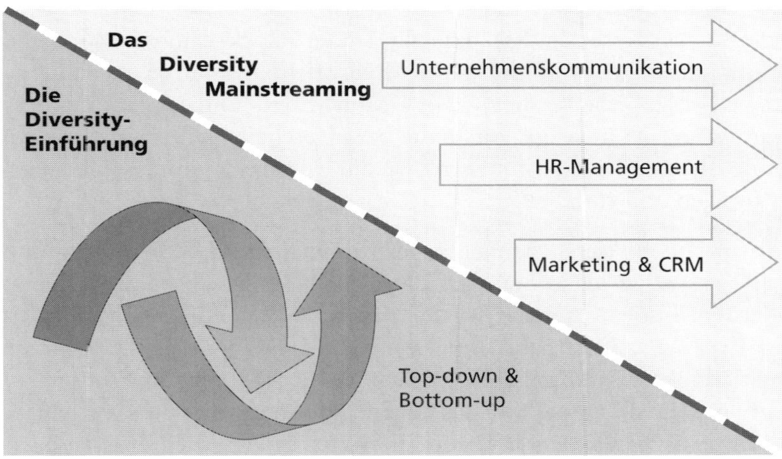

Abb. 23: Die zweiteilige Diversity-Implementierung: Einführung und Mainstreaming

Die im vorangegangenen Abschnitt vorgestellten Strategien bilden eine dritte Dimension in dieser Darstellung von Einführung und Mainstreaming. Entsprechend können sich Implementierungsaktivitäten innerhalb einer Strategie auf unterschiedliche Bereiche der Einführung oder des Mainstreaming erstrecken. Betrachtet man beispielsweise den möglichen strategischen Ansatz „Anerkennung und Motivation für Diversity-Engagement", so kann sich eine effektive Maßnahme sowohl in der Top-down- als auch in der Bottom-up-Richtung darstellen. Die Anerkennung erfolgt von Seiten der Unternehmensführung, während das entstehende Engagement entweder Einführungscharakter „an der Basis" hat oder die tägliche Zusammenarbeit betreffen kann. Zudem kann sich dieser Belohnungsansatz auf bereits vorhandene Prozesse (Zielvereinbarung, Vergütung) beziehen und insofern auch das Mainstreaming betreffen.

6.2.1 Einführung top-down

Von der Unternehmensführung ausgehende Einführungsaktivitäten erfüllen wesentliche Funktionen im Zusammenhang mit der Implementierung von Diversity. Sie können richtungsweisend, beispielgebend, motivierend, regulierend und erklärend sein. Diese Funktionen werden durch unterschiedliche Top-down-Maßnahmen wahrgenommen, zum Beispiel durch Policies oder Betriebsvereinbarungen, Pilotprojekte mit Beteiligung des Top-Managements (als Sponsoren oder Champions), Ansprachen oder andere Kommunikationsformen, Auszeichnungen oder Workshops mit Führungskräften. Dabei kommt dem Engagement des Top-Managements besondere Bedeutung zu. Dies erscheint ohnehin naheliegend, wenn Diversity – dem hier vorgestellten Modell folgend – eng in den Business-Kontext eines Unternehmens eingebunden und ganzheitlich ausgerichtet sein soll und ferner die Steigerung des Erfolges mittels eines strategischen Veränderungsprozesses das Ziel darstellt. Dieser Aspekt erfordert von Anfang an hohe Aufmerksamkeit. Denn die bloße Unterzeichnung einer Policy und die Einrichtung einer Stelle bilden noch kein glaubwürdiges Engagement. In den ersten Jahren müssen sich mehrere Vorstände bzw. Geschäftsleitungsmitglieder immer wieder deutlich zu Diversity äußern und die Umsetzung in verschiedenen Kontexten anregen und vorleben.

Einige deutsche Wirtschaftslenker trugen durch die regelmäßige Erwähnung von Diversity wesentlich dazu bei, dass das Thema in der jeweiligen Organisation (und darüber hinaus) etabliert wurde. Manche Vorstände äußern sich dagegen nur ein, zwei Mal, andere gar nicht. Das persönliche Engagement – oder das Fehlen desselben – bestimmt allerdings nach den Erfahrungen des Autors spürbar über Erfolg oder Misserfolg, wie das folgende Beispiel zeigt: Ein Geschäftsbereich eines Konzerns plante einen Diversity-Workshop mit dem zuständigen (Bereichs-)Vorstand und der zweiten Ebene. Trotz entsprechender Hinweise (und Warnungen) beteiligte sich der Vorstand nicht an der inhaltlichen Vorbereitung; beispielsweise nahm er die zu bearbeitenden Ergebnisse einer zuvor durchgeführten Befragung nicht in Augenschein. Zu Beginn des Workshops überließ er die Einführung der Projektleiterin und trug damit wesentlich dazu bei, dass die Führungskräfte das Thema nicht so ernst nahmen wie in anderen Unternehmen, in denen der jeweilige Vorstand nicht nur seine persönliche Überzeugung und Erwartung, sondern auch wirtschaftliche und strategische Überlegungen an den Anfang der Veranstaltung stellte.

In der Tat haben Handlungsanweisungen bzw. Richtlinien eine hohe Bedeutung für die Umsetzung von Diversity. Mit Blick auf das AGG stellen sie beispielsweise eine präventive Maßnahme dar, über die sich Arbeitgeber in Diskriminierungsfällen teilweise exkulpieren können. Als konkrete Formen bieten sich einerseits Policies, andererseits Betriebsvereinbarungen an. Die darin angedrohten Sanktionsmechanismen bei Nichteinhaltung können bis zur Androhung einer Entlassung reichen. Des Weiteren bieten sich direkte Beschwerdewege außerhalb der Hierarchie an, um die Effektivität von Policies zu steigern. So legte der Freizeitausrüster Vaude beispielsweise Betriebsvereinbarungen zu einer Vielzahl von Themen fest: Flexibilisierung der Arbeitszeit, Chancengleichheit, Kinderbetreuung, Eltern- und Pflegezeit, Service für Familien, Arbeitsabläufe sowie Information und Kommunikation. Bei Halifax werden zum Beispiel Beschäftigte verschiedener Generationen im Rahmen von Fokusgruppen bei der Entwicklung von „equality policies“ eingebunden.

Diversity bei E.ON – HR Policy und Leitbild

Unter dem gemeinsamen Dach der Marke E.ON ist der Energie-Konzern geprägt von zahlreichen großen und kleinen Unterschieden: Die zum Konzern gehörenden Unternehmen wie E.ON Ruhrgas oder E.ON UK agieren in unterschiedlichen Märkten und jede Einheit hat ihre eigene Unternehmenskultur, da der Konzern überwiegend aus Fusionen und Akquisitionen entstand. Gerade einmal acht Jahre alt ist der Global Player und daher stellen die Themen Identität und Unternehmenskultur klare Prioritäten dar. Mit dem Leitbild „OneE.ON“ findet die Ausrichtung des Konzerns auf eine gemeinsame Kultur und damit eine Integration aller Konzerneinheiten statt. Als eines von wenigen Unternehmensleitbildern definiert OneE.ON „Diversity & Development“ (Vielfalt & Weiterentwicklung) als eigenständige „Verhaltensweise“ – sozusagen auf höchster Ebene für den gesamten Konzern. E.ON erzielt damit eine besonders feste und sichtbare Verankerung des Themas und unterstreicht die hohe Bedeutung des Ansatzes. Die gemeinsame Unternehmenskultur OneE.ON und die Verhaltensweise „Diversity & Development“ dienen E.ON dazu, die Vielfalt der Beschäftigten mit all ihren Stärken und Schwächen, Ideen und Bedürfnissen gewinnbringend einzusetzen. Um dies zu konkretisieren, hat der Vorstand im Juli 2006 eine „Leitlinie zu Chancengleichheit und Förderung von Vielfalt im E.ON-Konzern“ verabschiedet. Zentrale Inhalte sind die Wertschätzung und Nutzung von Unterschiedlichkeiten. Mit einem weltweit besetzten „Diversity Council“ bündelte E.ON zu Beginn die Erfahrungen der Market Units und ermöglichte den Austausch erfolgreicher Konzepte und Instrumente im Konzern. Eine aktuelle Umsetzungsaktivität besteht im Einsatz des Lernprogrammes eDiversity. Zusätzlich zu zentralen Initiativen führen die verschiedenen Konzerneinheiten teilweise eigene Aktivitäten durch. E.ON Nordic unterstützt zum Beispiel ein Sommerpraktikumsprogramm für SchülerInnen aus Einwandererfamilien, das den Jugendlichen den Einstieg in das Arbeitsleben erleichtern soll.

Die Deutsche Telekom entschied sich 2001 für den Weg einer Konzernbetriebsvereinbarung (KBV) zur „Gleichstellung und Chancengleichheit“, deren Ziel es war, das Gender Mainstreaming anhand eines Maßnahmenkatalogs zu implementieren. Der Maßnahmenkatalog beinhaltete unter anderem folgende Themenschwerpunkte: Zusammenarbeit zwischen Frauen und Männern, Gleichstellung und Chancengleichheit als Qualitätsfaktor, Frauen in der IT und Frauen in Führungspositionen.

Eine abgewandelte Form der Policy besteht in der Selbstverpflichtung. Ein Beispiel hierfür ist die „Charta der Vielfalt“ aus dem Jahr 2006, die bis 2008 von über 300 Unternehmen in Deutschland, darunter viele KMU, unterzeichnet wurde. Eine wesentliche Hoffnung der Charta-Initiative bestand in der Generierung konkreter Aktivitäten zum Thema. Die nachfolgend dargestellte Studie befragte einen Teil der Unterzeichner des ersten Jahres.

Der deutschen Vielfalt verpflichtet? – Studie: Ein Jahr Diversity-Charta

Der im Dezember 2006 initiierten „Charta der Vielfalt“ schlossen sich bis Dezember des folgenden Jahres 188 Unternehmen an. In einer quantitativen Studie ging Ungleich Besser Diversity Consulting Ende 2007 der Frage nach, mit welcher Motivation und welchen Erwartungen sich die Unterzeichner der ersten Unterzeichnungsphasen im März, April, Mai, Juli und September 2007 für eine Teilnahme an der Charta-Initiative entschieden haben. Darüber hinaus wurde erhoben, welche Maßnahmen bislang durchgeführt wurden oder geplant waren und welche Ziele mit der Unterzeichnung perspektivisch verfolgt werden. Dazu wurden 40 Unterzeichner mit hohen Beschäftigtenzahlen eingeladen, telefonisch oder schriftlich Fragen zu Motivation, Aktivitäten und Zielsetzungen ihres Charta-Engagements zu beantworten. 27 Unterzeichner nahmen an der Erhebung teil.

Auf die Frage, wie das jeweilige Unternehmen auf die „Charta der Vielfalt“ aufmerksam geworden ist, gab ein Viertel der Befragten den Kontakt mit der Beauftragten der Bundesregierung für Migration, Flüchtlinge und Integration als Antwort an. Berichte in der Presse und Fachpresse über die Diversity-Charta erreichten ein weiteres Viertel der Befragten. Fast ebenso viele Unternehmen wurden auf Veranstaltungen oder Messen auf die Charta aufmerksam. Einige Unterzeichner erfuhren auch von Geschäftspartnern, durch Ausschreibungen oder durch direkte Einladung zur Unterzeichnung von der „Charta der Vielfalt“ (hier waren Mehrfachnennungen möglich).

Die Studie untersuchte weiter, mit welchen Erwartungen die Unternehmen die Charta unterzeichneten. Die Hälfte der befragten Organisationen erwartete von der Charta, dass sie mehr Öffentlichkeit und Akzeptanz für das Thema „Diversity“ schafft. Vier Befragte erwarteten von der Charta zudem mehr Vernetzung und Wissensaustausch.

Die meisten Unternehmen führten laut der Studie Diversity-Maßnahmen im Sinne der Charta durch. Ein Viertel der Befragten plante oder veranstaltete bereits Schulungen für Führungskräfte oder Mitarbeiter, um sie für Vielfalt zu sensibilisieren und die Zusammenarbeit zu verbessern. Ähnlich verbreitet waren Verbesserungen der Arbeitsbedingungen durch die Einrichtung von Kindertagesstätten, flexible Arbeitszeiten oder Barrierefreiheit. Als Ziele der Charta-Unterzeichnung wurden in der Studie vor allem Imagegewinn, höhere Wertschöpfung durch eine bessere Nutzung der Potenziale einer vielfältigen Belegschaft und die Bündelung von bereits durchgeführten Aktivitäten durch Diversity genannt.

Hinsichtlich der Struktur der Unterzeichner der Charta fällt insbesondere auf, dass von den insgesamt 40 Unternehmen nur 26 Großunternehmen sind. Dies erstaunt, da große Unternehmen ihrem Image oder ihrer Außenwirkung grundsätzlich mehr Beachtung schenken (müssen) als kleinere oder öffentliche Arbeitgeber. Weitere 14 Unterzeichner sind kleine und mittelständische Unternehmen, acht gehören dem öffentlichen Sektor an, 27 sind andere Non-Profit-Arbeitgeber, 17 sind Berater.

Ein weiteres effektives Instrument der Top-down-Einführung stellen Zielvereinbarungen zu Diversity dar. Idealerweise beginnen diese bei der Unternehmensspitze und setzen sich kaskadenförmig in der Organisation fort. Hierbei verpflichten sich ManagerInnen dazu, aktiv zur Einführung von Diversity beizutragen, entweder im Rahmen ihres eigentlichen Verantwortungsbereiches oder im Rahmen von Projektarbeit innerhalb oder außerhalb des Unternehmens. Wie bei Zielvereinbarungen üblich, sollte ein Teil des Gehaltes an die Zielerreichung gekoppelt werden. So hat E.ON in der erwähnten „Leitlinie zu Chancengleichheit und Förderung von Vielfalt im E.ON-Konzern" allgemein festgelegt, dass alle E.ON-Beschäftigten dazu verpflichtet sind, in ihrem Verantwortungsbereich auf die Einhaltung festgelegter Vereinbarungen und die damit zusammenhängenden Prozesse einzuwirken.

Zielvorgaben bezüglich der Repräsentation bestimmter Gruppen sind nicht mit Quoten gleichzusetzen. Dies gilt jedoch nur, wenn derartige „targets" nicht gleichförmig als Vorgabe an die nächste Hierarchiestufe weitergegeben werden, sondern – zum Beispiel durch dezentrale Verantwortung – die kreative Umsetzung der Vorgabe gefördert wird.

Eine Variante der Top-down-Implementierung im öffentlichen Bereich, die auch auf quantitative Aspekte anspielt, zeigt folgendes Beispiel: Eine echte Überraschung bot das bayerische Arbeitsministerium mit einem Kinospot. – In einer Vorstandssitzung, in der nur Männer anwesend sind, fordert der Vorsitzende zu Einsparungen auf. Kündigungen und eine Verringerung der Arbeitszeit schließt er aus. Einer der anwesenden Männer findet eine Lösung und reißt sich seine Kleidung vom Leib. Er greift zum BH, dreht sich kurz um und kehrt mit Bluse und blonder Perücke zurück. „Frauen verdienen im selben Job bis zu 23 % weniger", verkündet der Spot sodann. Nach der nächsten Kaffeepause hatten die „Frauen" im Kinospot die Führungsetage übernommen. Damit nutzt das Ministerium als hoch angesiedelte Behörde seine Macht zur Verbreitung einer quantitativen Botschaft, die gleichzeitig als Zielvorgabe wirkt, nämlich den sogenannten Pay-Gap zu verringern.

Kreatives Engagement stellt auch bei Pilot-Projekten mit Top-Management-Beteiligung einen wichtigen Aspekt dar. So bietet es sich an, dass ein Mitglied der höchsten Führungsebene als erster Helfer eines karitativen Projektes auftritt oder Sponsor eines neuen Mitarbeiternetzwerkes, z. B. für Migranten, wird. Solch persönliches Engagement sollte sich auch in der internen Kommunikation widerspiegeln. So gelten Präsentationen und Reden zum Thema Diversity und, ebenso wichtig, die Einbindung von Diversity in allgemeine Geschäftspräsentationen als Erfolgsfaktor. In diesem Zusammenhang kann die Bedeutung von Vielfalt für das Erreichen der Unternehmensziele beschrieben und dargelegt werden, welchen (neuen) Umgang mit Unterschieden die Organisation anstrebt.

Der derzeitige Siemens-Chef Peter Löscher hat im Juni 2008 öffentlich moniert, dass er sein Unternehmen „zu deutsch" findet. Das obere und mittlere Management sei wenig heterogen. Löscher möchte durch einen höheren Anteil von Migranten und Frauen im Unternehmen die Zukunftsfähigkeit und den Erfolg von Siemens stärken. Der CEO strebt an, Vielfalt auf allen Ebenen des Konzerns herzustellen und schließt dabei den Vorstand explizit mit ein. Er zeigt sich überzeugt, dass nur wenn die Belegschaft die Heterogenität der Gesellschaft widerspiegelt, das Unternehmen erfolgreich agieren könne.

Der Kontakt mit und die Einbindung von Führungskräften kann besonders effektiv im Rahmen von Staff Meetings, Führungskreisen oder größeren Führungskräfte-Veranstaltungen erfolgen.

Praxisbeispiel: Führungskräfte-Veranstaltung

Die Volkswagen Financial Services AG veranstaltete 2005 eine Kick-off-Veranstaltung für Diversity in Form eines Führungskräfte-Events für das gesamte Management des Unternehmens. Das Thema der fünfstündigen Veranstaltung lautete „Kundenorientierung – Internationalität – Diversity". Mit Statements zu diesen drei Themen wurden die Zusammenhänge zu den Geschäftszielen und strategischen Erfordernissen und Herausforderungen aufgezeigt. Das Event beinhaltete eine Vielzahl von Aktivitäten. So konnten durch metrische Übungen, Kartenübungen und Workshops den Teilnehmern die Augen für ein vielleicht noch fremdes Thema geöffnet werden und die Diskussion hierzu wurde angeregt. Das Fazit der Veranstaltung zeigte, dass Internationalität einen besondern Stellenwert im Management hat. Zur Weiterentwicklung des Themas Diversity im Unternehmen wurden weitere Projektgruppen und Veranstaltungen initiiert.

Die Kick-off-Veranstaltungen anderer Unternehmen beinhalten z. B. ein Diversity Quiz oder ein Diversity-Business-Theater. Ein Diversity Quiz bietet eine Vielzahl von Gestaltungsmöglichkeiten. Es kann z. B. Fragen zu den einzelnen Kerndimensionen von Diversity stellen und damit Bewusstsein bei den Beteiligten wecken. Das Diversity-Business-Theater zeigt mit alltäglichen Beispielen, wo Schwächen und Stärken des Unternehmens im Bereich Diversity liegen. Die langjährige Erfahrung des Autors zeigt, dass Kick-off-Veranstaltungen ohne Teilnahme der Vorstandsmitglieder kaum erfolgreich sein können.

Praxisbeispiel: Diversity-Kongress

Ein internationaler Konzern führte mit dem Ziel der Einbindung von Führungskräften aus unterschiedlichen Geschäftsbereichen und aus unterschiedlichen Ländern einen internen Diversity-Kongress durch. Dieser fand mit Vorstandsbeteiligung statt, wurde extern moderiert und beinhaltete Input aus anderen Unternehmen. Zusätzlich kamen Kreativitätstechniken zum Einsatz, die auf eine praktischen Vertiefung und einen intensiven Austausch über das Thema abzielten. Die Durchführung der Veranstaltung war zweisprachig.

Ein weiteres Beispiel dafür, wie Diversity-Einführungsveranstaltungen in vielfältigen weiteren Aktivitäten resultieren können, bietet BP. Das Unternehmen führte eine Reihe von Informationsveranstaltungen durch, bildete Arbeitsgruppen, die sich mit dem Thema beschäftigten, und führte einen Frauenstammtisch ein. Als Ergebnis dieser Einführungsmaßnahmen zu Diversity folgten eine Reihe weiterer Initiativen zur Förderung des Themas, wie z. B. Mentoring oder Job Shadowing, das Einblicke in die verschiedenen Unternehmensbereiche und unterschiedliche betriebliche Abläufe ermöglicht.

Als weiterer Baustein der Top-down-Einführung von Diversity werden, meist nach der Einführung von Policies und nach ersten Management-Events, Führungskräfte-Trainings zur Bewusstmachung (Awareness Workshops) oder zur Kompetenz-Ausweitung (Skill Building Workshops) durchgeführt. Trainings stellen ein zentrales und vielseitig einsetzbares Instrument dar, um Diversity in eine Organisation einzuführen. Allerdings müssen die Erwartungen relativiert werden – bei oberen Führungskräften ist die Verwendung des Begriffs „Training“ ohnehin nicht angebracht. In der Praxis stellen erfolgreiche Diversity-Interventionen meist klassische Workshops dar, in denen interaktiv Themen erarbeitet werden. Klassische Trainings, im Sinne der Wissens- und Kompetenzvermittlung, existieren für das Thema Diversity auch, sind aber vor allem auf unteren Hierarchieebenen einsetzbar. In jedem Fall muss einer Organisation klar sein, dass ein Workshop oder eine Trainingsreihe allein keine spürbare Veränderung mit sich bringen wird. Diese Interventionen bilden Bausteine, die effektiv in komplexere Veränderungsstrategien eingeplant werden müssen.

Der Ablauf von Diversity-Workshops oder -Trainings wurde früher in zwei Phasen unterteilt: „In der Phase der Bewusstseinsbildung wird mit den Trainingsteilnehmern über die Bedeutung von Diversity für das Unternehmen diskutiert, es werden unternehmensspezifische Begriffe definiert und von z.B. rechtlichen Inhalten abgegrenzt. Die Phase des Methodenlernens wendet sich in erster Linie an Manager. Ihnen werden Kenntnisse über den Führungsstil in divers zusammengesetzten Arbeitsgruppen vermittelt. Es werden Fragen zum Coaching und Führen von Mitarbeitern beantwortet“ (Köhler-Braun 1999, S. 189). Heute orientieren sich Diversity-Workshops näher an den Elementen des Potenzial-Prinzips Diversity: rationale Erkenntnisprozesse zur Wahrnehmung von Vielfalt, Unterschiedlichkeit und eigener Individualität zu Beginn; emotionale Reflexion zu Gruppenbildung und -dynamik sowie Organisationskulturen; handlungsorientierte Aufarbeitung und Transfer in den betrieblichen Alltag.

Diversity-Workshops finden als eigenständige Veranstaltungen (Dauer: ein halber Tag bis zu zwei Tagen) oder als Teil der Führungskräfte-Entwicklung (mehrere halb- bis eintägige Bausteine) statt. Eine weitere Variante der Top-down-Einführung von Diversity verfolgte dabei ein DAX-Konzern, indem er Diversity zum Schwerpunktthema einer Betriebsräte-Fachtagung und einer Betriebsrats-Vollversammlung machte. In beiden Fällen war ein Vorstandsmitglied persönlich eingebunden (durch Vortrag oder Podiumsdiskussion), eine begleitende Ausstellung stellte Projekte, Initiativen und Angebote vor. Dem Grundgedanken der Top-down-Einführung folgend, sollten Trainings nicht nur den Führungskräften vorbehalten bleiben, sondern in geeignetem Rahmen und Umfang allen Mitarbeitern und Mitarbeiterinnen zugute kommen. Das folgende Beispiel illustriert mehrere der vorgenannten Aspekte.

Fallstudie: Air Products – „Deliver the Difference"

Air Products ist eine der weltweit größten Industriegasunternehmungen und Zulieferer von Wasserstoff, Helium und ausgewählten chemischen Werkstoffen für die industrielle Produktion. Bei der Gasversorgung der Elektronik- und Halbleiterindustrie ist das Unternehmen Weltmarktführer. Air Products erzielte im Geschäftsjahr 2007 mit rund 22.000 MitarbeiterInnen in mehr als 40 Ländern einen Jahresumsatz von 10 Milliarden US-Dollar. In Deutschland wird Air Products vertreten durch Air Products GmbH, Technische Gase, Air Products Polymers (APP), Chemische Produkte und Air Products Medical.

Die Bedeutung von Diversity für Air Products

Air Products verfolgt weltweit eine Strategie unter dem Titel „Deliver the Difference“. Diese beschreibt, dass sich das Unternehmen das ehrgeizige Ziel gesetzt hat, das beste Unternehmen zu sein, für das sich die Mitarbeiter entscheiden, und das beste Unternehmen für Kunden und Anteilseigner. Die

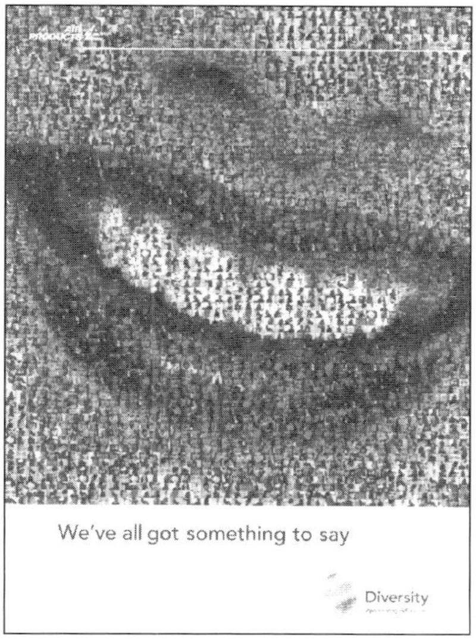

Abb. 24: Air-Products-Motiv „We've all got something to say" (Quelle: Air Products)

Strategie basiert auf dem Engagement der MitarbeiterInnen. Nur mit deren Enthusiasmus und ihrer Einzigartigkeit kann Air Products auch in Zukunft erfolgreich sein. Die Kundenbeziehungen sollen dadurch gekennzeichnet sein, dass AP das bestmögliche Verständnis für Kundenbedürfnisse aufbringt und die nötige Innovationskraft aufweist. Die Anteilseigner sollen dadurch gebunden werden, dass Rendite- und Wachstumsziele erreicht werden. Diversity stellt einen festen Bestandteil dieser Strategie dar. Dies wird durch die Diversity-Vision illustriert: „Air Products bietet ein Arbeitsumfeld, in dem Sie sich voll entfalten können und so wertgeschätzt werden, wie Sie sind." Das Anstreben dieser Vision unterstützt direkt die oben genannte Strategie, deren Kern die Belegschaft mit ihren Fähigkeiten darstellt.

Diversity Awareness Workshops

Zentraler Bestandteil der Umsetzung von Diversity sind Diversity Awareness Workshops, an denen alle MitarbeiterInnen von Air Products teilnehmen. Bis Mitte 2003 haben bereits 14.000 MitarbeiterInnen weltweit diese Gelegenheit wahrgenommen.

Das Training wurde in den USA konzipiert und zunächst dort durchgeführt. Anschließend erfolgte eine Anpassung an die Region „Europa" (teilweise Nicht-EU-Länder). Dabei folgt der Diversity Awareness Workshop einem paneuropäischen Ansatz. Charakteristisch dafür ist die Beibehaltung wesentlicher Kernelemente, insbesondere zentraler Lernkonzepte, über alle Regionen und Länder (weltweit) hinweg, bei gleichzeitiger Modifikation mit Blick auf regionale oder nationale Besonderheiten, z. B. mit Blick auf Reihenfolge, Darstellungen oder Sprachwahl. In Europa koordinierte ein Senior Project Manager die gesamte Umsetzung von Diversity in allen 15 Ländern, in denen Air Products tätig ist. Er stellte gleichzeitig die Brücke zur globalen Ebene (Muttergesellschaft in den USA) dar.

Bevor alle MitarbeiterInnen am Diversity Awareness Workshop teilnehmen konnten, wurde zunächst in allen Ländern das jeweilige Top-Management aller Geschäftsbereiche in die Umsetzung des Trainings einbezogen. Die

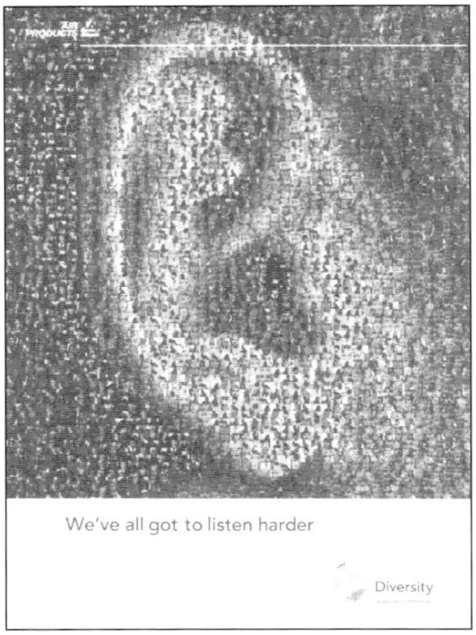

Abb. 25: Air-Products-Motiv „We've all got to listen harder" (Quelle: Air Products)

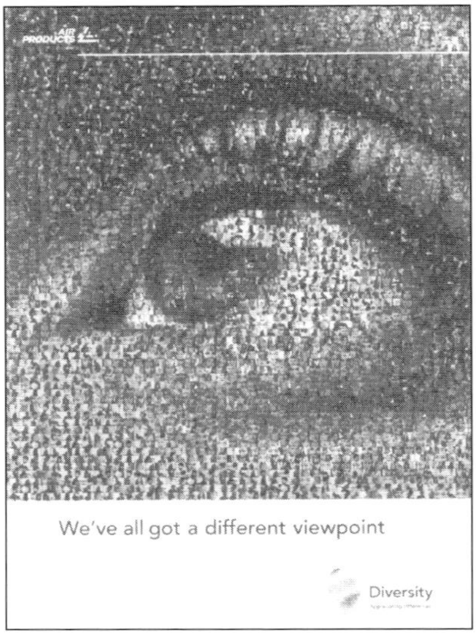

Abb. 26: Air-Products-Motiv „We've all got a different viewpoint" (Quelle: Air Products)

ManagerInnen erhielten ein spezielles zwei- bis dreitägiges Training und arbeiteten die Bezüge zu ihren jeweiligen Geschäftsstrategien heraus. Die folgende zeitliche und räumliche Umsetzung orientierte sich an nationalen Erfordernissen und Rahmenbedingungen. Insgesamt wurde so erreicht, dass der verpflichtende Roll-out dieses Trainings als Mehrwert, als Bestandteil des Kerngeschäfts und als Umsetzung der Konzernphilosophie „Deliver the Difference" gesehen wurde.

Die Durchführung der Diversity Awareness Workshops erfolgt mit Unterstützung nationaler externer Diversity-Spezialisten und interner Trainer. Das Ziel der Workshops bestand darin, Bewusstsein für Diversity zu schaffen. Daher gehörten zu den inhaltlichen Eckpunkten des Trainings: Wahrnehmung, die Vielfalt von Diversity, das Erleben von Anderssein und Gruppenzugehörigkeit, kulturelle Prinzipien mit Blick auf die Gruppendynamik in multikulturellen Umfeldern, persönliche Vorurteile, organisationale Präferenzen sowie der Akkumulationseffekt. Als Instrumente für den Workshop dienten Einzelübungen, Gruppenübungen, Simulationen, Videos und Diskussionen in der Gesamtgruppe. In jedem Training präsentierte ein Mitglied des Top-Managements seine persönliche Sichtweise von Diversity. Auf Basis der Bewusstseinsschaffung für Diversity endeten die Veranstaltungen mit konkreten Maßnahmen-Planungen sowohl für das Unternehmen als auch für die einzelnen TeilnehmerInnen.

Um die Inhalte der Workshops im Anschluss an Veranstaltungen erneut aufzugreifen und weiter zu vertiefen, wurden diese zusätzlich über weitere

Instrumente kommuniziert. Gesprächsrunden verdeutlichten die globale Umsetzung von Diversity, regelmäßige Artikel in Mitarbeiterzeitschriften beschrieben den Diversity-Prozess und konkrete Diversity-Folgeprojekte. Das Intranet diente dazu, spezifische Informationen zu geben und lokale Ansprechpartner zu benennen. Von herausragender Bedeutung war ein Poster in drei Varianten, welche drei der Kernbotschaften der Trainings im ganzen Unternehmen präsent halten: „We've all got something to say – We've all got to listen harder – We've all got a different viewpoint". Die Besonderheit der Motive besteht in ihrer Zusammensetzung aus vielen kleinen Individualbildern von Menschen. Dadurch wird deutlich, dass die richtige Kombination von Vielfalt zu einem größeren gemeinsamen Erfolg führt.

Die Diversity Awareness Workshops stellten den ersten Schritt einer Kulturveränderung dar, die darauf abzielt, das Unternehmen mit der Strategie „Deliver the Difference" auch in der Zukunft erfolgreich zu führen.

Ein solcher Trainingsansatz, der alle Führungskräfte und die gesamte Belegschaft einbezieht, bildet eine Verbindung von Top-down- und Bottom-up-Einführung. Auch das folgende Beispiel zeigt, wie effektiv die Verbindung von Top-down-Elementen und breiten Bottom-up-Ansätzen ist.

Fallstudie UBS: Der Aufbau einer Diversity-Kultur in einer globalen Organisation – die Bedeutung der Einbeziehung oberer Führungskräfte

von Jamie Parilla

Einführung

Menschen bilden das wichtigste Kapital der UBS und in einem globalen Geschäftsumfeld sind unterschiedliche Herkünfte und Kulturen entscheidend für den Erfolg. Seit 2002 verfolgt die UBS unter Leitung von Dr. Mona Lau, Group Head of Diversity, ein Drei-Phasen-Modell zur Weiterentwicklung einer vielfältigen Belegschaft.

Diese Fallstudie fokussiert auf die erste Phase: Bewusstsein, insbesondere die Entwicklung eines Verständnisses für Diversity und die Auswirkungen auf das UBS-Geschäft sowie den Aufbau einer weltweiten Supportstruktur für Diversity, die Einbindung der oberen Führungskräfte und die Rolle der strategischen Kommunikation. Um den weltweiten Erfolg sicherzustellen, entwickelte Dr. Lau einen regional flexiblen Ansatz, der die Unterschiede auf den Arbeitsmärkten sowie kulturelle Einflüsse auf das Verständnis von Diversity berücksichtigt.

Die Einbindung von oberen Führungskräften

Mit der Unterstützung des damaligen CEO von UBS, Peter Wuffli, bezog Dr. Lau Führungskräfte aus allen Geschäftsbereichen in die Umsetzung von Diversity ein. Dazu bereiste sie alle Regionen, in denen UBS tätig ist, beantwortete die Fragen von Führungskräften in Einzelgesprächen und informierte über Umsetzungsmöglichkeiten und Vorteile von Diversity. Damit sicherte sie sich die Unterstützung des oberen Managements.

Regionale Diversity Boards: Zusammenstellung und Aufgabe

Regionale Diversity Boards (RDBs) bilden die Struktur zur Verankerung von Diversity in den Regionen. Von 2003 bis 2005 wurden zehn RDBs in Asien, Australien, Frankreich, Deutschland, Italien, Japan, Spanien, der Schweiz, England und den USA eingerichtet. Diese setzen die globale Diversity-Strategie mit Blick auf relevante Aspekte des Arbeitsmarktes regional um. Den Vorsitz hat jeweils ein hochrangiger Linienmanager inne. Die Mitglieder sind Führungskräfte aus unterschiedlichen Geschäftsfeldern und dem HR-Bereich. Dr. Lau ist Mitglied jedes RDBs und gibt Erfahrungen weiter. Die RDBs legen in regelmäßigen Treffen ihre jährlichen Prioritäten anhand regionaler Erfordernisse fest. Die Vorsitzenden der RDBs kommen einmal jährlich mit dem CEO und dem Group Head of Diversity zusammen, um die Fortschritte und die künftigen Ziele zu besprechen.

Die Definition von Diversity

Angesichts regional unterschiedlicher Interpretationen von Diversity sah Dr. Lau die Notwendigkeit für eine allseits akzeptierte Definition. Die UBS entwickelte ein umfassendes Verständnis für Diversity, das die verschiedenen Hintergründe, Kulturen und Perspektiven berücksichtigte. Konkret umfasst die Definition von Diversity eine Bandbreite von unterschiedlich sichtbaren Faktoren, wie Geschlecht, Ethnie, Alter oder Behinderungen, zu weniger sichtbaren bis unsichtbaren Faktoren, wie sexueller Orientierung, Religion, Nationalität oder Denkweisen.

Die Kommunikation von Diversity an die Belegschaft

Dr. Lau erkannte, dass die direkte Kommunikation der Diversity-Ziele und Vorgehensweisen an alle Beschäftigten erforderlich war, um eine Integration des Themas in den Alltag zu erreichen. Gemeinsam mit der Unternehmenskommunikation integrierte sie Diversity-Inhalte in die Kommunikation der Führungskräfte, z. B. deren E-Mails, Präsentationen oder Reden. Sie übernahm zahlreiche Vorträge selbst und wurde dabei stets von oberen Führungskräften angekündigt.

Weitere Kommunikationskanäle wie das Intranet oder ein vierteljährliches Group Diversity Executive Update dienten dazu, Diversity im Unternehmen zu verbreiten. In Kombination mit der persönlichen Interaktion mit Führungskräften wurde so das Verständnis und die Überzeugung für Diversity quer über alle Ebenen hinweg gefestigt.

Schlussfolgerungen

Der erfolgreiche Abschluss der ersten Phase hat für UBS den Grundstein für die Fortsetzung gelegt, in der Diversity in tägliche Arbeitsprozesse wie Recruiting, Performance Management und Talent Management integriert wird. In der dritten Phase wird Diversity zu einem dauerhaften Bestandteil der Unternehmenskultur von UBS. Dies erfordert eine persönliche Identifikation, Verantwortlichkeit der Linien-Manager und die erfolgreiche Verknüpfung von Diversity mit dem Kerngeschäft. Heute stellt Diversity einen wichtigen Teil unserer Kultur dar.

6.2.2 Einführung bottom-up

Das Verhalten und der Umgang in der Belegschaft bestimmen zu einem großen Teil die Unternehmenskultur. Mit dem Ziel, diese weiterzuentwickeln, streben daher Instrumente der Bottom-up-Einführung einerseits die Einbindung und Einbeziehung der MitarbeiterInnen in den Veränderungsprozess an. Effektive Maßnahmen hierzu sind vor allem Trainings und die Mitarbeiterkommunikation. Andererseits bestehen in Organisationen, die monokulturelle Anzeichen aufweisen, ungleiche Chancen für Angehörige von Insider- und Outsider-Gruppen. Daher zielen weitere Instrumente der Bottom-up-Einführung darauf ab, tendenziell benachteiligten Gruppen vergleichbare Unterstützungsstrukturen zur Verfügung zu stellen, wie sie Insider-Gruppen (unbewusst) selbstständig aufbauen und unterhalten. In diesem Zusammenhang sind vor allem Mitarbeiter-Netzwerke und das Mentoring zu nennen. Natürlich existieren auch Maßnahmen, die verschiedene dieser Aspekte miteinander kombinieren und zudem Elemente der Top-down-Einführung beinhalten. Dies zeigt die folgende Fallstudie.

Fallstudie Ford-Werke AG:
Interne Auszeichnung für vorbildliches Verhalten

Ford zeichnet das Engagement der Mitarbeiterinnen und Mitarbeiter für Diversity aus.

Diversity ist bei Ford in Europa seit 1996 fester Bestandteil der allgemeinen Geschäftsstrategie. Die Definition von Diversity bei Ford ist weit gefasst und schließt alle Unterschiede der Mitarbeiterinnen und Mitarbeiter ein; also sichtbare und nicht sichtbare wie Alter, Geschlecht, Hautfarbe, Nationalität, Behinderung, Religion, sexuelle Identität oder Herkunft. Seit langem engagieren sich Mitarbeiterinnen und Mitarbeiter im Rahmen zahlreicher Diversity-Aktivitäten oder innerhalb sogenannter Mitarbeiternetzwerke. Um dieses Engagement und die herausragenden Leistungen einzelner Mitarbeiterinnen und Mitarbeiter oder auch ganzer Gruppen wertzuschätzen und als Vorbild hervorzuheben, ist die Ford-interne Auszeichnung „Chairman's Leadership Award for Diversity" (CLAD) im Jahr 2008 bereits zum achten Mal verliehen worden.

Die Auszeichnung wird einmal jährlich in feierlichem Rahmen vom Chairman und CEO, Ford of Europe, mit Teilnahme des europäischen Senior Managements übergeben. Sie würdigt Mitarbeiterinnen und Mitarbeiter aller Unternehmensbereiche, die sich mit ihren Leistungen und Verhaltensweisen um die Weiterentwicklung und Wertschätzung von Diversity im Unternehmen und das positive Miteinander der Kulturen im Arbeitsalltag verdient gemacht haben. Der Preis ist Ausdruck des Grundsatzes, dass alle im Hinblick auf Diversity-Themen Vorbild sein können – unabhängig von der Funktion im Unternehmen. Aber nicht nur große Projekte werden honoriert. Auch kleine Aktionen können einen großen Einfluss haben, beispielsweise wenn freiwillige Unterrichtsstunden für Kinder abgehalten werden, deren Muttersprache nicht Deutsch ist. Die Nominierungen können sich sowohl auf ein spezifisches Projekt als auch auf eine Aktionsreihe beziehen.

Die Nominierung kann in unterschiedlichen Kategorien erfolgen und bezieht sich auf außerordentliche Leistungen, die im Laufe des letzten Jahres erfolgten. Die folgenden Preiskategorien stehen Mitarbeiterinnen und Mitarbeiter aller Unternehmensbereiche offen:

- beispielhaftes Engagement,
- besonderer Einsatz für eine vielfältige Belegschaft,
- Schaffung eines respektvollen und integrativen Arbeitsumfeldes,
- besonderer Einsatz für ein flexibles Arbeitsleben,
- Förderung externer Partnerschaften.

Es können sowohl Einzelpersonen als auch Teams nominiert werden. Die Nominierungsformulare sowie Erläuterungen zum Nominierungsprozess sind über das Intranet bzw. die jeweiligen Personalabteilungen in den Werken erhältlich.

Die unabhängige CLAD-Jury, die sich aus Ford-Managerinnen und Managern verschiedener Funktionen und europäischer Länder zusammensetzt, beurteilt die eingegangenen Nominierungen, die aus allen Teilen der Belegschaft und Europas kommen. In der Vielzahl und der unterschiedlichen Herkunft dieser Nominierungen spiegeln sich sowohl die Auseinandersetzung mit dem Thema Diversity als auch das Interesse und die Verbreitung im Unternehmen wider. Im Jahr 2008 sind 80 Nominierungen für Einzelpersonen oder Teams eingegangen. Anhand festgelegter Kriterien erfolgt die Auswahl von drei Preisträgerinnen bzw. Preisträgern in jeder der fünf Kategorien.

Durch die kontinuierliche Zunahme eingehender Nominierungen wird deutlich, dass der CLAD in den letzten Jahren an Bekanntheit gewonnen hat. Die

Mitarbeiterinnen und Mitarbeiter sind stolz auf ihre Auszeichnung, die in vielen Fällen sichtbar am Arbeitsplatz aufgestellt wird. In einer Sonderveröffentlichung der unternehmenseigenen Zeitschrift „@Ford" zum CLAD werden alle Nominierten genannt und deren Leistung beschrieben.

Einige Beispiele für CLAD-Preisträger:

- Ein Team der in Großbritannien aktiven Mitarbeitergruppe „Ford African Ancestry Network" (FAAN) erhielt für seine aktive Unterstützung von Diversity bei Ford und seinen Beitrag zu Unternehmensstrategien wie Markenpräsenz bei Zielgruppen und bürgerschaftliches Engagement eine Auszeichnung.
- Die Ausbilder der Lehrwerkstatt in Köln erhielten für ihr vorbildliches Engagement bei der Integration von Auszubildenden mit Migrationshintergrund einen CLAD-Award. Für dieses vorbildliche Konzept wurde die Ford-Werke GmbH beim Bundeswettbewerb „Kulturelle Vielfalt in der Ausbildung" in der Kategorie der großen Unternehmen ebenfalls mit dem ersten Platz ausgezeichnet.
- Die „Disability Action Group" aus Großbritannien erhielt für ihre Unterstützung von Menschen mit Behinderung sowie ihre Aufklärungsarbeit einen CLAD-Award.
- Das „Ford Financial Team" aus Russland wurde für die Implementierung von flexiblen Arbeitszeiten, die sowohl die Bedürfnisse der Mitarbeiterinnen und Mitarbeiter als auch die Anforderungen des Unternehmens berücksichtigen, ausgezeichnet.

Der „Chairman's Leadership Award for Diversity" gewinnt für die Mitarbeiterinnen und Mitarbeiter bei Ford in Europa immer mehr an Bedeutung. Darüber hinaus wird dem Senior Management durch den direkten Kontakt mit den Nominierten und Preisträgern vermittelt, wie sich das Engagement für Diversity in der Belegschaft darstellt und entwickelt.

In Anknüpfung an das im vorigen Abschnitt vorgestellte Top-down-Instrument „Führungskräfte-Workshops" sollen an dieser Stelle Diversity Trainings näher betrachtet werden. Wie bei der Entwicklung anderer Weiterbildungsmaßnahmen kommen Überlegungen zu folgenden Aspekten zum Tragen:

- Trainingsbedarfsermittlung auf Basis der vorgenommen Ist-Analyse,
- Auswahl der TeilnehmerInnen und geeignete Zusammensetzung der Gruppen unter Berücksichtigung der entwickelten Diversity-Strategie,
- Auswahl der Trainingsinhalte und -methoden mit Blick auf die Ausgangssituation und die Zielsetzungen, die Diversity verfolgt,

- Auswahl der TrainerInnen unter Berücksichtigung ihrer Diversity-Expertise,
- Erfolgskontrolle mittels geeigneter Output-Übungen und Evaluations-Abfragen.

Zwei häufige Arten von Diversity Trainings wurden bereits erwähnt: Bewusstmachungs-Workshops (Awareness Training) und Kompetenz-Ausweitungs-Workshops (Skill Building Training).

Awareness Trainings gehen von der Annahme aus, dass vielen Organisationsmitgliedern das Ausmaß an Vielfalt im Unternehmen nicht bewusst ist und sie bisher keine Benachteiligungen aufgrund des Vorhandenseins eines bestimmten Merkmals bzw. aufgrund der Zugehörigkeit zu einer bestimmten Gruppe erkennen. In den Trainings sollen die TeilnehmerInnen daher:

- „erkennen, welche Bedeutung Managing Diversity für den Erfolg der Organisation haben kann,
- Kenntnisse über die derzeitige und zukünftige Zusammensetzung der Beschäftigten erwerben,
- für das Vorhandensein von Vielfalt – auch jenseits der ‚klassischen' Merkmale wie ethnische Zugehörigkeit oder Geschlecht – sensibilisiert werden,
- sich darüber bewusst werden, welche Werte und Einstellungen sie gegenüber anderen Menschen haben und wie diese ihr Verhalten beeinflussen,
- erkennen, welche Rolle ‚Andersartigkeit' in ihrem Arbeitsumfeld spielt und zu welchen Benachteiligungen sie führt" (Emmerich/Krell 1998).

Skill Building Trainings vermitteln den TeilnehmerInnen konkrete Fähigkeiten, die für die Zusammenarbeit in einer heterogenen Belegschaft und im Geschäftskontakt mit einer heterogenen Umgebung erforderlich sind. Daher sollen die TeilnehmerInnen als Folge des Trainings:

- ihre Kommunikation mit Menschen anderer kultureller Zugehörigkeit verbessern,
- effektiver mit auftretenden Konflikten umgehen,
- flexibel agieren, um hinsichtlich sich verändernder Bedingungen anpassungsfähig zu bleiben.

Skill Building Trainings können TeilnehmerInnen in ihrem individuellen Veränderungsprozess als Beitrag zu einer Diversity-Kultur unterstützen und unmittelbar zur Steigerung des Erfolges einer Organisation beitragen, wie das folgende Fallbeispiel zeigt.

Fallstudie Senatsverwaltung Berlin: Berlin – Stadt der Vielfalt

Berlin – Stadt der Vielfalt ist ein EU-Projekt, in dem Mitarbeiterinnen und Mitarbeiter der Berliner Verwaltung für den Umgang mit unterschiedlichen Menschen sensibilisiert wurden. Dieses „Managing Diversity"-Konzept hat das Ziel, auf allen Ebenen der Verwaltung eine Organisationsstruktur zu entwickeln, in der die Vielfalt unter den Mitarbeiterinnen und Mitarbeitern sowie gegenüber den Kunden als Bereicherung empfunden wird. Ziel ist, dass so Dienstleistungen in der Verwaltung bedarfsgerecht den spezifischen Kundengruppen (Frauen, Behinderten, Lesben und Schwulen, alten Menschen, Migranten usw.) angeboten werden können.

Hintergrund

Zur Umsetzung der EU-Richtlinien (EU-Richtlinie 2000/43/EG vom 29.6.2000, EU-Richtlinie 2000/78/EG vom 27.11.2000) für Gleichbehandlung ohne Unterschied der Rasse oder der ethnischen Herkunft und für die Gleichbehandlung im Beruf wurde die Bundesrepublik wie alle Mitgliedsländer verpflichtet, Antidiskriminierungsgesetze zu erlassen. Zur Begleitung des Umsetzungsprozesses hat die EU-Kommission ein Aktionsprogramm zur Anerkennung der Vielfalt, zur Förderung der Gleichbehandlung von Minderheiten und zum Abbau von Diskriminierungen verabschiedet. Damit sollen die öffentlichen Behörden über den Inhalt der Richtlinie informiert und durch spezifische Maßnahmen sensibilisiert werden.

In diesem Sinne wurde vom Centre Européen Juif d'Information (CEJI) in Brüssel und vom Northern Ireland Council for Ethnic Minorities (NiCEM) in Belfast ein Diversity-Projekt entwickelt, das in drei europäischen Städten Belfast (Nordirland), Altea (Spanien) und Berlin umgesetzt wurde (www.ceji.org und www.nicem.org.uk). Für die Koordination und Umsetzung in Berlin trägt das Büro des Integrations- und Migrationsbeauftragten des Senats die Verantwortung und wird unterstützt durch die Nichtregierungsorganisationen Eine Welt der Vielfalt e. V., LesMigraS e. V., KomBi e. V., Bund gegen ethnische Diskriminierung in der Bundesrepublik e. V. und Türkischer Bund in Berlin-Brandenburg e. V. Die verwaltungsinterne Steuerungsrunde setzt sich aus Vertretern der Fachverwaltungen, dem Landesbeauftragten für Behinderte, den Frauenvertreterinnen der Senatsverwaltungen, einem Vertreter des Fachbereichs für gleichgeschlechtliche Lebensweisen und aus einer Vertreterin von Eine Welt der Vielfalt e. V. zusammen. In Berlin nahmen im Jahr 2004 die obersten Landesbehörden für Gesundheit und Soziales sowie für Bildung und Jugend als Modellverwaltungen an dem Programm teil.

Rechtliche Grundlagen

Vorgaben für die Umsetzung des Projektes „Berlin – Stadt der Vielfalt" sind:

- der Artikel 13 des Europäischen Gemeinschaftsvertrages (Vertrag zur Gründung der Europäischen Gemeinschaft vom 7.2.1992 in der Fassung vom 2.10.1997, § 13 Amsterdamer Vertrag vom 1.5.1999),
- der § 18 der gemeinsamen Geschäftsordnung für die Berliner Verwaltung,
- ein Beschluss des Berliner Senats (Senatsbeschluss 537/37 vom 12.9.2000), der Maßnahmen gegen Rechtsextremismus, Fremdenfeindlichkeit und Antisemitismus fordert,
- die Koalitionsvereinbarung (Koalitionsvereinbarung zwischen SPD und PDS für die 15. Legislaturperiode), gemäß der die Verwaltung eine interkulturelle Ausrichtung vorantreiben soll, insbesondere durch Fort- und Weiterbildungsmaßnahmen.

Instrumente zur Umsetzung der Qualifizierungsmaßnahmen

Zunächst wurde anhand einer Bedarfsanalyse der Kenntnisstand der Akteure in der Verwaltung über die Vielfalt und Gleichbehandlung von Minderheiten erhoben und eine dazu angepasste Qualifizierungsmaßnahme vorbereitet. Die Qualifizierungsmaßnahme geht von einem Top-down-Prinzip aus, d. h. zunächst wurden die obersten Entscheidungsträger der Modellverwaltungen, z. B. Staatssekretäre, Abteilungs- und ReferatsleiterInnen angesprochen, daran teilzunehmen. In Form von Einzelinterviews, Fokusgruppen und Fragebogen wurden Daten erhoben und für die Qualifizierung ausgewertet. Die anschließende dreitägige Qualifizierungsmaßnahme beinhaltete dann folgende Teilziele:

- Informationsvermittlung zu den europäischen Antidiskriminierungsrichtlinien,
- Sensibilisierung für die Themen Gleichbehandlung, Diskriminierung und Vielfalt innerhalb der Berliner Bevölkerung (Diversity Awareness),
- Aufzeigen und Trainieren von Handlungsmöglichkeiten in Fällen von Diskriminierungen,
- Befähigung zur Erfüllung ihres gesetzlichen Mandats in Hinblick auf Gleichbehandlung und Abbau von Diskriminierungen.

Weitere Entwicklungen und Beispiele

Das Land Berlin befindet sich derzeit in einem umfassenden Diversity-Umsetzungsprozess. Als übergeordnetes Ziel strebt das Land Berlin eine Diversity-sensible bzw. -kompetente Verwaltung an. Dazu lautet die Vorgabe aus der Koalitionsvereinbarung (2006): „Die Koalition wird in der kommenden Legislaturperiode Diversity-Richtlinien für den Öffentlichen Dienst entwickeln. Damit drückt der Senat seine Wertschätzung für die Mitarbeiterinnen und Mitarbeiter aus und ist beispielgebend für andere Arbeitgeber der Stadt."

Am 17.12.2007 trat das Land Berlin der Charta der Vielfalt bei und hat sich damit u. a. verpflichtet, „seine Personalprozesse zu überprüfen und sicherzustellen, dass diese den vielfältigen Fähigkeiten und Talenten aller Beschäftigten (Diversity Management) sowie dem Leistungsanspruch der Berliner Verwaltung gerecht werden".

Die Berliner Verwaltungsakademie führt regelmäßig Diversity-Seminare durch und bildet MultiplikatorInnen aus, die in ihren Verwaltungen den Diversity-Gedanken weitergeben. Parallel dazu führt z. B. der Polizeipräsident ein präventiv ansetzendes Projekt „Diversity und Gesundheitsmanagement" in seiner Verwaltung durch.

Seit 2007 arbeitet in der Berliner Senatsverwaltung die Landesstelle für Gleichbehandlung gegen Diskriminierung (www.berlin.de/lb/ads/) mit dem strategischen Ziel: „Förderung einer Kultur der Wertschätzung von Vielfalt und gegen Diskriminierung". Dabei sensibilisiert die Landesstelle als Querschnittsaufgabe Gesellschaft, Verwaltung und Politik zum Thema Diversity.

Mit diesen aufgezählten Maßnahmen beginnt eine Übertragung des Diversity-Ansatzes als politische Strategie in den gesellschaftlichen Bereich.

Perspektivwechsel

Lange bezog sich die Verwaltung in ihrem Handeln auf eine anscheinend homogene Bevölkerung. Tradierte Normvorstellungen werden nun in Frage gestellt. Derzeit beginnt ein Perspektivwechsel von einem defizitorientierten Minderheitsansatz zu einem ressourcenorientierten, zielgruppenübergreifenden Diversity-Ansatz, der die Kompetenzen und Potenziale aller Beteiligten einbezieht. Diversity ist Einstellungssache und verlangt innere Überzeugung. Es geht dabei darum, Verschiedenheit gerade nicht als Problem zu sehen, sondern als Ressource zu nutzen. Vielfalt bedeutet Stärke und ist als Bereicherung zu verstehen. Dazu ist es wichtig, stets darauf zu achten, dass in allen Entscheidungen der Verwaltung die Vielfalt als Programmatik einzubeziehen ist, nach innen in der Personalpolitik, wie auch nach außen, z. B. im Rahmen der Dienstleistungen für die Bürger. Es ist Zeit, dass alle Verwaltungen in Deutschland der gesellschaftlichen Realität endlich gerecht werden und den Ansatz der Vielfalt als Querschnittsaufgabe sehen und umsetzen. In Folge dessen wird es zu funktions- und hierarchieübergreifenden Perspektiven kommen, die neue Dienstleistungspotenziale freisetzen werden. Zu hoffen bleibt, dass die Verpflichtung, die sich aus dem EU-Recht ergibt, mittelfristig für alle Behörden in Deutschland als Chance und eigenes Potenzial gesehen wird und z. B. in Leitsätze und Zielvereinbarungen zwischen der Verwaltung, Institutionen und Politik einfließt. Wenn es um gegenseitigen Respekt, Akzeptanz und vor allem Wertschätzung von verschiedenen Minderheiten in unserer Gesellschaft geht, haben öffentliche Verwaltungen die Pflicht, eine Vorreiterrolle einzunehmen.

Zwei weitere Beispiele aus dem Bereich Training zeigen einen themenspezifischen Ansatz und einen zielgruppenspezifischen Ansatz bei der Qualifizierung von Beschäftigten oder Führungskräften.

So fördern Genderspeak-Workshops bei BP die effektive Kommunikation und Zusammenarbeit zwischen Männern und Frauen. Die eintägigen Trainings, an denen stets so viele Männer wie Frauen teilnehmen, sollen eine Arbeitsatmosphäre schaffen, in der Männer wie Frauen gerne und effektiv miteinander arbeiten. Die Reflexion der unterschiedlichen Kommunikationsstile von Männern und Frauen fördert das Verständnis und die Wertschätzung für die „Kultur" des jeweils anderen Geschlechts. Die Workshops wecken zusätzlich das Bewusstsein für Unterschiede zwischen Männern und Frauen, z. B. hinsichtlich Teamarbeit, Verhalten in Meetings oder Sprech- und Führungsstil. BP berichtet beispielsweise davon, dass die meisten Frauen eine flache Organisationsstruktur bevorzugen, während sich Männer tendenziell in einer klaren Hierarchie wohler fühlen. Frauen seien eher prozessorientiert, Männer hingegen eher zielorientiert, so eine weitere Feststellung.

Fallstudie Daimler: Aus der Praxis. Die Daimler AG fördert mit Diversity Workshops den offenen Dialog speziell in der Fahrzeugproduktion – Teamgeist und Motivation steigen.

von Jasmin Lucy

Für die Daimler AG zählt Diversity Management zu den wichtigsten Aufgaben, weil es unternehmerisch und sozial sinnvoll, ja notwendig ist. Aus diesem Grund hat Daimler als eines der ersten Unternehmen in Deutschland die Charta der Vielfalt unterzeichnet. „Daimler und Diversity gehören zusammen", sagt Dr. Dieter Zetsche, Vorstandsvorsitzender der Daimler AG.

Um Diversity Management dauerhaft im Konzern zu verankern, hat der Daimler Vorstand im Jahr 2005 eine Organisation geschaffen, die das Thema konzernweit bearbeitet. Das Global Diversity Office unter Leitung von Ursula Schwarzenbart legt die strategische Ausrichtung des Diversity Managements bei Daimler und die entsprechenden Maßnahmen zur Einführung und Vertiefung fest. Die Daimler Führungskräfte und Personalmanager aller Geschäftsfelder setzen die Maßnahmen in ihren Bereichen um. Auf diese Weise möchte das Unternehmen nachhaltig die Art und Weise beeinflussen, wie es das Geschäft betreibt – nach innen und in der Öffentlichkeit.

Die Daimler AG verfolgt dabei ein anspruchsvolles Ziel: Bis 2010 will das Unternehmen zu den angesehensten Automobilunternehmen für Diversity

Management gehören. Im ersten Schritt hat sich die Daimler AG auf die gezielte Förderung von Frauen („Gender Diversity") im Unternehmen konzentriert. Nach drei Jahren Diversity Management ist die Basis gelegt für die Akzeptanz von mehr Frauen im Management. Durch eine Reihe von Maßnahmen, wie beispielsweise Diversity Workshops in allen Geschäftsfeldern, die konsequente Umsetzung von Zielkorridoren und das konzernweite TANDEM Mentoring-Programm für Führungsfrauen konnte in den vergangenen Jahren der Anteil an Frauen in leitenden Führungspositionen um ein Prozent pro Jahr gesteigert werden. Diversity braucht einen langen Atem. Dennoch ist es ein weiteres ehrgeiziges Ziel des Unternehmens, bis 2020 20 % der leitenden Führungspositionen mit Frauen zu besetzen. Ende 2007 lag der Anteil an Frauen in den leitenden Führungsebenen des Unternehmens bereits bei knapp unter 8 %.

Abb. 27: Fingerprint (Quelle: Daimler)

Diversity bedeutet für Daimler jedoch mehr als die Förderung von Frauen in Führungspositionen. Nicht umsonst hat das Unternehmen schon zu Beginn des Diversity Management im Jahr 2005 mindestens 42 Aspekte von Vielfalt zur Definition des Diversity-Begriffs diskutiert, um schlussendlich alle leistungsorientierten Talente im Unternehmen zu integrieren. Die demografische Entwicklung, die längeren Lebensarbeitszeiten und die Internationalität des Automobilgeschäfts hat Daimler nun zum Anlass genommen, um bereits ab Herbst 2008 weitere Diversity-Management-Ansätze aufzugreifen. Zusätzlich zu Gender Diversity werden die Dimensionen „Internationalisierung" und „Generationenmanagement" das Unternehmen beschäftigen. Daimler ist überzeugt, dass Diversity Management letztlich nur gelingen kann, wenn am Ende alle Diversity-Dimensionen eine entsprechende Berücksichtigung finden und zielgerichtet für den unternehmerischen Erfolg eingesetzt werden.

Einen wesentlichen Baustein der Daimler Diversity Strategie bilden die für alle Führungskräfte des Konzerns angebotenen Diversity Workshops. Neben Erläuterungen zu Diversity und dem Allgemeinen Gleichbehandlungsgesetz (AGG) diskutieren die Workshop-Gruppen vor allem konkrete Fallbeispiele aus dem täglichen Arbeitsleben. So geht es um Situationen, in denen es unter anderem den Umgang mit Vielfalt in Bezug auf Alter, Geschlecht, Sexualität, Behinderung, ethnische Minderheiten und andere Aspekte von Diversity zu meistern gilt. Vor allem verdeutlichen die Seminare: Die Vielfalt der Belegschaft ist – wenn sie richtig gemanagt wird – ein Gewinn für das Unternehmen.

Um auch die Meisterinnen und Meister in ihrer Führungsaufgabe in Bezug auf Diversity Management zu unterstützen, hat sich Daimler entschieden, die Workshops spartenübergreifend zu einem zentralen Baustein des internen Qualifizierungsprogramms in der Fahrzeugproduktion zu machen. Die Zusammenarbeit über vielfältige kulturelle oder ethnische Hintergründe sowie mehrere Arbeitsgenerationen hinweg ist insbesondere in der Produktion ein Thema, denn hier ist die Belegschaft sehr vielfältig zusammengesetzt und Meisterinnen und Meister stehen täglich vor den unterschiedlichsten Führungsherausforderungen. Bernd Wanner, Center-Leiter der Lackierung im Mercedes-Benz-Werk Sindelfingen, berichtet zum Beispiel: „Bei uns arbeiten 32 Nationen. Wir nutzen zwar die Arbeitskraft, aber oftmals nicht ausreichend die Vielfalt dahinter. Integration – nicht nur bloßes Zusammenbringen – ist erforderlich, um qualitativ hochwertige Autos zu produzieren.“ Sein Kollege Ralph Lambright bekräftigt: „Bei uns arbeiten Frauen und Männer verschiedener Nationalitäten, Altersgruppen und Religionen. Da sind Offenheit, Fairness und Toleranz im Umgang miteinander Grundvoraussetzung für eine gelungene Zusammenarbeit.“

Der Erfolg bisheriger Veranstaltungen hat gezeigt: Ein gemeinsames Verständnis von Diversity Management und dessen Nutzen bei Daimler machen es möglich, die Vielfalt der gewerblichen Belegschaft für den Unternehmenserfolg optimal zu nutzen. Gleichzeitig werden der Austausch untereinander und das Zusammengehörigkeitsgefühl gestärkt. Somit kann ein toleranter und fairer Umgang miteinander nachhaltig gefördert werden.

Nach und nach plant das Unternehmen, die Diversity Workshops flächendeckend auf alle Mitarbeiter – Gewerbliche wie Angestellte – auszudehnen. Lambright, Leiter der Logistikabteilung für die Produktion der Mercedes C-Klasse und Sohn eines Amerikaners und einer Deutschen, geht hier bereits heute schon weiter und involviert seine Mitarbeiter direkt: Er hat es sich zur Aufgabe gemacht, als erste Führungskraft im Pkw-Werk Sindelfingen eine Diversity-Schulung für gewerbliche Mitarbeiter zu organisieren. Der Workshop kam so gut an, dass er seit Jahresbeginn flächendeckend im Bereich E-Klasse Montage Innenausbau im Rahmen der Blockpause durchgeführt wird. „Die Mitarbeiter haben gemerkt, dass die Stimmung in der Produktion entscheidend von ihrem eigenen Verhalten abhängt“, betont Lambright.

Daimler ist der Überzeugung, dass die vielfältige Erfahrungswelt unserer Mitarbeiterinnen und Mitarbeiter einen unternehmerischen Mehrwert bringt. Voraussetzung ist es, einen wertschätzenden Umgang miteinander zu gestalten. Auf dieser Basis können gute Ideen, kreative Lösungen und andere Sichtweisen schneller ins Unternehmen getragen werden, um sich letztlich in der Originalität und Qualität unserer Produkte und Leistungen niederzuschlagen.

Eine der bedeutendsten Möglichkeiten der Einbeziehung und Einbindung der Belegschaft im Rahmen der Bottom-up-Einführung besteht in der internen Kommunikation. Häufig entwickeln Unternehmen zu Beginn ihrer Diversity-Einführung spezifische Key Visuals oder Slogans, die das Kernanliegen von Diversity vermitteln. In manchen Fällen entstehen eigene Logos für Diversity oder Diversity & Inclusion. Diese bringen den Vorteil mit sich, dass sie dem Potenzial-Prinzip einen eigenständigen, separaten Charakter im Sinne einer Marke verleihen (Branding). In der weiteren Implementierung kann sich dies aber auch nachteilig auswirken, da Diversity möglicherweise als separate Aktivität einer speziellen Abteilung oder zusätzliche Belastung der Beschäftigten angesehen wird. Unabhängig von der Frage eines eigenständiges Logos bildet die professionelle, strategische Kommunikation von Diversity einen zentralen Erfolgsfaktor bei der Einführung. Die Bandbreite der möglichen Kommunikationskanäle und Instrumente ist dabei weitaus größer als die tatsächlich genutzten Möglichkeiten.

Eine Intranet-Seite, die allen Mitarbeiterinnen und Mitarbeitern zugänglich ist, bildet häufig ein zentrales, verbindendes Instrument der internen Kommunikation. Die weiteren eingesetzten Bausteine verweisen im Allgemeinen auf diese zentrale Ressource. Für interne und externe Veranstaltungen produzieren viele Unternehmen geeignete Informationsmaterialien wie zum Beispiel Flyer zu Diversity, Diversity-Broschüren, Stellwände oder Werbe-Stelen sowie eine ganze Reihe von Give-Aways (Werbeartikeln).

Als Key Visuals für die Kommunikation verwendete zum Beispiel die Deutsche Bank zu Beginn ihrer Diversity-Aktivitäten unterschiedliche Schuhe, später verschiedene Hüte. Die Deutsche Telekom setzt Hände für die Visualisierung von Diversity auf Stellwänden ein und berichtete auf dem Sommerfest des Bundespräsidenten auf einer eigenen Stele über die Diversity-Aktivitäten des Konzerns.

Die Deutsche Bank produzierte zudem Anfang 2003 den Film „Value the Differences“ mit einer Laufzeit von ca. fünf Minuten. Dieser bot anhand von sechs verschiedenen Persönlichkeiten einen subtilen Einblick in die Vielfalt der Diversity-Management-Themen im Arbeitsalltag einer Bank. Der Film ermöglichte vornehmlich im internen Gebrauch den Einstieg in eine Diskussion zum Thema.

Mitarbeiterzeitschriften stellen ein weiteres Standard-Instrument zur Kommunikation von Diversity dar. Nahezu alle erfolgreichen Diversity-Kommunikationsstrategien beinhalten eine Artikelserie als Kernbaustein. Neben den klassischen Themen (Alter, Geschlecht, Migration) bieten sich Konferenzen, Netzwerkaktivitäten, Mentoring-Programme oder Prädikate für eine Berichterstattung an.

Ein Standard-Instrument mit vielfältigen Einsatzmöglichkeiten stellen Diversity-Broschüren dar. Die meisten Broschüren, die in den letzten Jahren produziert wurden, richteten sich an interne Fach- und Führungskräfte sowie an externe ExpertInnen, KandidatInnen sowie Image-relevante Zielgruppen und Analysten. In allen Fällen präsentierten die Unternehmen ihr spezifisches Verständnis von Diversity und erklärten, wie sich das Thema zur Unternehmensidentität sowie zum Kerngeschäft verhält. Die inhaltliche Präsentation variiert von themenzentrierten Ansätzen (Aufteilung nach Geschlecht, Alter, Kultur etc., z. B. bei der Deutsche Post World Net 2007) über strategische Ansätze (Aufteilung nach Vielfalt, Offenheit, Einbeziehung etc., z. B. bei der Deutschen Telekom 2007) bis zu philosophischen Formen der Präsentation. RWE produzierte 2007 eine modular aufgebaute, flexibel einsetzbare Broschüre. Viele weitere größere Unternehmen haben ebenfalls Diversity-Broschüren entwickelt, wie beispielsweise BP, Daimler oder Deutsche Bank. Die Deutsche Telekom illustriert ihre besonders breit angelegten Inhalte anhand einer innovativen Bildgestaltung.

Ein Beispiel für die Entwicklung von Broschüren zu speziellen Diversity-Themen bietet Ford. Das Unternehmen publizierte eine 24-seitige Broschüre zum Thema „Behinderung“ mit dem Titel „Integration“. Aufgezeigt werden Praxisbeispiele der erfolgreichen Integration von Menschen mit Behinderungen bei Ford. Ziel der Broschüre ist es, durch Aufklärungen und Informationen, Vorurteile gegenüber Menschen mit Behinderung abzubauen und die MitarbeiterInnen von Ford zu integrativem Verhalten zu bewegen.

Ein besonderes Beispiel für Mitarbeiterkommunikation bietet die Diversity-Broschüre für Produktionsmitarbeiter bei einem Automobilzulieferer. Die Broschüre zeigt Beispiele für Vielfalt im Alltag und macht dabei die Potenziale von Unterschiedlichkeit deutlich. Die Beispiele der Broschüre wurden mit Ansprechpartnern an verschiedenen Standorten diskutiert und dienen als Anregungen zum Austausch über Vielfalt am Arbeitsplatz.

Faltblätter, die über einzelne Dimensionen von Diversity informieren, sind eine weitere Möglichkeit der internen Kommunikation. Die Schweizerische Bundesbahn (SBB) hat beispielsweise mit PinkRail, einer Fachgruppe, die sich für die Emanzipation und Gleichstellung der lesbischen und schwulen Angestellten der öffentlichen Verkehrsunternehmen der Schweiz einsetzt, ein Faltblatt erstellt, das an alle neu eintretenden Lehrlinge verteilt wird. Das Faltblatt richtet sich an Lesben und Schwule und soll ihnen die Angst vor dem Coming-Out nehmen.

Die Schnittstellen zu anderen Kommunikationsbereichen im Unternehmen (z. B. Sponsoring oder gesellschaftliches Engagement) werden im Rahmen des Mainstreaming in Kapitel 7 darstellt.

Eine weitere Möglichkeit, eine große Gruppe von Menschen zu sensibilisieren und über Diversity zu informieren, bieten Konferenzen und Veranstaltungen. So führte das Bundesministerium für Familie, Senioren, Frauen und Jugend im Europäischen Jahr der Chancengleichheit für alle (2007) eine Serie von regionalen Leuchtturmkonferenzen durch. Um die bundesweit unterschiedlichen Gegebenheiten zu berücksichtigen, wurden insgesamt vier Konferenzen in verschiedenen Regionen abgehalten: in Süd-, Ost-, Nord- und Westdeutschland. Auf den Konferenzen wurden aktuelle Herausforderungen und Entwicklungen der Antidiskriminierungsarbeit diskutiert und die Chancen von Vielfalt ausgelotet. VertreterInnen unterschiedlicher Interessengruppen (entlang aller Kerndimensionen) kamen zusammen und informierten sich über erfolgreiche Maßnahmen aus den jeweils anderen Themenfeldern. Bei den Veranstaltungen gewannen viele TeilnehmerInnen die wichtige Erkenntnis, dass die Mechanismen von Benachteiligung häufig sehr ähnlich verlaufen: Ob Ausgrenzung aufgrund des Alters, des Geschlechts oder einer Behinderung – Vorurteile und Stereotype sind die zentralen Faktoren für Diskriminierung.

Die als Instrument der Bestandsaufnahme bereits genannten Fokusgruppen werden mitunter zu Gesprächskreisen über Diversity ausgebaut. Eine weitere Form der Einbeziehung der Belegschaft zeigt das folgende Beispiel.

Fallstudie SAP: „Die Kunst der Vielfalt" – bei SAP heißt Diversity Management auch die Förderung von Mitarbeiterinitiativen

von Dr. Natalie Lotzmann

„The best-run businesses run SAP" – damit dies auch künftig so bleibt, stellt der weltweit führende Anbieter von Unternehmenssoftware und Dienstleistungen global die talentiertesten und kreativsten Mitarbeiter aus vielen verschiedenen Fachrichtungen zur Entwicklung und Implementierung seiner innovativen Produkte und Services ein. Die über 51.440 Mitarbeiter stammen aus 133 verschiedenen Nationen und spiegeln auch hinsichtlich der meisten anderen Diversity-Dimensionen die Vielfalt der Welt wider. SAP ist stolz auf die Einzigartigkeit, die jeder Mitarbeiter in das Unternehmen einbringt. Die Wertschätzung dieser Vielfalt ist ein integraler Bestandteil der mehrfach ausgezeichneten Unternehmenskultur bei SAP. 2008 wurde die SAP AG bereits zum vierten Mal in Folge von der „Great Place to Work"-Initiative als Deutschlands bester Arbeitgeber prämiert.

Neben einem professionellen Diversitymanagement, das u.a. innovative Gendertrainings, interkulturelle Businesstrainings und umfassende Maßnahmen zur Vereinbarung von Beruf und Familie „top-down" bereitstellt, werden auch vielfältige Initiativen „von unten" ermöglicht und gefördert. Dazu gehören eine Vielzahl von Mitarbeiternetzwerken, wie z. B. „Business Women Network", „Generations@SAP", „homoSAPiens" oder „Family@SAP" ebenso wie das Netzwerk „Cultures@SAP".

Vielfalt feiern, dies wird durch gemeinsame Teilnahmen am CSD (Christopher Street Day) ebenso wie durch gemeinsam gestaltete Diversity-Wochen demonstriert. Ein Beispiel der mitarbeitergestalteten Initiativen sind eben diese Diversity-Wochen, die zuletzt im September 2008 unter dem Motto „The Art of Diversity: Spirit of Creativity" stattfanden.

Während der Woche gab es einen wandernden Marktplatz als Roadshow vor den unterschiedlichen Kantinen in den SAP-Gebäuden, auf denen sich alle Initiativen mit ihren Tätigkeiten und Projekten vorstellten. Es gab Infoforen mit Vorträgen, Podiumsdiskussionen, internen und externen Referenten, eine vielfältige Berichterstattung und einen Wettbewerb im Intranet, bei dem weltweit alle Mitarbeiter in verschiedenen Kategorien von Performing Arts über Musik, Kunst & Skulptur bis Fotografie die Resultate ihrer kreativen Hobbies zur Wahl stellen konnten.

Abb. 28: The „Art" of Diversity (1) (Quelle: SAP)

Den Höhepunkt der Woche stellte die vom Vorstand offiziell eröffnete Abschlussfeier dar, bei der alle Mitarbeiter mit Partnern und Kindern eingeladen waren, in einem bunten Basar der Vielfalt auf Entdeckungsreise zu gehen. In Gassen aus individuell kreativ ausgestalteten Zelten boten Mitglieder der Mitarbeiterinitiativen und kulturellen Gruppierungen Bilder, Filme, Kulinarisches, Infomaterial über ihre Herkunft und ihre Aktivitäten an. Auf einer großen Bühne fanden parallel dazu von den Mitarbeitern gestaltete Life Performances statt: von französischen Kindertänzen, über Martial Arts bis Bollywood Musical und Gospel Show konnten die Besucher eine bunte Show der bei der SAP gelebten Diversity erleben. Ein umfassendes Kinderprogramm sorgte für Begeisterung auch bei den Kleinsten.

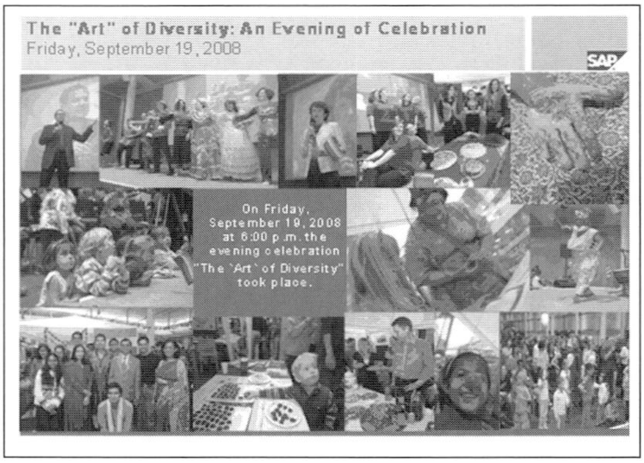

Abb. 29: The „Art" of Diversity (2) (Quelle: SAP)

Initiative, Organisation, Durchführung „von unten", also von den Mitarbeitern, und in zahllosen Meetings gemeinschaftlich erwirkte Abstimmungen, stellten große Anforderungen an die „Diversity Management Kompetenz" des Organisationsteams. Gelebte Vielfalt und ein kreatives Ergebnis, das ist kraftvolle, innovative und gelebte Unternehmenskultur.

Die in dieser Fallstudie erwähnten Mitarbeiternetzwerke stellen ein wichtiges und verbreitetes Instrument der Bottom-up-Implementierung dar. Sie bilden sich meist zu bestimmten Themen und folgen dem Gedanken, dass die Angehörigen von Insider-Gruppen über (informelle) Netzwerke verfügen, die sie zur persönlichen und beruflichen Weiterentwicklung nutzen. Bezüglich der Struktur der Mitglieder existieren unterschiedliche Ansätze. Entweder bestehen die Netzwerke nur aus Angehörigen der jeweiligen Outsider-Gruppen – dies könnte man einen fokussierten Ansatz nennen – oder sie beziehen auch Angehörige der jeweiligen Insider-Gruppe mit ein (integrativer Ansatz). Ein fokussiertes Vorgehen betont den Vertraulichkeitsaspekt und die gegenseitige Unterstützung der Netzwerkmitglieder. Ein integrativer Ansatz betont dagegen die Vernetzung mit Verbündeten und Schlüsselpersonen in der Organisation. Durch Mitarbeiternetzwerke wird Diversity in einer Organisation sichtbar und erlebbar gemacht. Frauen-, Homosexuellen- oder Migranten-Netzwerke bewirken, dass das jeweilige Vielfalts-Thema zur greifbaren Realität wird und ein Gesicht erhält. Die Netzwerke tragen spezialisiertes Know-how und dezidiert andere Perspektiven bei. Sie dienen bei der Diversity-Implementierung als Ansprech- und Projektpartner sowie als Bindeglied in die jeweiligen „Communities" außerhalb des Unternehmens.

Fallstudie Commerzbank:
Netzwerke – Mitarbeiter/-innen gestalten Diversity

In der Commerzbank werden seit 1989 umfangreiche Initiativen zum Thema Chancengleichheit ergriffen. Ziele sind eine bessere Vereinbarkeit von Familie und Beruf sowie ein höherer Anteil von Frauen in gehobenen Fach- und Führungspositionen. Ende der 1990er Jahre wurde der Bereich Chancengleichheit zu Diversity erweitert. Im Mittelpunkt der Aktivitäten steht die Wertschätzung aller Unterschiede, die Commerzbanker/-innen in das Unternehmen mit einbringen. Neben Maßnahmen, die die Integration aller Mitarbeiter/-innen fördern, und Projekten, die sich auf einzelne Mitarbeitergruppen beziehen, spielt die Unterstützung von Mitarbeiterinitiativen eine bedeutende Rolle im Diversity-Prozess.

Netzwerke bewähren sich in diesem Zusammenhang seit einigen Jahren als eine gute Organisationsform für Mitarbeiterinitiativen. In der Commerzbank haben sich zwei Netzwerke etabliert: „Courage" – das Frauennetzwerk der Commerzbank und „arco" – Lesben und Schwule in der Commerzbank.

| vielfalt leben |
DIVERSITY IN DER COMMERZBANK
COMMERZBANK

Abb. 30: „vielfalt leben" (Quelle: Commerzbank)

„Courage" – das Frauennetzwerk der Commerzbank

Das Netzwerk Courage wurde 1998 durch Frankfurter Commerzbankerinnen gegründet. Heute engagieren sich in Frankfurt und zahlreichen regionalen Netzwerken Mitarbeiterinnen aus der Zentrale, den Filialen und den Konzerntöchtern. Ziel ist es, daran mitzuarbeiten, dass ein angemessenes Verhältnis von Frauen und Männern in entscheidungsrelevanten Positionen und Gremien der Bank erreicht wird.

Courage will den Erfahrungsaustausch unter den Mitarbeiterinnen fördern, ein Informationsforum darstellen, aktiv zur Entwicklung der Unternehmenskultur beitragen und durch Weiterbildung Frauen unterstützen. Dies geschieht über Projektarbeit, in der unterschiedliche Fragestellungen beispielsweise zu „Frauen in Führungspositionen" oder „Work-Life-Balance" aufgegriffen werden. Regelmäßige Veranstaltungen, die auch männliche Kollegen ansprechen, sensibilisieren zu unterschiedlichen Themen und versuchen, möglichst viele Mitarbeiter/-innen zu erreichen.

„arco" – Homosexuelle Mitarbeiter/-innen in der Commerbank

Aus einer Arbeitsgruppe entstand Anfang 2002 das Netzwerk „arco" (spanisch „Bogen"). Das Netzwerk hat sich zum Ziel gesetzt, Vorurteile abzubauen und die gegenseitige Toleranz auf allen Ebenen zu fördern. Die Netzwerker/-innen wollen einen Beitrag dazu leisten, dass alle Mitarbeiter/-innen unbelastet ihrer Arbeit nachgehen und ihre beruflichen Ziele verfolgen können. Das heißt konkret, dass die Mitglieder des Netzwerks Kolleginnen und Kollegen in Konfliktfällen zur Seite stehen und Unterstützung vermitteln. Sie verstehen sich ferner als Ansprechpartner für alle Commerzbanker/-innen und stehen als Diskussionsforum zur Verfügung. Das Netzwerk hat sich mittlerweile an verschiedenen Standorten etabliert. Es wurden Projekte ins Leben gerufen, die sich mit der Organisation des Netzwerks, mit der Kommunikation zum Thema und mit den Rahmenbedingungen für ein motivierendes Arbeitsumfeld auseinandersetzen.

Abb. 31: „vielfalt leben" (Quelle: Commerzbank)

Was bringen Netzwerke der Commerzbank?

Der Bereich „Diversity" ist in der Commerzbank im Zentralen Stab Personal angesiedelt. In einigen Feldern unterstützen Betriebsvereinbarungen, Programme und Seminare den Prozess. Einen umfangreichen Teil nehmen Sensibilisierungsmaßnahmen ein – dazu gehören die interne Kommunikation sowie Veranstaltungen und Gesprächsrunden in unterschiedlicher Form.

Der Förderung von Mitarbeiterinitiativen kommt eine bedeutende Rolle zu, weil Mitarbeiter/-innen aktiv einbezogen, Rahmenbedingungen gemeinsam erarbeitet und geschaffen werden. Netzwerke stellen wichtige Multiplikatoren, die als kompetente Ansprechpartner/-innen zur Verfügung stehen und über ihre Lobby-Arbeit das Thema Diversity voranbringen. Netzwerke tragen über ihre Authentizität zum gesamten Integrationsprozess bei. Und dieser kann nur gelingen, wenn er im Unternehmen als ein glaubwürdiger Prozess wahrgenommen wird.

Ähnliche Netzwerke wie bei der Commerzbank existieren für unterschiedliche Beschäftigtengruppen z. B. bei der Deutschen Bank, Ford, dem Axel Springer Verlag, Daimler, der Deutschen Bahn, Roche und der Schweizerischen Bundesbahn (SBB). Die Volkswagen Financial Services veranstaltete im Jahr 2005 das erste bundesweite Forum, das einen Austausch schwul-lesbischer Mitarbeiternetzwerke verschiedener Unternehmen ermöglichte. An der zweiten Veranstaltung im Jahre 2007 nahmen VertreterInnen aus 14 Netzwerken teil.

Ein weiteres Instrument der Bottom-up-Einführung, das Mentoring, adressiert das in Kapitel 4 dargestellte Phänomen der organisationalen Präferenz. Dies bewirkt, dass Führungskräfte aus einer Sicherheitsorientierung heraus dazu neigen, Nachwuchskräfte zu fördern, die ihnen selbst ähneln. So kommt es, dass in Organisationen häufig ein bestimmter Typus von Nachwuchskräften Zugang zu oberen Führungskräften erlangt und von diesen eine informelle Betreuung erhält, im Rahmen derer wertvolle Hinweise und Kontakte vermittelt werden, die die berufliche Entwicklung fördern.

Das Instrument des Mentoring etabliert einen vergleichbaren Mechanismus für Nachwuchskräfte, die nicht der organisationalen Präferenz entsprechen. Je einer oder eine dieser Mentees bilden zusammen mit je einem hierarchisch höher angesiedelten Mentor sogenannte Tandems. Idealerweise gehören die beiden unterschiedlichen Berichtslinien an. Mentor und Mentee tauschen sich gegenseitig aus. Dabei profitiert nicht nur der Mentee, sondern auch der oder die Mentor/-in: Sie erhalten neue, kreative Einblicke und Perspektiven.

Die Deutsche Lufthansa AG setzt Mentoring in verschiedenen Facetten und Konzepten als Baustein der Diversity-Implementierung ein. Neben dem Mentoring für Frauen des eigenen Unternehmens hat das Unternehmen das Cross-Mentoring mehrerer Großunternehmen mit initiiert. Besonders bemerkenswert erscheint bei der Lufthansa ein Mentoring-Ansatz für MitarbeiterInnen mit einer Behinderung, der mit Blick auf die Verbreiterung von Mentoring-Konzepten im Rahmen von Diversity als richtungweisend gelten muss. Andere Unternehmen erweitern ihre Mentoring-Programme international und fügen damit eine kulturelle Komponente hinzu.

**Fallstudie Deutsche Lufthansa Aktiengesellschaft:
Diversity-Management bei Deutsche Lufthansa Aktiengesellschaft**

Lufthansa ist ein Aviation-Konzern mit zz. fünf Aktivitäten (Passage, Logistik, Technik, Catering und IT) und ca. 300 Beteiligungen. Am Ende des Jahres 2007 hatte er 105.261 Mitarbeitende und setzte 22,4 Milliarden Euro um. Es wurden mehr als 63 Millionen Fluggäste befördert sowie 1,8 Milliarden Tonnen Fracht und Post. Mit 514 Flugzeugen wurden 744.786 Flüge durchgeführt.

Die Bedeutung von Diversity für die Deutsche Lufthansa

Diversity umfasst bei Lufthansa alle acht Dimensionen, wie sie auch im AGG (Rühl/Hoffmann 2008) aufgegriffen werden: Geschlecht, Alter, Rasse/Ethnie, Religion oder Weltanschauung, Behinderung und sexuelle Identität. Diversity ist kein neues Thema im Lufthansa-Konzern. Jeder einzelne Schwerpunkt erfuhr bereits seit Jahrzehnten eine personalpolitische Würdigung. Neu war im Jahr 2000 die organisatorische Bündelung zu der Abteilung „Change Management und Diversity", die zum Januar 2001 wirksam wurde. Initiator dafür war der Personalvorstand Stefan Lauer.

Die Anbindung erfolgte im Human Resources Ressort im Bereich der Personalpolitik. Da das Diversity-Management eine Mainstreaming-Funktion ist, die nur dann erfolgreich ist, wenn die Umsetzung dezentral erfolgt, ist das global verantwortliche Steuerungsteam klein geblieben.

Die Philosophie der Lufthansa – auch bei diesem Thema – ist die der lokalen Verantwortlichkeit. Nicht die Zentrale mit ihren Ressourcen ist für das Veränderungsmanagement verantwortlich, sondern jede einzelne Führungskraft „vor Ort", egal ob im In- oder Ausland. Die Zentralfunktion regt an, steht als Know-how-Quelle zur Verfügung und behält den Überblick. Die Diversity-Politik zielt auf Inklusion aller, unabhängig von ihrer Beschaffenheit. Die Mitarbeitenden sollen ihre Kraft für die Bewältigung ihrer Aufgaben einsetzen, nicht, um sich einer Dominanzkultur anzupassen.

Weil das Ziel der Normalisierung und Integration verfolgt wird und eben nicht die Besonderheiten betont werden, gibt es nur wenige Programme und Aktivitäten für einzelne Diversity-Gruppen. Wenn es solche Projekte gibt, dann sollen sie das Gesamtziel schneller erreichen, als es mit der organischen Geschwindigkeit möglich wäre.

Geschlecht: 42,4 % aller Mitarbeitenden, 35,8 % aller Manager mit Personalverantwortung für andere sowie 14,3 % aller Führungskräfte sind weiblich. Um das weibliche Potenzial sichtbarer zu machen, initiierte Lufthansa 1998 das unternehmensübergreifende Mentoring, das sich bereits in der achten Generation befindet. Je eine Mentee aus einem der acht beteiligten Unternehmen hat einen Mentor oder eine Mentorin aus einem anderen Unternehmen.

Die Tandems werden mit Hilfe von Lebensläufen, die Hinweise zu persönlichen Interessen enthalten, zusammengebracht. Allein der Grundsatz nach demselben geografischen Ort und der Wahrscheinlichkeit, dass sie sich verstehen werden, weil es Anknüpfungspunkte in beiden Biografien gibt, sind die Vorgaben für die Organisatoren. Die Tandems lernen einander erst bei der Auftaktveranstaltung kennen. Beide Seiten haben ein „Umtauschrecht", falls die Chemie nun doch nicht stimmen sollte.

Neben der reinen Karriereberatung sollen in den Mentoringgesprächen auch Fragen nach den jeweiligen versteckten Spielregeln und möglichen Barrieren in den einzelnen Unternehmen diskutiert werden. Die Basis für Gespräche dieser Natur sind Vertrauen und Vertraulichkeit. Das auf zwei Jahre beschränkte Abwerbeverbot, das nicht justiziabel ist, wurde bisher von allen Beteiligten eingehalten. Die Tandems treffen sich alle vier bis sechs Wochen persönlich. Da es eine Weile dauert, bis beide Beteiligten sich aneinander gewöhnt haben, haben die meisten Tandems das auf ein Jahr befristete offizielle Mentoring überschritten. Teilweise arbeiten sogar noch Tandems der ersten Generation (1998/99) zusammen, wenngleich sie sich deutlich seltener treffen.

Der sehr erfolgreiche Verlauf des Cross-Mentoring führte innerhalb der Lufthansa zu einer Reihe von weiteren, internen Mentoring-Programmen. Zunächst entstand das Managerinnen-Mentoring, bei dem einige weibliche Führungskräfte Topmanager aus anderen Geschäftsbereichen als Mentoren haben. Später entstand das Nachwuchs-Mentoring, bei dem die Managerinnen als Mentorinnen fungieren, und sowohl männliche als auch weibliche Nachwuchskräfte den Pool der Mentees bilden.

Einzigartig ist bis jetzt das Mentoring für Mitarbeitende mit Behinderung, weil es sich an eine andere Zielgruppe wendet. Die Mentees sind behindert, die Mentoren in der Regel nicht. Dieses in vier Generationen durchgeführte Programm zielt auf das Einüben eines unverkrampften Umgangs mit behinderten Mitarbeitenden. Mittelfristig soll bei den Führungskräften die Sorge vor Beschäftigung von Menschen mit Behinderung beseitigt und somit die Beschäftigungsquote von 5 % erreicht werden.

Work-Life wird als Thema sowohl für Frauen als auch für Männer gesehen, sodass die Programme sich an beide Geschlechter richten. Die personalpolitischen Maßnahmen umfassen sowohl die Bereitstellung von Betreuungsinfrastruktur als auch die interne Berücksichtigung von Mitarbeiterwünschen. Die Betreuungsinfrastruktur umfasst alle Dienstleistungen des Familienservices wie Beratung und Vermittlung von Kinderbetreuung, über elder care bis zur Notfallbetreuung. Zusätzlich werden seit kurzem Plätze in Krippen angeboten. Das gesamte Arbeitszeitmanagement ermöglicht größtmöglichen Gestaltungsspielraum für individuelle Mitarbeitervorstellungen. Die Teilzeitquote liegt weltweit bei ca. 28 %, ca. 30 % aller Teilzeit-Mitarbeiter sind männlich.

Alter: Das Durchschnittsalter lag zum Jahresende 2007 bei 40,3 Jahren. Aufgrund der vielen Neueinstellungen ist es in den vergangenen Jahren sehr gedämpft mit 0,1 Jahr je Kalenderjahr gestiegen. Ohne Wachstum stieg es in den kritischen Jahren um 0,5 Jahre. Ein umfassendes und differenziertes Demografie-Management kümmert sich um den Erhalt der Wettbewerbsfähigkeit des Unternehmens.

Herkunft: Menschen aus 146 Nationen arbeiten bei Lufthansa, in Deutschland sind es 126 Nationen. Knapp 13 % der Mitarbeitenden in Deutschland haben keinen deutschen Pass. 38 % aller Lufthanseaten arbeiten außerhalb Deutschlands. Um die interkulturelle Kompetenz für Mitarbeitende und Führungskräfte zu erhöhen, gibt es eine Reihe von interkulturellen Trainings. Entsendungen von Lufthanseaten erfolgen nicht nur aus Deutschland ins Ausland und umgekehrt, sondern auch in Drittländer.

Behinderung: Mehr als 3 % aller Mitarbeitenden haben ihren Behindertenstatus dokumentiert. Die Zahl variiert je nach Konzerngesellschaft. Lufthansa flankiert die Barrierefreiheit ihrer Mitarbeiter mit Behinderung (aber auch die ihrer Kunden) mit einer Fülle von Maßnahmen, die auf einem veränderten Bewusstsein fußen.

Sexuelle Orientierung/Identität: Bereits seit mehr als zehn Jahren gibt es eine Reihe von betrieblichen Leistungen, die unabhängig von der Orientierung gewährt werden. Nach Inkrafttreten des Lebenspartnerschaftsgesetzes, inmitten der schweren Krise nach dem 11.9.2001, hat Lufthansa alle manteltarifvertraglichen Regelungen, die für Ehegatten gelten, auf diese Zielgruppe als freiwillige Leistung ausgedehnt.

Conclusio: Lufthansa hat als eines der ersten Unternehmen das Potenzial mobilisiert, das im Diversity-Management für beide Seiten (win-win) liegt: Die Mitarbeitenden erfahren Wertschätzung, das Unternehmen mobilisiert Reserven. Wertschöpfung durch Wertschätzung.

Neben Lufthansa führen viele weitere Unternehmen wie z. B. Axel Springer Verlag, Daimler, Deutsche Bank, Volkswagen AG, Deutsche Post World Net, Credit Suisse und Swisscom Mentoring-Programme mit verschiedenen Foki durch. Meist werden Mentoring-Programme zur Förderung von Frauen, zunehmend auch zur Förderung junger internationaler Führungsnachwuchskräfte eingesetzt.

Das genannte Cross-Mentoring-Programm war u. a. eine Initiative der Deutschen Bank, der Lufthansa und der Commerzbank. Diese Initiative fördert den Gedanken des Mentoring und sieht vor, dass eine Mentee eines Konzerns mit einem Mentor eines anderen Unternehmens zusammenbracht wird, um externe Blickwinkel auf die eigene Firma und das eigene Handeln zu erfahren und gleichzeitig auf das andere Unternehmen und seine Prozesse und Systeme zu schauen. Neben dem Cross-Mentoring, verfolgt z. B. die Deutsche Bank ein Cross-Divisionales Mentoring-Programm. Es wendet dasselbe Prinzip an, wobei Mentee und Mentor aus unterschiedlichen Unternehmensbereichen stammen und dadurch ihre berufliche und persönliche Weiterentwicklung fördern.

Neben den dargestellten übergreifenden Einführungsmaßnahmen verfolgen viele Unternehmen themenorientierte Vorgehensweisen. Die folgende Auflistung enthält einzelne Umsetzungsbeispiele, die nicht – wie einige andere – an geeigneter Stelle des Buches Erwähnung fanden. Insbesondere werden auch Ansätze kleiner und mittelgroßer Unternehmen (KMU) gezeigt. Darüber hinaus existiert eine Vielzahl weiterer Ansätze, die jedoch nicht alle berücksichtigt werden konnten.

Alter – Generationen – Demografie

- Asstel: Analyse der Altersstruktur des Unternehmens und Förderung des Gesundheitsmanagements.
- ATP Automotive Testing Papenburg: Einführung von Steh-Sitz-Arbeitstischen in gerader Ausrichtung und Ergonomieschulung für alle MitarbeiterInnen.
- Berthold Technologies: Erfassung und Bewertung psychischer Belastungen im Rahmen der Gefährdungsbeurteilung.
- Ford: Eine Task Force Generations trägt zu einer aufgeschlossenen Arbeitsatmosphäre bei, in der Menschen aller Altersgruppen wertgeschätzt werden.
- Halifax: Ein entwickelter umfassender Business Case zeigt auf, wie das Unternehmen von der Alterung geschäftlich profitieren kann.
- MicroTec: Know-how-Tandems von älteren und jüngeren Beschäftigten sichern den Transfer von Erfahrungswissen z. B. im IT-Bereich.
- Deutsches Demografie Netzwerk (DDN): Das Netzwerk erarbeitet Vorschläge und Instrumente, wie sich Unternehmen auf ältere Belegschaften einstellen können.

Behinderung

- Deutsche Bahn: Die MitarbeiterInnen werden geschult, wie sie Reisenden mit Behinderungen in „angemessener Weise“ begegnen können.
- GlaxoSmithKline: MitarbeiterInnen unterstützen an einem jährlich stattfindenden Aktionstag u. a. Tagesstätten für psychisch Kranke und Pflegeheime.
- Real: Durchführung behindertengerechter Umbauten, rollstuhlgerechte Gestaltung der Kundeneingänge.

- SAR: Das Automatisierungsunternehmen passt Arbeitsplätze an die Bedürfnisse von Menschen mit Behinderungen durch den gezielten Einsatz von Hilfsmitteln an.
- Virgin: Die Einzelhandelskette nutzt Kontaktschleifen für RollstuhlfahrerInnen, durch die sich Türen automatisch öffnen.
- Mehrere Unternehmen nutzen Praktikanten-Programme gezielt für die temporäre Beschäftigung von Menschen mit Behinderungen.

Geschlecht und Familie

- Anton Schönberger Stahlbau und Metalltechnik: Werdende Väter müssen in den letzten drei Monaten der Schwangerschaft der Partnerin keine heimatfernen Einsätze machen.
- Commerzbank: Förderung der aktiven Vaterschaft durch die Betriebsleitung.
- Deutsche BP: Kooperation mit externen Partnern, z. B. mit der FEMTEC, einer Eliteförderung von Ingenieurinnen und Naturwissenschaftlerinnen.
- Deutsche Bank: Über das Zeitkontosystem DB Zeitinvest können angesparte Guthaben aus Urlaub oder Bruttoeinkommen für eine verlängerte, bezahlte Auszeit genutzt werden.
- Getoq Consulting: Vergabe individueller Arbeitsverträge, die z. B. Dreiviertel-Stellen für Väter ermöglichen, und Verteilung des Arbeitsvolumens bei werdenden/jungen Vätern.
- Landeshauptstadt München: Überprüfung der Entgeltsysteme auf geschlechtsspezifische Benachteiligungen.
- Vaude: Ein internes Magazin informiert Eltern im Erziehungsurlaub über das Geschehen im Unternehmen.
- Weberbank: Mit dem „Ladies' Office" werden gezielt wohlhabende Frauen angesprochen, es wird jedoch bewusst auf spezifische Frauenprodukte verzichtet.

Sexuelle Orientierung

- Deutsche Bank: Eine Anzeigenkampagne in Berlin und Hamburg mit schwulen oder lesbischen AnsprechpartnerInnen richtete sich gezielt an schwul-lesbische KundInnen.
- UBS: Die Bank führt Recruiting-Veranstaltungen mit schwul-lesbischen Netzwerken renommierter internationaler Universitäten durch.
- Volkswagen Bank: Sponsoring des „Sommerlochfests" und Bereitstellung eines eigenen Wagens auf der schwul-lesbischen Parade.

- Beschäftigtengruppen von Ford und IKEA nahmen an der Christopher-Street-Parade in Köln teil.

Kulturelle und religiöse Vielfalt

- Across Barriers: Das Biotechnologieunternehmen rekrutiert neue Talente auch über Kontakte zu Bildungsinstitutionen, die eng mit Migranten zusammenarbeiten.
- Barclays: In den Filialen werden unterschiedliche religiöse Feste zelebriert und Aushänge zu Festtagen verschiedener Religionen gemacht.
- Deutsche Telekom: In ausgewählten T-Punkten werden Produkte und Beratung in sechs Sprachen angeboten.
- Ford: Türkischen Beschäftigten werden Deutschsprachkurse angeboten, die Ford Freizeit Organisation (FFO) veröffentlicht ihr Aktionsprogramm zu Veranstaltungen und Freizeitaktivitäten auch in türkischer Sprache.
- Goldman Sachs: Durchführung von Marktstudien, die die besonderen Wünsche und Bedürfnisse von Menschen mit Migrationshintergrund ermitteln.

Zusammenfassung

Die Einführung von Diversity in Unternehmen beinhaltet sowohl Bottom-up- als auch Top-down-Maßnahmen, die je nach Intention und Zielgruppe eingesetzt werden können. Top-down-Interventionen umfassen das Spektrum von Führungskräftetrainings, Auszeichnungen, Entwicklung von Policies und Betriebsvereinbarungen und Projekten für das Top-Management. Bottom-up-Maßnahmen reichen von Trainings und Weiterbildungen bis zur Mitarbeiterkommunikation.

7 Diversity Mainstreaming

Nach der Darstellung einer Reihe von Einführungsmaßnahmen, die Diversity als neue Denkweise in einer Organisation verbreiten, legt dieses Kapitel nun das Augenmerk auf die ganzheitliche Verankerung des Potenzial-Prinzips in die bestehenden Systeme eines Unternehmens. Das Mainstreaming von Diversity integriert das Potenzial-Prinzip fest in die Systeme der Organisation und bewirkt, dass sich nach und nach sämtliche Inhalte, Strukturen und Prozesse neutral gegenüber Unterschieden verhalten und so die Potenziale von Vielfalt genutzt werden. Da die bestehenden Systeme einer Organisation in der Vergangenheit zur Entstehung von Monokulturen beigetragen haben (vgl. Kapitel 4), kommt dem Mainstreaming entscheidende Bedeutung zu. Sonst entwickeln sich selbst erfolgreiche Veränderungen – systemisch bedingt – wieder zurück.

Das Diversity Mainstreaming unterscheidet verschiedene funktionale Unternehmensbereiche, in denen eine ganzheitliche Verankerung von Diversity erforderlich erscheint. Dabei handelt es sich vor allem um die Funktionen, die sich unmittelbar an Menschen richten: das HR-Management, die Unternehmenskommunikation und das Marketing in einem breiten Verständnis inklusive Kundenbeziehungsmanagement sowie die Lieferantenbeziehungen.

Zur dauerhaften Berücksichtigung des Potenzial-Prinzips ist seine Verankerung in kontinuierliche Prozesse erforderlich. Dazu bietet sich das Instrument des Monitoring an, mit dem quantitative und qualitative Indikatoren erhoben und im Sinne eines Controllings ausgewertet werden. Die Ergebnisse dienen dazu, gegebenenfalls steuernd eingreifen zu können.

Dieses Kapitel erwähnt zahlreiche Beispiele aus Organisationen. Die Auswahl erfolgte nach thematischer Eignung und stellt keine Bewertung dar. Einige weiterhin erwähnenswerte Beispiele stammen bewusst aus früheren Jahren; sie spiegeln nicht den aktuellen Umsetzungsansatz des jeweiligen Unternehmens wider.

7.1 HR-Management

Der gestaltende, strategisch ausgerichtete Ansatz des HR-Managements bildet für Diversity einen zentralen Ankerpunkt bei der Schaffung von Systemen, in denen Unterschiedlichkeiten positiv betrachtet und die Beiträge verschiedener Individuen gleichermaßen wertgeschätzt und genutzt werden. Gerade die Personaldisziplinen sollten Vielfalt als Erfolgsfaktor fördern. Dass dieses Ziel in den meisten Fällen noch nicht umfassend erreicht wurde, belegen die Resultate vieler Ist-Analysen, wie sie in Kapitel 6 beschrieben wurden. Insofern zeigt dieses Kapitel Verbesserungsmöglichkeiten für mehrere Teilbereiche des HR-Managements auf. Diese regeln unter anderem, welche Personen in die Organisation aufgenommen werden (Personalbeschaffung), wie sie sich dort entwickeln können und wie sie dort gefördert werden (Personalentwicklung), welche Rahmenbedingungen sie für die Arbeit vorfinden (HR-Policies und Arbeitsbedingungen/Work-Life-Balance) und nicht zuletzt, wie ihre Mitarbeit bewertet und vergütet wird (Vergütungssysteme).

Das Diversity Mainstreaming untersucht zunächst, inwieweit die Personalpolitik, die Personalbeschaffung, die Personalentwicklung, die Beschäftigungsmodelle und die Vergütungssysteme Elemente enthalten, die dazu führen, dass bestimmte Gruppen bevorzugt oder benachteiligt werden. Im Allgemeinen geschieht dies unbewusst und basiert auf vor längerer Zeit etablierten, insofern tradierten, Prinzipien. Diese sind häufig durchaus nachvollziehbar, da das verwaltende Personalwesen früher in vielerlei Hinsicht andere Aufgaben zu lösen hatte und vor allem andere Rahmenbedingungen vorfand als das HR-Management heute. Hierzu sei vor allem auf die tief greifenden Veränderungen verwiesen, die in Kapitel 2 dargestellt wurden.

Diversity Mainstreaming identifiziert Möglichkeiten, wie das HR-Management durchlässiger, flexibler, neutraler und damit effektiver für Unternehmen und Beschäftigte gestaltet werden kann. Dies stellt kein leichtes Unterfangen dar, da die jeweiligen ExpertInnen für die betroffenen HR-Disziplinen häufig keine besonders ausgeprägte Bereitschaft mitbringen, mit Außenseitern in einen Fachdialog einzutreten. Bei allem Verständnis für diese Haltung zeigen indes zahlreiche Beispiele und Studien, dass die Veränderungen auf den Arbeitsmärkten, in den Gesellschaften und Belegschaften eine Anpassung vieler HR-Prinzipien entsprechend dem Potenzial-Prinzip erforderlich machen. Dies bewirkt nachvollziehbare Verbesserungen in den Prozessanwendungen und Ergebnissen (vgl. Stuber 2004 und 2006).

Die grundlegendste Personaldisziplin, die einem Diversity Mainstreaming unterzogen werden muss, ist der Bereich der Personalgrundsatzfragen (neudeutsch: HR-Policy). Da häufig dieser Bereich das Thema Diversity anfänglich federführend betreut und meist eigenständige Diversity Policies aufgesetzt werden, ist dieser Aspekt im Rahmen der Einführung von Diversity beschrieben worden (vgl. Abschnitt 6.2 – das dort erwähnte Beispiel von Aramark beschreibt ein typisches

Mainstreaming im Bereich Personalgrundsatzfragen). Ein weiterer Bereich, in dem Diversity effektiv genutzt werden kann, ist der operative Personaleinsatz. Dies illustriert das folgende Beispiel.

Klinikum der Johann-Wolfgang Goethe-Universität

Vorhandene Potenziale erkennen und nutzen: Der Dolmetscherpool

Im Universitätsklinikum Frankfurt ist ein großer Teil der zu behandelnden Patienten verschiedener nationaler Herkunft. Dadurch kann die sprachliche Verständigung zwischen Ärzten und Patienten beeinträchtigt werden. In Folge dessen ist eine professionelle Patientenversorgung nicht immer gewährleistet. Als Antwort auf diese Herausforderung wurde 1999 ein Dolmetscherpool eingerichtet. Im Dolmetscherpool sind MitarbeiterInnen aus nahezu alle Bereichen beschäftigt (Ärzte, pflegendes Personal, Physiotherapeuten, Schreibkräfte, medizinisch-technische Assistenten, Medizinstudenten). Die 60 Laiendolmetscher haben vor Aufnahme der Tätigkeit eine speziell ausgerichtete interne Schulung erhalten.

Ziel des Dolmetscherpools ist es, Kommunikationsprobleme im alltäglichen Ablauf, d.h. bei der Aufnahme, Entlassung, Diagnose und Therapie zu verringern. Neben den sprachlichen Barrieren können auch andere Probleme beim Aufeinandertreffen verschiedener Kulturen auftauchen. So kann ein Dolmetscher (Muttersprachler) auch dabei helfen, verschiedene Standpunkte und Verhaltensweisen verständlich zu machen. Alle Beschäftigten und Patienten im Haus sind dazu berechtigt, einen Dolmetscher zu rufen und seine Leistung in Anspruch zu nehmen. Dies kann sich sowohl auf eine Notfallsituation beziehen als auch auf einen planbaren Einsatz. Der Ablauf richtet sich dabei nach genau festgelegten Regeln, um den Krankenhausbetrieb weitgehend störungsfrei weiterlaufen zu lassen.

Die Einrichtung des internen Dolmetscherpools zeigt, dass die breitere Nutzung der vorhandenen Potenziale der MitarbeiterInnen zu höherem Erfolg der Organisation beitragen kann. Zusätzlich entsteht dadurch eine Bereicherung der Arbeitsinhalte von Mitarbeitern und damit ein Beitrag zu ihrer persönlichen und beruflichen Entwicklung.

Ebenfalls mit Blick auf die optimale Nutzung vorhandener Ressourcen führte Aramark eine interne Potenzialdatenbank ein, die besondere Fähigkeiten und Talente der Beschäftigten wie z.B. Fremdsprachenkenntnisse oder Spezialwissen erfasst.

Die folgenden Abschnitte betrachten die Integration von Diversity in die jeweiligen Personalprozesse.

7.1.1 Diversity in der Personalbeschaffung

Eine Schlüssel-Funktion im wahrsten Sinne des Wortes nimmt die Personalbeschaffung beim Diversity Mainstreaming ein. Sie regelt, welche Personen Zugang in die Organisation erhalten und damit auch, wie vielfältig die Belegschaft wird. Insofern kann die Personalbeschaffung als Instrument der Implementierung von Diversity gesehen und genutzt werden. Umgekehrt stellt Diversity ein Instrument der Personalbeschaffung dar, da es im Rahmen der Personal-Image-Werbung oder auch des gesamten Personal-Marketings eingesetzt werden kann, um optimal qualifizierte MitarbeiterInnen für das Unternehmen zu gewinnen und an dieses zu binden. Dies ergibt sich aus der Attraktivität des Diversity-Ansatzes für die KandidatInnen. Um zu überprüfen und eventuell zu verbessern, wie viel Vielfalt durch die Personalbeschaffung einer Organisation zugeführt wird, ist es erforderlich, die einzelnen Elemente der Personalbeschaffung näher zu betrachten.

Der Stellenbeschreibung im Rahmen der Personalbeschaffung kommt eine besondere Bedeutung zu, da sie die Struktur der Belegschaft und damit auch zu einem gewissen Teil die Kultur einer Organisation mitbestimmt. Zu allererst sollte man hierbei unterscheiden zwischen einer Stellenbeschreibung, die nur den Prozess der unternehmensinternen Beschreibung umfasst, und einer Stellenausschreibung.

Inhalt einer Stellenbeschreibung ist die Beschreibung der Aufgaben und Ziele hinsichtlich Art und Umfang der Stelle; außerdem enthält sie Informationen zu Qualifikationen durch Bildungsabschlüsse, Kenntnisse und Erfahrungen. Weiteres Element einer Stellenbeschreibung ist der Beurteilungsmaßstab der Leistung und die hierarchische Einordnung in das Unternehmen. Die Stellenbeschreibung bildet die Grundlage für die Leistungsbeurteilung und schließlich für die Vergütung. Beispielsweise ist darauf zu achten, dass sie geschlechtsneutrale und benachteiligungsfreie Formulierungen und Bilder verwendet. Eine Stellenausschreibung beinhaltet dagegen sowohl die interne Stellenbeschreibung als auch die externe Ausschreibung. Eine Stellenausschreibung muss gemäß dem AGG benachteiligungsfrei gestaltet werden (Stuber 2006).

Die Ansprache geeigneter BewerberInnen umfasst neben der eigentlichen Kontaktaufnahme mittels verschiedener Medien und Instrumente auch die Suche in geeignet erscheinenden Umfeldern und ein allgemeines Personalmarketing, unter anderem zum Aufbau eines Personal-Images, das die Personalbeschaffung unterstützt.

Ein praktisches Beispiel für die heterogene Personalauswahl bietet die folgende Fallstudie.

Fallstudie Deutsche BP: Transparente Stellenbesetzungsprozesse bei BP

von Dorothee Vogt

BP ist die drittgrößte Ölgesellschaft und das elftgrößte Unternehmen der Welt. Bei BP arbeiten weltweit rund 96.000 Mitarbeitende auf sechs Kontinenten und in über 100 Ländern in den Bereichen Erdöl, Erdgas, Petrochemie und erneuerbare Energien. Diese Daten der BP machen die Dimensionen des globalen Unternehmens deutlich und damit die Bedeutung von Diversity. BP sieht in der Vielfalt seiner Mitarbeitenden eine Stärke des Unternehmens und hat Diversity in die Unternehmensstrategie eingebettet.

Vielfalt und Wertschätzung zu leben, bedeutet für BP auch einen wirtschaftlichen Vorteil für unser Geschäft. CEO Dr. Uwe Franke sagte dazu Folgendes: „Globalisierung und demografischer Wandel wirken sich nachhaltig auf die Wirtschaftswelt und die Gesellschaft aus. Unternehmen, die die vielfältigen Talente und Fähigkeiten ihrer Mitarbeiter bei der Lösung komplexer Fragestellungen einbinden, haben gute Chancen, sich den Herausforderungen der Zukunft erfolgreich zu stellen.“

Diversity & Inclusion (D & I) bietet eine große Chance, die unterschiedlichen Talente in unserem Unternehmen zu fördern. Dazu ist es notwendig, Personalprozesse wie zum Beispiel Stellenbesetzungen mit der D & I-Brille zu durchleuchten.

Eine zentrale Maßnahme unserer Prozessanpassung ist die Einführung gemischter Auswahlgremien und Kandidatenpools in der Personalrekrutierung und der Personalentwicklung. In der Praxis sieht das so aus, dass bei BP alle stattfindenden Personalinterviews durch heterogen besetzte Interview-Teams geführt werden. In den Teams müssen Männer und Frauen bzw. unterschiedliche Altersgruppen oder auch unterschiedliche Kulturen vertreten sein, sodass verschiedene Perspektiven in den Beurteilungsprozess eingebracht werden. Grundlage für die Auswahlgespräche sind kompetenzbasierte Interviews, die eine bessere Vergleichbarkeit der Kandidatinnen und Kandidaten ermöglichen.

Das BP-Kompetenzmodell

- beschreibt **systematisch und ausführlich** Kompetenzen, also das Wissen, die Fähigkeiten und Verhaltensweisen unserer Mitarbeiter;
- basiert auf unseren **Unternehmenswerten** (grün, innovativ, leistungsorientiert, fortschrittlich) und ist im Einklang mit unseren **Unternehmensgrundsätzen** „Wofür wir stehen/What we stand for“ entwickelt worden;
- wird **weltweit** an allen BP-Standorten angewendet und
- ist die Grundlage **für alle globalen Auswahl- und Weiterbildungsprozesse**.

Folgende drei Bereiche stellen das Kompetenzmodell inhaltlich dar:

- **Basisfähigkeiten**, wie z. B. Kundenorientierung, Kommunikations- und Organisationsfähigkeiten, Computerkenntnisse, versierter Umgang mit Buchhaltungsfragen und Finanzplanung;
- **technisch-fachliche Kompetenzen**, wie z. B. Schul- und Berufsausbildung, Studium und berufliche Erfahrung in bestimmten Bereichen;
- **Kernkompetenzen**, wie Innovation, effektive Entscheidungen, Leistungsorientierung, Geschäftsbewusstsein, Partnerschaft und Teamarbeit sowie Führung.

Das Kompetenzmodell wird bei Stellenbesetzungen, Potenzialeinschätzungsverfahren und weiteren Personalentwicklungsinstrumenten eingesetzt.

Vorteile des Kompetenzmodells

Für die Mitarbeitenden bedeutet der Einsatz dieses Kompetenzmodells, dass sie

- persönliche Kompetenzen und fachliche Fähigkeiten einschätzen können,
- Kompetenzen und Fähigkeiten durch gezielte Trainings weiterentwickeln können,
- Stellenausschreibungen besser vergleichen können,
- Klarheit darüber haben, welche Kompetenzen und Fähigkeiten bei einer internen Bewerbung erwartet werden,
- sich besser auf das Vorstellungsgespräch vorbereiten können und
- Entscheidungen über Stellenbesetzungen besser nachvollziehen können.

Herausforderungen von kompetenzbasierten Stellenbesetzungsprozessen

Die in den zahlreichen Stellenbesetzungsprozessen gemachten Erfahrungen haben gezeigt, dass viele Bewerbende sowie Interviewer mit den gestiegenen Anforderungen des kompetenzbasierten internen Stellenbesetzungsprozesses wenig vertraut sind. Häufig haben männliche und weibliche Mitarbeitende, die sich länger als fünf Jahre nicht auf eine andere Position beworben haben, eine deutlich niedrigere Erfolgsquote bei den Stellenbesetzungen erzielt.

Vor diesem Hintergrund wurden bei BP in Deutschland zwei neue Seminare entwickelt:

1. Internes Bewerbertraining

Dieses eintägige Seminar richtet sich an Mitarbeitende, die in der Regel mehr als fünf Jahre Berufserfahrung nach der Ausbildung bzw. nach dem Studium besitzen und eine neue Herausforderung suchen bzw. deren Abteilungen unmittelbar vor einer Neustrukturierung stehen.

Das „Interne Bewerbertraining“ zielt darauf ab, den internen „Marktwert“ einzuschätzen. Dabei geht es um Selbstreflexion der eigenen Stärken und Schwächen auch im Hinblick auf das BP-Kompetenzmodell, um daraus erforderliche individuelle Personalentwicklungsmaßnahmen ableiten zu können. Die Teilnehmenden lernen, interne Stellen, die zu ihrer Persönlichkeit und ihren Fähigkeiten passen, für sich auszuwählen, sich auf den Bewerbungsprozess und die sich ständig verändernden Umfeldbedingungen innerhalb der BP optimal vorzubereiten. Es umfasst folgende Schwerpunkte:

- Sensibilisierung für Selbstwahrnehmung und -einschätzung, z. B.: Wo will ich hin? Was war mir bisher besonders wichtig? Woran hatte ich Spaß? Was kann ich besonders gut?
- Erkenntnisse zu eigenen Persönlichkeitseigenschaften und zur Arbeitsmotivstruktur, z. B.: Was treibt mich an? Was motiviert mich?
- Selbsteinschätzung der eigenen Kompetenzen (BP-Kompetenzmodell), z. B.: Wo habe ich bereits gut ausgeprägte Kompetenzen? Wo habe ich Entwicklungsfelder?
- Formulierung der eigenen Ziele, z. B.: Wo will ich eigentlich hin?
- Persönliche Entwicklungsplanung, z. B.: Was sind meine nächsten Schritte?
- Vorbereitung und Planung des persönlichen internen Bewerbungsprozesses, z. B. Wie bewerbe ich mich richtig? Wie bereite ich mich auf das Interview vor?

2. *Interviewtraining für Führungskräfte*

Das eintägige Seminar richtet sich an Führungskräfte, die als Interviewer an Bewerberinterviews teilnehmen. Es zielt darauf ab, Führungskräfte optimal auf kompetenzbasierte Interviews vorzubereiten und ihr Beurteilungsvermögen bei der Personalauswahl zu schärfen. Das gilt insbesondere auch im Hinblick auf eine Personalauswahl, die fair und AGG-konform ist.

Selbstreflexion und kritische Betrachtung des eigenen Beurteilungsvermögens bei der Personalauswahl stehen im Vordergrund. Die Teilnehmer lernen, adäquates Feedback zu geben, gezielte und vertiefte Fragen zu Kompetenzen von Bewerbern zu formulieren sowie Sensibilität für eine geschlechts- und generationsfaire Personalauswahl von Bewerbern zu entwickeln. Schwerpunkte des Trainings sind:

- BP Kompetenzmodell kennen und richtig anwenden lernen,
- Beobachtungs- und Beurteilungsfehler im Interview,
- Fragetechniken und -arten im Interview,
- Das Phasenmodell im Interview,
- Durchführung und Analyse des Interviews.

> Mit der Anpassung der Personalprozesse will BP erreichen, dass auf Basis von Leistungsorientierung die besten Talente für BP gewonnen werden und der Anteil von z. B. Menschen mit Migrationshintergrund oder Frauen erhöht wird. Wenn bei BP von Diversity-Management gesprochen wird, zielt dies in erster Linie darauf ab, Personalprozesse und Personalpolitik so auszurichten, dass die Belegschaft vielfältiger wird und alle Mitarbeitenden entsprechende Wertschätzung erfahren.

Bereits die Wahl von Umfeldern für das Personalmarketing kann zu einer Vorselektion des Bewerbers führen. Ein Beispiel hierfür bildet die Strategie des Key-University-Marketings, bei der überwiegend oder ausschließlich an definierten Schlüsselhochschulen rekrutiert wird. Untersuchungen haben indes gezeigt, dass Führungskräfte meist an den Hochschulen Nachwuchskräfte suchen, an denen sie selbst studiert haben. Dies trägt erheblich zur Entwicklung einer organisationalen Präferenz (vgl. Kapitel 4) bei und fördert die Entstehung von Monokulturen. Während es sicherlich effektiv ist, schwerpunktmäßig an Hochschulen zu rekrutieren, die bestimmte, relevante Fachthemen unterrichten, erscheint es dennoch wenig sinnvoll, andere Hochschulen mit verwandten thematischen Ausrichtungen gar nicht zu berücksichtigen.

Auch Absolventenprogramme sind von Bedeutung bei der Rekrutierung neuen Fachpersonals. Die Swiss Re beispielsweise erhielt für ihr „International Graduate Programme" für Hochschulabsolventen den zweiten Preis des Instituts für Organisation und Personal an der Universität Bern als bestes Einführungsprogramm. Das Programm hilft den vielfältigen Absolventen, innerhalb von zwei Jahren das Unternehmen hautnah kennen zu lernen und bereits operativ zum Unternehmenserfolg beizutragen.

Das allgemeine Personalmarketing, vor allem aber die Personal-Image-Werbung, zielt darauf ab, eine Attraktivität als Arbeitgeber aufzubauen. Dabei bietet es sich an, neben der Darstellung des Kerngeschäfts (Produkte, Dienstleistungen) auch die Unternehmenskultur, das Arbeitsumfeld, die Vielfalt der Belegschaft und der Arbeitsformen so darzustellen, dass das Unternehmen von geeigneten BewerberInnen attraktiv wahrgenommen wird. Hier kann Diversity eine wesentliche Rolle spielen. Vor allem mit Blick auf die Profilierungsfunktion des Personalmarketings bietet dieses Thema eine gute Möglichkeit für Arbeitgeber, sich fortschrittlich zu positionieren und sich von anderen positiv zu unterscheiden. Unabhängig davon, ob Diversity explizit für das Personalmarketing genutzt wird, ist das Mainstreaming des Diversity-Gedankens in diesem Bereich von Bedeutung. Vor allem bei der Verwendung von Personal-Image-Broschüren oder -Filmen sowie auf entsprechenden Webseiten ist es von entscheidender Bedeutung, wie das Unternehmen als Arbeitgeber dargestellt wird. Auch bei der Marke eine Arbeitgebers (Employer Brand) spielt die Emotionalisierung, die schon für Unternehmens- und Produktmarken diskutiert wurde, eine wachsende Rolle.

Sehr viele Unternehmen setzen daher das Thema Diversity gezielt auf ihren Karriere-Internetseiten ein. Dies dürfte mit dem Wunsch vieler Arbeitgeber zusammenhängen, das Kerngeschäft des Unternehmens „sexy" darzustellen. Die Wertschätzung der Vielfalt und Individualität der Beschäftigten (z. B. in Form eines multikulturellen Arbeitsumfeldes) sowie ein produktives, förderndes und forderndes Arbeitsumfeld (z. B. in Form leistungsorientierter Vergütungssysteme und flexibler Arbeitsformen) bilden Elemente, die zum Aufbau eines zeitgemäßen, zukunftsorientierten Arbeitgeber-Images eingesetzt werden. Mit der Nachwuchsförderung setzen immer mehr Unternehmen bereits an Hochschulen an, wie das nachfolgende Beispiel zeigt.

Praxisbeispiel: Siemens-Netzwerk Yolante

Siemens unterstützt junge Frauen, die einen naturwissenschaftlichen oder technischen Studienabschluss anstreben. Das Netzwerk Yolante (Young Ladies' Network of Technology) schreibt bundesweit regelmäßig Stellen für Abiturientinnen aus. Geboten werden Kontakte, Praktika, Werkstudententätigkeiten und ein Mentorenprogramm, das parallel zum Studium läuft. Mit diesem Programm können Studentinnen ihre Zukunftsperspektiven und weitere Entwicklungschancen bei Siemens erweitern.

Neben Siemens setzen viele weitere Firmen wie z. B. Daimler Karriereworkshops für Top-HochschulabsolventInnen ein, um damit interessante Talente zu erreichen.

Bei der Personal-Image-Werbung kommt es wie auch in der konkreten Personal-Werbung (z. B. durch Stellenanzeigen) entscheidend auf die Darstellung und Vermittlung der zur Verfügung stehenden Inhalte an. Im Wesentlichen sind dabei die verwendeten Bilder und Texte relevant. Diese können – bewusst oder unbewusst – KandidatInnen abschrecken, wenn sie auf einen ganz bestimmten, bevorzugten Typus oder auf eine besonders starke Kultur hinweisen. Sollen durch die Kommunikation zum Beispiel die „Besten" angesprochen werden, so ist es durchaus fraglich, ob dies über eine schwarz-weiß-karierte Formel-1-Flagge mit dem Zusatz „Bei uns haben Sie für Ihren Karrierestart die Pole-Position" optimal erreicht wird. Vielmehr zeigt dieses Beispiel, dass durch eindimensionale Kommunikationsbausteine nur ein Teil des Marktes angesprochen wird. Die Mehrzahl der KandidatInnen – und die Mehrzahl der Besten – erreichen solch spezifische Botschaften nicht; einige dürften davon sogar abgestoßen werden. Dies gilt umso mehr, als eine derartige Kommunikation – zu Recht oder zu Unrecht – entsprechende Rückschlüsse auf die Unternehmenskultur provoziert.

Stattdessen sollte es Ziel der Personalbeschaffung sein, den Arbeitsmarkt in seiner ganzen Breite und damit viele geeignete KandidatInnen anzusprechen. Dazu kann es je nach Fall sinnvoll sein, zum Beispiel Frauen, Kandidaten mit Behinderungen oder MigrantInnen ausdrücklich anzusprechen. Die gängigste Erscheinungsform in diesem Zusammenhang stellt wohl der Zusatz „m/w“ in Stellenanzeigen dar bzw. das gleichbedeutende Anhängsel „...In“, mit denen auch weibliche Personen zwar explizit, aber nicht gezielt angesprochen werden.

Die Citigroup hat in dieser Hinsicht ihre Rekrutierungsstrategie stark verbreitert. Zum Beispiel halten homosexuelle Mitarbeiter Präsentationen vor Mitgliedern schwul-lesbischer Stundentennetzwerke der London Business School, der London School of Economics und der Cambridge University, um schwule oder lesbische KandidatInnen für das Unternehmen zu gewinnen.

Auch im Zusammenhang mit der sogenannten „Green Card“ werden Diversity-Aspekte der Personalbeschaffung offenbar: Ethnisch-kulturell vielfältige Kandidaten tragen dazu bei, einen spezifischen Fachkräftebedarf zu decken. Über Anzeigen in englischer Sprache können indes auch international geprägte deutsche KandidatInnen erreicht werden. Durch die Green Card könnten weitere Potenziale eröffnet und der Fachkräftemangel könnte abgefedert werden, da sie sich, insbesondere im IT-Bereich, als Erfolg erwiesen hat (Berliner Zeitung 2002).

Angesichts der demografischen Entwicklung wird sich zudem in Zukunft ein neues Verhältnis zu älteren KandidatInnen auf dem Arbeitsmarkt einstellen müssen, da der sogenannte Jugendwahn schon heute zu Engpässen führt, wie z. B. bei Ingenieuren.

Die Alten Hasen GmbH beschützt Gleichaltrige vor Abzocke

Ein „alter Hase“ werden – das möchten viele Arbeitgeber heutzutage verhindern. Mit 55 Jahren und mehr gehört man vielerorts zum „alten Eisen“. Bei einer Frankfurter Vermögensberatung haben dagegen junge MitarbeiterInnen keine Chance auf einen Arbeitsplatz. Denn ein Mindestalter von 55 Jahren sowie hohe Fachkompetenz durch mindestens 25-jährige Berufserfahrung in einem Kreditinstitut sind die Voraussetzungen, um einen Job bei „Die Alten Hasen GmbH“ zu bekommen. Das Netzwerk „Die Alten Hasen“ besteht aus unabhängigen Bankkaufleuten im Seniorenalter und ist bundesweit seit 2002 tätig. Die Mitglieder beraten gegen ein Entgelt ihre Altersgenossen in allen Fragen der Finanzen. Unabhängig durchleuchten die FinanzberaterInnen den Geldbeutel ihrer gleichaltrigen KundInnen, stellen hartnäckig Fragen, verhandeln für ihre Mandanten Preise und Konditionen und erstellen „Fahrpläne“, wie das Vermögen im Alter vermehrt werden kann.

Die Alten Hasen GmbH wurde gegründet von Joachim Schwer, der von 1971 bis 1987 Commerzbank-Direktor war.

Das mittelständische Technologieunternehmen MicroTec gilt als Vorreiter beim bewussten Einsatz älterer MitarbeiterInnen. Das Potenzial dieser BewerberInnen im Vergleich zu jüngeren läge besonders in deren hohen Fachwissen und der Fähigkeit, Probleme frühzeitig zu erkennen. Außerdem könnten die Vorteile der Kompatibilität der Kompetenzen dazu genutzt werden, unterschiedliche Kundenbedürfnisse zu befriedigen. Auch die Deutsche Post World Net fördert altersgemischte Belegschaften im Rahmen ihrer Diversity-Strategie.

Die Berücksichtigung des Alters – wie auch anderer Facetten von Diversity – ist ein wichtiges Element in der verwendeten Bildsprache. Dabei ist darauf zu achten, dass vielfältige Protagonisten nicht stereotypisch dargestellt werden. Dies geschieht – wie schon für den Bereich Werbung aufgezeigt – häufig unbewusst, ruft aber dennoch das Gefühl von Geringschätzung und Ausgrenzung bei „Betroffenen" hervor. So wurden früher Frauen im Rahmen von Personalanzeigen nicht selten als schmückendes Beiwerk eingesetzt: Sie sitzen an einem Tisch, während ein Mann als Präsentator gezeigt wird. Neuere Werbebeispiele zeigen eine Weiterentwicklung dieser stereotypen Sichtweise. Anschauliche Beispiele hierzu finden sich in Abschnitt 7.3.

Die Berücksichtigung von Diversity im Rahmen der Personalbeschaffung zielt darauf ab, mannigfaltige Typen in vielfältigen Situationen – also auch in traditionellen – zu verwenden. Eine so gestaltete Kommunikation spricht Kandidaten und Kandidatinnen an, die positiv gegenüber Vielfalt eingestellt und in der Lage sind, Unterschiede zu nutzen. Dies führt im Weiteren zur Frage der gewünschten und im Rahmen der Kandidaten-Auswahl zu überprüfenden Kompetenzen, die BewerberInnen mitbringen

Bei der Personalauswahl erlangt Diversity ebenfalls eine vielschichtige Bedeutung. Frühere Bewertungskriterien selektierten häufig KandidatInnen aus, die nicht stromlinienförmig „hineinpassten". Diese Filterfunktion sollte aus Sicht von Diversity darauf reduziert werden, fachlich relevante Kompetenzen zu überprüfen und diskriminierende Zusatzüberlegungen wie „Womöglich schafft sie das nicht oder entscheidet sich für die Familie …" oder „Ob seine Deutschfähigkeiten für den Job ausreichen …" weitestgehend auszuschalten.

Aber Diversity wird auch zu einem eigenständigen Auswahlkriterium. So ist es mit Blick auf die künftigen Entwicklungen angebracht, Grundkompetenzen im Umgang mit Unterschiedlichkeit noch stärker in den Anforderungskatalog für (Führungs-)Nachwuchskräfte aufzunehmen. Weiterhin ist eine positive Grundeinstellung zu Vielfalt – und vor allem eine ethische Haltung, die sich klar gegen Diskriminierung wendet – von zunehmender Bedeutung für Arbeitgeber. Dass Kandidaten willens und in der Lage sind, über den Tellerrand zu schauen, lässt sich unter anderem an ihrem außercurricularem Engagement ablesen, das schon vor Jahren Eingang in die Auswahlprozesse fand. Die Fähigkeit, andere Perspektiven einzunehmen, zeigt sich zum Beispiel an überfachlichen Qualifikationen. Offenheit und Neugier spiegeln sich in individuellen Hobbies und ganzheitlichen Interessen wider. Der Anteil der Studierenden, die ein Auslandssemester absolvieren, steigt konstant. Die gewonnene Erfahrung, in einem kulturell vielfältigen

Umfeld zu leben, möchten diese Menschen auch im Berufsleben meist nicht missen.

Das Diversity Mainstreaming strebt jedoch nicht nur die Integration von Diversity in die Auswahlkriterien, sondern auch in die Auswahlinstrumente an. Denn eine Vielzahl von Tests, aber auch das persönliche Interview, unterliegen unterschiedlichen Einflüssen, die dazu führen können, dass ein bestimmter Kandidaten-Typus – jenseits von sachlich begründbaren Anforderungen – bevorzugt wird.

Diesem Gedanken folgt zum Beispiel das Angebot von Cross Cultural Workshops, welche unter anderem in der Deutschen Bank durchgeführt werden. In diesen Workshops geht es darum, dass interkulturelle Teams Unterschiede im beruflichen Alltag erkennen, damit Konflikte und Diskriminierungen vermieden werden können. Eine weitere Maßnahme der Deutschen Bank besteht darin, jungen Migrantinnen und Migranten im Rahmen eines vierwöchigen Praktikantenprogramms „I have a dream" das Unternehmen näher zu bringen. Das Programm richtet sich schwerpunktmäßig an SchülerInnen, die bisher bei Bewerbungen unterrepräsentiert waren oder sind. Die Deutsche Bank möchte mit „I have a dream" den Anteil von Migrantinnen und Migranten an ihrem Personal erhöhen und damit die Vielfalt der Kundschaft in der Belegschaft widerspiegeln. Vor fünf Jahren in Berlin und Frankfurt gestartet, hat sich das Projekt etabliert und wird in den Sommerferien mittlerweile auch an weiteren Standorten angeboten. Die Jugendlichen sollen während des Praktikums den Beruf Bankkauffrau/-mann kennen lernen. Im Anschluss können die Jugendlichen an einem Auswahlverfahren für Ausbildungsplätze teilnehmen. Geeignete KandidatInnen erhalten einen Ausbildungsvertrag.

Mit Blick auf die Personalbeschaffung bemängeln viele Arbeitgeber, dass in immer mehr Qualifikationsbereichen kaum vielfältige KandidatInnen zu finden seien. Besonders markant tritt dies bei sogenannten „Männerberufen" und „Frauenberufen" zu Tage. In den zugehörigen Studien- oder Ausbildungsgängen finden sich entsprechend wenige VertreterInnen des jeweils anderen Geschlechts. Daher entwickelten etliche Unternehmen Förderprogramme, die zum Beispiel den Frauenanteil in technischen Berufen, im IT-Bereich oder im naturwissenschaftlichen Umfeld erhöhen sollen.

Shell: She-Study-Award

Zur Förderung des weiblichen Führungsnachwuchses verleihen die Shell Gesellschaften Deutschland, Österreich und Schweiz den Förderpreis „She-Study-Award" für junge Natur- und Technikwissenschaftlerinnen. Damit werden herausragende und zukunftsweisende Studienarbeiten rund um die Bereiche Mineralöl, Erdgas, Chemie und erneuerbare Energien ausgezeichnet. Er wurde im Jahr 2007 bereits zum elften Mal vergeben. Um an der Preisausschreibung teilnehmen zu können, müssen Frauen im technischen oder naturwissenschaftlichen Bereich studieren bzw. ein Studium absolviert haben. Des Weiteren darf die zu bewertende Dissertation, Diplom- oder Studienarbeit nicht älter als zwei Jahre sein. Vor allem aber muss die Arbeit für die Geschäftsbereiche von Shell bzw. für Gemeininteressen relevant sein. Wenn diese Bedingungen erfüllt sind, können die Teilnehmerinnen ein maximal fünfseitiges Kurzexposé ihrer Arbeit, einen Lebenslauf sowie eine Beurteilung der jeweiligen Professorin/des Professors an die Shell & DEA Oil GmbH senden. Der She-Study-Award ist für den ersten Preis mit 5.000 Euro dotiert, der zweite Preis ist mit 2.500 Euro, der dritte Preis mit 1.000 Euro und der vierte bis sechste Preis mit je 500 Euro dotiert. Die Bewertung der Arbeit erfolgt durch eine Jury, die sich aus VertreterInnen aus Politik, Wissenschaft und Wirtschaft zusammensetzt. Viele Finalistinnen der letzten Jahre konnten den Preis bereits als Sprungbrett für eine Karriere sowohl in der Wirtschaft als auch in der Wissenschaft nutzen.

Ein weiteres Unternehmen, das einen Preis speziell zur Förderung von Frauen einsetzt, ist die Volkswagen AG.

Volkswagen AG: Woman-Driving-Award

Der Wolfsburger Autohersteller VW schrieb im Jahr 2005 erstmalig den „woman-driving-award" aus. Zur Förderung von Frauen in der bisher immer noch klassischen Männerwelt, vergab VW als erstes Unternehmen in der Automobilbranche eine Auszeichnung speziell an Ingenieurinnen aus den Studiengängen Maschinenbau, Fahrzeugtechnik, Mechatronik und Elektrotechnik. Unter dem Motto „Männerwelten gestalten" wurden die besten Diplomarbeiten mit Bezug zur Automobilbranche ausgewählt und mit Preisgeldern prämiert. Ziel ist es, Frauen die Chance zu geben, „sich in einer Männerdomäne zu bewähren und zukünftig die Position der Frau in Fach- und Führungsebenen zu stärken und weiter auszubauen".

An der Schnittstelle von Personalbeschaffung und Personalentwicklung befindet sich die betriebliche Ausbildung. Das nachfolgende Beispiel zeigt die Integration von Diversity in diesem Bereich.

Fallstudie Deutsche Telekom: Diversity bei der Deutschen Telekom AG. Selbstverständlich anders. Erfolgreich anders.

Die Deutsche Telekom AG setzt als eines der weltweit führenden Dienstleistungsunternehmen der Telekommunikations- und Informationstechnologie-Branche international Maßstäbe. Im Mittelpunkt aller Aktivitäten steht der Nutzen für den Kunden. Ziel ist es, die Deutsche Telekom zum bestangesehenen Service-Unternehmen der Branche zu machen. Das bedeutet auf die Kundenbedürfnisse zugeschnittene Produkt- und Serviceangebote, beste Netzqualität – und deutlich verbesserte Effizienz.

Als international agierender Konzern, der in verschiedenen Geschäftssegmenten tätig ist und unterschiedliche Unternehmenskulturen unter einem gemeinsamen Dach vereint, setzt die Deutsche Telekom auf Vielfalt – Diversity. Die beiden folgenden Beispiele beschreiben Möglichkeiten der Umsetzung von Diversity.

Multi Kulti am Turm – Erleben, was verbindet

In der Berufsbildung Essen hat sich ein Projektteam mit dem Thema multikulturelles Zusammenleben befasst. Dabei ist den Teammitgliedern bewusst geworden, in welch bunter Mischung sie leben, während sie doch so wenig voneinander wissen. Mit „Multi Kulti am Turm" hat das Projekt die in der Berufsbildung vertretenen Nationalitäten und die verschiedenen Herkunfts-Länder vorgestellt, um sich gegenseitig besser kennen und schätzen zu lernen. Die Gäste, die der Aufforderung nachkamen:

komm' und lerne uns kennen,
komm' und erlebe unsere Vielfalt,
komm' und sei ein Teil des Ganzen,
denn … DU gehörst dazu!

waren „mittendrin, statt außen vor" und wurden nicht enttäuscht.

17 bunte Marktstände luden ein, das jeweilige Herkunftsland, seine Kultur, seine kulinarischen Spezialitäten und zum Teil die Reisemöglichkeiten kennen zu lernen. Die Auszubildenden selbst haben die Stände kreiert, bestückt und personell besetzt und dabei auch Freunde, Verwandte und Bekannte beteiligt. Jeder Stand war einen Besuch wert, und das Projektteam hat an einem extra Stand über das Diversity Management der Deutschen Telekom informiert.

Eine farben- und inhaltsreiche Dokumentation erinnert nicht nur ein außergewöhnliches Event, sondern gibt weitere vielfältige Informationen. Ein vorbildliches und nachhaltiges Projekt, das zeigt, wie selbstverständlich Diversity gelebt werden kann.

JUMP in MINT

Das Projekt JUMP in MINT (Jugend Mentoring Portal in Mathematik, Informationstechnik, Naturwissenschaft, Technologie, Energie und Handwerk) unterstützt – seit dem Start im April 2006 – bereits zum dritten Mal über ein Jahr lang Schülerinnen und Schüler in ihrer Berufsorientierung. Für die Mentees, d.h. die Schülerinnen, sind im Projekt JUMP in MINT nachfolgende Ziele gesetzt:

- Mentees für sogenannte MINT-Themen und -Berufe zu interessieren,
- Kompetenzen in MINT sichtbar zu machen,
- das Selbstbewusstsein zu stärken,
- die Arbeits- und die Lernmotivation zu erhöhen,
- Zugang zu informellen Netzwerken zu erhalten,
- die Möglichkeit, eigene Stärken und Schwächen zu erkennen,
- praktische Tipps für die Berufswahl, Lebensplanung und das Erreichen gesteckter Ziele zu geben,
- qualifizierte Nachwuchskräfte für MINT-Berufe zu fördern,
- damit ein Stück Frauenförderung zu betreiben und nicht zuletzt
- den Mut zum Erfolg zu erhalten.

Bei JUMP in MINT sind die Mentees Berliner Schülerinnen der Klassenstufe 8 der Haupt- und Realschulen und der Klassenstufe 9 der Gymnasien und Gesamtschulen. Sie sind wissbegierig, verfügen über Eigeninitiative und zeigen für MINT-relevante Schulfächer (Mathematik, Physik, Biologie, Chemie, Informationstechnik, Technologie, Handwerk, Arbeitslehre o. Ä.) Offenheit und Interesse. Sie haben weder Angst vor einem PC noch vor dem Internet und können mit beidem umgehen. Die Mentees wissen, dass sie im Monat ca. acht Stunden Zeit in dem Mentoring-Programm verbringen.

Die MentorInnen sind ExpertInnen in MINT-Berufen. Neben der fachlichen Kompetenz haben sie die Fähigkeiten, ihre Mentee auf deren Weg in eine traditionell von Männern dominierte Fachwelt zu begleiten und zu unterstützen. Sie stellen ihre Kompetenzen pro Monat ca. vier Stunden für das Programm zur Verfügung.

JUMP in MINT hat ein „Blended Mentoring Programm". Der Begriff „Blended Mentoring" ist in Anlehnung an „Blended Learning" gewählt. „Blended" besagt, dass Präsenz- und Online-Veranstaltungen bzw. -Angebote (sachgemäß) gemischt werden. Das heißt, neben den monatlichen persönlichen Treffen und Gesprächen von Mentee und MentorIn gibt es das JUMP Portal im Internet, das als zusätzliches Kommunikationsforum für Mentees und MentorInnen und als Kommunikationsforum für den Austausch zwischen Mentees und den Mentorinnen dient und Mentees und MentorInnen im geschlossenen Bereich – aber auch Gästen im öffentlichen Bereich – Informationen und Materialien für die eigene selbstbestimmte Arbeit zur Verfügung stellt.

JUMP in MINT beinhaltet regelmäßige Veranstaltungen für die Mentees zu unterschiedlichen Themen aus der Technik und der Selbstbestimmung. Für die MentorInnen werden Workshops zum Mentoring und Diversity-Management angeboten.

Die feste Verankerung von Diversity in der Personalbeschaffung kann als notwendige Bedingung dafür angesehen werden, Vielfalt in einer Organisation als Erfolgsfaktor zu nutzen. Dies wird allerdings nur nachhaltig möglich sein, wenn auch weitere Teilgebiete des HR-Managements Unterschiede positiv berücksichtigen. Wie eine Analyse des HR-Managements aussehen kann, zeigt folgendes Beispiel.

> Die Tochter eines US-Konzerns führte eine strukturierte Analyse (Auditierung) aller Human-Resource-Prozesse auf europäischer Ebene durch. Die Prozesse, u. a. Stellenbeschreibung, Ausschreibungen, Auswahl von Kandidaten, Einstellungs- und Beurteilungspraxis und Personalentwicklung, wurden im Hinblick auf die Wirkung, die sie auf Vielfalt im Allgemeinen und auf die Vielfaltsdimensionen im Besonderen entfalten, durchleuchtet. Auf Grundlage des Ergebnisberichts dieser Untersuchung wurden Modifikationen der bisherigen Auswahlpraxis im Detail entschieden.

7.1.2 Diversity in der Personalentwicklung

Der Personalentwicklung – wie schon der Personalbeschaffung – kommt mit Blick auf Diversity eine wesentliche Rolle zu. Eine Integration des Diversity-Gedankens in die Personalentwicklung liegt vor allem bei der Karriereplanung und -förderung und in der Weiterbildung nahe.

Im Bereich der Karriereentwicklung stellt sich die Frage, ob mit allen MitarbeiterInnen in entsprechenden Positionen gleichermaßen Karrierepläne ausgearbeitet werden. Dies erscheint mit Blick auf bestehende organisationale Präferenzen nicht unerheblich, da ansonsten berufliche Perspektiven vor allem für jene Mitarbeiter entwickelt werden, die dem traditionellen Bild einer (ambitionierten) Führungskraft entsprechen. Des Weiteren spielt Diversity bei der Art der Karriereentwicklung eine Rolle. Aufgrund der Internationalisierung bilden zum Beispiel Auslandsaufenthalte immer häufiger einen wesentlichen Bestandteil der Karriere, die sicherlich nicht nur zur beruflichen Entwicklung beitragen, sondern auch zur Persönlichkeitsentwicklung im Sinne von Diversity. Da nicht nur die Bedeutung internationaler Karrieren, sondern auch die Relevanz der Balance von Privat- und Berufsleben (vgl. Kapitel 2) steigt, bildet die Vereinbarkeit von privaten Präferenzen und Auslandsaufenthalten ein Handlungsfeld für Unternehmen. In der Karriereentwicklung findet Diversity zudem durch funktionsübergreifende Personalentwicklung Berücksichtigung. Rotationen stärken nicht nur das Verständnis unterschiedlicher Unternehmensbereiche füreinander, sie tragen auch wesentlich zur nachhaltigen Beschäftigungsfähigkeit der Mitarbeiter bei. So bietet beispielsweise die Volkswagen AG den am Fließband beschäftigten Mitarbeitern an, ihre Tätigkeiten innerhalb der Gruppe, in der sie arbeiten, regelmäßig zu wechseln, damit ein besserer Ausgleich der Aktivitäten erfüllt ist.

Außerdem legt die demografische Entwicklung nahe, dass vertikale Karrieren immer seltener erwartet bzw. angeboten werden können. Stattdessen dürften horizontale Entwicklungen (z. B. Fachkarrieren) immer häufiger werden. Frühzeitige und regelmäßige Rotationen unterstützen diese Form der Karriere.

> Die Allianz sandte Mitarbeiter zusammen mit körperbehinderten Teilnehmern auf eine Reise auf einem Segelboot, um gemeinsam zu lernen, wie man ein traditionelles Segelschiff navigiert; vor allem aber, um für Unterschiede zu sensibilisieren und den „Anderen" besser kennen zu lernen. Zusammen steuerten sie das Schiff unter der Anleitung einer zehnköpfigen Crew um die Küsten Englands und Frankreichs. Eine Entwicklungsreise, auf der die Teilnehmer ihre körperlichen und emotionalen Grenzen erfuhren. Nichtbehinderte und Behinderte mussten versuchen, sich Grenzen zu stellen und sie zu überwinden. Für Allianz Vorstandsmitglied und Sponsor des Diversity Councils Clement Booth hat das Programm sowohl für die Allianz insgesamt als auch für jeden Einzelnen Bedeutung: „Behinderungen können jeden treffen", sagt er. Als großer Versicherer decke die Allianz die verschiedensten Risiken ab. Dadurch habe das Unternehmen schließlich auch mit Menschen zu tun, die von Behinderungen betroffen sind. Eine Woche im engen Kontakt mit Behinderten sei die beste Gelegenheit, aus erster Hand zu erfahren, mit welchen Herausforderungen sie Tag für Tag konfrontiert sind. Das werde den Teilnehmern helfen, sensibler auf die Bedürfnisse von Kunden mit ähnlichen Problemen einzugehen.

In der Personalentwicklung spielt das Thema Weiterbildung ebenfalls eine zentrale Rolle für das Zusammenspiel von Diversity und HR-Management. Dabei stehen folgende Fragen im Mittelpunkt: Sind die Inhalte und Methoden der Weiterbildung für unterschiedliche Mitarbeitergruppen gleichermaßen zugänglich, relevant und effektiv? Unterstützen die Weiterbildungsangebote die Erreichung der Diversity-Ziele in geeigneter Weise? – Wie besonders interkulturelle Aspekte gefördert werden können, illustriert folgendes Beispiel.

> **Interkulturelle Personalentwicklung**
>
> Die Kreisverwaltung des Landkreises Germersheim in Rheinland-Pfalz führte von 2003 bis 2005 ein Projekt zur interkulturellen Personalentwicklung und Fortbildung von Führungskräften und Mitarbeitern in der öffentlichen Verwaltung durch. Die Initiative dazu ging vom Landrat des Landkreises aus. Ermöglicht wurde das Projekt von der Landesbeauftragten für Ausländerfragen in Rheinland-Pfalz, die sich zum Ziel gesetzt hat, rheinland-pfälzische Behörden interkulturell zu unterstützen. Der Landkreis Germersheim weist mit über 9 % den größten Anteil ausländischer Mitbürger aller Landkreise in Rheinland-Pfalz auf. Die MitarbeiterInnen werden in ihrer täglichen Arbeit

vielfach mit schwierigen Situationen konfrontiert, die sie entsprechend ihren persönlichen Eigenschaften mehr oder weniger erfolgreich bewältigen, auf welche sie jedoch im Rahmen ihrer Ausbildung nicht umfassend oder systematisch vorbereitet wurden. Das initiierte Projekt zielte daher darauf ab, die soziale, kommunikative und interkulturelle Kompetenz der Behördenmitarbeiterlnnen, der Führungskräfte und der Kreisverwaltung zu fördern, um durch die Reduzierung kultureller Missverständnisse eine effektivere Zusammenarbeit zu gewährleisten und eine Erhöhung der Servicequalität zu erreichen. Während der zehntätigen Fortbildung konnten die Teilnehmer ihr Wissen über eine professionelle Kommunikation mit Klienten, insbesondere in schwierigen Gesprächssituationen, erweitern. Außerdem durchliefen sie ein Cultural-Awareness-Training und setzten sich mit einer professionellen Führungs- und Leitungspraxis auseinander. Das Projekt wurde durch eine Evaluation abgeschlossen, an der die Teilnehmer, der Landrat, die Landesbeauftragte für Ausländerfragen und das Trainerteam beteiligt waren.

Aufgrund unterschiedlicher Vorbildungen ist es offensichtlich, dass unterschiedliche Beschäftigte verschiedene Bedarfe für Weiterbildung aufweisen. Während sich diese in fachlichen Fragen ähneln dürften, sind Unterschiede in persönlichen und sozialen Bereichen wahrscheinlich. Diese können sich zum Beispiel zwischen Männern und Frauen oder zwischen Jung und Alt einstellen. Vor einer stereotypen Betrachtung dieser oder anderer „Zielgruppen" ist jedoch gerade im Kontext von Diversity zu warnen. Es ist z.B. darauf zu achten, dass die Räumlichkeiten von Schulungsmaßnahmen für Rollstuhlfahrer zugänglich sind oder dass Weiterbildungen auch grundsätzlich für Mitarbeiter über 40 angeboten werden. Die Bandbreite der zielgruppenspezifischen Workshops und Trainings zur gezielten Förderung von Mitarbeitern ist vielfältig. Der folgende Abschnitt zeigt einige Beispiele.

Nachdem Ford herausgefunden hatte, dass bei den im Unternehmen beschäftigten Vätern der Wunsch nach „aktiver Vaterschaft" besteht, hat die Betriebsleitung beschlossen, diese Zielgruppe stärker zu fördern. Ford führt daher Workshops durch, in denen Väter zur Wahrnehmung ihrer Vaterrolle ermutigt werden sollen. Eine ähnliche Förderung wird von Vaude verfolgt. Das Unternehmen erhält und passt die beruflichen Qualifikationen der Beschäftigten während der Eltern- und Familienzeit an, um Mitarbeiter auch in dieser Zeit gezielt zu fördern. Die Commerzbank fördert Frauen gezielt durch Workshops im Bereich Konfliktmanagement, Durchsetzungsstrategien oder Eigen-PR. Auch die Deutsche Telekom fördert Frauen systematisch durch Seminare zu Themen wie „Frauen im Beruf", „Frauen im Business" und „Strategische Handlungskompetenz".

Seminare für den dritten Lebensabschnitt

Die Sick AG bietet Seminare für den dritten Lebensabschnitt an und bindet damit ältere Beschäftigte gezielt ein. Die Seminare berücksichtigen unterschiedliche Lerngeschwindigkeiten und unterschiedliche Lernmethoden. 2005 wurde die Sick AG für diese Maßnahmen ausgezeichnet mit einem Sonderpreis für „lebenslanges Lernen“ im Wettbewerb „Deutschlands beste Arbeitgeber“.

Darüber hinaus stellt Diversity Mainstreaming sicher, dass die in Trainings vermittelten Inhalte keinen diskriminierenden oder ausgrenzenden Charakter aufweisen. Es bestehen vielfältige Möglichkeiten, durch geeignete Fallstudien oder Beispiele Diversity-relevante Botschaften in Trainings „einzubauen“. Die Kombination aus spezifischen und umfassenden Qualifizierungsansätzen illustriert die folgende Fallstudie.

Fallstudie Bundesagentur für Arbeit: Demografiesensible Personalpolitik und Diversity Management bei der Bundesagentur für Arbeit

von Beatrix Behrens, Zentrale der Bundesagentur für Arbeit, Leiterin Personalpolitik und Bettina Ziess, Zentrale der Bundesagentur für Arbeit, Betreuerin Personalpolitik

Die Bundesagentur für Arbeit (BA) erfüllt für Arbeitnehmer und Arbeitgeber umfassende Dienstleistungsaufgaben für den Arbeits- und Ausbildungsmarkt. Wesentliche Aufgaben der BA sind die Vermittlung in Ausbildungs- und Arbeitsstellen, die Berufs- und Arbeitgeberberatung, die Förderung der Berufsausbildung, der beruflichen Weiterbildung sowie der beruflichen Eingliederung von Menschen mit Behinderung, Leistungen zur Erhaltung und Schaffung von Arbeitsplätzen, Entgeltersatzleistungen sowie Leistungen im Rahmen der Grundsicherung. Als einer der größten Arbeitgeber im öffentlichen Dienst beschäftigt die BA bundesweit ca. 100.000 Mitarbeiterinnen und Mitarbeiter.

Die Bedeutung von Diversity Management für die Bundesagentur

Die Bundesagentur für Arbeit begegnet den Herausforderungen des demografischen Wandels und dem absehbaren Fachkräftemangel im eigenen Personalbereich mit einem integrierten Personalmanagementkonzept. Ein innovatives Schwerpunktprojekt ist hierbei die demografiesensible Personalpolitik, welche mit dem Diversity Management in Strategie und Umsetzung verzahnt ist. Gender Mainstreaming erfüllt im Diversity-Ansatz eine Querschnittsfunktion.

Durch die Unterzeichnung der „Charta der Vielfalt“ hat sich der Vorstand der BA bereits früh geschäftspolitisch zur Förderung von Vielfalt bekannt und entsprechend positioniert. 2007 hat die BA beim European Public Sector Award für die demografiesensible Personalpolitik (Altersstrukturpolitik) als Finalistin ein Diplom erhalten. 2008 hat sie die Erklärung Erfolgsfaktor Familie der gleichnamigen Initiative unterzeichnet und ist im selben Jahr bereits zum dritten Mal für ihre familienorientierte Personalpolitik mit dem Total-E-Quality-Prädikat ausgezeichnet worden.

Die Aktivitäten sind mit Blick auf die Vielfalt der Beschäftigten wichtig: Der Frauenanteil beträgt zum gegenwärtigen Zeitpunkt 70 %, in leitenden Funktionen sind zu 39 % Frauen tätig. Die Schwerbehindertenquote liegt zurzeit bei 8,3 %. Momentan arbeiten Beschäftigte aus rund 63 Nationen bei der BA; insgesamt haben schätzungsweise 8 % aller Beschäftigten einen Migrationshintergrund. Der Altersdurchschnitt der BA-Beschäftigten beträgt derzeit 42,5 Jahre. Arbeiten und Lernen in gemischten Teams sind in der BA daher Arbeitsalltag.

Diversity bedeutet Vielfalt. Diese Vielfalt an unterschiedlichen persönlichen Kompetenzen möchte die BA durch gezielte Personalentwicklung und unter Berücksichtigung der individuellen Berufs- und Lebensplanung fördern. Eine vielfältig zusammengesetzte Belegschaft kann sich kompetent auf die Wünsche und Bedürfnisse heterogener Kundengruppen und sich verändernder Arbeitsmarktsegmente einstellen. Somit wird die Kundenorientierung optimiert und der Geschäftserfolg langfristig gesichert. Anspruch der BA ist es, mit dem Diversity-Ansatz auch eine Vorbildfunktion im operativen Bereich einzunehmen. Mit der demografiesensiblen Personalpolitik über Diversity Management wird zudem der Chancengleichheit im Sinne des Allgemeinen Gleichbehandlungsgesetzes (AGG) weiter Rechnung getragen. Diversity Management ist schließlich wesentlicher Bestandteil einer werteorientierten Personalpolitik, welche Vielfalt respektiert.

Die Förderung der Chancengleichheit und die Personalentwicklung sind in der BA „Chefsache“: Über die Grundsätze für Führung und Zusammenarbeit sind sie als Führungsaufgabe definiert. Eine weitere geschäftspolitische Zielsetzung ist die Förderung der Mitarbeitermotivation sowie das Fordern und Fördern von Potenzialträger/-innen.

Das ganzheitliche Diversity Management der BA umfasst die Handlungsfelder Altersstrukturpolitik, Gleichstellung bzw. Gender Mainstreaming als Querschnittsaufgabe, Vereinbarkeit von Familie und Beruf, Förderung von Beschäftigten mit Migrationshintergrund, Förderung schwerbehinderter Menschen und sexuelle Orientierung.

Fallstudie „Förderung von Beschäftigten mit Migrationshintergrund"

Die BA ist im Diversity-Handlungsfeld „Förderung von Beschäftigten mit Migrationshintergrund" als Unterzeichnerin der „Charta der Vielfalt" sowie im Rahmen des Nationalen Integrationsplans konkrete Selbstverpflichtungen eingegangen. Zielsetzungen der Konzepte und Maßnahmen in diesem Handlungsfeld sind die Optimierung der Kundenorientierung einerseits, aber auch die Erhöhung von Sensitivität sowie die Wertschätzung und Förderung von (interkultureller) Vielfalt im Personalkörper andererseits.

Die BA hat in diesem Zusammenhang personalpolitische Konzepte sowie Maßnahmen in den Bereichen Rekrutierung, Qualifizierung und Kompetenzentwicklung aufgelegt, welche an dieser Stelle als Fallstudie aufgeführt werden. Gleichzeitig sind und bleiben sie aber Bestandteile der Gesamtstrategie der demografiesensiblen Personalpolitik sowie eines mit dieser Politik strategisch verzahnten, ganzheitlichen Diversity Management.

Rekrutierung

Die BA setzt bei der Rekrutierung grundsätzlich auf dezentrale Maßnahmen, da der regionale Handlungsbedarf aufgrund soziodemografischer Spezifika unterschiedlich ist. Bei Auswahlverfahren werden Kompetenzen wie beispielsweise Sensitivität und Empathie entsprechend den Grundsätzen von Eignung, Leistung und Befähigung berücksichtigt. Eine demografiesensible Marketingstrategie wird schrittweise ausgebaut, damit z. B. einerseits geeignete Bewerber/-innen mit Migrationshintergrund als Bewerber-Potenzial erschlossen werden können und die BA andererseits für diese Personengruppe attraktiv wird.

Qualifizierung/Kompetenzentwicklung

Die BA verfügt über ein Kompetenzmodell als Ausgangsbasis der Personalentwicklung, in welches auch die für die Mitarbeiter- und Kundenorientierung notwendigen Teilkompetenzen einfließen. Die BA spricht dabei bewusst von Sensitivität gegenüber Diversity – ein Diktum, welches den Begriff der interkulturellen Kompetenz einschließt und welches gleichzeitig ganz bewusst gewählt wurde, um den ganzheitlichen Ansatz des Diversity Management, auch im Hinblick auf beispielsweise Gender-Kompetenz, angemessen umsetzen zu können.

Alle Beschäftigten der BA werden auf der Basis von Leistung und Potenzial gleichberechtigt in die kompetenzbasierte Personalentwicklung und Qualifizierung einbezogen. Es stehen moderne Instrumente zur Potenzialanalyse und -förderung zur Verfügung. Die BA setzt in diesem Zusammenhang bei ihren Führungsinstrumenten auf Dialog und berücksichtigt die individuelle Berufs- und Lebensplanung.

Bei der Führungskräfteentwicklung wird Sensitivität gegenüber Diversity in den Förder-Assessment Centern berücksichtigt. Zudem liegt hier auch ein Schwerpunkt in der Kompetenzentwicklung der Führungskräfte, so z. B. in den Angeboten 2008/2009:

- Veranstaltungsreihe „Den demografischen Wandel steuern" an der Führungsakademie der BA, z. B. mit einem „Sensitivitätstraining Diversity", einem Forum „Gender und Diversity" und der Zukunftswerkstatt „Migration",
- Führungskräfte-Workshops zu den Themen der demografiesensiblen Personalpolitik und den Handlungsfeldern des Diversity Management.

Für alle Beschäftigten gibt es verschiedene bedarfsorientierte Möglichkeiten der Qualifizierung und Kompetenzentwicklung. Module zur interkulturellen Kompetenz beispielsweise werden für Beschäftigte mit Kundenkontakt sowie für Beschäftigte im Personalbereich angeboten. Das Sensitivitätstraining Diversity wird bedarfsorientiert für alle Zielgruppen angeboten. Ein Web Based Training zu Diversity steht demnächst flächendeckend zur Verfügung. Alle Beschäftigten der BA können auf verschiedene Materialien zur Selbstinformation zum Thema (Flyer, Broschüren, Reader) zurückgreifen und erhalten in Kürze ein persönliches Exemplar einer informativen Broschüre zum Diversity Management in der BA.

Diversity Management, so auch Lerninhalte zu interkultureller Vielfalt, ist in der Grundqualifizierung, in der Ausbildung sowie auch in den Modulen des Studiums an der Hochschule der BA verankert. Optionale Auslandsabschnitte bzw. Auslandspraktika werden für Auszubildende bzw. Studierende der Hochschule der BA angeboten. Dem partizipativen Ansatz zollen schließlich Workshops mit BA-Beschäftigten mit Migrationshintergrund zu den oben geschilderten personalpolitischen Themen Tribut.

Zentrales Service-Angebot „Diversity in der Praxis"

Die BA unterstützt ihre Dienststellen künftig noch stärker: Ein von der Zentrale der BA bereitgestelltes Intranet-Service-Angebot „Diversity in der Praxis" in Form einer übersichtlich zusammengefassten Sammlung von Konzepten, Maßnahmen und Empfehlungen sowie guten Beispielen aus der Arbeitspraxis der BA befindet sich derzeit in der Umsetzung. Das Angebot konzentriert sich zunächst auf das Diversity-Handlungsfeld „Förderung von Beschäftigten mit Migrationshintergrund" bzw. die Förderung von Sensitivität für (interkulturelle) Vielfalt und gliedert sich in die Bereiche Rekrutierung, Qualifizierung und Kompetenzentwicklung. Darüber hinaus umfasst es Medien zur gezielten Selbstinformation sowie Materialien zu Marketing- und Rekrutierungszwecken. Art und Ausgestaltung des Angebots ermöglichen eine flexible und bedarfsorientierte Nutzung, um den regionalen Verschiedenheiten und Belangen der Dienststellen im gesamten Bundesgebiet Rechnung zu tragen. Gleichzeitig sollen die Auseinandersetzung mit dem Thema weiter angestoßen und konkrete Anregungen für die Praxis gegeben werden. Der sukzessive Aufbau eines Diversity-Netzwerkes wird die Umsetzung des Diversity Managements in der BA flankierend begleiten und den Wissens- und Erfahrungsaustausch auch virtuell unterstützen.

Im Falle von Führungs- oder Kommunikationstrainings bietet es sich weitergehend an, Diversity-Module in diesen zu verankern. Besonders in international tätigen Unternehmen gehören Fremdsprachenkurse zu einem festen Angebotsbestandteil. Zusätzlich erscheinen Deutschkursangebote für Impatriates oder Migranten sinnvoll.

Studienmodul „Managing Diversity" bei der Volkswagen AutoUni

Von Mitte September bis Dezember 2004 führte die Volkswagen AutoUni das Studienmodul „Managing Diversity" für Manager des Volkswagenkonzerns als Testmodul durch. Das 150 Stunden umfassende Programm wurde als Baustein des Studienganges „Leading in a Global Context" entwickelt. 23 TeilnehmerInnen unterschiedlicher Funktionen, Länder und Ebenen durchliefen den Kurs, bestehend aus zwei Online-Phasen à 50 Stunden und einer Präsenzwoche in Port Elisabeth (Südafrika). Das Modul zielte wie das gesamte Studienangebot neben der Fach- und Methodenkompetenz besonders auf den Aspekt der Führung sowie auf persönliche und soziale Kompetenzen ab. Dafür wurde ein akademisch fundiertes Konzept erarbeitet, das gleichzeitig einen strategischen Fokus aufwies, Musterbrüche ermöglichte und auf vielfältige Methoden und Perspektiven zurückgriff. Als globales Lernumfeld bot Südafrika, das Land mit dem Slogan „Proudly South-African", ein wenig bekanntes Vorbild im Umgang mit der eigenen Geschichte und Vielfalt. Praktische Fallstudien sowie sogenannte „Exposure"-Elemente stellten sicher, dass unterschiedliche Eindrücke gewonnen und Verbindungen zwischen verschiedenen Elementen und dem Führungsalltag hergestellt werden konnten. Nach der Präsenzphase bearbeiten vier virtuelle Teams eine globale Projektaufgabe zum weiteren Transfer der Studieninhalte.

Auch die Methoden der Weiterbildung können für verschiedene Beschäftigte unterschiedlich effektiv sein. So unterscheidet man zwischen Lerntypen wie dem visuellen, dem auditiven und dem haptischen Typ. Der visuelle Typ lernt besonders gut mit Hilfe optischer Reize, d. h. er/sie muss die Lerninhalte sehen können (Text, Bild). Für den auditiven Typ eignen sich akustische Reize, um lernen zu können (lautes Lesen, CD hören). Der haptische Typ bevorzugt das „Begreifen", d. h. er/sie muss die Lerninhalte anfassen können, und benötigt wenig Anleitung, da er die Lerninhalte durch „Probieren" aufnimmt. Da die genannten Lerntypen und ihre Mischformen nicht auf den ersten Blick erkennbar sind, bietet es sich an, wann immer dies möglich ist, einen Methoden-Mix einzusetzen. Dadurch wird es wahrscheinlicher, für unterschiedliche Menschen adäquate Angebote bereitzustellen.

Für diejenigen Lerntypen, die besonders visuell geprägt sind, bieten E-Learning-Programme neben Face-to-Face-Trainings eine gute Möglichkeit, die Belegschaft über Diversity zu qualifizieren und zu informieren. Durchgeführt wird dies z. B. von der Deutschen Telekom. E-Learning-Programme wie eDiversity (www.e-diversity.de) ermöglichen es, viele Beschäftigte bei einem vergleichsweise geringen Kosteneinsatz zu schulen. Durch interaktive Elemente, aktuelle Praxisbeispiele und Erklärungen lernen die Teilnehmer, die Bedeutung von Diversity für die eigene Organisation besser verstehen. Alltägliche Situationen schaffen Bewusstsein für eigene Vorbehalte und illustrieren anschaulich die Vorteile von Vielfalt. E-Learning-Programme können darüber hinaus als Vor- oder Nachbereitung zu einem Face-to-Face-Training eingesetzt werden, um den Lerneffekt zu erhöhen. Sie ersetzen die persönliche Intervention jedoch nicht.

Ein Beispiel für die Verknüpfung von Personalentwicklung und Innovationsmanagement bietet BASF. Regelmäßig erhalten Nachwuchskräfte aus dem Unternehmen die Möglichkeit, im Rahmen einer Frist von sechs Monaten ein Projekt freier Wahl durchzuführen. Das Ergebnis wird dem Vorstand präsentiert. Den international besetzten Gruppen werden dabei jeweils 500.000 Euro zur Verfügung gestellt. Die im Rahmen der Projekte entwickelten Ideen wurden alle in die Betriebsprozesse von BASF integriert.

7.1.3 Navigation von Privat- und Berufsleben

Mit Blick auf die sich vielfältig entwickelnden Lebensziele, Werte und Präferenzen in der Gesellschaft, erscheint es zunehmend erforderlich, die Arbeitsangebote von Unternehmen und anderen Arbeitgebern an diese veränderten Lebenswirklichkeiten anzupassen. Dies stellt auch eine Notwendigkeit dar, um im Zuge der demografischen Entwicklung künftig mehr Menschen effektiv beschäftigen zu können, die bislang nur wenig am Arbeitsleben teilgenommen haben. Aber auch mit Blick auf die erwünschte hohe Produktivität und Loyalität ist es erstrebenswert, optimale Beschäftigungsbedingungen für die gesamte Bandbreite der MitarbeiterInnen zu schaffen. Vor diesem Hintergrund und zur Beschreibung dieses Sachverhalts hat sich in den vergangenen zehn Jahren der Begriff „Work-Life-Balance“ herausgebildet. Auch wenn keine universal gebräuchliche Definition besteht, meint der Begriff die Integration oder Navigation von Privat- und Berufsleben. Dieser Gedanke entstand ursprünglich aus den besonderen Bedürfnissen von Frauen und Familien und entwickelte sich zu einem Konzept, das alle Arbeitnehmer darin unterstützt, in einer positiven Arbeitsumgebung zu arbeiten und dadurch Motivation und Produktivität zu steigern. Die Belegschaften sind heutzutage aufgrund der stärkeren Partizipation von Frauen, Migranten, älteren Beschäftigten und anderen Gruppen, die traditionellerweise von der Arbeitswelt ausgeschlossen waren, von immer größerer Vielfalt geprägt. Unternehmen haben verstanden, dass sie strategische Vorteile erlangen können, wenn sie diese Vielfalt im Unternehmen richtig managen und eine Work-Life-Balance für alle Gruppen sicherstellen.

Je nach Zuschnitt tragen Work-Life-Programme unter Umständen zur Stereotypisierung und – auf einer Metaebene – zur Festigung der Monokultur bei, in der traditionelle Familien die Insider-Gruppe darstellen. Im Rahmen von Diversity bieten sich daher zusätzliche Aktivitäten an, die sich etwa an Väter richten, private Verpflichtungen oder Interessen der MitarbeiterInnen fördern oder auf religiöse Bedürfnisse – zum Beispiel bezüglich der Arbeitszeit – eingehen. Vor allem mit Blick auf das wachsende Problem des „Burn-out", bei gleichzeitiger Perspektive eines künftig verlängerten Arbeitslebens, erscheint es darüber hinaus unverzichtbar für Unternehmen, durch flexible Regelungen für alle Beschäftigten, die Förderung von Sabbaticals und verschiedene weitere Unterstützungsmaßnahmen die nachhaltige Produktivität und Kreativität der Belegschaft zu sichern.

Im Bereich Work-Life-Balance bietet sich wie bei vielen anderen Themen ein Benchmarking der eigenen Position an. So führte ein Energieunternehmen einen brachenübergreifenden Vergleich zum Thema durch. Basis des Vergleichs war eine umfassende Studie unter mehr als 100 Unternehmen, die Angaben zur Umsetzung von Work-Life-Balance-Maßnahmen gemacht hatten. Das Energieunternehmen führte eine inhaltsgleiche Befragung intern durch und verglich sodann die Ergebnisse mit den Gesamtresultaten.

In der Umsetzung beinhaltet Work-Life-Balance aus Sicht von Diversity vier Themenbereiche: flexible Arbeitszeitmodelle, Arbeitsplatz und -umfeld, Unterstützungsmaßnahmen für Mitarbeiter und Gesundheitsmanagement – jeweils in den weitest denkbaren Bedeutungen. Über diese Themenbereiche hinweg ist eine Umsetzung nach dem Baukastenprinzip gut vorstellbar. So hatte Kraft Foods nach einer Mitarbeiterbefragung zwischen 1998 und 2001 das Programm „Kraft Flex" zur besseren Vereinbarkeit von Beruf- und Privatleben als Teil der globalen Human-Resources-Strategie entwickelt. Verwaltungs- bzw. Werksstandorte konnten in diesem Rahmen Aktivitäten auf ihre Bedürfnisse zuschneiden. Die Kategorien des Programms waren Zeitmanagement, Mitarbeiterservice und Arbeitsumfeld.

Flexible Arbeitszeitmodelle und der damit verbundene Arbeitsumfang bilden einen weiteren Eckpfeiler der Beschäftigung. Aus Sicht von Diversity erlangen Instrumente wie flexible Arbeitszeiten (z. B. mit Lebensarbeitszeitkonten oder Modellen für Altersteilzeit), Teilzeit (in verschiedenen Abstufungen und Verteilungen sowie für unterschiedliche hierarchische Ebenen), Feiertagsregelungen (für Menschen unterschiedlicher Glaubensrichtungen) und Sabbaticals besondere Bedeutung. Flexible Arbeitszeitmodelle werden von einer Vielzahl von Unternehmen wie z B. Daimler, Commerzbank, Roche, Deutsche Bahn, Volkswagen, Deutsche Post World Net oder UBS umgesetzt. Die Fraport AG bietet eine Reihe verschiedener Modelle an, darunter Arbeitszeitflexibilisierungen in Form von

Gleitzeit ohne Kernarbeitszeit, Einzeldienstpläne in Vollzeit und Teilzeit, Wunschdienstplanung, Tauschbörsen, flexible Anfangs- und Endzeiten im Schichtdienst, Jahresarbeits-, Flex-, und Lebensarbeitszeitenkonten sowie Zeitwertpapiere.

Arbeitszeiten waren lange Zeit auf das sogenannte „Normalarbeitsverhältnis" ausgelegt. Dies wurde meist von einem Mann wahrgenommen, der spätestens mit der Übernahme von Führungsverantwortung verheiratet war. Seine Frau ging häufig keiner Beschäftigung nach, sondern kümmerte sich um Haushalt und Kinder – und hielt ihm so „den Rücken frei". Mit zunehmendem Erfolgsdruck entwickelten sich in vielen Unternehmen über die Jahre sogenannte „Anwesenheitskulturen". In diesen stellt alleine die physische Präsenz von Mitarbeitern einen Wert dar – besonders die (lange) Anwesenheit in den Abendstunden. Nicht nur, dass derartige Kulturen dem Leistungsprinzip latent entgegenstehen (schließlich sinkt die Leistung mit wachsendem Zeitaufwand bei konstanter Arbeit); sie sind auch offensichtlich für Menschen, die in ihrem Privatleben Unterstützung erhalten, leichter zu handhaben. Singles oder Alleinlebende oder Menschen, deren Partner selbst einer Beschäftigung nachgeht, erfahren durch derartige Arbeitszeitanforderungen eine besondere, zusätzliche Belastung. Menschen, die in mancher Hinsicht nicht dem „Durchschnitt" entsprechen, also insofern „anders sind", empfinden es als unverhältnismäßige und damit unfaire Belastung, mit Systemen zurande kommen zu müssen, die in wesentlichen Aspekten ihre spezifischen Bedürfnisse nicht berücksichtigen. Dies betrifft häufig Menschen mit Behinderungen oder Angehörige nichtchristlicher Glaubensrichtungen.

Der Arbeitsplatz und das dazugehörige Arbeitsumfeld stellen weitere wichtige Elemente des Arbeitsangebotes dar. Dabei spielen aus Sicht von Diversity unterschiedliche Arbeitsformen (wie z. B. Telearbeit) oder die Arbeitsplatzgestaltung (z. B. für Menschen mit Behinderungen) eine wesentliche Rolle. Aus Diversity-Perspektive wird die Arbeitsumgebung außer durch die Kultur auch durch etwaige Berufskleidung oder das Vorhandensein von Gebetsräumen mit gestaltet.

Den dritten Bereich des Diversity Mainstreaming in der Beschäftigung stellen Unterstützungsmaßnahmen für MitarbeiterInnen dar. Hier finden sich zum Beispiel familienorientierte Maßnahmen wie Familienservice, Kinderkrippen oder Notfallkinderbetreuung. Diese Aktivitäten folgen dem Gedanken, dass ein Arbeitgeber kein Interesse daran hat, dass MitarbeiterInnen durch Aufgaben oder Probleme in ihrem privaten Bereich von einer konzentrierten oder effektiven Arbeit abgelenkt werden oder gar erkranken. Die Kosten für die Unterstützung dürften in der überwiegenden Zahl der Fälle die Kosten unterschreiten, die dem Unternehmen durch Abwesenheit oder suboptimale Mitarbeit entstünden.

Fallstudie Procter & Gamble: Innovative Konzepte braucht das Land – Partnerschaft im Kinderbetreuungsnetzwerk

Procter & Gamble gehört zu den führenden internationalen Markenartikelherstellern der Welt. Diversity ist bei Procter & Gamble seit langem ein erklärtes Ziel. Ein Beispiel aus dem facettenreichen Angebot, das Procter & Gamble im Bereich Diversity verfolgt, ist das Kinderbetreuungsnetzwerk.

Abb. 32: Diversity-Logo Procter & Gamble (Quelle: Procter & Gamble)

Als Initiativteam entwickelte Procter & Gamble ein Netzwerkkonzept (Verein/Unternehmen/Kommune). Dessen Ziel war schnell definiert als die Verbesserung des Kinderbetreuungsangebotes durch qualifizierte Tagesmütter. Die Idee war denkbar einfach: ein Netzwerk zu schaffen, das alle im Thema involvierten Parteien verbindet und für alle eine Verbesserung bedeutet – für Eltern, Tagesmütter, Kommunen und das Land, Kinderbetreuungsinstitutionen und -vereine, Firmen und Behörden wie das Arbeits- und das Jugendamt. Integrales Element ist ein Internetportal (www.net-e-v.de), das es den Tagesmüttern ermöglicht, miteinander in Kontakt zu treten, Experteninformationen zu erhalten, sich weiterzuqualifizieren und Betreuungsmöglichkeiten anzubieten. Die Eltern können sich umfassend über Kinderbetreuung informieren und qualifizierte Kinderbetreuung finden. Der Tagesmütterverein gestaltet das Portal und leitet die Rekrutierung und Qualifizierung von Tagesmüttern. Die Firmen unterstützen das Projekt finanziell und erhalten ein „Vorzugsrecht" für Betreuungsangebote für ihre Mitarbeiter, dadurch dass neue Betreuungsangebote zunächst für die Firmen zugänglich gemacht werden, bevor sie im Netz allgemein zugänglich sind.

Neben Procter & Gamble gibt es eine Reihe weiterer Firmen, die eine Vielzahl an Maßnahmen im Bereich von Unterstützungsmaßnahmen für Mitarbeiter durchführen. Die Angebote reichen unter anderem von Familienservice, Eldercare, Unterstützung in der Elternzeit bis hin zu Kinderkrippen und Notfall-Kindergärten (siehe unten).

SAS: Employee Assisstance Programm

Eine ganz besondere „Nummer gegen Kummer" richtete der Softwarehersteller SAS für alle Beschäftigten in Deutschland ein: Das „Employee Assistance Programm" steht mit Rat und Tat zur Seite, wenn beispielsweise die Mutter auf Geschäftsreise ist und der Vater krank wird. Auch wenn die Eltern zum Pflegefall werden oder Beschäftigte sich mit ihrem Vermieter herumärgern, greift das EAP ein.

Der neue Service ist Teil einer umfassenden Initiative von SAS, mit der der Softwarehersteller eine ausgewogene Work-Life-Balance für seine Beschäftigten schaffen will. Das Employee Assistance Programm deckt ein breites Spektrum von Problemsituationen ab: Außer bei Kinderbetreuung, Angehörigenpflege und Mietfragen finden die Mitarbeiter auch bei der Suche nach einem Heimplatz für die Eltern Beratung. Zudem vermittelt der Familienservice Experten für haushaltsnahe Dienstleistungen. Das Erstgespräch findet telefonisch statt. Wenn nötig, kommt es dann zu weiteren persönlichen Gesprächen vor Ort. Alle Anfragen werden strikt anonym behandelt.

Viele Firmen, wie zum Beispiel Axel Springer Verlag, Commerzbank, Daimler, Deutsche Bahn, Deutsche Telekom, Fraport, Volkswagen AG, Deutsche Post World Net und Novartis, verfolgen unterschiedliche Schwerpunkte im Bereich der Unterstützungsmaßnahmen für Beschäftigte. Ein Beispiel für einen internationalen Ansatz im Bereich Work-Life-Balance zeigt der folgende Abschnitt.

Work-Life-Balance Siemens – mit unterschiedlichen Maßnahmen weltweit

„Siemens möchte möglichst viele qualifizierte Frauen für sich gewinnen und auch nach der Geburt eines Kindes im Unternehmen halten", heißt es im Corporate Responsibility Report des Konzerns. Ein klares Bekenntnis zur Work-Life-Balance, welches global sehr unterschiedlich umgesetzt wird: In Norwegen gibt Siemens finanzielle Hilfe an Kindergärten, die von Mitarbeiterkindern besucht werden. An anderen Standorten kooperiert der Konzern mit externen Vermittlungsagenturen. In Deutschland vermittelt der „Familienservice" an vielen Standorten die nötige Betreuung für Kinder, aber auch für pflegebedürftige Angehörige. In Brasilien bezahlt Siemens für rund 200 Mitarbeiterkinder ein Stipendium, um ihnen den Schulbesuch zu ermöglichen. Da es Mitarbeiter mit behinderten Kindern besonders schwer haben, erhalten sie in Spanien monatlich eine zusätzliche Zuwendung, um ihre familiäre Situation zu erleichtern. Vielerorts sorgt Siemens per Internet auch dafür, dass die Kommunikation zwischen jungen Eltern und den Kollegen nicht abreißt und sie zuhause in Sachen „Projektarbeit" am Ball bleiben können.

Work-Life-Balance-Maßnahmen, die sich auf Kinder bzw. Familienangehörige allgemein beziehen, erfuhren in den letzten Jahren eine weitere Verbreitung. Fraport fördert beispielsweise die Elternzeitbetreuung durch Planungsgespräche vor Beginn der Elternzeit, durch Paten- und Kontakthalteprogramme, zielgruppenspezifische Informationen für Elternzeitler, Zugang zu unternehmens- und fachspezifischen Informationen, Weiterbildungsangebote für Elternzeitler, Rückkehr- und Integrationsgespräche nach der Elternzeit, Teilzeitangebote für Wiedereinsteiger und ein Väternetzwerk. Auch die Commerzbank hat ein Väternetzwerk gegründet und eine interne Studie zum Thema Väter in Auftrag gegeben (vgl. Kapitel 6). Die Deutsche Bahn (wie zahlreiche weitere Unternehmen) unterstützt ihre Mitarbeiter im Rahmen eines Familienservices durch kostenlose Beratungen sowie die Vermittlung von Kinderbetreuung und Pflegeleistungen für hilfsbedürftige Angehörige. Die Kinderbetreuung schließt die Vermittlung von Tagesmüttern, Kindergartenplätzen und Au-pairs ein; in Ausnahmesituationen übernehmen die Unternehmen die Kosten für Notfall-Kindergärten. Die Ferienplanung und -gestaltung wird ebenfalls vielfach unterstützt, wobei einige Unternehmen gezielt die Ferien der Kinder ihrer Beschäftigten fördern.

Praxisbeispiel: Raiffeisen-Familienferienwochen

Eine der Maßnahmen, der auf Diversity und Chancengleichheit spezialisierten internen Fachstelle „Profil", sind die Raiffeisen-Familienferienwochen. Während der Sommermonate betreuen Studierende der Pädagogischen Hochschule Rorschach (PHR) über 120 Kinder der Raiffeisen-Mitarbeitenden aus der Region Ostschweiz. Während die Eltern an ihrem Arbeitsplatz tätig sind, werden die Kinder in einem firmeneigenen Ferienspaßprogramm beschäftigt. Dieses erarbeiten die PHR-Studierenden als Bestandteil ihrer Ausbildung und setzen damit ihr erlerntes Fachwissen in die Praxis um. In der Geschäftsführung der Raiffeisenbank hat man jedoch nicht nur das Wohl der Kinder und Eltern im Blick, sondern auch die Zukunft des Unternehmens. Schließlich werden laut dem Schweizer Bundesamt für Statistik bereits im Jahr 2015 – als Folge der geburtenschwachen Jahrgänge – qualifizierte Arbeitskräfte knapp. Dies veranlasste die Raiffeisen Gruppe, sich mit den Themen Diversity und Gender Management auseinanderzusetzen. Die Umsetzung der Chancengleichheit bei Raiffeisen erfolgt dreistufig mit einem Programm bis ins Jahr 2015, das auch die Bedürfnisse von älteren Arbeitnehmenden, fremden Kulturen und Menschen mit einer Behinderung bei Raiffeisen berücksichtigt.

Des Weiteren zeigen neuere Entwicklungen, dass nicht nur bei Menschen mit Familie geeignete Maßnahmen dazu führen, dass die Energie der MitarbeiterInnen dem Unternehmen zugute kommt. Auch für Alleinlebende stellen beispielsweise Bankdienstleistungen oder Fitnesseinrichtungen auf dem Firmengelände, ein Einkaufsservice, ein Post- oder ein Reinigungsservice Unterstützungsmaßnahmen dar, die wesentlich zur Stressreduzierung beitragen können.

Gesundheitsfördernde Maßnahmen in Form von ergonomisch optimal gestalteten Arbeitsplätzen, Gesundheitschecks oder einer ausgewogenen und gesunden Ernährung im Unternehmen erlangen eine immer größere Bedeutung. Um monotone Anstrengungen in der Produktion zu vermeiden, ermittelte beispielsweise der Handyhersteller Motorola in seinem Werk in Flensburg mithilfe von Videoaufnahmen ergonomisch nachteilige Arbeitsabläufe und führte daraufhin ein Arbeitsplatzrotationsverfahren ein. Auch die Österreichische Post macht sich seit Jahren für Gesundheit stark, wie das folgende Beispiel belegt.

Österreichische Post: Gesundheitsmanagement

Gesundheit ist ein Thema, welches die MitarbeiterInnen verbindet. Deshalb bietet die Österreichische Post kostenfreie Grippeimpfungen an und hilft bei der Gründung von regionalen Gesundheitszirkeln. Mit „post.sozial" wurde ein freiwilliges unternehmenseigenes Sozialwesen auf die Beine gestellt – das u. a. finanzielle Zuschüsse für die Anschaffung von Brillen oder kostenaufwändige Zahnbehandlungen bietet. Die Zuwendungen sind gestaffelt nach dem Jahresbruttoeinkommen der Beschäftigten. In den Jahren 2004 bis 2007 wurde die gesamte Österreichische Post „rauchfrei". „Wir konnten in dieser Zeit einen fünfprozentigen Rückgang an Rauchern verzeichnen", so ein Unternehmensvertreter. Noch mehr Post-MitarbeiterInnen (9 %) haben im Verteilzentrum auf die Zigarette verzichtet. Im letzten Jahr wurden daraufhin die „Gesundheitstage" eingeführt: Neben Blutzucker- oder Cholesterin-Untersuchungen werden Diät- und Ernährungs- sowie Osteoporose-Beratungen angeboten.

Eine umfassende Darstellung unterschiedlicher Work-Life-Bereiche bietet darüber hinaus das folgende Beispiel.

Fallstudie Metro: Diversity Management in der METRO Group

von Rouben Halajian, Abteilungsleiter Internationale Personalpolitik

Die METRO Group zählt zu den bedeutendsten internationalen Handelsunternehmen. Das Unternehmen ist in 31 Ländern an über 2.200 Standorten tätig und beschäftigt unter den Vertriebsmarken Metro/Makro Cash & Carry, Real SB-Warenhäuser, Media Markt und Saturn sowie Galeria Kaufhof rund 280.000 Mitarbeiter, die über 150 Nationen vertreten.

Die vielfältigen und internationalen Geschäftsfelder spiegeln sich auch in der ebenso vielfältigen Kunden- und Belegschaftsstruktur wider. Mit der Förderung dieser Vielfalt sichert die METRO Group ihren zukünftigen Geschäftserfolg und ihre führende Position als attraktiver Arbeitgeber im internationalen Handel. Vielfalt wird dabei als Chance begriffen, einen Mehrgewinn für Kunden, Belegschaft und Unternehmen zu realisieren. Um die proaktive Herangehensweise der METRO Group zu verdeutlichen, hat sie ihre Aktivitäten in diesem Bereich unter das Motto **„Vorsprung durch Vielfalt"** gestellt. Die vier Themenfelder der Kampagne, Work-Life-Balance, Alter, Migration und Behinderung, werden konzernweit angesprochen und den Bedürfnissen der (zukünftigen) Kund- und Belegschaft angepasst.

Work-Life-Balance

Im Bereich Work-Life-Balance werden Unternehmenspraktiken wie die Vertrauensarbeitszeit, flexible Arbeitszeitmodelle, die persönliche Lebenssituationen bei der Personaleinsatzplanung berücksichtigen, ein aktives Gesundheitsmanagement, eine problemlose Rückkehr aus der Elternzeit und finanzielle Zuschüsse für familiäre Ereignisse angeboten. Am Metro Campus in Düsseldorf stehen den Mitarbeiterinnen und Mitarbeitern darüber hinaus zwei bilinguale Kindergärten in unmittelbarer Arbeitsplatznähe zur Verfügung, die eine bessere Vereinbarkeit von Beruf und Familie ermöglichen und fördern.

Alter

Vor dem Hintergrund des demografischen Wandels wird das Thema Alter zunehmend bedeutender. Die METRO Group setzt dabei ganz bewusst auf die Stärke älterer Mitarbeiter. Erfahrung zählt! Und zwar sowohl im Hinblick auf die Kunden als auch auf die Belegschaft. Die Förderung älterer Menschen ist nicht nur Teil des sozialen Engagements, sondern eine Voraussetzung, um die Leistungs- und Wettbewerbsfähigkeit zu erhalten und zu steigern.

Eine Maßnahme, um die spezielle Gruppe 50Plus besser anzusprechen und zu binden, stellt beispielsweise der jährlich stattfindende Wettbewerb „TOGETHER“ dar, der den Mitarbeiterinnen und Mitarbeitern der METRO Group die Möglichkeit gibt, aktiv an der Gestaltung von unternehmerischen Entscheidungen und Prozessen teilzuhaben. Jedes Jahr sind alle Mitarbeiterinnen und Mitarbeiter eingeladen, neue Ideen und Konzepte innerhalb von kleinen Teams für wechselnde Themenbereiche zu erarbeiten. In diesem Jahr präsentierten die Teams ihre Vorschläge zum Thema „Handel verbindet Generationen: Kunden – Märkte – Mitarbeiter“ vor einer erfahrenen Jury aus Politik, Wirtschaft und Handel. Die besten Konzepte für die Gruppe 50Plus werden im Rahmen einer Abschlussveranstaltung durch den Vorstand der METRO Group prämiert und anschließend in die Praxis umgesetzt. Neben dem Ziel, die Geschäftsbeziehungen zu speziellen Kundengruppen zu verbessern, macht der Wettbewerb Mitarbeiterpotenziale deutlich und fördert zudem die Teamarbeit in vielfältig zusammen gesetzten Arbeitsgruppen.

Behinderung

Ein weiterer Fokus im Bereich Diversity Management konzentriert sich auf das Thema „Behinderung und Arbeitswelt“. Dabei verfolgt die METRO Group neben einer nachhaltigen Präventionsstrategie, die sich in der Gesundheitsinitiative widerspiegelt, das Ziel, gerade Menschen mit Behinderungen den Einstieg in das Berufsleben zu erleichtern. Hierzu wurde in Zusammenarbeit mit den Berufsbildungswerken das Projekt „Verzahnte Ausbildung mit Berufsbildungswerken“ (V.A.M.B.) ins Leben gerufen. Junge Menschen erhalten dabei den praktischen Teil ihrer Ausbildung in den Betrieben der METRO

Group. Durch diese praktischen Erfahrungen erhöhen sich die Chancen auf eine spätere Beschäftigung spürbar.

Migration

Gezielte Maßnahmen im Bereich Migration sind u. a. mehrsprachige Kundendurchsagen oder Hinweistafeln in den Geschäften der METRO Group. Darüber hinaus zeigen Länderflaggen auf den Namensschildern der Mitarbeiter an, welche Sprachen sie sprechen, sodass ausländische Kunden leicht einen Ansprechpartner bei Fragen finden. In den Cash & Carry-Märkten werden darüber hinaus sogenannte „ethnische Kundenberater" eingesetzt, die in ihrer Muttersprache bei besonderen Bedarfen beraten und entsprechende Waren oder Alternativen vorschlagen können.

Für die Integration von neuen Mitarbeitern aus anderen Kulturen steht das Partnerschaftsprogramm „NewIn" zur Verfügung, das neue Mitarbeiter (New-Comer) mit erfahrenen Mitarbeitern (InSidern) zusammenbringt, um einen regen interkulturellen Austausch sowie eine angenehmere und schnellere Integration in das neue Arbeitsumfeld für den NewComer zu ermöglichen.

Obwohl die METRO Group als Equal Opportunity Employer das Thema Vielfalt in alle Richtungen – Altersgruppen, sexuelle Identität, körperliche Beeinträchtigung, Religion, Rasse, ethnischer Hintergrund – kontinuierlich ausbaut, sind im Unternehmen keine Quotenregelungen zu erfüllen. Als Unternehmen tritt die METRO Group dem Thema stets offen und positiv gegenüber, ist jedoch ebenso bedacht, den unternehmerischen Freiraum der Führungskräfte nicht unnötig einzuengen. Vielfalt und Integration werden in der Unternehmenskultur gelebt, nicht erzwungen.

Zusammenfassend lässt sich herausstellen, dass viele Unternehmen eine Reihe von Work-Life-Maßnahmen durchführen, diese aber in ihrer Breite noch erweitert werden sollten, sodass alle MitarbeiterInnen Berücksichtigung finden. Ungleich Besser Diversity Consulting untersuchte in der Work-Life-Praxis-Studie (WLPS) von 2007 die Berücksichtigung, Strategien, Herausforderungen und Erfolgsgeschichten im Bereich Work-Life. Die Studie analysierte 115 Unternehmen aus 15 Ländern in fünf Wirtschaftszweigen.

Work-Life-Praxis-Studie (WLPS)

Die Studie ergab, dass die gängigen Work-Life-Ansätze noch stark an traditionellen Konzepten der Flexibilität orientiert sind und die meisten Unternehmen von klassischen Lebensentwürfen ihrer Beschäftigten ausgehen. Innovative Modelle, die den grundlegenden Veränderungen in der Gesellschaft und damit der Belegschaften und Märkte gerecht werden, sind in der Unterzahl. Mit Blick auf die geringen Geburtenraten in Deutschland stimmen die Ergebnisse bezüglich Vätern und Müttern nachdenklich: Die WLPS bestätigt Vermutungen, dass die Entscheidung gegen Kinder häufig nur zu einem geringen Teil auf finanziellen oder logistischen Aspekten beruht. Stärker dürfte der Wertewandel wirken, der vor allem bei Frauen der 1960er und 1970er Jahrgänge eine klare Präferenz für Selbstbestimmung hervorgebracht hat. Sie sind unter den derzeitigen kulturellen Rahmenbedingungen, die spürbare Nachteile für Mütter bedeuten, nicht bereit, Kinder zu erziehen. In dieser Hinsicht erscheint es weiterhin eklatant, dass Männer aus einer Elternschaft keine Karrierenachteile ziehen. Dies hängt häufig damit zusammen, dass sie sich üblicherweise nicht auf ihre Vaterrolle festlegen lassen bzw. diese im betrieblichen Kontext nicht aktiv gestalten. Auch hier führt der Wertewandel zu einer Schere – wenn auch in anderer Richtung als bei Frauen: Väter möchten mehr Familie leben, können dies aufgrund arbeitskultureller Zwänge aber nicht mit der geforderten Macherrolle vereinbaren.

Damit zeigen sich zwei Schlüsselaspekte, die auf die wirtschaftliche Notwendigkeit von mehr und ganzheitlicheren Work-Life-Balance-Konzepten hinweisen: die Gewinnung von Frauen für Beschäftigung und für eine Elternschaft sowie die nachhaltige Produktivitätssicherung von Männern im Betrieb bei gleichzeitiger Wahrnehmung einer aktiven Vaterschaft. Letzteres wird Frauen die Entscheidung für Kinder erheblich erleichtern.

Die ebenfalls erstmalig erhobenen unternehmenskulturellen Kontextfaktoren für Work-Life-Balance zeigen, dass das entscheidende Handlungsfeld für signifikante Weiterentwicklungen bei den Führungskräften liegt. Sie schneiden bei WLPS – wie schon bei früheren Diversity-Praxis-Studien – relativ schlecht ab. Dabei zeigt sich einmal mehr der enge Bezug von Work-Life und Diversity: Die wirtschaftlichen und betrieblichen Mehrwerte der Konzepte müssen Führungskräften klar vermittelt werden, und die Umsetzungsschwerpunkte müssen sich am Business Case orientieren und dürfen nicht der politischen Großwetterlage entliehen werden. Eine weitere Parallele ist im Bereich der Kommunikation erkennbar: Nur wenn intern breit und glaubwürdig zu Work-Life aufgeklärt und ermutigt wird, kann die erforderliche Veränderung der Unternehmenskultur erzielt werden. Hier sehen die Befragten Nachholbedarf, ebenso wie bei der Vorbildfunktion von Vätern. Auch dieses Ergebnis schließt an die Erkenntnisse früherer Diversity-Praxis-Studien an, wonach die jeweilige Hauptkultur Zielgruppe von Programmen sein sollte, nicht die Randkulturen, die stereotypisch defizitär gesehen werden.

Die weitere Verbreitung vieler Work-Life-Instrumente und der geringe bzw. einseitige Planungsstand zeigen, dass der Themenbereich derzeit wenig Entwicklungsdynamik aufweist. Es kann eher von einer konsolidierten Phase gesprochen werden, in der vor allem das Thema „Kinder" eine hohe Beachtung erfährt. Damit rückt der Bereich in den Augen vieler Entscheider jedoch nahe an die „Frauenfrage" und wird allzu leicht klischeehaft betrachtet. Der Work-Life-Bereich benötigt für einen künftigen Paradigmenwechsel mehr

Ganzheitlichkeit – also weniger Einzelmaßnahmen – und eine klarere Geschäftsorientierung – anstatt sozial anmutender Förderansätze. Auch in diesem Punkt besteht eine augenfällige Gemeinsamkeit mit Diversity.

7.1.4 Diversity in Vergütungssystemen

Ein Arbeitgeber erwartet von seinen Beschäftigten eine bestimmte Arbeitsleistung, für die sie bestimmte Gratifikationen entgegennehmen (Anreiz-Beitrags-Theorie). Bei diesem Austauschmodell stellt eine Organisation ein Anreizsystem dar. Sie bietet materielle und/oder immaterielle Anreize. Beschäftigte ziehen dabei meist materielle Anreize vor, da diese leichter zu bewerten sind. Die Anreize tragen umgekehrt dazu bei, dass ein Mitarbeitertypus entsteht, der dem jeweiligen Anreizsystem entspricht.

Bei der Anreizpolitik spielt die Motivation eine zentrale Rolle. Motivation ist (leider) nicht greifbar, sondern ein theoretisches Konstrukt, welches wir gedanklich nutzen. Sie bestimmt maßgeblich die Stärke, Richtung und Dauer unseres Handelns. Motivation kann mit Hilfe verschiedener Anreize erschlossen und gefördert werden: finanzielle Anreize, Arbeitsbedingungen, Führungstechniken, Weiterbildung, Selbstverwirklichung usw. Aus Sicht von Diversity erscheint dabei wesentlich, dass verschiedenen Anreize bei jedem Menschen eine andere Bedeutung (Wertigkeit) aufweisen. Generell gilt, dass die Leistung eines Individuums erkannt und angemessen belohnt werden muss, damit sich ein „Gerechtigkeitsgefühl" einstellt (Equity-Theorie) und individuelle Grundbedürfnisse befriedigt werden.

Die Entgeltfindung im Rahmen von Vergütungssystemen strebt eine Leistungsgerechtigkeit an, die durch Lohnformdifferenzierungen erreicht werden kann. Hierfür ist die Leistungsbewertung bzw. -beurteilung (Performance Management) entscheidend. Durch Verfahren der Leistungsbeurteilung soll individuellen Leistungsunterschieden Rechnung getragen werden, um diese finanziell zu honorieren (Oechsler 1997, S. 346). Von Bedeutung ist dabei, wer Leistung (bzw. Erfolg) definiert und wie dies geschieht. Hier werden Mechanismen relevant, die in Kapitel 4 beschrieben wurden: Die persönliche Entwicklung von Menschen führt dazu, dass sie die Bewertung von Leistung und Motivation an ihren eigenen Vorgehensweisen und Präferenzstrukturen ausrichten. Dies verstärkt sich, wenn mehrere Menschen, zum Beispiel in Entscheidungspositionen, ähnliche Vorstellungen haben. Im Ergebnis führt dies dazu, dass in Organisationen Angehörige von Insider-Gruppen Maßstäbe definieren, denen Outsider nur schwer standhalten. So erklären sich die Berichte von Frauen und Minderheiten, sie müssten mehr leisten, um die gleiche Anerkennung wie Männer bzw. die Mehrheit zu erhalten. Das Problem der dominanten Präferenzstruktur tritt zudem immer wieder in der Diskussion zu Tage, ob Frauen „männlich" agieren müssen, um Erfolg zu haben.

Das Diversity Mainstreaming strebt Beurteilungen und Vergütungen an, die sich von dem „wer“ und „wie“ distanzieren. Ziel ist eine Vergütung, die Leistung und Potenziale anerkennt. Dieses Prinzip müsste auf lange Sicht dazu führen, dass Frauen und Männer in vergleichbaren Positionen gleiches Entgelt beziehen. So führte die Firma Novartis eine umfangreiche Analyse ihrer Gehaltssysteme durch und prüfte, ob diese für Frauen und Männer gleichermaßen fair sind.

Faire Bezahlung: Das Frauenlohnprojekt von Novartis

Zur Untersuchung des Gehaltssystems führte Novartis eine geschlechtsspezifische Analyse der Einkommen durch. Dabei wurden Lohnunterschiede zwischen Frauen und Männern festgestellt, woraufhin der Lohn von insgesamt 900 Frauen erhöht wurde (um insgesamt rund drei Millionen Schweizer Franken).

Das Projekt ist für Novartis ein großer Erfolg. Die weiblichen Mitarbeiter sind sehr zufrieden und auch von den Männern gab es niemanden, der etwas zu kritisieren hatte. Das Projekt und die Lohnerhöhungen wurden intern breit kommuniziert. Besonders die transparente Darstellung der statistischen Methode hat geholfen, Einsicht und Unterstützung von allen MitarbeiterInnen zu erhalten. Mittlerweile interessieren sich immer mehr Unternehmen für das Frauenlohnprojekt bei Novartis. Denn neben den ethischen Gründen, machen faire Löhne auch ökonomisch Sinn. Bei Auftragsvergaben durch den Bund ist neben anderen Vergabekriterien nämlich auch entscheidend, ob eine Gleichberechtigung der Geschlechter im Unternehmen vorliegt.

Novartis hat mit diesem Projekt eine Vorreiterrolle in der Schweiz übernommen, und immer mehr Firmen konnten von der Notwendigkeit einer fairen Entlohnung überzeugt werden.

Wie Novartis hat auch Motorola eine Diversity-orientierte Vergütung eingeführt. Diversity-Aspekte stellen einen Teil der Leistungsbeurteilung dar. Diversity-freundliche Führungsstile und Verhaltensweisen bilden hierfür die Grundlage. Deren Beurteilung hat unmittelbaren Einfluss auf die Gehaltsbildung. Auch Credit Suisse gliedert Diversity in ihre Beförderungs-, Gehalts-, und Performanceprozesse ein und gewährleistet somit eine gerechte Vergütung.

Im Gegensatz dazu stellt Diversity den „Familienzuschlag“ im öffentlichen Sektor durchaus in Frage, da er keinen direkten Bezug zur erbrachten Leistung aufweist und möglicherweise transparenter (und fairer) durch Kindergeldzahlungen des Staates ersetzt werden könnte. In diesem Zusammenhang stellt der weite Bereich der „Benefits“ ein Handlungsfeld für das Diversity Mainstreaming dar. Manche dieser Zusatzleistungen wurden mit Blick auf bestimmte, dem Mainstream entsprechende Lebensformen entwickelt (z. B. Vergünstigungen für EhepartnerInnen). Angesichts vielfältiger Veränderungen in diesem Bereich erscheint es zeitgemäß, fair und effektiv, diese Zusatzleistungen auf andere anerkannte Lebensformen (z. B. nach dem Lebenspartnerschaftsgesetz) oder auf alle Lebensformen (auch nichteheliche Gemeinschaften) auszudehnen oder auch für Singles Zusatzleistungen zu entwickeln, die einen entsprechenden Mehrwert für deren Lebenssituation bieten.

Unternehmen wie Ford und die Deutsche Bank gingen beispielhaft voran und weiteten ihre Benefits frühzeitig auf gleichgeschlechtliche Partnerschaften aus und erhielten unter anderen dafür den Max-Spohr-Preis. Auch Migros, das größte Einzelhandelsunternehmen der Schweiz, fördert die Gleichstellung gleichgeschlechtlicher Partner.

Ford: Gleichstellung gleichgeschlechtlicher Lebenspartnerschaften

Die Ford-Werke AG bietet seit 2003 den Hinterbliebenen von Mitarbeitern, die in gleichgeschlechtlichen Lebenspartnerschaften nach dem Lebenspartnerschaftsgesetz (LPartG) registriert sind, eine Betriebsrente. Somit sind eingetragene gleichgeschlechtliche Lebenspartnerschaften verheirateten Paaren bei Ford gleichgestellt. Mit dieser Gleichstellung hat Ford die vollständige Umsetzung eines Elf-Punkte-Katalogs erreicht. Weitere Beispiele für die elf Punkte des Katalogs sind die Möglichkeit, den eingetragenen gleichgeschlechtlichen Partner bei längerer Auslandstätigkeit für Ford zu besuchen, oder die Übertragung des Mitarbeiterrabatts für Ford-Fahrzeuge auch auf den gleichgeschlechtlichen Lebenspartner. Auch die Vorschriften über bezahlte Abwesenheiten gelten bei Ford für gleich- und ungleichgeschlechtliche Partnerschaften, etwa bei der Freistellung bei eigener Eintragung der Lebensgemeinschaft nach dem Lebenspartnerschaftsgesetz (LPartG), oder bei schwerer Erkrankung oder Tod des mit dem Beschäftigten in häuslicher Gemeinschaft lebenden Ehe- oder Lebenspartners.

Im Anschluss an die Überprüfung von Stellenbeschreibungen erfolgt im Rahmen des Diversity Mainstreaming auch eine Überprüfung von Anforderungskatalogen, anhand derer die Arbeitsbewertung erfolgt. Diese Wertmaßstäbe müssen einheitliche Anwendung finden und das Charakteristische, Beanspruchende einer Tätigkeit auf faire Weise zum Ausdruck bringen (Jochmann-Döll/Wächter 1989). Da Leistungsbeurteilungen zunehmend auch persönliche bzw. menschliche Fähigkeiten, zum Beispiel soziale Kompetenzen, in Betracht ziehen, liegt es nahe, auch die Kompetenzen, die Mitarbeiter mit Blick auf Diversity einsetzen, in die Bewertung (und in die Vergütung) einfließen zu lassen. Dabei besteht grundsätzlich die Möglichkeit, Diversity als Kompetenzbereich zu verankern (z. B. in Führungsmodellen) oder Diversity als Teil von Zielvereinbarungen (z. B. im Rahmen der Balanced Scorecard) zu berücksichtigen. Im Sinne des Mainstreaming stellt die ganzheitliche Verankerung in Führungsmodellen die nachhaltigere Variante dar, während die Aufnahme in Zielvereinbarungen eher im Rahmen der Top-down-Einführung sinnvoll erscheint.

7.2 Diversity Mainstreaming in der Unternehmenskommunikation

Wie schon im HR-Management strebt Diversity in der Unternehmenskommunikation eine umfassende Berücksichtigung von Unterschieden an. Da das Thema Marketing im nachfolgenden Abschnitt separat behandelt wird, kommen hier im Rahmen eines zeitgemäß ganzheitlichen Verständnisses von Unternehmenskommunikation für das Diversity Mainstreaming vor allem zwei Teilbereiche in Frage: die interne (Mitarbeiter-)Kommunikation und die (externe) Öffentlichkeitsarbeit, jeweils im weiteren Sinne. Letztere umfasst neben der Produkt- und Unternehmens-PR vor allem den Bereich der Nachhaltigkeit, in dem häufig verschiedene Aktivitäten des Sponsoring und der sozialen bzw. gesellschaftlichen Verantwortung gebündelt werden.

Interne Unternehmenskommunikation

Im Rahmen der internen Kommunikation kommen einerseits Instrumente in Frage, die in erster Linie Informationen vermitteln, andererseits solche, die einen Austausch anstreben. Die Bandbreite reicht von Postern, Broschüren, Faltblättern oder Mitarbeiterzeitschriften bis zu elektronischen Medien wie Firmenfernsehen oder natürlich Intranet. Letzteres bietet hervorragende Möglichkeiten der interaktiven Gestaltung, z. B. über Abstimmungen (Votings) oder Diskussionsforen.

Um eine nachhaltige Wirkung von Diversity-Veranstaltungen oder Trainings zu erzielen, sollten den Beschäftigten konkrete Handlungsmöglichkeiten und weitergehende Informationen zur Verfügung gestellt werden. Mehrere Unternehmen haben dazu Umsetzungsbaukästen für Führungskräfte entwickelt. Diese sogenannten „Tool Boxes" stellen Gesprächsleitfäden, Checklisten, Umsetzungsanregungen und themenspezifische Informationen mit Implementierungsvorschlägen zusammen und sind häufig im Intranet abrufbar. Sie ermöglichen der interessierten Führungskraft, sich zusätzliche Anregungen einzuholen und sich weiter in das Thema einzulesen.

Mehrere DAX-Unternehmen entwickelten außerdem differenzierte Präsentationen zu Diversity, die ebenfalls in ihrem jeweiligen Intranet angeboten werden. Abrufbar sind dort auch Newsletter, Standardpräsentationen und Projektinformationen. Konstruiert für unterschiedliche Zielgruppen, dient das Intranet dabei als Informationsquelle für Fachkollegen, als Umsetzungshilfe für Führungskräfte und als Engagement-Möglichkeit für Mitarbeiter.

Eine weitere Möglichkeit, das Intranet effektiv zu nutzen und Beschäftigte für Unterschiede zu sensibilisieren, besteht in der Erstellung eines interkulturellen Kalenders. Jeden Monat neu werden Beschäftigte so über Festtage unterschiedlicher Religionen informiert. Kurze Erläuterungen erklären die Hintergründe und Riten der Feste und geben einen Einblick in andere Kulturen. Zum einen wird so Neugier an anderen Traditionen geweckt, zum anderen werden Vorbehalte gegenüber ungewohnten Festlichkeiten abgebaut.

Im Unterschied zur internen Kommunikation im Rahmen der Diversity-Einführung (vgl. Kapitel 6) strebt das Diversity Mainstreaming an, die Themen der internen Kommunikation und ihre Vermittlung so zu gestalten, dass sie das Potenzial-Prinzip Diversity widerspiegeln. In diesem Zusammenhang kommen zunächst die Ausführungen zu Bildauswahl und textlichen Formulierungen aus dem Abschnitt „Diversity in der Personalbeschaffung" zum Tragen (vgl. Abschnitt 7.1.1).

Besonderes Augenmerk muss im Bereich der internen Kommunikation auf Sprachregelungen liegen. In Unternehmen bildet sich über die Jahre eine sogenannte „Corporate Language" heraus. Teil dieser Sprache sind unter anderem bestimmte (Fach-)Begrifflichkeiten und (technische) Ausdrucksweisen. Analog dazu entstehen sprachliche Besonderheiten, die in der Kommunikation des Unternehmens mit den Mitarbeitern oder zwischen den Mitarbeitern zum Ausdruck kommen. Das Diversity Mainstreaming zielt hier darauf ab, dass verwendete Formulierungen neutral sind und keine MitarbeiterInnen ausgrenzen. Ein offensichtliches Beispiel bildet die Verwendung von männlichen und weiblichen Formen. Weniger verbreitet sind Überlegungen zur Ansprache von Menschen mit Behinderungen oder von Migranten. In der Kommunikation finden sich zum Beispiel manchmal noch die Formulierungen „Mitbürger" oder „Ausländer", die von vielen Migranten als diskriminierend empfunden werden. Bei internen Einladungen war es lange Zeit üblich, Herrn Sowieso „mit Gattin" einzuladen. Nachdem sich die Lebensentwürfe von immer weniger Menschen an tradierten Vorstellungen orientieren, gelangte man zu den Formulierungen „mit Partnerin" (bei Herren) und „mit Partner" (bei Damen). Aus Sicht von Diversity beinhalten diese jedoch eine heterosexuelle Vorannahme, die auf Homosexuelle ausgrenzend wirkt. Da die sexuelle Orientierung vieler Mitarbeiter nicht bekannt ist, erscheint daher die Formulierung „mit Begleitung" für alle Beschäftigten angebracht – vorausgesetzt, sie impliziert, dass man auch ohne Begleitung teilnehmen kann. Um die Wertschätzung gegenüber älteren Beschäftigten zu signalisieren, verwendet die Lufthansa beispielsweise den Begriff „Senior Professionals" statt „ältere Mitarbeiter". Damit werden deren Erfahrung und Berufspraxis unterstrichen.

Externe Unternehmenskommunikation

Die externe Kommunikation eines Unternehmens findet neben der Marktkommunikation vor allem im Bereich der Öffentlichkeitsarbeit statt. Zu den externen Stakeholdern gehören Kunden, Investoren, Lieferanten, Kandidaten, das gesellschaftliche Umfeld („die Öffentlichkeit") sowie Behörden, Ämter und andere Unternehmen. Ein Anliegen der externen Unternehmenskommunikation besteht in der glaubhaft positiven Darstellung des Unternehmens.

Dem Medium Internet kommt hierbei besonders im Zuge der allgemeinen Virtualisierung eine besondere Bedeutung zu. Unternehmen möchten ihre Attraktivität, Glaubwürdigkeit und Kompetenz für jeden zugänglich über das Internet verbreiten und verwenden daher Websites als Kommunikationsmittel. Auffallend ist dabei, dass sich die Darstellung von Diversity bei den einzelnen Unternehmen erheblich unterscheidet. So gibt es Unternehmen, die zwar eine ganze Reihe von Diversity-Aktivitäten durchführen, diese aber nicht auf ihren Internetseiten präsentieren. Auch die Eingliederung von Diversity-Inhalten in die Internetseiten stellt sich unterschiedlich dar. Häufig erscheint das Thema entweder auf den Karriereseiten oder im Rahmen der Werte, des Leitbildes oder der Vision der jeweiligen Organisation.

Ein entscheidender Vorteil des Internets besteht in der weltweiten Zeitunabhängigkeit des Informationsabrufs. Zudem kann das Unternehmens-Image durch eine vorteilhafte Darstellung im Internet gestärkt werden. Als Nachteil kann dagegen die Masse an E-Mails gesehen werden, die im Rahmen der Internet-Kommunikation aufkommt (Westermann 2004).

Neben dem Internetauftritt stellen Anzeigen mit Diversity-Inhalten eine weitere Form des Mainstreaming in der externen Kommunikation dar.

Deutsche Bank: Anzeigenserie „Vielfalt ist der Weg"

Die Deutsche Bank hat als erstes großes deutsches Unternehmen Diversity für Image-Arbeit benutzt. Die Deutsche Bank schaltete im Oktober 2004 eine Reihe ganzseitiger Diversity-Anzeigen in fünf deutschen Tageszeitungen und einer Wochenzeitung. Unter dem Titel „Vielfalt ist der Weg" informierte das Finanzinstitut im Tagesspiegel, in der Welt, in der Zeit, der Financial Times Deutschland, der Frankfurter Allgemeinen Zeitung und der Süddeutschen Zeitung über die Veranstaltung „Women on Wall Street" in New York. Die Auswahl des Motivs, des Themas und der Medien zeigt, welchen Stellenwert und welche Ausrichtung Diversity bei der Deutschen Bank hat. Später setzte das Unternehmen ähnliche Motive mit dem Slogan „Vielfalt ist unsere Stärke" als zielgruppenorientierte Werbeanzeigen ein.

Ein weiterer Antriebsfaktor für die externe Kommunikation entwickelt sich seit einigen Jahren im Umfeld des Themas „Nachhaltigkeit" (Sustainability, Sustainable Development). Eine der drei Säulen der sogenannten „Triple Bottom Line" (People – Planet – Profit) besteht in der sozialen Verantwortung (oder besser: gesellschaftlichen Verantwortung) von Unternehmen – Corporate Social Responsiblity (CSR). In diesem Rahmen erfolgen zum Beispiel Sponsoring oder Fördermaßnahmen erstens im direkten (regionalen) Umfeld des Unternehmens, zweitens in relevanten Themenbereichen (beispielsweise Kultur oder Sport) sowie drittens im karitativen Bereich. Die in diesem Absatz geschilderten Aspekte galten lange als „typisch amerikanische" Überlegungen, die dem sachlich-funktionalen Denken in Deutschland wenig entsprachen. Nun scheint hier eine Annäherung zu erfolgen. Inzwischen engagieren sich viele Großunternehmen in sozialen Einrichtungen oder mit eigenen Stiftungen. In den letzten Jahren gingen einige Konzerne dazu über, ihre gesamten Aktivitäten im Bereich Nachhaltigkeit (oder CSR) jährlich in umfangreichen Berichten zu veröffentlichen. Gleichzeitig vollzieht sich ein Paradigmenwechsel von CSR (Corporate Social Responsibility) zu CR (Corporate Responsibility) und damit zu einer breiteren Unternehmensverantwortung oder unternehmerischen Verantwortung.

Analyse der Berichterstattung von DAX-30-Unternehmen

Eine Studie zur Unternehmensberichterstattung durchgeführt von Ungleich Besser Diversity Consulting (September 2008) untersuchte die Verbreitung und Verankerung von Diversity in den Geschäfts- und Nachhaltigkeitsberichten deutscher Blue Chips. Angesichts wachsender Vielfalt in Arbeits- und Absatzmärkten sowie im gesellschaftlichen Umfeld integrieren Unternehmen Diversity zunehmend in ihre Außendarstellung – explizit oder implizit. Börsennotierte Firmen erhalten verstärkt entsprechende, mitunter kritische, Nachfragen von Seiten der Analysten oder der Aktionäre. Damit wird Diversity zunehmend zu einem Standard der Unternehmensberichterstattung und stellt heute einen festen Bestandteil in der Berichterstattung der DAX-30-Unternehmen dar. 70 % aller DAX-30-Unternehmen behandeln Diversity zumindest in einem ihrer Corporate-Berichte (Geschäftsbericht und/oder Nachhaltigkeitsbericht) in mindestens einem Absatz. In Geschäftsberichten liegt der Schwerpunkt naturgemäß auf einer Erklärung der Diversity-Grundsätze, während die Nachhaltigkeits- bzw. CSR-Berichte die praktische Umsetzung von Diversity beschreiben. Viele Unternehmen widmen Diversity umfangreiche Berichte und nutzen so die Gelegenheit, sich mit ihren Maßnahmen und Erfolgen als mitarbeiterorientiertes und zukunftsfähiges Unternehmen zu präsentieren. Statt sozialer Verantwortung oder Minderheitenschutz liegt der Schwerpunkt der Diversity-Konzepte auf der Erzielung wirtschaftlicher Mehrwerte.

Der wachsende Umfang der Diversity-Berichterstattung zeigt die zunehmende Berücksichtigung der steigenden Stakeholder-Vielfalt durch börsennotierte Großunternehmen. Ihr Geschäftsumfeld, ihre Kunden, Mitarbeiter, Aktionäre und die Gesellschaft erwarten differenzierte Angebote, Produkte, Programme und Engagement.

Die beschriebenen Diversity-Konzepte fokussieren häufig auf ausgewählte Themen. Dies erscheint als Teil einer Entwicklung sinnvoll. Studien und Beispiele aus anderen Ländern zeigen jedoch, dass ein umfassendes Verständnis und eine ebenso ganzheitliche Umsetzung von Diversity sowie eine entsprechende Berichterstattung für den Erfolg erforderlich sind. Erst die klare Kommunikation von Diversity verhilft Unternehmen zu den gewünschten Vorteilen auf Absatz-, Arbeits-, und Kapitalmärkten.

Da sich Aktivitäten zur Nachhaltigkeit, insbesondere im Themenbereich gesellschaftlicher Verantwortung, naturgemäß auf die gesamte Gesellschaft beziehen, kann diese Funktion der Unternehmen nicht von den grundlegenden Veränderungen in der Gesellschaft unberührt bleiben. Im Gegenteil muss gerade der Bereich Nachhaltigkeit/CSR bewusst und proaktiv auf bestehende und wachsende Vielfalt in der Gesellschaft und sich verändernde Werte eingehen. Insofern bietet sich die Überprüfung von Sponsoring- und Förderkonzepten an, um Möglichkeiten zu identifizieren, wie Diversity-Ansätze dazu beitragen können, die Arbeit zu Nachhaltigkeit noch effektiver zu gestalten. Wie dies erfolgen kann, zeigt das Beispiel von RWE: Um die Anerkennung für die Leistungen von Behinderten in der Gesellschaft zu steigern, ist bei RWE die Förderung des Behindertensports ein Schwerpunkt des Sponsorings. So engagierte sich RWE beispielsweise für die „4. Fußball-Weltmeisterschaft der Menschen mit Behinderung", die 2006 in Städten Nordrhein-Westfalens stattfand. RWE war Hauptsponsor und über 150 MitarbeiterInnen beteiligten sich ehrenamtlich an der Organisation der Veranstaltung. Für die vorbildliche kommunikative Begleitung des Ereignisses verlieh der Deutsche Behindertensportverband RWE im November 2006 den „Paralympic Media Award".

Eine Reihe von Unternehmen, darunter auch die Deutsche Bank und Ford, binden die Belegschaft in ihr gesellschaftliches Engagement mit ein, zum Beispiel durch die Freistellung für ehrenamtliche Tätigkeiten. Der folgende Abschnitt beschreibt ein weiteres Projekt aus diesem Kontext.

Switch – die andere Seite: Im Rahmen von Diversity gefördert, überschreiten Microsoft-Mitarbeiter Grenzen.

Microsoft Deutschland ermutigt alle MitarbeiterInnen, Diversity als wertvoll zu begreifen und ihr eigenes Potenzial voll zu realisieren: Die Anerkennung und Förderung unterschiedlicher individueller Werte, Lebens- und Arbeitsstile bereichert die gemeinsame Arbeitsumgebung und macht Microsoft damit zum „Great Place to Work" für die besten Talente im Markt. Um den MitarbeiterInnen neue Impulse zu geben und sie langfristig für Diversity zu sensibilisieren, hat Microsoft Deutschland das Programm „Switch – die andere Seite" eingeführt. Im Mittelpunkt steht hier vor allem das Erfahren und Erleben von vermeintlich andersartigen, fremd erscheinenden Werten und Lebensentwürfen.

Bei dem von der Stadt München entwickelten Programm leisten Microsoft-MitarbeiterInnen eine Woche lang Dienst in sozialen Einrichtungen wie beispielsweise der Bahnhofsmission, Sterbehilfe oder Aidsberatung. Die Switch-TeilnehmerInnen erfahren Diversity in dieser Woche „auf eine ganz andere Weise", sehr hautnah, überschreiten Grenzen. Sie lassen sich auf eine Realität ein, die zunächst in einem extremen Kontrast zu ihrem Arbeitsalltag steht. Auch die vordergründige „Nicht-Normalität" wird so zum Teil der erlebten Normalität.

Bei der Verarbeitung dieser so anderen, teilweise tiefgehenden Eindrücke und Erfahrungen werden die ProjektteilnehmerInnen nicht allein gelassen. In der ganzen Zeit steht ihnen ein hauptamtlicher Mitarbeiter der besuchten Einrichtung als Coach zur Seite. Auch der Austausch zwischen den Teilnehmern wird gefördert, durch gemeinsame Treffen vor und nach dieser Projektwoche.

Microsoft-MitarbeiterInnen erfahren „Andersartigkeit" und Minderheiten. Das persönliche Erleben sensibilisiert für Unterschiede und andere Lebensentwürfe. Zugleich soll es die Fähigkeit fördern, diese zu achten und ihnen mit Wertschätzung zu begegnen. Somit unterstützt Microsoft die respektvolle und effektive Zusammenarbeit zwischen unterschiedlichen Arbeitsgruppen und MitarbeiterInnen. Durch den Austausch mit den Mitarbeitern der Einrichtungen und der anderen Unternehmen lernen alle Beteiligten voneinander, Vorurteile werden abgebaut, soziale Kompetenzen weiterentwickelt. Nicht zuletzt zeigt dies, wie Microsoft als Unternehmen und mit seinen MitarbeiterInnen Verantwortung in der Gesellschaft übernehmen kann und damit einen Beitrag für ein respektvolles Miteinander leistet.

Die Unternehmenskommunikation leistet auch einen Beitrag zur Markt-Kommunikation und muss daher auf die Vielfalt der Kunden und anderer externer Stakeholder ausgerichtet sein.

7.3 Diversity Mainstreaming im Marketing

Eine Zielsetzung von Diversity besteht in der Steigerung des Erfolges eines Unternehmens. Daher ist es naheliegend, die Integration und Nutzung der Grundideen von Diversity auch im Bereich des Marketings zu betrachten. Dies gilt vor allem für Unternehmen mit individuellen Endkunden. Aber auch öffentliche Einrichtungen können die folgenden Überlegungen auf ihre jeweiligen „Kunden" übertragen. Unternehmen, die andere Unternehmen als Kunden haben (B2B-Sektor), werden feststellen, dass aufgrund der zunehmenden Internationalität der Wirtschaft auch diese Geschäftskunden deutlich vielfältiger werden. Auch sie können die folgenden Ausführungen daher auf ihre Situation übertragen.

Die in Kapitel 5 vorgestellten Studien zur Fernseh- und Printwerbung belegen, dass die Marketing-Kommunikation bestehende Vielfaltspotenziale der Märkte nicht intensiv nutzt. Insbesondere kulturelle Vielfalt, die Vielfalt der Generationen und vielfältige sexuelle Orientierungen spiegeln sich nicht in der Markt-Kommunikation, obwohl das proklamierte Ziel des Massenmarketings in der universellen Anwendbarkeit eines (bestimmten) Marketing-Mixes besteht. Dies wirft zwei Fragen auf:

1. Was meint „universell"? Besteht darin ein Hinweis auf die leichtfertig verwendete Verallgemeinerung „alle" (z. B. alle Frauen, alle Männer, alle Jün-

geren, alle Deutschsprachigen etc.)? Oder ist darin der Versuch zu sehen, das Wort „Masse“ zu umgehen? Welche Masse wäre gemeint? Gibt es „die“ Masse überhaupt (noch)? Oder sprechen wir von „den Massen“, und welche Konsequenzen hätte dies?

2. Was meint „Anwendbarkeit“? Verwässert dieser Begriff den (zu Recht) hohen Anspruch, das Marketing solle dem Kunden einen für ihn oder sie zutreffenden, individuellen Mehrwert vermitteln? Bezieht sich die „Anwendung“ tatsächlich auf die gesamte Vermittlung, das heißt inklusive Absendung und Empfang, oder lediglich auf eine Implementierung von Maßnahmen?

Kulturhistorisch betrachtet ist es nachvollziehbar, dass Massenmarketing zu Zeiten seines Entstehens in den Nachkriegsjahrzehnten ein opportunes Mittel war, die noch in manchen Bereichen existierende „Masse des Marktes“ über ein One-Size-Fits-All-Konzept zu erreichen. Ein rückblickend noch erkennbarer sozialer Druck sorgte seinerzeit für Anpassung und regelte, wer „dazu gehörte“ und wer nicht. Für das Massenmarketing genügte es, diejenigen zu erreichen, die dazu gehörten, weil sie die erforderliche Kaufkraft besaßen und tatsächlich die Masse, den Mainstream, darstellten. Das Bild der traditionellen Familie mit traditionellen Rollenaufteilungen hält sich bis heute in ausgeprägt konservativen Kommunikationsstrategien wie zum Beispiel für einige Marken der Firma Meica (Deutschländer, Truman's, Bratmaxe).

Die als homogen angenommenen Märkte wurden über „Durchschnittstypen“ sprichwörtlich abgebildet. Der Durchschnittsmann, die Durchschnittsfrau und die Durchschnittsfamilie dienten als Transportmedien. Im Zuge der Differenzierung der Märkte erfolgte eine Differenzierung in „Cluster“. Der Grundtenor der Werbung ging jedoch weiterhin von einer relativen Einheitlichkeit aus. Heute hat sich das Bild der „Durchschnittstypen“ weiterentwickelt. Mit zahlreichen Daten lässt sich belegen, dass der „Mainstream“ seit Jahren zurückgeht und einen immer kleineren, aber dennoch den einzig hart umkämpften (!) Teil des Gesamtmarktes ausmacht (vgl. Kapitel 2). Nach Berechnungen von Ungleich Besser Diversity Consulting stellt der „traditionelle Mainstream“ inzwischen weniger als 30 % des Marktes dar bzw. rund 20 %, wenn konventionelle Rollenverteilungen unter Ehepartnern mitberücksichtigt werden. In Ansätzen weicht das Marketing von stereotypen Bildern ab und zeigt inzwischen zum Beispiel auch Frauen in Berufsrollen oder Männer, die sich im Haushalt engagieren. Nur wenn diese Potenziale erkannt und genutzt werden, kann ein Unternehmen in Zukunft erfolgreich sein.

Obwohl zahlreiche gesellschaftliche Trends, quantitative wie auch qualitative, in Richtung Vielfalt und Individualität weisen, erkennt das Marketing die bereits herrschende Vielfalt nicht an. Dies belegen zwei weitere Studien im Auftrag von Ungleich Besser Diversity Consulting, in denen Marketing-Experten bezüglich ihrer Segmentierungsüberlegungen und -kriterien befragt wurden. Eine Untersuchung unter 40 Lebensmittelkonzernen zeigte, dass die Differenzierung des Marketings an Informationsdefiziten scheitert. Die Marketing-Verantwortlichen gaben an, dass ihnen just jene Segment-Informationen (in diesem Falle über den Gay-Markt) fehlten, die sie in anderen Fällen zur Segmentierung verwendeten. Eine weitere Befragung von Marketing-Managern und Werbeagenturen im Jahr 2003 ergab, dass umfassende Informationsdefizite und ein erstaunliches Maß an persönlichen Vorurteilen die professionelle Bearbeitung von ethnischen Marktsegmenten verhindern.

Während Potenziale außerhalb des Mainstream ungenutzt bleiben, ist eine Fokussierung auf Themen zu beobachten, die mehr der persönlichen Lebenswelt der Akteure als der strategischen Marketing-Konzeption zu entstammen scheinen. So bewegen sich etliche Marken im Kommunikationsumfeld „Fußball", obwohl häufig kein Bezug zur Marke, ihrer Architektur oder ihren Werten erkennbar ist. Die bloße Kontaktzahl dient als Argument für die Kommunikationsmaßnahme. Die Marketing-Entscheider ignorieren etwaige Diskrepanzen zwischen Kommunikationsumfeld und Markenwelt und überprüfen den Return on Investment ihrer Millionenausgaben auffallend lax.

Diversity bietet schon bei der Erstellung eines Marketing-Konzeptes, der Definition von Produkt und Zielgruppen und der Festlegung von Marketing-Strategien Möglichkeiten, den Erfolg zu steigern. Mit Blick auf die Resultate der oben erwähnten Studien, wonach viele Zielgruppen erst gar nicht in Erwägung gezogen werden, ergibt sich die Notwendigkeit, mehr Offenheit und mehr Aufgeschlossenheit walten zu lassen. In anderen Bereichen, wie beispielsweise im Kundenbeziehungsmanagement (CRM), ist die Beachtung von Individualität bereits weiter verbreitet. In Call-Centern wird beispielsweise darauf geachtet, dass AnruferInnen nicht aufgrund demografischer Faktoren stereotypisiert werden.

Für ein Diversity-Marketing lassen sich insgesamt drei Hauptvarianten vorstellen:

1. Die Bearbeitung des Gesamtmarktes über vielfältige Zielgruppen, ohne die bisher vorherrschenden Stereotype zu verwenden.
2. Die Bearbeitung des Gesamtmarktes, indem das Thema „Vielfalt" explizit zur breiten Abdeckung genutzt wird.
3. Die Bearbeitung des Gesamtmarktes auf eine offene Art und Weise, sodass vielfältige Kunden implizit angesprochen werden.

Zielgruppen-orientiertes Marketing

Eine Zielgruppen-orientierte Ansprache ohne Rückgriff auf Klischees scheint in erster Linie eine (lösbare) kreative Herausforderung zu sein. Dennoch beinhalten viele Kommunikationsinhalte offensichtliche oder subtile Klischees, die durch Diversity Mainstreaming eliminiert werden sollten. Eine kritische Betrachtung findet meist aus Sicht bestimmter Gruppen statt. Wie leicht sich Klischeehaftes in der Werbung negativ bemerkbar macht, zeigt das Beispiel CMA aus dem Jahr 2005. Auf einem Plakat war eine junge Dame zusammen mit einem älteren Herrn zu sehen, auf dessen Serviette der Spruch „Junges Gemüse hält länger frisch“ zu lesen ist. Ein anderes Plakat zeigte ein junges Paar beim Grillen: Während Mann die Steaks wendet, ist Frau mit dem Schriftzug „Auf Männer mit Kohle steh ich“ verziert. Bei diesen Illustrierungen stellt sich die Frage, wer eigentlich die Zielgruppe sein soll. Welche Frau findet diese Werbung so witzig, dass sie zukünftig nur noch Fleisch und Gemüse aus Deutschland auf den Tisch stellt? Und welcher Mann, der sich herzhaft über diese Plakate amüsiert, bemüht sich tatsächlich selbst an den Herd?

Das Zielgruppenmarketing bietet einen Ansatz für die effektivere Ansprache von speziellen Gruppen. Allerdings kann die Gruppenbildung leicht zu Stereotypisierungen führen, da die werbliche Prägnanz meist durch eine (Über-)Betonung einzelner Gruppenmerkmale entsteht. Man denke nur an die klischeehafte Darstellung von jungen Müttern, Single-Männern, Senioren, Homosexuellen oder Jugendlichen. Dies erscheint nicht nur für viele Angehörige der jeweiligen Zielgruppen beleidigend und angesichts der allgemeinen Öffnung der Gesellschaft auch kontraproduktiv, es ignoriert zudem die deutlich angewachsene Vielfalt innerhalb vieler Marktsegmente. Neue Familien-Konstellationen, die das klassische 2+2-Modell längst von seiner (zahlenmäßigen) Vormachtstellung verdrängt haben, werden nun immer häufiger angesprochen. Ebenso finden andere vermeintliche Randgruppen wie z. B. Frauen oder ältere Personen immer größere Berücksichtigung in einem Diversity-orientierten Zielgruppenmarketing.

Ein erfolgreiches Beispiel hiefür liefert die Otto Group, die mit der Ausweitung der angebotenen Produkte ein Zielgruppenmarketing für „Best Ager“ entworfen hat. Die Otto Group hat außerdem herausgestellt, dass ihre Hauptzielgruppe Frauen sind und inzwischen sowohl die Marktforschung als auch die Kataloggestaltung auf sie ausgerichtet. Zudem hat die Otto Group eine weitere Zielgruppe entdeckt: Übergewichtige. Dieses Beispiel illustriert, dass die gezielte Produktanpassung einen ersten Schritt des Diversity Mainstreaming im Marketing darstellt.

Ein weiteres Beispiel an der Schnittstelle von Produkt-Strategie und Vertrieb ist die Aktion „Frauen ans Netz“ des Bundesministeriums für Bildung und Forschung, der Bundesagentur für Arbeit, der Deutschen Telekom/T-Online, der Zeitschrift BRIGITTE und des Vereins Frauen geben Technik neue Impulse e. V., die 1998 startete. Frauen ans Netz vermittelte Online-Kompetenz, damit Frauen ihre Zukunft aktiv gestalten können, und verfolgte unter anderem folgende Ziele:

- Den Frauenanteil im Netz auf mindestens 50 % steigern.
- Frauen den Umgang mit dem Medium Internet leicht verständlich und in angstfreier Atmosphäre vermitteln.
- Auch Frauen ohne Zugangsmöglichkeiten zu Technik, Frauen in der Familienphase und Frauen mit derzeit geringen Arbeitsmarktchancen den Einstieg ins Internet kostengünstig ermöglichen.

Die Pilotierung 1998 an vier Standorten der Deutschen Telekom war mehr als ein Erfolg. Die angebotenen Schnupperseminare waren regelrecht überlaufen und die Teilnehmerinnen zeigten ihre Bereitschaft, „online" zu gehen. Die ersten Erfahrungen führten zu weiteren Aktionen mit einer kostenlosen Buchungshotline, kurzfristigen weiteren Seminaren und zufriedenen Kundinnen für die Deutsche Telekom. Die Vertriebsleitungen waren anfänglich überrascht über Anfragen zu Komplett-Angeboten, d. h. Telefon, Internetzugang und PC aus einer Hand, erkannten dann aber rasch das andere Kaufverhalten der Frauen. Die Initiative „Frauen ans Netz" stellt ein gelungenes Beispiel für eine zielgruppenspezifische Marktbearbeitung über mehrere Phasen dar und wurde dann auch übertragen auf Aktionen wie „Senioren ans Netz" und „Schulen ans Netz". Vielfältige Kundensegmente fasste das Unternehmen unter der Überschrift „X ans Netz" zusammen. Die Initiative „Frauen ans Netz" erhielt den 2. Preis beim „ppp-award" der Initiative D21.

Auch die Allianz verfolgt den Diversity-Gedanken unter anderem durch die differenzierte Ansprache verschiedener Zielgruppen. So gibt es beispielsweise eine „Sharia-Versicherung" für moslemische Kunden und Assistance-Produkte für Senioren, und in den USA existieren eigene Marketingkonzepte für Kunden mit lateinamerikanischem, asiatischem und afrikanischem Hintergrund. Frauen werden ebenso als eigene Kundengruppe berücksichtigt.

Bei der Vermeidung von Stereotypen stellt sich die Frage nach Alternativen der Ansprache. Aus dem Bereich des Gay-Marketing sei hierzu auf die Kampagne „CommUnityCation" des Telekommunikationsanbieters NetCologne verwiesen, der mittels einer „Keith Haring Codierung" schwul-lesbische Zielgruppen besonders angesprochen hat. Weiterhin besteht die Möglichkeit, auf eine sympathische Art und Weise mit Stereotypen zu spielen. Das gezielte Brechen von Stereotypen zeigte der TV-Spot „Lollipop – mehr als ein Familienauto" für den VW Touran: Ein Mann fährt mit dem „Familienwagen" vor einem Geschäft vor, um dort einzukaufen. Nachdem er an der Kasse bezahlt hat, gibt ihm die Verkäuferin zwei Lutscher für „die Kinder" mit. Der Fahrer schaut leicht irritiert und geht zurück zum Auto, in dem drei seiner Freunde sitzen. Der Betrachter des Spots geht zunächst davon aus, dass der Mann mit einer Familie unterwegs ist. Erst am Ende des Spots wird klar, dass es sich ganz und gar nicht um eine typische Familie handelt. Hier wird sehr gekonnt mit Stereotypen und Vorannahmen gespielt.

Auch in der Kundenbetreuung bietet das Potenzial-Prinzip Diversity handfeste Mehrwerte. Die Deutsche Telekom erkannte dies in ihrem Bereich Kundenservice. Eine „Ethno-Fibel" zu Respekt und Rücksichtnahme gegenüber verschiedenen Kulturen enthält z. B. den Hinweis, dass Beschäftigte der Deutschen Telekom die Wohnung von muslimischen KundInnen nicht in Arbeitsschuhen betreten sollten. Der Leitfaden bietet Beschäftigten Hilfestellungen, um auf überraschende oder befremdlich wirkende Situationen angemessen reagieren zu können.

Vielfalt zur breiten Abdeckung des Gesamtmarktes

Explizit tritt Vielfalt als Thema in der Werbung und damit als Instrument zur breiten Marktabdeckung selten auf, aber einzelne Unternehmen setzen die Vielfalt ihres Unternehmens und ihrer Kundengruppen in Marketingkampagnen vorbildlich um. Ein aktuelles und interessantes Beispiel hierfür liefern die Hornbach Handwerkermärkte.

Hornbach Handwerkermärkte

Mit einer beherzten Kampagne zeigte die Baumarkt-Kette Hornbach, dass Äußerlichkeiten keine Bedeutung haben – wenn es um die Heimwerker-Leidenschaft geht und auch darüber hinaus. Der ideale Baumarktkunde sah bisher so aus: kräftige Arme, solide Figur, flink und fingerfertig. Dass Heimwerken in Deutschland, dem Land der Hobbybastler, eine Freizeitbeschäftigung für jedermann darstellt, zeigte der Baumarktbetreiber Hornbach in einer Anzeigenkampagne. Im Mittelpunkt der Motive stehen Menschen, die potenziell mit Vorurteilen und gesellschaftlichen Ausgrenzungen zu rechnen haben: alte Menschen, Homosexuelle, Behinderte und Menschen mit Migrationshintergrund. Sie wurden in der Kampagne ins Bild gerückt. Weil alle Menschen gleich und in ihrer Leidenschaft fürs Heimwerken geeint seien, setzte Hornbach ein Zeichen. Nicht nur, um sogenannte „Randgruppen“ als Kunden zu gewinnen, sondern auch als deutliches Signal für alle Kunden. Hornbach betonte, dass eine offene Unternehmenskultur für Hornbach wichtig ist, da die Mitarbeiter und Mitarbeiterinnen aus unterschiedlichsten Herkunftskulturen kommen.

Ein weiteres, überaus erfolgreiches Beispiel für die Thematisierung von Vielfalt in der Werbung und Markenkommunikation bieten die Kampagnen von Dove (Unilever) der vergangen Jahre. Dove traut sich und zeigt authentische Frauen, die das stereotype Schönheitsideal in Frage stellen. Die Körperpflegemarke, die bereits 2002 mit natürlichen Frauen statt professionellen „90-60-90-Models“ warb, setzte ihre Kampagne in mehreren Staffeln fort. Unter dem Motto „Immer noch keine Models, aber straffe Kurven“ zeigen die Werber von Dove elf fröhliche Damen aus Großbritannien, Frankreich, Spanien und Deutschland als Botschafterinnen für weibliche Formen und den selbstbewussten Umgang damit. Ob groß oder klein, dick oder dünn, hell oder dunkel – jede Frau ist schön, so die Devise. Die vielfältigen Schönheiten mit ihren vielfältigen Besonderheiten waren 2005 europaweit auf Riesenpostern, Print-Anzeigen und in einem TV-Spot zu sehen. Diese „mutige“ Werbung ist nicht nur viel interessanter als die Präsentation immer gleicher Modeschönheiten, sie spricht Kundinnen auch direkter an, weil die gezeigten Frauen glaubwürdig und real sind. Konsumentinnen können sich mit ihnen eher identifizieren als mit künstlich wirkenden Models. Allein der Gesprächsstoff, für den die Kampagne sorgte, erzeugte erheblichen Mehrwert.

Darüber hinaus gilt die Kampagne als eine der wirtschaftlich erfolgreichsten Konsumkampagnen überhaupt.

Bei der Thematisierung und Visualisierung von Vielfalt ist darauf zu achten, dass dies nicht in einer „Quoten-und-Exoten-Kommunikation" resultiert. An dieser Stelle sei an einige Werbemotive der Firma Benetton erinnert, die immer wieder plakativ und sensationalistisch auf Differenz abhob.

Produkte, die ein Unternehmen anbietet, müssen hinsichtlich vielfältiger Kriterien, wie z. B. der äußeren Darstellung, des Sortiments und der Qualität, überprüft und gestaltet werden. Unter Diversity-Gesichtspunkten sind Produkte dann innovativ und interessant, wenn sie auch vermeintlich ausgegrenzte Randgruppen berücksichtigen. Zu den erfolgreichen Beispielen gehören hier beispielsweise die Gehörlosentarife der Deutschen Telekom und die Marke „Ay Yildiz" von E-Plus, die speziell für türkische KundInnen geschaffen wurde. Inzwischen existiert eine Vielzahl von gruppenspezifischen Produktangeboten, die mit mehr oder weniger Spill-over-Effekt (Ausstrahlung auf anderen Zielgruppen oder den Mainstream) beworben werden.

Die Deutsche Telekom fördert die Ansprache vielfältiger Kunden zum Beispiel dadurch, dass sie einen multilingualen Service in ausgewählten Telekom-Shops anbietet. Die Deutsche Bank hat ihr Produktspektrum unter anderem auf die Dimension „Alter" ausgeweitet, dadurch dass Know-how-Tandems und intergenerative Teams für eine umfassendere Betreuung von Privatkunden unterschiedlicher Altersgruppen sorgen. Virgin, eine britische Einzelhandelskette, stellt Vergrößerungsgläser an CD-Regalen zur Verfügung, sodass sehbehinderte Kunden die Aufschriften besser erkennen können. Das Unternehmen hat zudem Kontaktschleifen für Rollstuhlfahrer an vielen Shop-Eingängen angebracht. Bei der Hamburger Sparkasse informiert und berät eine (hörende) Beschäftigte Gehörlose in Gebärdensprache. Dieser Service wurde rasch von überraschend vielen Kunden wahrgenommen – sicherlich aufgrund von „Mund-zu-Mund-Propaganda". Der Zeitaufwand, den die Beratungsgespräche für Gehörlose zuvor erforderten, verkürzte sich aufgrund der Kompetenz, die die Beraterin aus privaten Gründen erworben hatte, erheblich.

Wie die interne Vielfalt der Belegschaft mit vielfältigen Kundenbedürfnissen verknüpft werden kann, zeigt das folgende Beispiel.

METRO-Preis: MitarbeiterInnen haben den besten Blick auf vielfältige KundInnen

Im METRO-Konzern werden MitarbeiterInnen für gute Ideen ausgezeichnet, mit denen das Unternehmen besser auf die internationale Vielfalt der KundInnen eingehen kann. Unter dem Motto „Together – Vorsprung durch Vielfalt" waren Beschäftigte der Berliner Filialen von Metro Cash & Carry, Real, extra, Kaufhof, Media Markt und Saturn zum „Brainstorming" eingeladen.

International bunt gemischte Teams aus den verschiedenen Gesellschaften der METRO Group fanden sich zusammen und entwarfen Konzepte zur besseren Ansprache von ausländischen KundInnen an ihrem Standort.

Den ersten Preis des Wettbewerbs gewann ein Team aus fünf verschiedenen Real-Märkten aus Berlin. Unter dem Motto „real/extra – Berlin verbindet Kulturen" analysierten die GewinnerInnen die Einkaufsgewohnheiten internationaler KundInnen. Im direkten Gespräch und in gemeinsamen Workshops erhielten die MitarbeiterInnen wichtige Erkenntnisse über deren Kauf- und Konsumverhalten. Als Abschluss des Projekts stellte das Team u. a. eine Liste von wichtigen Produkten auf, die von internationalen Zielgruppen hierzulande vergeblich gesucht werden und ins Sortiment aufgenommen werden sollten. METRO-Vorstandschef Hans-Joachim Körber unterstrich, dass die MitarbeiterInnen vor Ort den besten Blick auf vielfältige Beschäftigte haben. Außerdem sei der METRO-Konzern selbst eine multikulturelle Gemeinschaft: 55 % der Beschäftigten sind im Ausland tätig und über 10.000 MitarbeiterInnen ohne deutsche Staatsangehörigkeit werden hierzulande beschäftigt.

Eine offene Geisteshaltung zur Bearbeitung des Gesamtmarktes

Die dritte Variante, die sich als Diversity-Marketing anbietet, baut auf einer offenen Geisteshaltung auf. Diese liegt vielen zeitgemäßen Markenwelten ohnehin zugrunde, z. B. über Attribute wie Freundschaft, Nähe, Respekt, Offenheit, Multikultur, Unkonventionalität, Neugier, Modernität, Aufgeschlossenheit etc. Die Umsetzung in der Marketing-Kommunikation ist jedoch nicht so einfach. In Abgrenzung zu den bereits vorgestellten Varianten mag die Vermittlung von „Offenheit" am ehesten ohne Menschen oder nur durch einzelne Personen, die nicht im Zentrum der Botschaft stehen, erfolgen. So kann die Markt-Kommunikation gewissermaßen neutralisiert und für eine breitere Masse von KundInnen kompatibel werden. Damit nähert sich Diversity-Marketing nach anfänglicher Abkehr wieder dem Massen-Marketing – allerdings aus der anderen Richtung. Ein gelungenes Beispiel dafür, wie auf die Abbildungen von Menschen verzichtet und auf unkonventionelle Weise Interesse geweckt werden kann, bietet ein TV-Spot von Sony aus dem Jahr 2006 für das Produkt „Bravia", einen Flachbildfernseher. Der Spot zeigt mehrere tausend bunte Flummies, die von Musik begleitet die Straßen von San Francisco hinabspringen. Durch die Farbvielfalt gelingt es dem Spot, eine facettenreiche Szenerie herzustellen und die Farbqualität des Produktes auf interessante und aufgeschlossene Art zu unterstreichen. Trotz des Verzichts auf Abbildungen von Menschen wird eine sehr warme und emotionale Atmosphäre geschaffen. Das folgende Beispiel von Levis zeigt eine gleichermaßen geglückte Anzeigenkampagne, in der eine offene Geisteshaltung kultiviert wird.

„Levis blind vertrauen“ ist die Botschaft einer Anzeigenkampagne von Levis aus dem Jahr 2005. Zu sehen ist ein attraktiver junger Mann, bekleidet mit einer blauen Jeans. Dass das abgebildete Model blind ist, verrät erst der nebenstehende Text. Aaron, so sein Name, verlor sein Augenlicht im Alter von acht Jahren. Der Markenartikelhersteller verzichtet hier bewusst auf die stereotype Darstellung eines blinden Menschen. Im Gegenteil, es wird geradezu das Ideal eines männlichen Körpers abgebildet. Der Texteinschub „Meine Beine sagen mir, wie gut sie sitzt“ vermittelt KonsumentInnen, dass man Levis blind vertrauen kann, und unterstreicht die gefühlsbetonte Bindung zur traditionsreichen Jeansmarke. Gleichzeitig spielt Levis mit den BetrachterInnen der Anzeige: Nur in schwacher Schrift ist der Slogan der Kampagne zu erkennen. So werden die BetrachterInnen selbst ein Stück weit in die Lage eines Menschen mit Sehschwäche versetzt. Die Anzeige beweist, dass Werbung in der Lage ist, auch gesellschaftlich wenig beachtete und oft stigmatisierte Menschen einzubeziehen, ohne dabei die Attraktivität des Produkts aufs Spiel zu setzen. Die Abbildung „öffnet Augen“ gegenüber Blinden und schafft es, Stereotype aufzubrechen.

Das Potenzial-Prinzip Diversity bietet im Marketing neue Möglichkeiten durch die Wertschätzung der gesamten Bandbreite von Vielfalt. Differenzierung, Offenheit und Einbeziehung erreichen mehr Menschen – auf rationaler wie auf emotionaler Ebene. Da Diversity zudem ein echtes Zukunftsthema ist, passt es zu vielen zeitgemäßen Marken. Dass dies auch für Traditionsmarken gelten kann, zeigt das folgende Beispiel.

Religion in der Multi-Kulti-Stadt: An Kölnisch Wasser glauben sie alle

Tokio, Dublin, Aruba auf den Niederländischen Antillen – jeder Jeck ist anders, vor allem in der Multi-Kulti-Stadt Köln. Deshalb war es längst überfällig, dass das Kölner Traditionsunternehmen die Vielfalt der Rheinmetropole im Sinne einer positiven Werbebotschaft einsetzte. Das „Wunderwasser“ 4711 hat 2007 insgesamt zwölf sympathische Protagonisten aus unterschiedlichen Nationen als Werbepartner eingesetzt, die sich in ihrer Landessprache zu „4711 Echt Kölnisch Wasser“ bekennen. Dieser Schritt ist mutig für 4711 – schließlich war die Marke mit langer und bewegter Vergangenheit in den letzten Jahren nicht auf dem Fernsehschirm und in den Printmedien präsent. Aus der jahrelangen Werbepause kehrte Kölnisch Wasser nun zurück – mit einer erfrischenden Kampagne, die der Ikone „4711 Echt Kölnisch Wasser“ ein jüngeres Gesicht gibt und gleichzeitig die Aktualität ihrer historischen Wurzeln betont: die Wirkung als Aqua Mirabilis, als Wunderwasser. In dieser Kampagne stehen KonsumentInnen aus allen Erdteilen im Fokus. KonsumentInnen, die sich klar zu „4711 Echt Kölnisch Wasser“ bekennen, indem sie in ihrer Landessprache sagen: „Ich glaube." Die Kraft, Magie und auch Modernität, die in diesem Satz mitschwingen, sowie die authentischen, natürlichen Perönlichkeiten sprechen dabei ganz für sich. Die bunten Charaktere der Kampagne polieren das verstaubte Marken-Image auf und geben der Traditionsmarke eine frische Note.

Die Umsetzung des Diversity-Marketings orientiert sich am Potenzial-Prinzip Diversity. Der erste Schritt in Richtung Diversity-Marketing besteht in der Analyse bestehender Vielfalt: Wie viele unterschiedliche Kunden bilden unseren Gesamtmarkt? Den zweiten Baustein bilden Neugier und Offenheit für andere Perspektiven: Welche Wahrnehmung haben Menschen, die wir bislang als TV-Zuschauer oder Plakat-Betrachter möglicherweise übersehen haben? Aus diesen Betrachtungen lässt sich ableiten, wie viele Potenziale bisher nicht völlig ausgeschöpft wurden, da Marktsegmente nicht angesprochen oder nicht erreicht wurden. Diese Potenziale lassen sich im Rahmen der Einbeziehung von Diversity (Inklusion) in Marketingkampagnen umsetzen. Eine Analyse der Markenarchitekturen und -werte unter Diversity-Gesichtspunkten führt im Ergebnis häufig zu neuen Erkenntnissen bezüglich ungenutzter Vermarktungsmöglichkeiten. So können Werte neu interpretiert und gedacht werden, was wiederum die Entwicklung der Marke und ihres Marketings möglich macht. Insgesamt sind die Möglichkeiten des Diversity Mainstreaming im Marketing überaus vielschichtig und betreffen potenziell den gesamten Marketing-Bereich.

7.4 Diversity im Beschaffungswesen

Das Mainstreaming von Diversity kann ebenso auf anderen Ebenen des Wertschöpfungsprozesses erfolgen und dort Mehrwerte generieren. Einige Unternehmen wie z. B. Johnson Controls, Credit Suisse und Bosch sind bereits dabei, Diversity auch in ihre Lieferantenprozesse zu integrieren.

Hewlett-Packard (HP) hat beispielsweise 400 Audits bei seinen wichtigsten Zulieferern durchgeführt, um Diversity auch in diesem wichtigen Teil der Wertschöpfungskette zu fördern. HP möchte mit seinem Supplier-Diversity-Programm mehr Vielfalt in der Beschaffungskette erzeugen. HP arbeitet zudem in der Region EMEA seit 2007 daran, Zulieferer in der Tschechischen Republik, Ungarn und Polen zu schulen, sodass diese ihre Unternehmen nach den sozialen und ökologisch nachhaltigen Prinzipien von HP führen. Das Programm wurde von der Europäischen Kommission gefördert.

In diesem Bereich liegen noch nicht viele Beispiele aus der Praxis vor. Dies deutet darauf hin, dass Diversity im Beschaffungswesen noch nicht so präsent ist wie in den meisten anderen vorgestellten Bereichen. Mit Blick auf die Diversity-Entwicklungen im Ausland lässt sich jedoch mit hoher Wahrscheinlichkeit voraussagen, dass dieser Aspekt in den nächsten Jahren stark an Bedeutung gewinnen wird. Maßgeblich hierfür wird die fortschreitende Globalisierung sein sowie die wachsende Bedeutung der internationalen Markenpflege auch unter sozialen und anderweitig nachhaltigen Aspekten.

7.5 Diversity Controlling

Komplexe Veränderungen, wie sie durch die Einführung und das Mainstreaming von Diversity entstehen, erfordern eine klare Führung, ausgewogene Koordination und nachhaltige Steuerung. Ein in diesem Regulierungssinne verstandenes Controlling erhält seine Informationen aus dem dauerhaften Monitoring relevanter Kennzahlen (sogenannter Indikatoren). Diese belegen kontinuierlich, wie weit und wie erfolgreich die Implementierung des Potenzial-Prinzips Diversity fortgeschritten ist und welche Ergebnisse dies für den Unternehmenserfolg bringt. Insofern spricht man hier häufig von einer Erfolgsmessung. Tatsächlich kann ein Diversity Controlling verschiedene Funktionen erfüllen:

- das Berichten über durchgeführte Aktivitäten (Reporting),
- die Messung von Erfolgen der bisherigen Maßnahmen (RoI),
- die Ermittlung der erzielten Veränderungen (Fortschritt),
- die Bestimmung des Nachregelungsbedarfs (Steuerung).

Die ersten beiden Punkte bilden aktions- oder projektorientierte Controlling-Ansätze, während die beiden letzten einen Prozessansatz verfolgen. In beiden Kategorien finden wir jeweils einen quantitativen und einen qualitativen Ansatz.

Maßnahmenorientiertes Controlling

Gerade in der Phase der projektorientierten Einführung von Diversity bietet es sich an, die Umsetzung bestimmter Maßnahmen als Erfolg an sich zu bewerten und entsprechend zu dokumentieren. Dies sollte zum Beispiel jährlich über einen Diversity-Bericht geschehen. Ein solches Medium dient unter anderem dem internen Marketing des Potenzial-Prinzips und wirkt den Vorbehalten gegenüber der Praktikabilität des Ansatzes entgegen. Bei entsprechender Projektgröße lohnt es sich zudem, für ein definiertes Maßnahmenpaket den Return on Investment zu ermitteln. Hierzu müssen alle Ausgaben und Aufwendungen den erzielten Vorteilen, Verbesserungen, Einsparungen und Erlösen gegenübergestellt werden.

Auf der übergeordneten Ebene kann das Diversity Controlling in die Balanced Scorecard integriert werden. Dieses Zielvereinbarungsinstrument nimmt eine indirekte Messung nach Indikatoren vor (Hansen/Aretz 2002, S. 20 ff.) und folgt damit dem Grundgedanken, dass Diversity nicht ein Ziel an sich, sondern ein Mittel zum Zweck (der Erfolgssteigerung) darstellt. Eine valide Messung erfolgt nur, wenn ausschließlich Indikatoren verwendet werden, die tatsächlich von der implementierten Diversity-Strategie beeinflusst werden. Dabei muss anerkannt werden, dass jeder der Indikatoren zusätzlich durch andere Faktoren beeinflusst wird. Der Ansatz der Scorecard-Messung besteht darin, dass eine konsistent positive Entwicklung der mit Diversity in Zusammenhang stehenden Indikatoren einen Beleg für Erfolg darstellt. Als Indikatoren kommen – jeweils abhängig von dem gewählten Diversity-Ansatz und der Strategie – die Mitarbeiterfluktuation, der Krankenstand, die Produktivität, die Marktanteile, die Kundenzufriedenheit, der Aktienkurs und vieles mehr infrage.

Die Integration von Diversity in die Balanced Scorecard eines Unternehmens oder in individuelle Zielvereinbarungen sollte erst dann erfolgen, wenn die Organisation bzw. die Beteiligten bereit dafür sind, also in einem fortgeschrittenen Stadium (vgl. Kapitel 9). Die Eingliederung in die Balanced Scorecard erfolgt üblicherweise kaskadisch, sodass die Ziele für Diversity in die Zielhierarchie eingebunden sind und entsprechende Maßnahmen und Messgrößen konsistent daraus abgeleitet werden können.

Die Balanced Scorecard in der Praxis

Ein Beispiel dafür, wie Diversity erfolgreich in einem Unternehmen umgesetzt werden kann bieten die Ford-Werke Köln. Zur Implementierung des Ansatzes verwendet Ford die „Balanced Scorecard" (BSC), die es erlaubt, eine Diversity-Strategie zielgerichtet umzusetzen und deren Erfolg zu messen. In einem Artikel für das Magazin Wirtschaft und Weiterbildung (Nov./Dez. 2004) erläuterte Eva Kaiser – selbst bei Ford tätig – die Funktionsweise der Diversity-BSC. In der klassischen BSC nach Kaplan und Norton (1992) ergeben sich vier Perspektiven: die Finanz-, die Kunden-, die Prozess- und die Lern- bzw. Innovationsperspektive. Finanz- und Kundenperspektive lassen sich zwar leicht messen, der Bezug zu Diversity ist jedoch nicht immer klar. Bei der Prozess- und Lernperspektive ist der Bezug zu Diversity zwar klarer, jedoch ist die Messbarkeit hier oft schwieriger. Gerade deswegen ist es wichtig, alle vier Perspektiven miteinander zu vernetzen, um die Effekte und Wirkungen der Diversity-Maßnahmen deutlich zu machen. Wenn dies gelingt, kann der Erfolg von Diversity gemessen werden. Wollen die Ford-Werke beispielsweise ihren Gewinn erhöhen (Finanzperspektive), können sie dies über die Erschließung neuer Märkte erreichen (Kundenperspektive). Dies gelingt zum Beispiel über eine Erhöhung der Produktvielfalt oder der Produktivität (Prozessperspektive), was wiederum durch eine höhere Kundenorientierung, Innovationskompetenz und Motivation der Mitarbeiter erreicht werden kann. Eine Diversity-Strategie könnte nun an der Produktvielfalt ansetzen: Um einer heterogenen Kundengruppe eine höhere Produktvielfalt bieten zu können, muss idealerweise auch die Belegschaft der Produktentwicklung, des Marketings und des Vertriebs entsprechend heterogen sein. Der Erfolg wird hier über die Anzahl der Produkte messbar. Eine Erhöhung der Produktivität gelingt über eine Senkung der Fluktuation oder der Fehl- und Abwesenheitszeiten. Krankenrückkehr- und Trennungsgespräche können dazu dienen, Diversity-relevante Ursachen für Abwesenheit oder Kündigung zu erfragen, wie zum Beispiel durch den Mitarbeiter empfundene Diskriminierung oder die mangelnde Möglichkeit, seine individuellen Potenziale einzubringen und weiterzuentwickeln. Die Kundenorientierung kann verbessert werden, indem beispielsweise Netzwerke der Belegschaft mit Zielgruppen-Know-how gebildet werden, deren Erfahrungen in der Produktentwicklung berücksichtigt werden. Gemessen werden kann dies über einen Kundenzufriedenheits-Index. Die Innovationskompetenz kann gesteigert werden, indem sich die Mitarbeiter stärker gegenseitig als Kreativitätsbeschleuniger nutzen. Dies kann im Rahmen von Diversity-Trainings gefördert werden, in denen die Mitarbeiter für Unterschiede sensibilisiert werden und Techniken dazu erproben können, wie sie durch diese Unterschiede den Ideenreichtum nutzen werden. Die Messung erfolgt dabei über die Anzahl von Patenten oder Produktideen. Der Gesamterfolg der Diversity-Maßnahmen lässt sich anhand des RoI errechnen. Hierfür werden unternehmensinterne Experten danach befragt, wie stark ihrer Einschätzung nach die Diversity-Maßnahmen auf die Unternehmensziele wirken. Die derart erhobenen Effekt-Stärken können zur RoI-Berechnung jeder einzelnen Maßnahme herangezogen werden. So rechnet Frau Kaiser vor, dass bei einem positiven Effekt von 12 % auf die Mitarbeiterzufriedenheit und von 9 % auf den Absentismus und die Fluktuation ein RoI von 40 % möglich ist. Die Balanced Scorecard kann also sehr gut dazu dienen, Diversity-Initiativen auf den Unternehmenserfolg auszurichten und Diversity-Effekte in Form des RoI quantifizierbar zu machen.

Auch das Unternehmen Festo verknüpft Diversity und die BSC, dadurch dass die Bedeutung der interkulturellen Kompetenz dort widergespiegelt wird. Die Weiterentwicklung eines globalen und offenen Denkens stellt einen Bestandteil der Mitarbeiter- und Learning-Perspektive innerhalb der BSC dar. Sie bildet somit ein strategisches Ziel und zeigt, wie die interkulturelle Kompetenzentwicklung einen Beitrag zur Zielerreichung leistet.

Prozessorientiertes Controlling

Um den Erfolg der Implementierung von Diversity beurteilen und den Veränderungsprozess steuern zu können, führen viele Organisationen Erfolgsmessungen durch. Allerdings stellt die Komplexität des Themas und seine vielfältige Wirkungsweise ein Kennzahlen-getriebenes Controlling vor schier unlösbare Herausforderungen. Um diesen dennoch gerecht zu werden, haben kanadische Berater ein Diagnose-Instrument entwickelt, das mit über 400 Messpunkten arbeitet. Angesichts der Vorbehalte, mit denen Diversity ohnehin zu kämpfen hat, erscheint es jedoch effektiver, bestehende Kennzahlen und Messinstrumente zu verwenden und ein handhabbares Mess-System aufzubauen.

Die direkte Messung der Zielerreichung oder des Prozessfortschritts sollte auf den ursprünglichen Analysen im Rahmen der Bestandsaufnahme aufbauen. Diese orientieren sich bereits an der Struktur des Zielsystems und geben eine klare Beschreibung der Ausgangslage. Insofern bieten sie einen effektiven Rahmen für eine spätere Erfolgsmessung im Sinne des Prozessfortschritts bzw. der Zielerreichung. Entsprechend dem Potenzial-Prinzip Diversity (und in Anlehnung an Kapitel 3 und Abschnitt 6.1) kommen folgende Indikatoren für eine Messung im Zeitverlauf in Frage:

- Wie haben sich die Zusammensetzung der Belegschaft und die Kundenstruktur verändert?
- Lassen sich bei Mitarbeiterbefragungen veränderte Werte oder Einstellungen feststellen?
- Sind mehr oder weniger Beschwerden beispielsweise zu Ausgrenzungen und Belästigung am Arbeitsplatz eingegangen?
- Welche externe Anerkennung hat das Unternehmen für seine Aktivitäten erhalten?

Die regelmäßige Darstellung von Veränderungen dieser Indikatoren illustriert den erzielten Fortschritt und zeigt gleichzeitig weiterhin bestehende Schwächen oder sogar rückläufige Entwicklungen auf. Diese Form des Controllings ist auch erforderlich, damit sich ein Unternehmen nicht zur Monokultur zurückentwickelt.

Um ein kontinuierliches Controlling zu gewährleisten, hat beispielsweise Aramark eine Beschwerdehotline eingerichtet, deren Aufgabe es ist, Diskriminierungen und andere Konflikte rechtzeitig zu erkennen, damit das Unternehmen unmittelbar darauf reagieren kann.

Ein umfassendes Diversity Controlling umfasst nach Erkenntnis des Autors drei wesentliche Bausteine:

- quantitative Ansätze (Personalstatistik und Ergebnisse von Personalprozessen, jeweils differenziert nach Diversity-Kriterien),
- qualitative Ansätze (breite oder fokussierte Beschäftigtenbefragungen zu Diversity-Themen),
- beschwerdeorientierter Ansatz (Auswertung von Häufigkeit und Inhalt der Beschwerden).

Alle drei Bausteine liefern Daten und Erkenntnisse über die Veränderung der Unternehmensrealität. Ihre Bewertung führt zur Anpassung von Maßnahmen im Bereich der Unternehmenskultur (Verhalten, Kommunikation) oder zur weiteren Anpassung von Prozessen und ihrer Anwendung. Diese Instrumente zeigen anschaulich, wie eine feste, dauerhafte Integration des Potenzial-Prinzips in die Prozesse eines Unternehmens möglich ist, um gleichzeitig eine dauerhafte Steuerung zu gewährleisten. Diese gehört zu den wenigen ständigen Aufgaben im Rahmen von Diversity. Verständlicherweise zeigen sich Unternehmen nicht besonders auskunftsfreudig, was diese Implementierungsaktivitäten des Potenzial-Prinzips betrifft.

Im Zusammenhang mit den ursprünglichen Bestandsaufnahmen und vielen Umsetzungsmaßnahmen können weitere Indikatoren für die Prozess-Steuerung aus externen Daten gewonnen werden. Hier bieten sich vor allem Benchmarking-Informationen an. Die meisten Großunternehmen analysieren dabei die jeweilige Unternehmenslandschaft, d. h. direkte Wettbewerber, Wettbewerber auf Arbeits- oder Finanzmärkten oder im öffentlichen Ansehen. Die Vergleiche beinhalten, wie breit und wie intensiv die Implementierung von Diversity in bestimmte Themenfeldern vollzogen wird und in welchen Funktionen eine Berücksichtigung von Diversity erfolgt (Rekrutierung, Marketing). Zusätzlich bieten unternehmenskulturelle Indikatoren und Repräsentationszahlen detaillierte Vergleichsmöglichkeiten.

Zusammenfassung

Das Mainstreaming von Diversity erfolgt in den unterschiedlichen Bereichen des HR-Managements, in der Unternehmenskommunikation (intern und extern), im Marketing und im Rahmen der Lieferantenbeziehungen. Ein Unternehmen muss Diversity in alle dargestellten Bereiche integrieren, sodass eine ganzheitliche Sichtweise erreicht wird und Diversity im Sinne des Potenzial-Prinzips umfassend zum Erfolg eines Unternehmens beitragen kann. Die Erfolgsmessung und -kontrolle überprüft, ob die Veränderungsprozesse nachhaltig und die Erfolge dauerhaft sind.

8 Welche Vor- und Nachteile sind mit Diversity verbunden?

Angesichts der Komplexität des Themas Diversity stellt sich die Frage, ob eine Organisation aus der Verfolgung der Zielsetzungen ausreichend Vorteile ziehen wird. Diese Frage kann aufgrund der durchweg positiven Erfahrungen der letzten 20 Jahre in den USA fast uneingeschränkt mit „Ja" beantwortet werden. Diversity gewinnt auch nach dieser langen Zeit immer noch weiter an Bedeutung und ist damit über jeden Zweifel, eine Modeerscheinung zu sein, erhaben. Da sich mittlerweile die Aktienkurse von Unternehmen, die Diversity systematisch bearbeiten, positiver als der Referenzindex entwickeln, erkennen immer mehr Experten zudem den harten Mehrwert des Ansatzes.

Diversity ermöglicht die *vollständige Nutzung aller* vorhandenen und erschließbaren Potenziale – intern wie auch extern. So entstehen Vorteile und Verbesserungen im Hinblick auf Kunden und Märkte, Anteilseigner, den Arbeitsmarkt, das gesellschaftliche Umfeld (Community) und die Belegschaft. Sie lassen sich auf persönlicher Ebene (individuell), interpersonaler Ebene (zwischenmenschlich) und organisationaler Ebene betrachten.

Extern		**Intern**	
Kunden & Märkte	• Höhere Marktanteile • Neue Marktsegmente • Bessere Kundenbeziehung	**Persönlich/ individuell**	• Verbesserte Produktivität (quantitativ und qualitativ) • Erhöhte Loyalität, Motivation
Shareholders	• Verbessertes Rating • Höhere Attraktivität	**Zwischenmenschlich**	• Verbesserte Gruppenarbeit und Zusammenarbeit • Besseres Zusammenspiel neuer Kollegen
Arbeitsmarkt	• Besserer Zugang zu breiteren Marktsegmenten • Verbessertes Image	**Organisational**	• Höhere Offenheit gegenüber Veränderungen (M & A, OE) • Effektivere Reorganisation
Community	• Höheres Ansehen		

Abb. 33: Mögliche Vorteile und Verbesserungen durch Diversity

In allen Bereichen müssen die möglichen Vorteile gegen Nachteile wie Kosten und Risiken abgewogen werden. Sowohl die internen als auch die externen Abwägungen werden durch Studien, welche im Business Case Report (BCR) 2008 von Ungleich Besser Diversity Consulting detailliert erläutert werden, untermauert und illustriert. Der Bericht behandelt ausgewählte gesellschaftliche Entwicklungen in Deutschland und deren Auswirkungen für Unternehmen und stellt einige Bereiche vor, in denen Diversity für Unternehmen zur Notwendigkeit geworden ist bzw. werden wird.

8.1 Externe Perspektive

Ein Grundgedanke von Diversity besteht darin, durch eine vielfältige Belegschaft, die Unterschiedlichkeiten wertschätzt und nutzt, zu einer erfolgreicheren Marktbearbeitung zu gelangen. Weitere Zielsetzungen bestehen in der Schaffung eines Diversity-Images, das auf Arbeitmärkten und in der allgemeinen Öffentlichkeit zu mehr Ansehen führt. Es soll nun plausibel gemacht werden, wie diese externen Vorteile und Verbesserungen im Rahmen oder als Folge der im vorigen Kapitel dargestellten Implementierung, gewissermaßen als Output, als Ergebnis entstehen. Sie werden gegen die jeweiligen Kosten und Risiken abgewogen.

8.1.1 Kunden und Märkte

Arbeiten in einem Unternehmen unterschiedliche Mitarbeiter zusammen, die andere Lebenssituationen und Blickwinkel grundsätzlich anerkennen und wertschätzen, werden sie aufgrund dieser Unternehmenskultur differenziertere Betrachtungen der Märkte und Kunden anstellen, als dies in Monokulturen der Fall ist. Schließlich gehört es zu den Prinzipien einer Diversity-Kultur, über den Tellerrand zu schauen und die Welt mit anderen Augen zu sehen. Wie in Kapitel 3 dargestellt, ermöglicht nicht nur die Repräsentation vielfältiger Gruppen eine quantitativ und qualitativ bessere Marktbearbeitung, sondern auch die veränderte Geisteshaltung und das weiterentwickelte Verhalten (Inklusion) von Angehörigen der (früheren) Insider-Gruppen. Dies führt zur Identifikation von Marktpotenzialen, die zuvor unerkannt geblieben waren und damit zu höheren Marktanteilen. Des Weiteren resultiert die Anerkennung der Vielfalt (Differenzierung) bereits bearbeiteter Marktsegmente (z. B. des Mainstream) in einer besseren Marktdurchdringung. Zudem bewirkt die Berücksichtigung der Verschiedenheit der Kunden eine höhere Zufriedenheit derselben und trägt damit zur Kundenbindung bei.

Dem gegenüber stehen die Kosten, die im Zusammenhang mit einer Differenzierung der Marktbearbeitung anfallen. Diesen halten sich jedoch mit Blick auf das Diversity Mainstreaming im Marketing in Grenzen. Auch die Entwicklung von Zielgruppen- oder Diversity-Marketing-Konzepten lässt sich im Allgemeinen im Rahmen der etablierten Marketing-Organisation gut darstellen, gehört sie doch zum Kerngeschäft dieser Funktion. Weitere Nachteile können im Zusammenhang mit der Marktpräsenz entstehen. Marken, die bislang eine eher konservative Positionierung aufweisen, können nur sehr behutsam eine Diversity-Ausrichtung annehmen, da sie sonst traditionelle Käuferschichten verlieren könnten. Aber auch diese Gefahr kann angesichts der allgemeinen Werteentwicklung als überschaubar angesehen werden.

Die folgende Studie illustriert die Vorteile einer ethnisch vielfältigen Belegschaft.

Studie: Does Diversity pay?

In der quantitativen Studie der University of Illinois at Chicago aus dem Jahr 2006 kommt Autor Cedric Herring zu dem Schluss, dass eine ethnisch vielfältige Belegschaft den Umsatz, die Kundenzahl, den Marktanteil und den relativen Gewinn im Vergleich zu einer homogenen Belegschaft erhöht.

Die Studie wertete Geschäftszahlen von 251 Unternehmen aus. Sie belegt, dass die durchschnittlichen Umsätze eng mit dem Grad an ethnischer Vielfalt verbunden sind. Unternehmen mit hoher ethnischer Vielfalt erzielten höhere Umsätze als Unternehmen mit einem geringen Grad an ethnischer Vielfalt. Die durchschnittlichen Umsätze von Organisationen mit einem niedrigen Grad an ethnischer Vielfalt betrugen etwa 96,1 Millionen Dollar, mit mittlerem Grad 551,8 Millionen Dollar und mit höherem Grad 1.865,8 Millionen Dollar. Zugleich ist ein höherer Grad an ethnischer Vielfalt mit einer Zunahme an KundInnen verbunden. Die Wahrscheinlichkeit, dass Unternehmen einen überdurchschnittlichen Marktanteil erzielen, steigt mit dem Grad ihrer ethnischen Vielfalt: 72 % der Unternehmen mit einem hohen Grad an ethnischer Vielfalt haben einen Marktanteil, der über dem Durchschnitt liegt. Von der mittleren Gruppe weisen 66 % einen überdurchschnittlichen Marktanteil auf. Bei Unternehmen mit niedriger Vielfalt sind es lediglich 54 %. Die gleiche Tendenz konnte für die Profitabilität festgestellt werden: Lediglich die Hälfte (52 %) der Unternehmen mit einer geringen ethnischen Vielfalt weist eine überdurchschnittliche Profitabilität auf, verglichen mit mehr als 61 % der Unternehmen mit mittlerem Grad und mehr als 72 % der Firmen mit hohem Grad an ethnischer Vielfalt. Die untersuchte Menge ist dem Autor zufolge repräsentativ für US-amerikanische Unternehmen.

8.1.2 Anteilseigner

Diversity beeinflusst sowohl den Umsatz als auch die Produktivität in positiver Weise und trägt damit zu einer Verbesserung der Ertragssituation bei. Insofern mag erwartet werden, dass sich auch die Aktien-Ratings und in der Folge die Kursnotierungen positiv entwickeln, da sie unter anderem auf der Entwicklung der Ertragslage beruhen. Diese Überlegung lässt sich aufgrund der relativ neuen Diversity-Entwicklungen in Deutschland noch nicht verifizieren. Allerdings erstellen spezialisierte Rating-Agenturen in den USA bereits seit rund fünfzehn Jahren Indizes (und Investment-Fonds), die einen Kriterienkatalog verwenden, der überwiegend Aspekte überprüft, die von dem in diesem Buch beschriebenen Diversity-Ansatz abgedeckt werden. Die Performance dieser Indizes und Fonds hat in den vergangenen Jahren den jeweiligen Benchmark geschlagen. Die folgende Studie erläutert den Zusammenhang von Diversity und der Unternehmensleistung.

Studie: Examining the link between Diversity and firm performance – The effects of diversity reputation and leader racial diversity

Die quantitative Studie von Roberson und Park (2006) belegt, dass Unternehmen, die für Diversity bekannt sind und eine hohe Vielfalt im Management aufweisen, einen höheren Firmenwert haben. Datenbasis der Studie waren 100 Unternehmen, die im Fortune Magazine zwischen 1998 und 2003 als beste Unternehmen für „Minderheiten" (Afro-AmerikanerInnen, LateinamerikanerInnen, AsiatInnen) gelistet waren.

Die Studie zeigt, dass ein Diversity-Image mit dem Marktwert eines Unternehmens zusammenhängt. Als ein führendes Unternehmen für Diversity Management angesehen zu werden, vermittele Investoren ein positives Signal hinsichtlich der künftigen Unternehmensentwicklung, da Risiken in Folge von Klagen und Schadensersatzforderungen geringer seien. Ferner zeigt die Studie, dass Vielfalt im Management von Unternehmen positiv signifikant mit den Erlösen korreliert. Die Beziehung zwischen Vielfalt in der Führung und der Unternehmensleistung wird durch eine U-förmige Kurve abgebildet. Das bedeutet, dass bis zu einem bestimmten Punkt die gesamte Unternehmensleistung mit steigender ethnischer Vielfalt in der Führung sinkt. Über diesen Punkt hinaus – in diesem Fall bei einem Anteil von 22 % ethnischer Vielfalt – steigt die Unternehmensleistung mit zunehmender ethnischer Vielfalt im Management. Zusammenfassend lässt sich festhalten, dass Diversity Management und die Bemühungen darum, zu den führenden Diversity-Unternehmen zu gehören, als effektives Signal gegenüber dem Finanzmarkt dienen kann. Durch eine höhere Attraktivität der betreffenden Unternehmen bei Investoren kann sich Diversity Management ökonomisch auszahlen.

Aber nicht nur mit Blick auf den Kursverlauf erscheint Diversity relevant. Immer mehr Anleger ziehen für ihre persönliche Einschätzung potenzieller Investments bislang als „soft" eingestufte Kriterien heran. Für sie dürfte das auf Firmen-Webseiten und in den Medien dokumentierte Engagement eines Unternehmens im Bereich Diversity einen positiven Aspekt darstellen – ähnlich wie dies für Aktivitäten im Bereich Nachhaltigkeit gilt. Gefahren, Schwierigkeiten oder Nachteile lassen sich in diesem Zusammenhang nicht erkennen und können daher auch nicht gegen den potenziellen Positiv-Effekt aufgerechnet werden.

8.1.3 Arbeitsmarkt

In Abschnitt 7.1.1 wurden die grundlegenden Zusammenhänge zwischen Diversity und Personalbeschaffung dargestellt. Als Vorteil ist hier zu nennen, dass Diversity eine Erhöhung der Effektivität der Personalbeschaffung bewirkt: Das Unternehmen erhält bessere Auswahlmöglichkeiten, da der Arbeitsmarkt in seiner ganzen Breite berücksichtigt wird und so mehr qualifizierte Bewerber angesprochen werden und sich bewerben. Zudem hat die Wertschätzung von Vielfalt einen positiven Arbeitgeber-Image-Effekt. Qualifizierte, vor allem hochqualifizierte Nachwuchskräfte führen ein multikulturelles, von Selbstbestimmung, Flexibilität und Offenheit geprägtes Arbeitsumfeld weit oben unter ihren Auswahlkriterien, nach denen sie ihre (potenziellen) Arbeitgeber aussuchen. Dies gilt umso mehr, als die Arbeitsmärkte zunehmend von Vielfalt geprägt sind und immer mehr KandidatInnen, die nicht dem Mainstream entsprechen, besonderes Augenmerk auf das Vorhandensein fundierter Diversity-Maßnahmen legen.

Dagegen lassen sich für den Arbeitsmarkt, ähnlich wie im Bereich Kunden und Märkte, einige wenige potenzielle Nachteile und Gefahren mit Blick auf Diversity identifizieren. Zunächst sind auch hier die entstehenden Kosten zu nennen, die im Zusammenhang mit einer differenzierteren Bearbeitung der Arbeitsmärkte entstehen. Allerdings können diese, zum Beispiel mit Blick auf Änderungen der Recruiting-Materialien, im Rahmen bestehender Budgets dargestellt werden. Ein breiterer Kontakt mit verschiedenen Arbeitsmarktsegmenten wird dagegen mit höheren Kosten zu Buche schlagen, wenn dies nicht zu Lasten anderer Aktivitäten geschehen soll. Analog zum Kundenbereich kann es zudem auch auf dem Arbeitsmarkt zu negativen Effekten in traditionellen Marktsegmenten kommen. Kandidaten mit ausgeprägt konservativen Werteordnungen mögen mit Befremden reagieren, wenn ein potenzieller Arbeitgeber eine offene Haltung gegenüber Vielfalt kommuniziert. Allerdings wäre zu fragen, ob diese Kandidaten überhaupt noch dem Wunschprofil eines Unternehmens entsprechen, das seinen Anforderungskatalog um Diversity-Kriterien ergänzt hat.

Die folgende Studie von Avery (2003) belegt die These, dass eine vielfältige Belegschaft einen Arbeitgeber attraktiver macht.

Studie: Reactions to diversity in recruitment advertising – are differences black and white?

Derek R. Avery von der Saint Joseph's University kommt in seiner qualitativen Studie (2003) zu dem Ergebnis, dass die Abbildung einer vielfältigen Belegschaft im Rahmen des Personalmarketings die Attraktivität eines Unternehmens als Arbeitgeber erhöht. Für die Untersuchung wurden afro-amerikanische und anglo-amerikanische StudentInnen befragt. Sie sollten die Karrierewebsites einer Unternehmensberatung bewerten. Die Studie ermittelte, dass es zwischen den verschiedenen ethnischen Gruppen und innerhalb einer ethnischen Gruppe unterschiedliche Bewertungen gibt. Afro-amerikanische Jobsuchende bewerteten ethnische Vielfalt in der Rekrutierungswerbung positiv. Afro-amerikanische Jobsuchende, die aktiv mit anderen ethnischen Gruppen interagierten, favorisierten hingegen Werbung ohne eine Betonung der Mitarbeitervielfalt. Weiße BewerberInnen, die eine hohe Interaktion mit anderen ethnischen Gruppen aufwiesen, bewerteten die Darstellung von Vielfalt in der Rekrutierungswerbung ebenfalls positiv. Trotz der Varianz in den Effekten der Abbildung von Vielfalt im Personalmarketing lässt sich der Schluss ziehen, dass Unternehmen durch die Abbildung von Vielfalt den Erfolg des Personalmarketings erhöhen können. Um ethnische Minderheiten zu erreichen, sollten Organisationen ethnische Vielfalt im Rahmen ihres Personalmarketings kommunizieren. Die Studie zeigt, dass auch weiße BewerberInnen durch vielfältige Rekrutierungswerbung angesprochen werden. Die Stichprobe der Studie setzte sich wie folgt zusammen: 144 Afro-AmerikanerInnen (33 % Männer und 67 % Frauen) und 129 weiße AmerikanerInnen (34 % Männer und 66 % Frauen).

8.1.4 Community

Eine (mittelfristige) Zielsetzung von Diversity bezieht sich auf die externe Wahrnehmung einer Organisation im Hinblick auf die bewusste Wertschätzung von Vielfalt und die gezielte Nutzung von Unterschieden. Ein solches Diversity-Image wird sich auf das Ansehen eines Unternehmens auswirken.

Die Studie „European Risk Management & Insurance Survey 2002–2003", die mit Risk Managern und Führungskräften der Versicherungs- und Finanzbereiche von über 100 führenden europäischen Unternehmen durchgeführt wurde, kam zu dem Ergebnis, dass Image-Schäden als zweitgrößte Bedrohung angesehen werden. Dennoch seien zum Zeitpunkt der Untersuchung nur wenige Strategien erkennbar gewesen, die vor Image-Verlusten schützen sollen. Die Studie kam zu dem Schluss, dass der Ruf eines Unternehmens anscheinend dem Zufall überlassen wurde.

In diesem Kontext bildet Diversity einen klar umrissenen und an den Unternehmenszielen ausgerichteten Ansatz. Allerdings kann nicht davon ausgegangen werden, dass in allen externen Umfeldern ein Diversity-Engagement notwendigerweise als positiver Aspekt anerkannt wird. In Kapitel 5 wurde das Umfeld für Diversity in Deutschland dargestellt, das in vielen Bereichen noch Verbesserungsbedarf aufweist. Entsprechend kann es in diesen Umfeldern zu negativen Wahrnehmungen kommen. Demgegenüber stehen die Entwicklungen der Staatengemeinschaft, der Gesellschaft, ihre Kultur und der Wirtschaft. Sie lassen erkennen, dass ein positives Miteinander vielfältiger Menschen in Zukunft zur Regel und zu einer Notwendigkeit wird. In dieser Hinsicht bietet die Kommunikation von Diversity-Ansätzen umfangreiche Image-Vorteile. Da sich das Thema zudem dynamisch entwickelt, ist es mit einem Innovationsfaktor besetzt, der zusätzlich ausgenutzt werden kann. In allen Fällen wird zu prüfen sein, wie sich die jeweils zu kommunizierenden Diversity-Aspekte in das Gesamt-Image eines Unternehmens einfügen – wo Synergien und wo Diskrepanzen bestehen.

Bei Kostenüberlegungen schneidet die Image-Arbeit mit Diversity im Vergleich zu teuer erkauften Sponsorships oder aufwendigen PR-Aktionen günstig ab. Vor allem in einem Multiplikatorenumfeld entfalten Präsentationen auf Konferenzen, erhaltene Auszeichnungen oder Prädikate sowie innovative Formen sozialen Engagements eine effektive Wirkung. Die nachfolgende Studie von Kochan et al. (2003) erläutert den Zusammenhang von Diversity und dem Geschäftsgeschehen.

Studie: The effects of diversity on business performance – Report of the diversity research network (2003)

Die quantitative Studie ergab, dass erst durch die richtige Steuerung von Vielfalt Mehrwerte erzielt werden können. Dann stellt Diversity Management einen Wettbewerbsvorteil dar. Die ForscherInnen ermittelten in ihrer Untersuchung von vier Großunternehmen, die für ihr umfassendes Diversity Management bekannt sind, dass Mitarbeitervielfalt (diversity) an sich weder vorteilhaft noch nachteilig für eine Organisation ist. Erst ein offenes Umfeld einer multikulturellen Organisation verbessere die Leistung von Gruppen. Potenzielle negative Effekte von Vielfalt auf Gruppenprozesse und Leistung (wie Kommunikationsschwierigkeiten) müssten beseitigt bzw. gesteuert werden. Hierfür seien Trainingsprogramme notwendig, um ManagerInnen Führungskompetenzen und Teamkompetenzen für eine effektive Kommunikation zu vermitteln. Trainings alleine genügten jedoch nicht, so die Autoren, es müssten Policies und Praktiken implementiert werden, die gegenseitiges Lernen und Respekt fördern. Der Tenor der Studie lautet, dass Diversity Management sich betriebswirtschaftlich auszahlt.

8.2 Interne Perspektive

Diversity verfolgt das Ziel, vielfältige MitarbeiterInnen zu beschäftigen, die in ihrer Individualität wertgeschätzt werden, andere respektieren und Unterschiede als Erfolgsfaktor nutzen. Die Arbeit an der Erreichung dieser Ziele wird sich auf die einzelnen Mitarbeiter, auf die Interaktion in der Belegschaft und auf die Organisation als Ganzes auswirken. Potenzielle Vorteile und Verbesserungen werden im Folgenden gegen mögliche Nachteile und entstehende Kosten abgewogen.

8.2.1 Individuelle Ebene

Die bewusste Anerkennung von Unterschieden und die gezielte Wertschätzung der Individualität von Mitarbeitern stellen für Unternehmen keinen karitativen Akt dar. Tatsächlich führt Diversity zu qualitativen und quantitativen Steigerungen der persönlichen Produktivität.

Qualitativ profitieren Organisationen von einer besseren Entfaltung ihrer MitarbeiterInnen. Während diese in Monokulturen nur den Teil ihrer Fähigkeiten in das Unternehmen einbringen, der im jeweiligen Umfeld erwünscht scheint, kommen in Diversity-Kulturen auch Kompetenzen zum Tragen, die anderenfalls nicht oder nur außerhalb des Unternehmens, zum Beispiel für ehrenamtliches

Engagement, eingesetzt werden. Je nachdem, wie sehr sich Mitarbeiter verbiegen müssen, um sich anzupassen, kann dieser Anteil erheblich sein. Dieser Effekt bezieht sich indes nicht nur auf Fähigkeiten, sondern auch auf persönliche Sichtweisen, deren Äußerung in Monokulturen teilweise nicht opportun erscheinen mag.

Quantitative Verbesserungen bewirkt Diversity durch die vollständigere Nutzung der persönlichen Potenziale der Mitarbeiter. Die echte Wertschätzung und der umfassende Respekt, der allen Individuen entgegengebracht wird, sowie ihre aktive Einbindung, führen zu höherem Engagement und damit zu effektiverer Mitarbeit.

Beide Effekte tragen dazu bei, dass die Loyalität gegenüber dem Unternehmen sowie das Wohlbefinden und die Arbeitszufriedenheit wachsen. Dies bewirkt wiederum sinkende Fluktuation und einen geringeren Krankenstand, was sich in geringeren Kosten für das Unternehmen niederschlägt. Des Weiteren werden konkret die Bereiche Motivation, innere Kündigung und Stress berührt, mit denen sich Organisationen vermehrt auseinandersetzen müssen.

Motivation

Ein Phänomen, dem sich Organisationen heute mehr denn je stellen müssen, ist der Motivationsrückgang. Diesen quantitativ darzustellen, erscheint als eine schwierige Aufgabe, da er indirekte Kosten verursacht. Gerade in wirtschaftlich problematischen Zeiten dürfen diese jedoch keinesfalls vernachlässigt werden. Die Leistung einer Mitarbeiterin ist das Ergebnis ihrer Fähigkeit multipliziert mit ihrer Motivation. Ein Motivationsrückgang wirkt sich also direkt auf die Leistung aus. „Das heißt, ein Motivationsrückgang um 5 % bewirkt eine durchschnittliche Leistungsabnahme um ebenfalls 5 %. Dabei muss allerdings beachtet werden, dass aufgrund der multiplikativen Verknüpfung der absolute Leistungsrückgang bei jenen Personen höher ist, die eine höhere Fähigkeit besitzen“ (Lohaus/Habermann 2002, S. 23).

Untersuchungen bestätigen, dass 35 % der Beschäftigten ihr Arbeitsumfeld als wenig motivierend erleben und sie mit ihren Vorgesetzten unzufrieden sind. Nur 12 % der Berufstätigen sind mit ihrer Arbeitssituation ausgesprochen zufrieden und empfinden ihr Arbeitsumfeld als hoch motivierend.

Mit dem Thema Motivation, jedoch mit einem anderen Fokus, beschäftigen sich seit einigen Jahren auch Spezialisten an der Universität St. Gallen. Sie gehen davon aus, dass die MitarbeiterInnen intrinsisch motiviert sind, und daher kein Bedarf an einer weiteren Förderung der Motivation besteht. Vielmehr stehen die Vermeidung und der Abbau von demotivierenden Einflüssen sowie der Aufbau remotivierender Bedingungen im Vordergrund. Befragungen von 250 Führungskräften in Deutschland, Österreich und der Schweiz von Januar 2000 bis Januar 2001 zeigten, dass neben dem Arbeitsinhalt (43 %) die Beziehungsfaktoren, d. h. das Verhältnis zum direkten Vorgesetzten und zu Arbeitskollegen (je 19,2 %) und das Privatleben, potenzielle Motivationsbarrieren sind. Die Benennung der Motivationsbarrieren in einer Organisation ist deshalb wichtig, weil durch sie das Entfaltungspotenzial und die Effizienz der MitarbeiterInnen eingeschränkt werden. Um Demotivation so weit wie möglich zu vermeiden, plädieren die Wissenschaftler für eine positive Unternehmenskultur. Diese muss dadurch gekennzeichnet sein, dass alle MitarbeiterInnen so viel soziale Unterstützung am Arbeitsplatz erfahren wie möglich, da dadurch weniger Demotivation entsteht. Daneben ist jede Form der Anerkennung förderlich für die Motivation. Beide Faktoren (soziale Unterstützung und Anerkennung) sind Ausdruck einer positiven Beziehung zwischen Menschen und wirken insofern der Demotivation entgegen. Das Ziel einer jeden Organisation muss demnach sein, eine Kultur zu schaffen, in der die Mitglieder möglichst viel Verantwortung, Anerkennung und Identifikationsmöglichkeiten erfahren (im Gegensatz zur Misstrauenskultur). Insgesamt zeigt die Studie, wie Barrieren für ungenutzte Leistungspotenziale ermittelt werden können, sowie Lösungen zur Verhinderung von Demotivatoren (Wunderer/Küpers 2003a und 2003b).

Innere Kündigung

Viele Organisationen sind vom Phänomen der „inneren Kündigungen" betroffen. So hebt eine diesbezügliche Untersuchung hervor, dass rund ein Drittel der Beschäftigten in deutschen Unternehmen innerlich gekündigt haben. „Innere Kündigung bezeichnet einen persönlichen Zustand, der durch ein innerliches Abrücken von der Arbeitsumgebung und eine Verweigerung von Eigeninitiative gekennzeichnet ist" (Krenz-Maes 1998, S. 48). Dies bedeutet, dass das Engagement der MitarbeiterInnen geringer wird, ihre individuelle Leistung sinkt und ihr Interesse, sich mit Vorgesetzten auseinanderzusetzen, zurückgeht. Meist kündigen diese MitarbeiterInnen ihr Beschäftigungsverhältnis nicht, sodass Arbeitgeber die Problematik häufig nicht wahrnehmen. Dennoch entsteht für Organisationen ein auf Dauer nicht tragbarer Zustand.

Stress

Ein drittes Phänomen ist die Zunahme von Stress am Arbeitsplatz. Die Europäische Agentur für Sicherheit und Gesundheitsschutz am Arbeitsplatz (2008) gibt an, dass 40 Millionen Menschen am Arbeitsplatz unter Stress leiden. Damit ist jeder dritte Arbeitnehmer betroffen. Schätzungen zufolge kostet arbeitsplatzbedingter Stress 20 Milliarden Euro und verursacht 50 bis 60 % der Krankschreibungen. Viele Firmen haben deshalb bereits Maßnahmen zur besseren Vereinbarkeit von Privat- und Berufsleben (Work-Life-Balance) initiiert, wie Kapitel 7 gezeigt hat. Dennoch können Bereiche, die von Unternehmen (noch) nicht intensiv unterstützt werden, zu psychosozialen Belastungen und somit zu Risiken für den wirtschaftlichen Erfolg des Unternehmens werden. Hier besteht zudem ein enger Zusammenhang mit dem Thema Personalabbau. Mit diesem wird Diversity zwar selten in Verbindung gebracht, doch ist es von besonderer Bedeutung, dass Organisationen, die planen, künftig mit weniger Beschäftigten den gleichen

Erfolg wie bisher zu erzielen, ein produktives Arbeitsumfeld schaffen müssen, in dem alle Potenziale der MitarbeiterInnen voll ausgeschöpft werden und diese sich wohl und wertgeschätzt fühlen.

Die nachfolgende Studie illustriert die Vorteile familienfreundlicher Maßnahmen in Unternehmen.

Studie: Betriebswirtschaftliche Effekte familienfreundlicher Maßnahmen (2003)

Das Bundesministerium für Familie, Senioren, Frauen und Jugend und die Prognos AG zeigten mit einer quantitativen Studie, dass familienfreundliche Personalpolitik einen betriebswirtschaftlichen Nutzen erzielt. Im untersuchten Modell wurde eine Gesamtkapitalrendite von 25 % für Investitionen in familienfreundliche Personalpolitik ermittelt.

Zehn mittelständische Unternehmen aus verschiedenen Regionen und Branchen wurden untersucht und ihre Einsparpotenziale durch familienfreundliche Maßnahmen unter Berücksichtigung von Controllingdaten und der Kosten für familienfreundliche Maßnahmen berechnet. Die Studie ergab, dass für mittelgroße Unternehmen ein Einsparpotenzial in Höhe von mehreren 100.000 Euro (je nach Betriebsgröße) durch eine familienfreundliche Personalpolitik besteht. Eine familienfreundliche Personalpolitik rentiert sich der Studie zufolge betriebswirtschaftlich: Die Kosteneinsparungen fallen höher aus als die Aufwendungen für familienfreundliche Maßnahmen. Die untersuchten Unternehmen konnten dabei vor allem Wiederbeschaffungskosten, Wiedereingliederungskosten und Überbrückungskosten einsparen. Folgende Kosten wurden für ein durchschnittliches mittelständisches Unternehmen ermittelt: Fluktuations- und Wiederbeschaffungskosten: ca. 135.000 Euro; Wiedereingliederungskosten: ca. 67.000 Euro; Überbrückungskosten: ca. 369.000 Euro.

Nachteile und Gefahren im Hinblick auf Wertschätzung und Entfaltung lassen sich auf der individuellen Ebene nur begrenzt erkennen. Am schwersten dürften hier die Kosten einer Kulturveränderung wiegen, denen allerdings die Kosteneinsparungen im Bereich des Krankenstandes und der Fluktuation sowie die Produktivitätssteigerungen gegenüberstehen. Kulturell gesehen ist es in diesem Zusammenhang von Bedeutung, dass die Wertschätzung des Unternehmens und der Mitarbeiter tatsächlich allen Mitarbeitern entgegengebracht wird. Eine ausgesprochene Fokussierung auf Frauen oder Minderheiten birgt die Gefahr, dass Angehörige der bisherigen Insider-Gruppe negative Gefühle entwickeln. Der Konzern Motorola hat daher im Rahmen seiner Diversity-Aktivitäten in den USA vor einigen Jahren unter anderem eine White-Males-Aktion durchgeführt, durch die besonders darauf hingewiesen wurde, dass die Beiträge dieser Gruppe gleichermaßen anerkannt werden.

8.2.2 Interpersonale Ebene

Diversity zielt nicht nur auf den Umgang des Unternehmens mit seinen Mitarbeitern ab, sondern auch auf die Einstellungen der MitarbeiterInnen zueinander und den Umgang miteinander innerhalb der Belegschaft. Dadurch entsteht ein respektvolles Arbeitsumfeld, in dem eine effektive Zusammenarbeit möglich ist. Im Sinne gegenseitiger Wertschätzung trägt Diversity zur Stärkung eines angenehmen Betriebsklimas bei. Der umfassende Respekt füreinander und für andere Perspektiven, Erfahrungen und Beiträge bewirkt ein positives Miteinander.

Durch die im Rahmen von Diversity ebenfalls vermittelte Kompetenz im Umgang mit und in der Nutzung von Unterschiedlichkeiten erreichen Organisationen eine verbesserte Zusammenarbeit auch über Abteilungs- und Bereichsgrenzen hinweg. Dies gilt insbesondere für heterogen zusammengesetzte Teams und für die Kooperation mit neuen Kollegen. Tatsächlich müssen in Organisationen immer häufiger unterschiedliche Mitarbeiter zusammen arbeiten. Dies ist eine Folge sich rasch verändernder Umfeldbedingungen und der wachsenden Tendenz zur Projektorganisation. Dabei wurde die Frage, ob heterogene Teams tatsächlich mehr Erfolg haben als homogene Teams, lange Zeit kontrovers diskutiert. Eine Metaanalyse von über achtzig wissenschaftlichen Studien ergab, dass heterogene Teams vor allem dann ohne Zeitnachteil zu besseren Ergebnissen kommen, wenn den Gruppenmitgliedern vor Arbeitsbeginn Kompetenz im Umgang mit Unterschieden vermittelt wird. Da dies im Rahmen von Diversity erfolgt (vgl. Abschnitt 7.1.2), können auf interpersonaler Ebene tatsächliche Verbesserungen erwartet werden.

Auch die folgende Studie untersuchte die Aufgabenbewältigung homogener und heterogener Teams.

Studie: Team innovation and team effectiveness – The importance of minority dissent and reflexivity (2002)

Carsen K. W. De Dreu von der University of Amsterdam fand in seiner quantitativen Studie heraus, dass heterogene Gruppen – unter Berücksichtigung weiterer Faktoren – bei der Lösung komplexer Aufgaben kreativer und innovativer sind als homogene Gruppen. In der Feldstudie wurden 32 heterogene Gruppen (215 Personen) bei der Lösung komplexer Aufgaben beobachtet. Dabei wurde deutlich, dass Innovation und Gruppeneffektivität bei Meinungsabweichungen innerhalb der Gruppe steigen. Dies gilt aber nur, wenn die Gruppe eine hohe Teamreflexivität besitzt. Denn nur dann findet eine ausreichende Reflexion der Ziele, Strategien und Prozesse der Gruppe statt. Abweichende Meinungen können diskutiert und Anpassungen für die neue Situation können vorgenommen werden. Dies führt zu höherer Kreativität und zu verändertem Denken bei den Gruppenmitgliedern, die der Mehrheitsgesellschaft angehören.

Dass in diesem Punkt noch Aufklärungsbedarf besteht, zeigt eine Umfrage unter Mitgliedsfirmen der Deutschen Gesellschaft für Personalführung e. V. (DGFP). Drei der vier am häufigsten vermuteten Schwierigkeiten im Zusammenhang mit Diversity betreffen die Zusammenarbeit. 68 der Befragten erwarteten, dass die Führungsaufgabe schwieriger würde, 27 sahen in Spannungen und Konfliktsituationen ein mögliches Risiko und 13 sahen die Gefahr von Kommunikations- und Verständnisschwierigkeiten. Wie zuvor dargestellt wurde, können diese Nachteile durch Trainings verringert oder vermieden werden. Allerdings erfordern diese Aktivitäten einen nicht unerheblichen Aufwand in Form direkter Kosten und zu investierender Arbeitszeit.

8.2.3 Organisationale Ebene

Diversity zielt auf eine umfassende Veränderung der Kultur und der Systeme einer Organisation ab. Die strukturelle und inhaltliche Erhöhung der Flexibilität und Offenheit durch die zuvor beschriebenen Maßnahmen führt dabei zu einer erhöhten Effektivität der Organisation. Neben der verbesserten Produktivität und Zusammenarbeit laufen in ihr Veränderungsprozesse glatter und effizienter ab. Dieser Punkt erlangt angesichts einer immer kürzeren Halbwertszeit von Organigrammen eine klare Bedeutung. Aber auch die zunehmend üblichen dynamischen, flachen und komplexen Organisationsstrukturen dürften mit Diversity effektivere Rahmenbedingungen bilden als ohne.

Besonders umfassende organisatorische Veränderungen finden im Rahmen von Zusammenschlüssen und Übernahmen statt. In diesem Zusammenhang bietet Diversity Mehrwerte, wenn das Aufeinandertreffen der jeweiligen Unternehmenskulturen als Chance aufgegriffen wird. Viele Akquisitionen resultieren in einem geringeren Erfolg als zunächst gehofft, wofür häufig vor allem kulturelle Gründe angegeben werden. Die bewusste Wertschätzung beider Kulturen und das gezielte Voneinander-Lernen tragen dazu bei, auch aus diesem Kampf der Kulturen einen Tanz der Kulturen zu machen.

Abbildung 34 zeigt die wesentlichen Vorteile, die mit Diversity in Verbindung gebracht werden. Sie illustriert, dass der Zugang zu qualifizierten KandidatInnen und verbesserte Kooperationen als erhebliche Vorteile von Diversity gesehen werden. Als relevant eingestuft werden aber (zu einem etwas geringeren Anteil) auch die Erhöhung der Motivation, ein verbessertes Personal-Image und die Produktivität der Mitarbeiter. Bessere Kundenbeziehungen, mehr Offenheit für Veränderungen und ein besseres Arbeitsklima werden als untergeordnete Vorteile gesehen. Kaum Vorteile werden hinsichtlich höherer Marktanteile, einem verbesserten Rating oder höherer Attraktivität der Aktien gesehen.

Amerikanische wie europäische Unternehmen benannten am häufigsten die Verbesserung von Teamarbeit sowie die erhöhte Produktivität der einzelnen Mitarbeiter als internen Nutzen von Diversity. Während zwar ein strategischer Zusammenhang von Diversity und organisatorischen Veränderungen gesehen wurde,

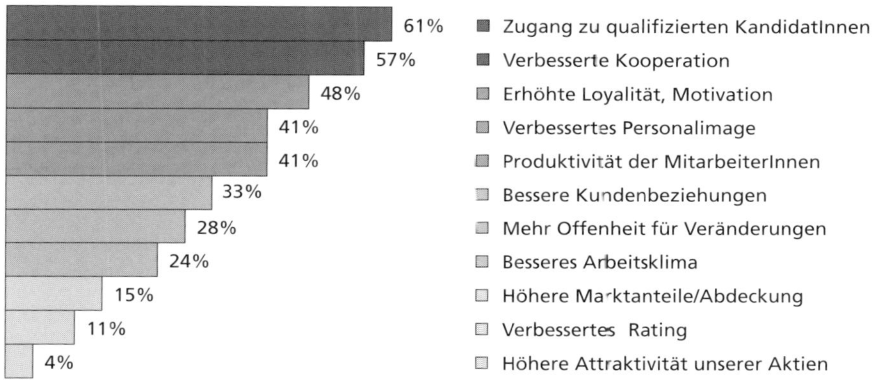

Abb. 34: Welches sind die größten Vorteile, die durch Diversity erzielt werden?

trat dieser Aspekt bei der Erhebung der erwarteten Vorteile kaum zu Tage. Nur wenige Befragte erhofften sich von Diversity einen effektiveren Ablauf von Veränderungen.

Die folgende Studie untersuchte die Auswirkungen von Diversity auf Karriereentwicklung und organisationalen Einstellungen.

Studie: Climate for diversity and its effects on career and organisational attitudes and perceptions (2000)

Organisationen, die ein positives Klima für eine vielfältige Belegschaft fördern, stärken die Zufriedenheit und Loyalität ihrer Beschäftigten. Zu diesem Ergebnis gelangte die Studie der beiden Forscher Deborah Hicks-Clarke und Paul Illes. Die Studie basiert auf Befragungen von britischen Organisationen aus dem privaten und öffentlichen Bereich. Es wurde ermittelt, dass ein positives Klima für Vielfalt stark mit positiven Einstellungen der MitarbeiterInnen gegenüber der Organisation, Arbeit und Karriere korreliert. Insbesondere Fairness im Unternehmen beeinflusst MitarbeiterInnen stark in Bezug auf ihre Bindung an das Unternehmen, ihre Zufriedenheit und Karriereplanung. Außerdem wirken sich flexible Arbeitszeiten positiv auf die Mitarbeiterzufriedenheit aus. Insgesamt belegten die Ergebnisse, dass das Klima für Vielfalt von hoher Wichtigkeit für Organisationen ist. Das Forscherteam gelangte ferner zu dem Schluss, dass Organisationen, die ein positives Klima für Diversity schaffen und davon profitieren wollen, folgende Elemente in der Personalpolitik berücksichtigen und implementieren sollten: Chancengleichheit, Mentoring, flexible Arbeitszeiten, Kinderbetreuung und Karrierepausen. MitarbeiterInnen bewerteten ihr Unternehmen insbesondere dann positiv, wenn Chancengleichheit nicht nur mündlich kommuniziert, sondern den Mitarbeitern auch in schriftlicher Form vermittelt wurde.

Zusammenfassung

Ein Unternehmen kann mit Diversity durch die interne und externe Nutzung aller erschließbaren Potenziale von Vielfalt Vorteile erzielen, muss allerdings ebenso mögliche Nachteile dagegen abwägen. Die externen Potenziale ergeben sich aus Kunden und Märkten, den Anteilseignern, dem Arbeitsmarkt und durch das Image des Unternehmens nach außen. Interne Leistungspotenziale erschließen sich durch die nähere Betrachtung der individuellen, der zwischenmenschlichen und der organisationalen Ebene. Nur wenn all diese Aspekte berücksichtigt werden, kann von Diversity im Sinne des Potenzial-Prinzips profitiert werden.

9 Welche konkreten Ansätze führen Diversity zum Erfolg?

Wie die vorangehenden Kapitel zeigten, stellt das Potenzial-Prinzip Diversity ein umfassendes, komplexes und im eigentlichen Sinne ganzheitliches Thema dar. Entsprechend vielfältig sind die Definitionsperspektiven, die Umsetzungsoptionen und die erzielbaren Vorteile und Verbesserungen. Dieses Kapitel stellt konkrete Ansätze dafür vor, wie der Rahmen für Veränderungen im Sinne von Diversity gestaltet werden kann. Dabei sind vor allem drei Aspekte von besonderer Bedeutung:

- Wie können Diversity-Veränderungen angestoßen werden?
- Welche Phasen werden bei diesen Veränderungen durchlaufen?
- Was müssen die an den Veränderungen Beteiligten beachten?

Die Beantwortung dieser Fragen richtet sich vorrangig an die Mitarbeiter, insbesondere auch an die Führungskräfte einer Organisation. Sie stehen vielfach unbewusst, manchmal ignorierend, vereinzelt ablehnend, gelegentlich unbeteiligt, teilweise positiv dem Potenzial-Prinzip gegenüber. Diversity zielt jedoch als strategischer Ansatz im Rahmen einer erfolgs- und werteorientierten Unternehmensführung darauf ab, dies zu ändern. Dazu gilt es, jeweils adäquate Veränderungsansätze für die verschiedenen angesprochenen Zielgruppen zu finden und einzusetzen. Das Verhalten der beteiligten Personen ist von überragender Bedeutung für den Erfolg der Prozesse.

Bei seiner langjährigen Beratungstätigkeit hatte und hat der Autor Gelegenheit, den Verlauf von Diversity-Implementierungprozessen intensiv zu beobachten und zu analysieren. Diese Erfahrungen mit dem Potenzial-Prinzip liefern wichtige Erkenntnisse, die in folgenden Punkten zusammengefasst werden:

- Welches sind die fünf häufigsten Fehler und wichtigsten Erfolgsfaktoren für Diversity?
- Welche Entwicklungsstadien durchlaufen Organisationen bei der Implementierung von Diversity?

Die Beantwortung dieser Fragen rundet die Darstellung der praktischen Herangehensweise bei der Implementierung des Potenzial-Prinzips ab.

9.1 Veränderung initiieren – Entwicklung fördern

Wie in Kapitel 1 dargestellt, basiert das Potenzial-Prinzip Diversity auf dem kognitiven Prozess, der auch mit dem Dreiklang Head-Heart-Hand veranschaulicht wird (vgl. Abbildung 4). Diese Metapher beschreibt gleichzeitig unterschiedliche Ansätze, Veränderungen zu initiieren. Der erste besteht in rationalen Botschaften (Kopf), der zweite in emotionalen Mechanismen (Herz) und der dritte in handlungsorientierten Anweisungen (Hand).

Eine in Gang gesetzte Veränderung verläuft üblicherweise in verschiedenen Stadien und nimmt insofern meist eine gesunde Entwicklung, die nachhaltige Effekte erhoffen lässt. In Anlehnung an Organisationsentwicklungs- und Kulturveränderungsmodelle lassen sich folgende Phasen in Diversity-Prozessen beschreiben:

- Anerkennung und Akzeptanz des Themas,
- erkennen der Chance und Notwendigkeit von Veränderung,
- Verpflichtung zu eigenem Engagement,
- nachhaltige Verankerung der Neuerungen.

Für die konkrete Arbeit an Diversity ist es nun von Interesse, die beiden Ansätze der Initiierung und phasenweisen Förderung von Veränderung mit Leben zu füllen und effektiv miteinander zu kombinieren.

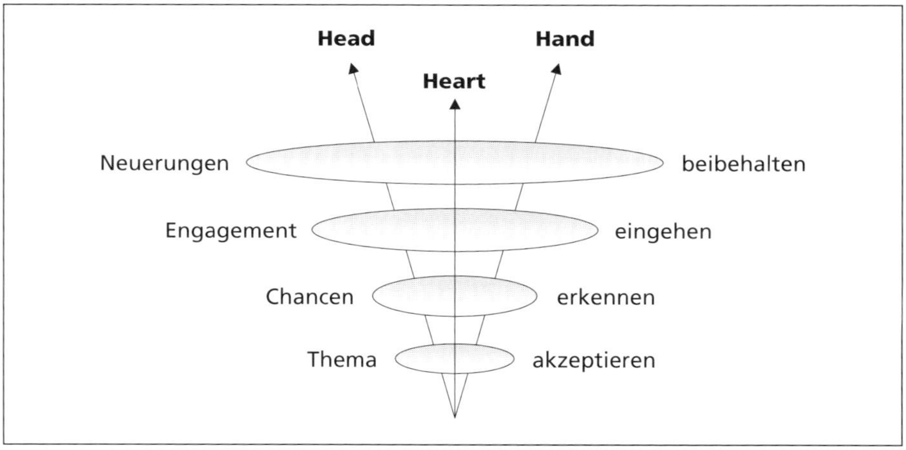

Abb. 35: Modellhafte Darstellung von Veränderungsansätzen und -phasen

Mit Head, Heart und Hand Veränderungen initiieren

Diversity erhofft oder erwartet von Menschen zum Teil tiefgreifende Veränderungen. Auch wenn das für Andere wahrnehmbare Verhalten im Vordergrund steht, so zielt Diversity doch darauf ab, auch grundlegende Überzeugungen und Einstellungen auf den Prüfstand zu stellen und zumindest die Auswirkungen mancher Grundhaltungen aufzuzeigen, um darüber in vielen Fällen eine Veränderung zu bewirken. Wann aber verändern sich Menschen? Meist dürfte dies geschehen, wenn sie sich einen Vorteil (für sich persönlich oder für ihr Umfeld als Ganzes) davon versprechen. Diese Grundüberlegung macht sich der Head-Heart-Hand-Ansatz zunutze, indem er auf verschiedenen Ebenen Vorteile für den Mitarbeiter in Aussicht stellt, wenn dieser sich wunschgemäß verändert.

Head

Die Ebene des Head-Ansatzes spricht die rationale Seite der Mitarbeiter an. Entsprechend steht eine Kosten und Nutzen abwägende Argumentation für Diversity im Mittelpunkt, um MitarbeiterInnen von Diversity zu überzeugen. Die benannten Vorteile beziehen sich dabei auch auf das Arbeitsgebiet, das Arbeitumfeld und letztlich den Erfolg des angesprochenen Mitarbeiters. Ziel dabei ist es, eine nüchterne Entscheidung für Diversity anzustoßen.

Für diesen Ansatz sind Instrumente erforderlich, welche die Vorteile von Diversity im unternehmensspezifischen und individuellen Kontext aufzeigen. Dabei sollten sie eine ausgewogene Darstellung wählen und auch mögliche Hindernisse und Barrieren benennen. Der Head-Ansatz setzt damit auf die argumentative Stärke des in den Kapiteln 2 und 8 dargestellten Business Case. Dieser bildet jedoch nur die Basis und muss didaktisch und kommunikativ in adäquater Form aufbereitet werden. Ein Teil dieser Überzeugungsarbeit im Rahmen des Head-Ansatzes besteht in der Anknüpfung an bereits bestehende oder schon lange vorhandene Konzepte, die heute dem Diversity-Ansatz zugeordnet werden. Des Weiteren stellt der Head-Ansatz die Notwendigkeit von Veränderungen und deren bewusste Gestaltung im Rahmen von Diversity dar.

Darüber hinaus fordert die rationale Seite des Menschen Antworten auf die Frage nach der langfristigen Verankerung der vorteils- und wertschaffenden Implementierung von Diversity. Aus vielen Zusammenhängen ist bekannt, dass nicht die Formulierung der Strategie Hindernis einer langfristigen Wertschöpfung ist, sondern das Phänomen des Versandens. Im Sinne von Kapitel 7 sind an dieser Stelle entsprechende Maßnahmen des Diversity Mainstreaming relevant.

Heart

Auf der Ebene des Heart-Ansatzes werden andere Zielsetzungen verfolgt. Hier erfolgt die Argumentation auf der emotionalen Ebene. Vor dem Hintergrund der Erkenntnis, dass jede noch so rationale Argumentation an persönlichen Vorbehalten scheitern kann, gilt es, auch einen gefühlsbedingten Einstellungswandel zu initiieren, der in der Folge zu Verhaltensänderungen führen wird. Viele Menschen lassen sich vor allem dann von einer Idee überzeugen, wenn sie eigene positive Erfahrungen sammeln. Über persönliche Berührungspunkte findet auf der Heart-Ebene eine Begeisterung für Diversity statt. Die individuellen Vorteile weise Weiterentwicklung entlang des zu Beginn des Kapitels dargestellten Veränderungsmodells zu bewirken. Ein Zusammenspiel der drei Mechanismen ist erforderlich, um von Stufe zu Stufe zu gelangen. Ohnehin dürfte die Heterogenität innerhalb einer Organisation zu groß für einen „One-Size-Fits-All"-Ansatz sein.

9.2 Durch bewusste Phasengestaltung Veränderung fördern

Die dargestellten Veränderungsansätze dienen dazu, immer wieder neue Impulse für Weiterentwicklungen zu geben. Dabei ist es wichtig, allen Beteiligten die Gelegenheit zu geben, sich schrittweise zu verändern. Tiefgreifende Veränderungen, wie Diversity sie anstrebt, erfolgen selten „über Nacht". Ein Phasenmodell illustriert den möglichen Verlauf des Veränderungsprozesses. Es wird später zu zeigen sein, dass in jeder der Phasen die Anwendung aller drei Veränderungsansätze sinnvoll ist.

Zunächst ist das **Anerkennen des Themas** Diversity erforderlich. Dies umfasst zum einen eine gewisse Aufmerksamkeit, die dem Phänomen Vielfalt entgegengebracht werden muss. Zum anderen ist damit eine Relevanz-Prüfung verbunden, die in der Akzeptanz des Themas münden sollte, um den Phasendurchlauf abzuschließen.

Das nächste Stadium besteht in dem **Erkennen von Verbesserungspotenzialen**. Auf Basis der zuvor (an-)erkannten Relevanz umfasst dies eine Bewertung, ob Veränderungen mit positiven Auswirkungen – für die Organisation und/oder das Individuum – verbunden wären. Dazu bedarf es einer vergleichenden Würdigung von Ist- und (möglicher) Soll-Situation.

Die darauf folgende Phase strebt die **Verpflichtung zum eigenen Engagement** an. Dazu wird es nötig sein, eigene Beiträge zu identifizieren, die der Erreichung der zuvor erkannten Verbesserungspotenziale dienen können. Hierfür ist das Vorhandensein einer Diversity-Strategie in der Organisation und die Bereitstellung konkreter Aktivitätsrahmen von Bedeutung.

Die letzte Phase besteht in der festen **Verankerung der erzielten Neuerung** in den täglichen Umgang. Diese Übernahme oder Übertragung eines vorübergehenden Engagements in die persönliche und soziale Routine ist mit Blick auf die nachhaltige Umgestaltung von Kulturen und Systemen von besonderer Bedeutung. Sie stellt überdies keinen Automatismus dar, da selbst intensives Engagement für Diversity dennoch Projektcharakter haben kann.

Die verschiedenen Individuen einer Organisation befinden sich hinsichtlich unterschiedlicher Teilaspekte von Diversity in unterschiedlichen Phasen dieses Entwicklungsmodells. Man kann davon ausgehen, dass der Abschluss der vierten Phase in einem Bereich die Möglichkeiten der betreffenden Person verbessert, auch in anderen Bereichen Fortschritte zu erzielen. Weiterhin bedingen die unterschiedlichen Dispositionen der Individuen, dass sie über unterschiedliche Ansätze (Head, Heart oder Hand) stimuliert werden, sich durch eine Phase hindurch in die jeweils nächste Phase zu bewegen. Welcher Ansatz bei einer Person Wirkung zeigt, kann für unterschiedliche Themenbereiche und Phasen jeweils verschieden sein. Wie sich die drei Veränderungsansätze in den dargestellten Phasen widerspiegeln können, ist in nachstehender Tabelle dargestellt.

	Head	Heart	Hand
Thema akzeptieren	• Bezüge zu etablierten Aktivitäten, Programmen • Benchmarking	• Persönliche Beispiele für Diskriminierung/ Ausgrenzung • Bestehende Vielfalt aufzeigen	• Business-Kontext Tagesordnungspunkt in Management-Meetings
Chancen erkennen	• Brachliegende Markt- und Produktivitätspotenziale	• Trainings-Videos • Best-Practice-Beispiele	• Drohende Rechtsfolgen • Lob für Engagement (Preis)
Engagement eingehen	• Mitarbeit Diversity Marketing • Team-Diversity-Workshops	• Teilnahme an Netzwerken, Mentoring und Veranstaltungen	• Pflicht-Trainings • Verantwortung für Diversity-Projekte übertragen
Neuerungen beibehalten	• Diversity in der strategischen (Business-)Planung • 360°-Feedback zu Diversity	• Learning Labs • Direkter Beschwerdeweg • Job Rotation	• Zielvereinbarungen • Balanced Scorecard • Diversity-Führungskompetenz

Abb. 37: Implementierungsinstrumente nach Ansätzen und Phasen

Zusammenfassung

Die verschiedenen Ansätze und Phasen für Veränderungen im Rahmen von Diversity ergänzen das Modell der Diversity-Einführung und des Mainstreaming auf der strategischen Ebene. Ohne sie blieben Überlegungen zur Implementierung unvollständig und griffen zu kurz. Mit ihnen wird eine Abbildung der komplexen Realität einer Organisation mit Blick auf Diversity überhaupt erst möglich. Entsprechend steigt die Erfolgswahrscheinlichkeit einer Implementierung durch den Einsatz der strategischen Veränderungsansätze und -phasen.

9.3 Diversity Manager müssen Vielfalt leben

Veränderungen erfordern geschickt eingesetzte Kräfte, und daher fordert Diversity von Führungskräften Glaubwürdigkeit und Vorbildfunktion. Dies muss auch und ganz besonders für die an einem Diversity-Prozess Beteiligten gelten. Sie benötigen ein ausgeprägtes Bewusstsein für die Bedeutung und Tragweite der von ihnen an eine Organisation und ihre Mitglieder gerichteten Forderungen. Diversity Change Agents müssen selbst die Maßstäbe des Potenzial-Prinzips vorbildlich einhalten, um das nötige Maß an Glaubwürdigkeit und Akzeptanz zu erhalten. Die folgenden Empfehlungen beziehen sich auf alle am Diversity-Prozess Beteiligten, also Diversity Manager, Diversity Champions, Diversity-Arbeitskreismitglieder, Diversity-Netzwerkmitglieder, Diversity-Referenten etc. Der nachfolgende Abschnitt verwendet für diese Beteiligten den Sammelbegriff „Diversity Manager" und stellt eine verhaltensorientierte Interpretation des Potenzial-Prinzips und des in Kapitel 6 vorgestellten Kompetenz-Modells vor.

Im Sinne des Potenzial-Prinzips sollten sich Diversity Manager für ein ganzheitliches Verständnis von Diversity einsetzen und dies in ihrem eigenen Umfeld sichtbar machen. Wenn sie dagegen Angehörige bestimmter Gruppen (oder einzelne Themen) bevorzugen, ermutigen sie Andere dazu, ebenfalls ihre persönlichen Präferenzen anzuwenden. Daher ist es von besonderer Bedeutung, dass Diversity Manager bewusst und gezielt Vielfalt in ihrem eigenen Arbeitsumfeld erzeugen: Stellen für MitarbeiterInnen und PraktikantInnen sowie Arbeitskreise und Steuerungsgremien müssen vielfältig besetzt sein. Das bedeutet auch, in weiblich dominierten Bereichen, und dazu gehört im Allgemeinen auch der Bereich Diversity, Männer zu beteiligen (die zumindest teilweise keiner Minderheit angehören sollten) oder sich als MigrantIn nicht in erster Linie mit Kulturthemen zu beschäftigen oder mit Vertretern ethnischer Minderheiten zu umgeben. Auch die Auswahl von Beratern oder externen Kooperationspartnern bietet Diversity Managern die Möglichkeit, ihren proklamierten Ansatz anzuwenden und gezielt nach Partnern Ausschau zu halten, die ihre eigenen Sichtweisen und Stärken ergänzen.

Diversity Manager müssen Aufgeschlossenheit kultivieren

Im Sinne des Potenzial-Prinzips sollten Diversity Manager eine ausgeprägt offene Geisteshaltung zeigen und hohe ethische Wertestandards für sich selbst setzen. Dies sollte sich auf den zwischenmenschlichen Umgang ebenso beziehen wie auf die eingesetzten Geschäftspraktiken. Gerade angesichts des politisch-geschichtlichen Hintergrunds von Diversity und der emotionalen Komponente des Themas, besteht eine hohe Wahrscheinlichkeit, dass Diversity Manager immer wieder auf Menschen treffen, die grundlegend andere Ansichten vertreten. Diese zunächst zu respektieren und erst dann behutsam an ihnen zu arbeiten, fällt nicht immer leicht. Dagegen bestehen alltägliche Möglichkeiten, als Diversity Manager eine offene Geisteshaltung zu zeigen, zum Beispiel durch ein eigenes Vorschlagswesen, regelmäßige Befragungen oder Ausschreibungen.

Diversity Manager müssen Einbeziehung praktizieren

Im Sinne des Potenzial-Prinzips sollten Diversity Manager sichtbar integrative Verhaltensweisen und einbeziehende Kommunikation an den Tag legen. Dies sollte sich auf den internen Umgang mit beteiligten Führungskräften und Beschäftigten ebenso beziehen wie auf das Verhältnis zu externen Geschäfts- oder

Projektpartnern. Einbeziehung bedeutet in vielen Fällen auch, mit ungeliebten Beteiligten zu interagieren oder einer persönlich nicht präferierten Lösung den Vorzug zu geben. Handfeste Zweifel treten auf, wenn Diversity Manager persönliche Freunde oder Freundinnen oder frühere KollegInnen als Dienstleister oder Mitarbeiter engagieren oder anderweitig die meritokratische Leistungsorientierung umgehen. Auch offensichtlich interessengeleitetes oder rein machtpolitisches Verhalten provoziert einen – häufig un- oder unterbewussten – Zynismus bei anderen Beteiligten, der die Effektivität der Diversity-Arbeit stärker negativ beeinflusst, als dies unmittelbar deutlich wird.

Diversity Manager müssen Mehrwerte schaffen

Im Sinne des Potenzial-Prinzips sollten Diversity Manager stets auf die Erzeugung von Win-win-Situationen konzentriert sein. Auch dies muss sich auf interne Aktivitäten wie auf externe Interaktionen beziehen. Der Fokus auf Mehrwert für die Beteiligten und die jeweilige Organisation kann durchaus bewirken, dass persönlich bevorzugte Maßnahmen nicht realisiert, verschoben oder in geringerem Umfang umgesetzt werden. Diversity Manager müssen auch darauf achten, Schaden vom eigenen Unternehmen abzuwenden und sollten daher ihre eigenen Verhaltensweisen, vor allem in Bezug auf externe Partner, gut abwägen. Persönliche Animositäten dürfen im Bereich Diversity nicht dazu führen, dass qualifizierte Beteiligte von einem Projekt ausgeschlossen werden. Es muss im eigentlichen Sinne um die Sache gehen.

9.3.1 Die fünf häufigsten Fehler

Starre Gruppierung

Die Begrenzung von Diversity auf eine Ansammlung von Themenkreisen, die jeweils zwei oder mehrere Personengruppen ergeben, birgt nicht nur die Gefahr der Schubladisierung. Dieses Vorgehen wird auch dem Thema nicht gerecht. Jeder Mensch gehört auf Basis zahlreicher Merkmale vielen Gruppen an. Die ausschließlich getrennte Betrachtung von Kategorien bestärkt Stereotype und führt zu einer gewissen Ausgrenzung.

Geringe Ressourcen

Während es nachvollziehbar erscheint, dass nicht schon die ersten Überlegungen zu Diversity zu substanziellen Budgets führen, muss doch die Komplexität des erforderlichen Veränderungsprozesses erkannt werden: Monokulturen sind nicht leicht aufzubrechen und systemische Kräfte, die Gleichheit erhalten wollen, können ebenfalls nur schwer neu ausgerichtet werden. Klare Verantwortlichkeiten mit Ressourcen, die dem Business Case gerecht werden, sind für Diversity erforderlich.

Umgekehrte Bevorzugung

Bei der Positionierung von Diversity besteht eine Versuchung darin, Vielfalt als Ziel zu definieren. Aufgrund der Anschaulichkeit und Messbarkeit legen Führungskräfte dabei mitunter Repräsentationsanteile, zum Beispiel für Frauen, fest. Als proklamiertes Ziel erzeugt dieses „gut gemeinte" Vorgehen allerdings verständlicherweise Gegenwehr, Zynismus und andere Formen der Ablehnung. Außerdem führt die Übertragung dieser Ziele in Umsetzungsaktivitäten häufig zur Anwendung einer Quote oder zur umgekehrten Bevorzugung. Nichtsdestotrotz eignen sich Respräsentationsdaten als Fortschrittsindikatoren.

Fehlende Management-Beteiligung

Das Potenzial-Prinzip Diversity bietet umfangreiche strategische Mehrwerte und operative Verbesserungen, die eng mit den Prioritäten der Unternehmensführung zusammenhängen. Daher liegt es nahe, das Management von Anfang an bei der Einführung von Diversity zu beteiligen. Nur ein dauerhaftes bzw. wiederkehrendes Engagement, zum Beispiel durch Präsenz auf Veranstaltungen und durch die regelmäßige (!) Erwähnung von Diversity in Ansprachen, lässt die nötige Energie entstehen, die eine gesamte Organisation zum Umdenken und zur Entwicklung neuer Ansätze benötigt. Das einmalige, anfängliche Proklamieren von Diversity als Priorität und die Ernennung eines Diversity Managers ist dafür nicht ausreichend.

Frühe Integration

Organisationen, die mit der Umsetzung von Diversity beginnen, identifizieren meist rasch die begehrten Vorteile und erkennen, dass das Potenzial-Prinzip ein fester Bestandteil des Unternehmensalltags werden soll. Damit liegt es für sie trügerisch nahe, den Ansatz schon früh als Teilverantwortung aller oder vieler Beteiligter zu integrieren, insbesondere in den Personalbereichen. Veränderungsmodelle zeigen dagegen, dass eine anfänglich explizite Bearbeitung unabdingbar für echte Fortschritte ist. Daher verwundert es kaum, dass Unternehmen ohne dezidierte Change-Aktivitäten und ohne Diversity Manager bislang keine nachhaltigen Verbesserungen erzielen konnten.

9.3.2 Die fünf wichtigsten Erfolgsfaktoren

Professionelle Projektentwicklung

Diversity ging aus sozialen und politischen Ansätzen hervor, und das Potenzial-Prinzip basiert heute noch auf vielen ehrenamtlichen Aktivitäten. Diese Aspekte kommen in wirtschaftlichen Umfeldern besonders dann zum Tragen, wenn Diversity als professionelles Projekt gestaltet wird. Klare Bezüge zum Kerngeschäft, ein robuster Business Case, ein klares Zielsystem und eine fundierte Ist-Analyse bilden effektive Grundlagen für eine erfolgreiche Umsetzung. Die Organisation in Einzelprojekten kann ebenfalls Mehrwerte erzeugen – diese verbleiben jedoch auf der jeweiligen Projektebene und stehen immer wieder auf dem Prüfstand. Nachhaltige Mehrwerte erfordern dagegen ein strategisches Vorgehen.

Angemessene Differenzierung

Nahezu jeder Ansatz erfordert eine Prioritätensetzung. Dies kann, soll und muss auch bei Diversity der Fall sein. Allerdings zeigen die Beispiele der letzten zehn Jahre, dass eine allzu enge Priorisierung leicht zu einer Reduzierung des Ansatzes führt, insbesondere wenn diese sich auf eine kleine Themenauswahl beschränkt. Gleiches gilt auch für einseitige Top-down-Trainings-Initiativen oder ausschließliche Bottom-up-Engagement-Projekte. Das Potenzial-Prinzip Diversity kann nur dann wirken, wenn es der Tragweite des Konzeptes entsprechend differenziert umgesetzt wird. Verschiedene Implementierungsansätze sind hierfür ebenso erforderlich wie die Themenbreite und ein vernetzter Gesamtansatz.

Hochkarätiger Start

Die Lancierung eines jeden Projektes ist von besonderer Bedeutung – auch hier macht Diversity keine Ausnahme. Manche Beteiligte scheinen jedoch die Gefahr eines Fehlstarts zu unterschätzen. Natürlich besteht eine unselige Wechselwirkung zwischen anfänglich fehlenden Ressourcen und begrenzter Unterstützung einerseits sowie der Notwendigkeit eines effektiven Aufschlages andererseits. Dennoch: Zu Beginn müssen die wesentlichen Grundlagen gelegt und die im wahrsten Sinne des Wortes entscheidenden Stakeholder an Bord sein.

Breite Verankerung

Es mag allzu offensichtlich erscheinen, dass die aktive Einbindung der Belegschaft von wesentlicher Bedeutung für Diversity ist. Dieser Einsicht sollten jedoch intensive Bemühungen um eine Interaktion folgen. Zwei Berichte in der Mitarbeiterzeitschrift und eine Intranetseite gewährleisten keineswegs, dass die Belegschaft informiert und eingebunden ist. Veranstaltungen, Web-Foren, Artikel, Umfragen, Vorschlagswesen, Netzwerke und weitere „Mitmach-Formate“ sind sinnvoll und erforderlich. Entsprechendes gilt für das Management – auch dort muss eine aktive Einbindung erfolgen (als Champions, in der Führungskräfteentwicklung etc.).

Mehrwertorientierter Veränderungsansatz

Bei allem strategischen Weitblick hat es sich als taktisch effektiv erwiesen, bereits frühzeitig erste vorzeigbare Erfolge zu erzielen: Eine interne Veranstaltung, eine öffentliche Auszeichnung, ein gewichtiger Pressebericht, deutliches Kunden- oder Kandidatenlob sowie positive Stimmen aus der Belegschaft tragen zu einer Bestätigung des Ansatzes bei. Dabei darf der Gesamtzusammenhang nicht zugunsten eines Aktionismus verloren gehen: Organisationen benötigen Jahre, um

Sie gerät zur Ausflucht, wenn damit lediglich die Depriorisierung des Themas gerechtfertigt wird. Gleichzeitig müssen alle an Diversity Beteiligten einsehen, dass auch das Potenzial-Prinzip – genauso wie andere Ansätze in Unternehmen – einer Wellenbewegung unterliegt. Ein internationaler Diversity Manager wies in diesem Zusammenhang auf die enorme Frustrationstoleranz hin, die für diese Arbeit benötigt wird. Nicht nur das ständige Auf und Ab, auch der immer wieder erforderliche Neubeginn macht das Thema zuweilen mühevoll. Entscheidend für den Erfolg des Potenzial-Prinzips ist – wie an den Börsen – der langfristige Trend, innerhalb dessen Schwankungen durchaus „normal" sind.

Gerade im Anschluss an die praktischen Implementierungsansätze und die Erfolgsfaktoren für Diversity soll dieses Modell Bewusstsein und Verständnis dafür wecken, dass nicht nur die an der Entwicklung von Diversity beteiligten Personen – das sind alle MitarbeiterInnen und Führungskräfte sowie externe Stakeholder – verschiedene Prozesse und Stadien durchlaufen. Auch die Organisation und mit ihr das Thema Diversity verändern sich im Zeitverlauf und nehmen immer wieder neue Gestalt an. Damit zeigt sich einmal mehr, wie nah am Leben und am Alltag das Potenzial-Prinzip Diversity aufgestellt ist.

Ausblick

Das Potenzial-Prinzip Diversity umfasst weitaus mehr als nur die Realität, dass alle Menschen einmalige Individuen sind. Der Ansatz beschreibt für Personen und Organisationen eine Systematik, wie aus Vielfalt durch Wertschätzung und aktive Einbeziehung Mehrwerte für alle Beteiligten entstehen. Diversity adressiert dabei gleichzeitig die vielfältigen Herausforderungen und Trends, denen sich Staat, Wirtschaft und Gesellschaft gegenübersehen, und gestaltet diese als Chance. Leider erhalten viele Menschen durch ihre Erziehung, Bildung und Sozialisation nicht das nötige Rüstzeug, um den Wert von Verschiedenheit intuitiv erkennen, wertschätzen und in ihrem Verhalten positiv berücksichtigen zu können. Organisationen in der Wirtschaft und im öffentlichen sowie im sozialen Bereich leiden derweil unter selbstständig ablaufenden Mechanismen wie monokulturellen Präferenzen, Micro-Inequities und Hierarchiesyndromen. Sie nutzen daher vielfältige Ressourcen systembedingt nur suboptimal.

Organisationen, Regionen und Staaten, die auch in Zukunft erfolgreich wirtschaften oder agieren wollen, müssen erkennen, dass Erfolge in der Vergangenheit keine Gewähr für künftige Sicherheit oder Stabilität, nicht einmal für das Überleben darstellen. Dies mussten etliche deutsche Traditionsunternehmen feststellen, die zu lange auf ihre Stärken in den Bereichen Qualität und Langlebigkeit (bei entsprechend hohem Preis) setzten, während der Markt in Richtung Innovation (Time-to-Market) und günstige Angebote tendierte. Erfolgreiche deutsche Unternehmen dagegen entwickelten sich sprichwörtlich mit der Zeit und zählen heute zu den Global Playern. Unter ihnen ist das Potenzial-Prinzip Diversity bereits verbreitet. Der viel beschworene Mittelstand wird sich in den nächsten Jahren ebenfalls den wirtschaftlichen Trends gemäß weiterentwickeln müssen – Diversity wird ihm ein effektives Instrument dazu bieten. Auch die Standortdebatten auf europäischer und nationaler Ebene zeigen, dass internationale Entwicklungen ein Umdenken erforderlich machen. Es ist kein Zufall, dass die europäische Union und die Bundesregierung in den letzten Jahren Programme und Kampagnen rund um das Thema Diversity lanciert haben und dass beispielsweise Islamgipfel und Integrationspläne eine aktive Bearbeitung von Diversity-Feldern unterstreichen. Dennoch fehlt in Deutschland ein konsistentes Commitment für das Potenzial-Prinzip Diversity. Ressortdenken und persönliche Präferenzen der Beteiligten sowie Lobbykräfte halten das Thema im Stadium der Einzelprojekte.

Staat, Wirtschaft und Gesellschaft müssen Wege finden, tradierte Kulturen und Systeme offen, durchlässig und flexibel zu gestalten, um Produktivität und Effektivität für alle Beteiligten zu ermöglichen. Dies bedeutet auch, Weichenstellungen der Vergangenheit zu korrigieren, die heutiges Wissen und heutige Perspektiven nicht berücksichtigen konnten. Vorteile und Verbesserungen, die Unternehmen und Gesellschaften aus Diversity erzielen, rechtfertigen den mitunter nicht unerheblichen Veränderungsaufwand. Die Nutzenerwägungen verbinden sich mit gesellschaftlicher Verantwortung: Diversity bildet auch einen Beitrag für ein besseres Miteinander.

Dem Staat und seinen politischen Akteuren kommt in diesem Zusammenhang die Verantwortung zu, in ihrem eigenen Wirkungsfeld Diversity deutlicher als bisher umzusetzen. Erste große Einrichtungen der öffentlichen Verwaltung setzen das Potenzial-Prinzip Diversity um. Diese lobenswerten Initiativen sollten sich stärker auf den Bildungssektor inklusive der Hochschulen, die Parteien, Gewerkschaften und Arbeitgeber- sowie Wirtschaftsverbände ausweiten. Schließlich bleibt es peinlich, dass keines der Bundesministerien bislang über ein ernst zu nehmendes Diversity-Konzept verfügt. Dort zieht man sich auf die gesetzlich geregelte Gleichstellung zurück. Polizei und Bundeswehr stehen wie die Tendenzbetriebe der Kirchen mit Diversity einer ganz eigenen Herausforderung gegenüber.

Eine wichtige Gruppe wird in der Diskussion um Diversity in Wirtschaft, Politik und Gesellschaft häufig vernachlässigt: die Meinungsführer und Multiplikatoren, die einen wertebildenden Einfluss in der Gesellschaft ausüben. Sie müssen diesen verstärkt einsetzen, um die Entwicklung einer Diversity-Kultur zu begünstigen. Dabei darf nicht passive Toleranz das Ziel sein, vielmehr muss sich aktive Wertschätzung zu einer Selbstverständlichkeit entwickeln. Die Meinungsführer in den Medien, im kommunalen Bereich, in der sozialen Arbeit sowie – einmal mehr – in der Bildung müssen für sich erschließen, welchen Wert Diversity für ihre Arbeit und den Standort Deutschland haben kann. Entsprechendes gilt für weniger publik arbeitende Multiplikatoren wie politische oder wirtschaftliche Stiftungen. Sie alle müssen ihren Beitrag dazu leisten, dass gesellschaftliche Potenziale erkannt und aktiviert werden, auch damit Deutschland seine Ressourcen besser nutzt als in der Vergangenheit.

In der Wirtschaft hat sich das Potenzial-Prinzip Diversity über die vergangenen Jahre zweifelsfrei durchgesetzt und wurde entgegen anfänglicher Bedenken, es sei eine Modeerscheinung, rasch zum Standard bei größeren Unternehmen. Durch den systematischen Ausbau ihrer Diversity-Aktivitäten erzielen sie nachhaltige, strategische Vorteile und operative Verbesserungen. Die Wirtschaft wird dieses Konzept weiterhin in der Breite und Tiefe umsetzen und damit Trendsetter und Gestalter eines international erfolgreichen Standortes bleiben. Politik und Gesellschaft müssen sich das Potenzial-Prinzip Diversity in Zukunft ebenfalls zu eigen machen, um sich in einer weiter verändernden Welt eine gute Position zu sichern.

Anhang

Abbildungsverzeichnis

Bundeszentrale für politische Bildung (2008): Entwicklung der Erwerbstätigkeit. Online: www.bpb.de/wissen/KIWXFK,0,0,Entwicklung_der_Erwerbst%E4tigkeit.html [22.10.2008].

Capgemini (2007): HR-Barometer 2007. Bedeutung, Strategien, Trends in der Personalarbeit. Capgemini Consulting.

Deutsches Institut für Wirtschaftsforschung (2007): Auswirkungen des demographischen Wandels auf die private Nachfrage nach Gütern und Dienstleistungen in Deutschland bis 2050. Politikberatung kompakt. Berlin.

Europäische Kommission (2007): Diskriminierung in der Europäischen Union. Eurobarometer Spezial 263.

Frohn, Dominic (2006): Out im Office?! Sexuelle Identität, (Anti-)Diskriminierung und Diversity am Arbeitsplatz. Köln.

Growth for Knowledge (Gfk) (2006): Singles in Berlin – Senioren in Schweinfurt. Online: www.gfk.com/group/press_information/press_releases/001059/index.de.html [22.10.2008].

Hicks-Clarke, Deborah; **Illes**, Paul (2000): Climate for diversity and its effects on career and organisational attitudes and perceptions. Personnel Review, Vol. 29, No. 3, S. 324–345.

Klages, Helmut (1998): Werte und Wertewandel. In: Schäfers, Bernhard; Zapf, Wolfgang (Hg.): Handwörterbuch zur Gesellschaft Deutschlands, Bonn, S. 698–709.

Negt, Oskar (2001): Arbeit und Identität im Wandel. In: Personalführung, Heft 9 (2001), S. 70–75.

Noelle-Neumann, Elisabeth et al. (2001): Zeitenwende – Der Wertewandel 30 Jahre später. In: Aus Politik und Zeitgeschichte (B 29/2001). Bundeszentrale für politische Bildung.

OECD (2007): Babies and Bosses: Reconciling work and Family.

Pfaff, Heiko (2007): Schwerbehinderte Menschen 2005. Statistisches Bundesamt: Wiesbaden.

Schreyer, Franziska (1999): Frauen sind häufiger arbeitslos – gerade wenn sie ein „Männerfach“ studieren. In: IAB Kurzbericht, Nr. 14 2979.

Statistische Bundesamt (2008): Erwerbstätigkeit im 2. Quartal 2008. Online: www.destatis.de/jetspeed/portal/cms/Sites/destatis/Internet/DE/Navigation/Statistiken/Arbeitsmarkt/Erwerbstaetige/Erwerbstaetige,templateId=renderPrint.psml__nnn=true [22.10.2008].

Statistisches Bundesamt (2006): Bevölkerungsfortschreibung 2005. Fachserie 1, Reihe 1.3. Wiesbaden 2006.

Statistisches Bundesamt (2007a): Bildung und Kultur – Studierende an Hochschulen WS 06/07. Wiesbaden.

Statistisches Bundesamt (2007b): Statistisches Jahrbuch 2007. Kapitel 2.24. Wiesbaden.

Statistisches Bundesamt (2002): Datenreport 2002. Wiesbaden.

Teichler, Ulrich (1999): Studieren bald 50 Prozent eines Geburtenjahrgangs? In: Das Hochschulwesen, 47 Jg., S. 116–119.

Ungleich Besser Diversity Consulting (2003): European Diversity Survey I. Köln.

Ungleich Besser Diversity Consulting (2004): European Diversity Survey II. Köln.

Ungleich Besser Diversity Consulting (2005): Diversity Praxis Studie. Köln.

Universität Regensburg (2005): Langzeitwirkungen der Teilnahme an Jugendaustauschprogrammen auf die Persönlichkeitsentwicklung. Abteilung für Sozial- und Organisationspsychologie.

van Deth, Jan W. (2001): Wertewandel im internationalen Vergleich: Ein deutscher Sonderweg? In: Aus Politik und Zeitgeschichte (B 29/2001). Bundeszentrale für politische Bildung.

Vedder, Günter (2002): Diversity Management. In: Poth, Ludwig; Poth, Gudrun: Loseblattsammlung Marketing. Neuwied: Luchterhand. Kapitel 52, S. 1–62.

Verband Deutscher Ingenieure (VDI) (2007): Ingenieurmangel in Deutschland: Ausmaß und gesamtwirtschaftliche Konsequenzen. Erstellt vom Institut der deutschen Wirtschaft.

Verband Deutscher Ingenieure (VDI) (2007): Sinkende Arbeitslosenquote bei Ingenieurinnen. Online: www.vdi.de/6390.0.html?&no_cache=1&tx_ttnews[pS]=1175378400&tx_ttnews[pL]=2591999&tx_ttnews[arc]=1&tx_ttnews[tt_news]=37343&tx_ttnews[backPid]=6387&cHash=9a9f4484ee [22.10.2008].

Voß, G. Günter; **Dombrowski**, Jörg (1998): Berufs- und Qualifikationsstruktur. In: Schäfers, Bernhard; Zapf, Wolfgang (Hg.): Handwörterbuch zur Gesellschaft Deutschlands, Bonn, S. 60–71.

Watzlawik, Paul; **Beavin**, Janet; **Jackson**, Don (1990): Menschliche Kommunikation. Formen, Störungen, Paradoxien. Bern: Huber.

Kapitel 3

Bucher, Richard (2000): Diversity Consciousness: Opening Our Minds to People, Cultures, and Opportunities. New Jersey: Upper Saddle River.

Engelbrech, Gerhard (1997): Total E-Quality Management: Ein Konzept zur Förderung der Chancengleichheit in der Arbeitswelt. Ibv (Informationen für die Beratungs- und Vermittlungsdienste der Bundesanstalt für Arbeit), Nr. 51.

Hayles, Robert; **Mendez Russel**, Arminda (1996): The Diversity Directive: Why Some Initiatives Fail & What To Do About It. New York: Irwin Professional Publishing.

Kochan, Thomas et al. (2003): The effects of diversity on business performance: Report of the diversity research network. In: Human Resource Management, Spring 2003, Vol. 42, No. 1, S. 3–21.

OECD (2008): Bildung auf einen Blick.

Rapaille, Clotaire (2007): The Culture Code: An Ingenious Way to Understand Why People Around the World Live and Buy as They Do. Broadway Books.

Kapitel 4

Emmerich, Astrid; **Krell**, Gertraude (2001): Diversity-Trainings: Verbesserung der Zusammenarbeit und Führung einer vielfältigen Belegschaft. In: Krell, Gertraude (Hg.): Chancengleichheit durch Personalpolitik. Wiesbaden: Gabler.

Fischer, Lorenz; **Wiswede**, Günter (1997): Grundlagen der Sozialpsychologie. München, Wien: Oldenbourg.

Reinhold, Gerd (1997): Soziologie-Lexikon. München, Wien: Oldenbourg.

Vedder, Günter (2002): Diversity Management. In: Poth, Ludwig; Poth, Gudrun: Loseblattsammlung Marketing. Neuwied: Luchterhand, Kap. 52, S. 1–62.

Kapitel 5

Bundesministerium für Arbeit und Soziales (2008): Unternehmenskultur, Arbeitsqualität und Mitarbeiterengagement in den Unternehmen in Deutschland.

House, Robert et al. (2001): Cultural Influences On Leadership and Organisations: Project Globe. JAI Press.

OECD (2008): Bildung auf einen Blick.

Pusch, Luise F. (1984): Das Deutsche als Männersprache: Aufsätze und Glossen zur feministischen Linguistik. Frankfurt am Main: Suhrkamp.

Reinhold, Gerd (1997): Soziologie-Lexikon. München, Wien : Oldenbourg.

Religionswissenschaftlicher Medien- und Informationsdienst e. V. (2006): Religionsgemeinschaften in Deutschland. Online: www.remid.de/info_zahlen_grafik.html [22.10.2008].

Scherm, Ewald (1999): Management goes global – Möglichkeiten und Grenzen eines Imports oder Exports von Managementkonzepten. In: Zeitschrift Führung + Organisation, Nr. 1, S. 25–30.

Kapitel 6

Emmerich, Astrid; **Krell**, Gertraude (2001): Diversity-Trainings: Verbesserung der Zusammenarbeit und Führung einer vielfältigen Belegschaft. In: Krell, Gertraude (Hg.): Chancengleichheit durch Personalpolitik, Wiesbaden: Gabler, S. 421–442.

Hauschildt Jürgen; **Kirchmann** Edgar (1997): Arbeitsteilung im Innovationsmanagement. Zur Existenz und Effizienz von Prozesspromotoren. In: Zeitschrift für Führung und Organisation, Nr. 2, 1997, S. 68–73.

Köhler-Braun, Katharina (1999): Durch Diversity zu neuen Anforderungen an das Management. In: Zeitschrift für Führung und Organisation, Nr. 4, 1999, S. 188–193.

Krell, Gertraude; **Gieselmann**, Astrid (2004): Diversity-Trainings: Verbesserung der Zusammenarbeit und Führung einer vielfältigen Belegschaft. In: Krell, Gertraude (Hg.): Chancengleichheit durch Personalpolitik. Wiesbaden: Gabler.

Lahiri, Indra (2008): Creating a Competency Model for Diversity and Inclusion Practitioners. The Conference Board: New York.

Lieberman, Simma et. al. (2001): Putting Diversity to Work. Crisp Publications.

Rühl, Monika; **Hoffmann**, Jochen (2008): Das AGG in der Unternehmenspraxis. Gabler: Wiesbaden.

Staehle, Wolfgang (1999): Management. Eine verhaltenswissenschaftliche Perspektive. München: Vahlen.

Thomas, R. Roosevelt Jr. (1992): Beyond Race And Gender – Unleashing the Power of Your Total Work Force by Managing Diversity. New York: AMACON.

Ungleich Besser Diversity Consulting (2003): Widerstände gegen Diversity. Köln.

Ungleich Besser Diversity Consulting (2007): Diversity Manager in DAX-30-Unternehmen. In: Personalmagazin.

Ungleich Besser Diversity Consulting (2007): Der deutschen Vielfalt verpflichtet? Köln.

Kapitel 7

Berliner Zeitung (2002): IT-Branche hält Green Card für einen Erfolg. Online: www.berlinonline.de/berliner-zeitung/archiv/.bin/dump.fcgi/2002/0803/berufundkarriere/0072/index.html [22.10.2008].

Hansen, Katrin; **Aretz**, Hans-Jürgen (2002): Diversity Management – eine Herausforderung für deutsche Unternehmen. In: Human Resource Management, 35-7.34, S. 1–28.

Jochmann-Döll, Andrea; **Wächter**, Hartmut (1989): Arbeitsbewertung und Lohndiskriminierung. In: Personal, Heft 5, S. 182–187.

Oechsler, Walter (1997): Personal und Arbeit. Einführung in die Personalwirtschaft. München, Wien: Oldenbourg.

Stuber, Michael (2004): Anti-Diskriminierungskonzept für ein mittelständisches Unternehmen. In: Der Personalleiter, Juni 2004, S. 189–191.

Stuber, Michael (2006): Gegen Panikmache: Antidiskriminierungsgesetzgebung in Europa. In: Personal, Heft 11, S. 6–8.

Westermann, Arne (2004):Unternehmenskommunikation im Internet. Bestandsaufnahme und Analyse am Beispiel nationaler und internationaler Unternehmen. Serie ÖA/PR. Berlin: Vistas Verlag GmbH.

Ungleich Besser Diversity Consulting (2006): Work-Life Practice Survey. Köln.

Ungleich Besser Diversity Consulting (2008): Diversity jetzt Standard in PR, CSR und Investor Relations. Köln.

Kapitel 8

Avery, Derek K. (2003): Reactions to diversity in recruitment advertising – are differences black and white? In: Journal of applied psychology, Vol. 88, No. 4, S. 672–679.

Bundesministerium für Familie, Senioren, Frauen und Jugend; Prognos AG (2003): Betriebswirtschaftliche Effekte familienfreundlicher Maßnahmen.

de Dreu, Carsen K. W. (2002): Team innovation and team effectiveness: The importance of minority dissent and reflexivity. In: European journal of work and organizational psychology, Vol. 4, No. 3, S. 285–293.

Herring, Cedric (2006): Does Diversity Pay?: Racial Composition of Firms and the Business Case for Diversity. University of Illinois at Chicago.

Hicks-Clarke, Deborah; **Illes**, Paul (2000): Climate for diversity and its effects on career and organisational attitudes and perceptions. In: Personnel Review, Vol. 29, No. 3, S. 324–345.

Kochan, Thomas et al. (2003): The effects of diversity on business performance: Report of the diversity research network.

Krenz-Maes, Anja (1998): Innere Kündigung, ein unterschätztes Phänomen in vielen Unternehmen. In: Personalführung, Heft 5, S. 48–53.

Lohaus, Daniela; **Habermann**, Wolfgang (2002): Kosten des Motivationsrückgangs. In: Personal, Heft 12, S. 22–27.

Roberson, Quintetta M.; **Park**, Hyeon Jeong (2006): Examining the link between Diversity and firm performance: The effects of diversity reputation and leader racial diversity.

Ungleich Besser Diversity Consulting (2008): Business Case Report. Köln.

Ungleich Besser Diversity Consulting (2005): Diversity Praxis Studie. Köln.

Wunderer, Rolf; **Küpers**, Wendelin (2003a): Demotivation à Remotivation. Neuwied, Kriftel: Luchterhand.

Wunderer, Rolf; **Küpers**, Wendelin (2003b): Virus Demotivation. In: Personalwirtschaft, Heft 5, S. 34–39.

Migration

Amadeu-Antonio-Stiftung: *www.amadeu-antonio-stiftung.de*

Beauftragte der Bundesregierung für Migration, Flüchtlinge und Integration: *www.integrationsbeauftragte.de*

Bundesamt für Migration und Flüchtlinge: *www.bamf.de*

Bundesprogramm XENOS – Leben und Arbeiten in Vielfalt: *www.xenos-de.de*

DGB: *www.migration-online.de*

Fokus Migration: *www.focus-migration.de*

Heinrich-Böll-Stiftung: Migration Integration Diversity: *www.migration-boell.de*

Isoplan – Institut für Entwicklungsforschung, Wirtschafts- und Sozialplanung: *www.isoplan.de*

Sietar Deutschland: *www.sietar-deutschland.de*

Zentralrat Deutscher Sinti und Roma: *www.zentralrat.sintiundroma.de*

Religion

Deutsche Bischofskonferenz: *www.dbk.de*
Evangelische Kirche: *www.ekd.de*
Interkultureller Rat in Deutschland: *www.interkultureller-rat.de*
Zentralrat der Juden in Deutschland: *www.zentralratjuden.de*
Zentralrat der Muslime in Deutschland e. V. (ZMD): *www.islam.de*

Sexuelle Orientierung

AG Pro: *www.agpro.at*

LSVD: *www.lsvd.de*

MILES-Zentrum für Migranten, Lesben und Schwule: *www.miles.lsvd.de*

Network: *www.network.ch*

ver.di-Bundesarbeitskreis Lesben, Schwule, Bisexuelle und Transgender: *www.verdi.de/regenbogen*

Völklinger Kreis e. V.: *www.vk-online.de*

Wirtschaftsweiber: *www.wirtschaftsweiber.de*

Hochschul- und Forschungsinstitute mit Schwerpunkt Diversity
(die zahlreichen Einrichtungen, die sich mit einem Teilthema befassen, konnten hier leider nicht alle erwähnt werden)

Fachhochschule Gelsenkirchen: *www2.fh-gelsenkirchen.de*

Freie Universität Berlin, Institut für Management: *www.wiwiss.fu-berlin.de/institute/management/sieben/forschung/index.html*

Humboldt Universität zu Berlin, Institut für Interkulturelles Gender und Diversity Management: *http://lehre.wiwi.hu-berlin.de/Professuren/bwl/management*

Martin-Luther-Universität Halle-Wittenberg, Organisation und Personalwirtschaft: *http://personal.wiwi.uni-halle.de*

RWTH Aachen, Integrations-Team Gender and Diversity Management: *www.igad.rwth-aachen.de*

Technische Universität München, Gender & Diversity: *www.portal.mytum.de/tum/exzellenzinitiative/zukunftskonzept/gender-issues/index_html*

Universität Bielefeld, Interdisziplinäres Frauenforschungszentrum (IFF): *www.uni-bielefeld.de/IFF/iff.html*

Universität der Bundeswehr München, Wirtschafts- und Organisationswissenschaften: *http://forschung.unibw-muenchen.de/berichte/2006/info.php-SID&id=759.htm*

Universität Dortmund, Frauenstudien: *www.fb12.uni-dortmund.de/einrichtungen/frauenstudien*

Universität Göttingen, Department für Betriebswirtschaftslehre: *www.uni-goettingen.de/de/75402.html*

Universität St. Gallen, Institut für Führung und Personalmanagement: *www.ifpm.unisg.ch*

Universität Trier, Arbeit, Personal, Organisation-Diversity Management: *www.uni-trier.de/index.php?id=15277&L=0*

Universität Wien: *www.univie.ac.at/diversity/php*

Universität Witten-Herdecke, Evolutionsökonomik und Institutionentheorie: *http://wga.dmz.uni-wh.de/wiwi/html/default/rheu-6f7c9l de.html*

Wirtschaftsuniversität Wien, Gender und Diversitätsmanagement: *www.wu-wien.ac.at/gender*

Stichwortverzeichnis